U0344721

Firefighting Strategies and Tactics

灭火策略与战术

The Third Edition
原著第三版

詹姆斯·安格（James S. Angle）
迈克尔·加拉（Michael F. Gala, Jr.）
[美] 戴维德·哈洛（T. David Harlow） 著
威廉·隆巴（William B.Lombardo）
克雷格·马库巴（Craig M. Maciuba）

吴立志　辛　晶　等译

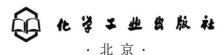

化学工业出版社

·北京·

本书依照美国国家消防学院火灾与应急管理服务高等教育（FESHE）灭火战术课程教学需要编写，从战术角度出发，系统详细地介绍了灭火战斗的常用概念和相关知识，包括火灾动力学、灭火剂、突发事件管理、消防员安全、建筑结构、事故预案和事故收尾阶段分析等。在基本知识基础上深入介绍了美国常见各类火灾事故扑救过程中的危险、灭火策略和战术目标及实施方法，具体包括单户和多户住宅建筑火灾、商业建筑火灾、人员密集场所火灾、高层建筑火灾、车辆火灾和林野火灾。

本书可供消防部门各级指战员、应急救援类专业本科生及研究生、企事业单位安防部门人员阅读参考。

图书在版编目(CIP)数据

ISBN 978-1-284-11600-7

Original English language edition published by Jones & Bartlett Learning，LLC，5 Wall Street，Burlington，MA 01803 USA

Firefighting Strategies and Tactics，The third edition/by James S. Angle，Michael F. Gala，Jr.，T. David Harlow，William B. Lombardo，Craig M. Maciuba. © copyright 2015 by Jones & Bartlett Learning，LLC．All rights reserved.

本书中文简体字版由 Jones & Bartlett Learning，LLC 授权化学工业出版社出版发行。

本版本仅限在中国内地（不包括中国台湾地区和香港、澳门特别行政区）销售，不得销往中国以外的其他地区。未经许可，不得以任何方式复制或抄袭本书的任何部分，违者必究。

灭火策略与战术/（美）詹姆斯·安格（James S. Angle）
等著；吴立志等译. —北京：化学工业出版社，2019.2（2024.1 重印）
书名原文：Firefighting Strategies and Tactics
ISBN 978-7-122-33573-9

Ⅰ.①灭⋯　Ⅱ.①詹⋯ ②吴⋯　Ⅲ.①灭火-教材
Ⅳ.①TU998.1

中国版本图书馆 CIP 数据核字（2018）第 289341 号

责任编辑：窦 臻 林 媛　　　　　　　　　　装帧设计：王晓宇
责任校对：宋 玮

出版发行：化学工业出版社（北京市东城区青年湖南街 13 号　邮政编码 100011）
印　　装：北京建宏印刷有限公司
787mm×1092mm　1/16　印张 25½　字数 585 千字　2024 年 1 月北京第 1 版第 6 次印刷

购书咨询：010-64518888　　售后服务：010-64518899
网　　址：http://www.cip.com.cn
凡购买本书，如有缺损质量问题，本社销售中心负责调换。

定　　价：128.00 元　　　　　　　　　　　　　　　版权所有　违者必究

作者简介

詹姆斯·安格（James S. Angle） 是佛罗里达州圣彼得斯堡学院消防培训中心项目部主任，主要负责培训中心的管理工作，并负责监督指导该中心针对新入职消防员和在职消防员开展的各类专业培训。退休前，他在消防部门工作大约40年，其中，在佛罗里达州皮内拉斯县棕榈港消防局任消防局长17年。该消防局辖区面积约为20平方英里，内有人口62000人，下设4个消防站，承担防火、公共安全教育、高级生命支持、救援、危险品处置和灭火任务。詹姆斯最初在宾夕法尼亚州匹兹堡市郊的门罗维尔消防部门暨匹兹堡医疗急救局工作，他曾就职于五个应急服务局，先后任职消防员、急救员、消防局长。他的教育背景包括：布劳沃德社区学院火灾科学管理副学士学位，辛辛那提大学火灾科学与安全工程学士学位，诺瓦大学商业管理硕士学位。他取得了佛罗里达消防标准与培训局的医疗急救员资质证书，获得国家消防学院消防局长培训项目研究生证书、消防总长和区域总管资质。他在国家消防学院任职期间，在全国范围内的大型火灾/救援会议上组织过大量的火灾和应急救援研讨活动。

迈克尔·加拉（Michael F. Gala，Jr.） 目前任纽约消防局职业消防人员人事部主任，迈克尔有27年的消防部门工作经验。目前，他负责纽约消防局内部超过10000人的人事管理工作，包括任命、人事变动、授予终身职位、监督人员提升、人员离职及与纽约消防员的各项任务往来，包括救援、安全、防火、训练、法律和健康等方面。迈克尔既有担任大城市消防部门的消防局长和指挥员的丰富实战经验，也有纽约城市消防局培训学院的教学经历。他历任岗位众多，所承担职务也各不相同，在指挥水罐中队和云梯中队战斗行动、多层建筑火灾灭火救援等领域都积累了大量的宝贵经验。他是哥伦比亚大学消防人员管理研究所西点军校打击恐怖主义项目组、马里兰耶米特斯堡应急管理研究所高级演练实践专家项目的毕业学员。他在消防署获得了学士学位，在纽约约翰杰伊学院获得了安全管理硕士学位。

戴维德·哈洛（T. David Harlow） 在消防部门服务了31年，现已退休。退休前，戴维德在南佛罗里达州担任了2年的消防局长，在此之前，他在费尔伯恩消防局工作了29年，离任时任消防处长。在其职业生涯中，戴维德担任的都是消防大队长的职务。费尔伯恩消防局是一个全日制消防局，位于俄亥俄州代顿市周边，服务人数超过40000人。该市环绕赖特-帕特森空军基地建成，是莱特州立大学所在地，该大学为有17000学生的州立大学。市内建筑复杂，有住宅建筑、商业建筑、轻工业区和老城区。戴维德取得了消防工程应用科学专业副学士学位，消防管理学士学位和城市管理硕士学位。他是国家消防学院执行消防官项目毕业学员，在就读该项目期间，因其在组织发展领域内的出色研究成果而受到业界广泛关注。他在火场救援、灾害管理和事故指挥等方面经验丰富，是佛罗里达州和俄亥俄州的认证消防教官。作为俄亥俄州代顿市辛克莱社区学院的教研人员，他致力于危险化学品的教学和消防员发展项目。同时，他还承担着多家私立企业的授课工作，参加过众多研讨会和消防部门的会议。他也是国际消防长官协会认证的首席消防官。

威廉·隆巴（**William B. Lombardo**）作为一名职业消防员，于1987年在佛罗里达州的迈尔斯堡南径消防与救援部门开始了其职业生涯。随后，随着职务晋升，他在水罐消防中队担任副中队长7年。1998年，提升为培训处处长，在推动高级生命支持消防车的引进和应用工作中发挥了重要的作用。2007年，被任命为消防局长。迈尔斯堡和周围地区人口数量增加很快，人口统计资料不断变化。辖区有商业建筑、工业建筑、中高层建筑综合体、不同类型住宅的综合体，还有医院、养老院、公共聚集场所如波士顿红袜队的春天主场和明尼苏达双城队主场和林野-城市交界区。辖区环境的不断变化使他积累了大量的灭火和应急救援的经验和经历。威廉的教育背景包括爱迪生州立社区大学的双副学士学位，霍奇斯大学行政管理专业学士，贝瑞大学行政学硕士学位。他也是国家消防学院执行消防官培训项目的毕业生，是佛罗里达州立大学和特区协会认证的地区管理官。同时，他也是持证急救员，并经佛罗里达消防标准与培训管理局认证的防火检查员、消防官和三级教官。目前威廉在佛罗里达州消防员就业、标准和培训委员会任职，同时为佛罗里达州迈尔斯堡的爱迪生州立大学讲授火灾科学课程。他有丰富的新任消防员灭火课程授课经验，在当地组织过多次与火灾相关的研讨会，并多次在国家和州的研讨会上作专题报告，包括消防部门教官培训会议、东海岸火灾救援会议和佛罗里达特区协会年会。

克雷格·马库巴（**Craig M. Maciuba**）是火灾科学专业副学士，公共安全管理学士，是国家消防学院消防长官培训项目的毕业生。他在事故指挥、危险品控制和初期火场救援等方面经验丰富，是皮内拉斯县危险品响应小组的指挥官，是皮内拉斯县最忙的水罐消防中队指挥员，该县是西佛罗里达海岸地区人口密度较大的一个县。克雷格有丰富的消防局和消防学院层级的专业培训和执教经验。目前，克雷格任棕榈港消防与救援局局长。

序
Foreword

长期以来，我国对国外消防教育、科研方面的关注点大多集中在消防工程、火灾科学等方面，对国外灭火及应急救援行动战术和指挥方面关注不多，目前消防专业外文译著多为消防工程和火灾科学两大类。中国消防协会第七届灭火救援技术专业委员会 2016 年 9 月换届成立，在研究新一届专委会的主要工作时，确定了翻译引进系列国外优秀的灭火与应急救援著作作为本届专委会的重要工作之一，让我国的消防指战员了解、学习和研究国外先进的灭火救援理论和方法，充实和丰富我国的灭火救援理论，为规范我国灭火救援战斗行动、提升灭火救援能力提供服务和支撑。

由专委会副主任委员吴立志教授牵头组成课题组，经过多次专题调研选题论证后，决定翻译引进美国《灭火策略与战术》一书。《灭火策略与战术》是美国经典灭火战术教材类著作之一，旨在培养消防指战员在应对各类火灾事故时采取安全有效的战术手段的能力。本书对美国消防应急救援指挥体系、相关法规标准等做了详尽的介绍，并从战斗行动的角度出发，对火灾动力学、灭火剂、应急管理、消防员安全、建筑物结构等理论知识都做了系统讲解，在此基础上根据火灾种类，分别介绍了单户或双户住宅建筑火灾、多户住宅建筑火灾、商业建筑火灾、人员密集场所火灾、高层建筑火灾、交通工具火灾以及林野火灾 7 类火灾的灭火战斗策略和战术行动方法及注意事项，并穿插了大量相关案例、研究和数据结果，内容充实、借鉴性强。

在译著团队的共同努力下，在化学工业出版社以及相关学者的支持和帮助下，译著《灭火策略与战术》即将付梓出版，公开出版引进国外优秀灭火战术类著作是中国消防协会第七届灭火救援技术专业委员会为促进行业发展而做出的一份微薄贡献，译著既可供院校和培训单位选作参考教材，也可供行业专家和学者做相关研究参考。

杨 隽
中国消防协会第七届灭火救援技术委员会主任
2018 年 9 月

译者前言
Preface

灭火战斗行动具有危险性大、火场情况复杂、技术更新快、环境及影响因素众多等特点，同时由于建筑功能性质的不同，不同火灾本身也都具有独特的破坏性和特殊性，灭火战斗实践对指挥员、战斗员的知识面和应对能力的要求越来越高，需要系统的理论知识学习和技能培训。我们经过专题调研和选题论证后，决定翻译引进美国《灭火策略与战术》一书。

《灭火策略与战术》由美国佛罗里达圣彼得斯堡学院消防培训中心项目部主任詹姆斯·安格先生及另外 4 名来自美国消防救援一线单位的实战和教学专家共同完成，现已经过 2 次修订出版，是国外消防培训机构在教学和培训中广泛选用的一部经典著作。书著内容严格依照美国国家消防学院火灾与应急管理服务高等教育（FESHE）灭火战术课程教学需要编排，重点从战术角度出发，探讨在美国突发事件应急管理体制框架下不同类型火灾的分队级灭火战术行动应当如何展开，具有较强的操作性。此外，作者还从灭火战斗行动及指挥员决策角度出发，对火灾动力学、火场排烟、供水、建筑内灭火设施使用等专业知识做了穿插讲解。在每一章，作者均以发生在美国的典型案例为引，通过介绍相关实验数据、消防法规、行业标准以及通行做法等形式，对不同种类的火灾扑救行动做了深入浅出地分析讲解，理论体系完整、难易程度适中，兼具学术性与应用性。

目前，该著作已完成 2 次修订出版，书中采用的案例分析和想定作业等比较符合国内消防教育教学改革趋势。最新修订版中增加了消防员灭火战斗行动安全方面的内容，恰恰是当前国内消防教育中重点关注和研究的问题之一。我们认为，这部著作既是介绍美国经典灭火战术理念、战术研究方法及其实战应用的理论成果汇编，也是我们了解与灭火战斗行动直接相关的美国消防行业法规及标准的一部"小百科全书"；既可供行业专家用作理论研究参考书，也可用作高校教学和机构培训的辅助教材。

本书共计 20 章，第 1 章和第 6 章由吴立志翻译，第 2~5 章由张云博翻译，第 7~9 章由辛晶翻译，第 10 章和第 20 章由夏登友翻译，第 11~14 章和附录由焦爱红翻译，第 15~19 章由任少云翻译。全书由辛晶统稿。

翻译过程中，我们也深深意识到，在这一领域，国内学术界与国际接轨的程度还有待提高，直接表现为大量专业术语在消防词典内查阅不到。虽然翻译过程中，我们按照充分尊重作者及原著的思路，尽量忠于原文、忠于原意，但限于语言能力和知识水平，文中可能存在疏漏、不足之处，在此，也恳请学界同行与广大读者不吝赐教、悉心指正！

吴立志
2018 年 8 月

目录

Contents

第 12 章　多户住宅建筑火灾扑救　/ 207

第 13 章　商业建筑火灾扑救　/ 231

第 14 章　人员密集场所火灾扑救　/ 255

第 17 章　林野火灾扑救　/ 311

第 1 章

灭火策略与战术发展史

□ 学习目标　通过本章的学习，应该了解和掌握以下内容：
- 灭火策略与战术的重大历史变迁。
- 消防员在现代灭火策略与战术中的作用和角色。
- 消防员掌握灭火策略与战术的必要性。

案例研究

　　"队长……我被困在建筑物的右后方，在衣柜里。空气用光了……一楼，在倒塌的天花板下面"。这是 1988 年 7 月 1 日发生在新泽西州哈肯萨克瑞沃街 332 号福特汽车经销店的火灾中两名殉职消防员的最后一次通话。另有三名消防员也几乎在同一时间因火势过大导致天花板倒塌而被困牺牲。

　　哈肯萨克消防局接到的第一通报警电话是来自了一名女性，报警人住处距离起火建筑大约有一个街区距离，该女性报警称看到了火焰和烟雾。起火建筑建于 40～45 年前，一辆隶属于哈肯萨克消防局的消防车最先到达现场。304 号水罐车的第一通汇报内容是其在现场发现了浓烟和火。消防员最开始试图从内部进入阁楼区域，而战术意图最终通过破拆服务区的一个天窗后才得以实现。与此同时，301 号水罐车铺设一条供水线路，307 号云梯车通过架设梯子对建筑物屋顶成功进行垂直通风。破开天窗后，消防员面临的是高热条件。灭火水柱直接由内部射向阁楼区域。同时，307 号云梯车还将水带干线延长架设至屋顶。火势呈指数发展，不幸的是，实施内攻的消防员没有意识到火势正在快速蔓延，他们在灭火方面也并没有取得显著进展。307 号云梯车报告称，屋顶上有一个通风孔被烧破，大量的火焰自通风孔内冒出，此外，火焰已经烧穿了屋顶的后侧。现场指挥员认识到了问题的严重性，并命令所有人员和装备撤出。然而，当时的无线电通信显示，内攻消防员并未收到这一重要指令。撤离指令发出大约 2 分钟后，至少有一个屋顶桁架失去承重力后导致屋顶坍塌。

　　坍塌导致火场内部的 5 名消防员被困，指挥员当时明确知道有队员被困，却不掌握具体被困人数。不幸的是，数次营救均告失败。坍塌发生时，305 号水罐车采用 3in 标准水带为 307 号云梯车供水，但没有采用集强水流的办法来实施灭火，而是通过架设一支水枪对起火建筑实施直接喷射的方式灭火。这条水带线路不但极难控制，也从未真正起效，最终消防员通过手持水枪穿过服务区实施强攻灭火。火势直至接到报警后 1 小时 27 分后才最终得到控制。5 名消防员在本次行动中牺牲，这是哈肯萨克消防局有史以来最惨重的教训之一。

　　美国消防协会（NFPA）、国际消防员协会（IAFF）等多个机构对这起火灾进行了详尽的分析和调查。其中，美国消防协会开展了为期 3 天的现场调查，国际消防员协会委托德莫斯咨询公司开展了相关调研，该公司设计了一项名为"火灾事故分析"的独立调查，调查范围涵盖哈肯萨克消防局此次行动的战斗目标和战术行动的全部方面，报告如下：

① 造成此次重大损失的最主要原因是火场指挥员不了解起火建筑所使用的木制弓形桁架结构的特点。

② 火场内部以及火场与总部之间均缺乏有效沟通。

③ 火场指挥结构混乱。

④ 力量不足。

美国消防协会主席托马斯·克雷姆受哈肯萨克消防局局长安索尼委托，亲自起草了事件调查报告提纲。以下是该报告中的几个主要内容：

① 桁架结构遇火本身就极易坍塌。

② 不幸的是，在这起事故中，造成人员伤亡惨剧的最主要原因仍然是木桁架结构本身存在的这一隐患。此次及以往的伤亡案例所带来的惨痛教训必须要铭记。

火灾可以称为促进灭火战斗方式的发展和变革的一剂催化剂，它引导人们将风险管控纳入灭火战斗行动的综合考虑范围之内。此外，在美国境内与此次规模类似的火灾频发，也在一定程度上带动了灭火行动策略、战术以及训练方法的变革。之后，也发生过多起更大规模、更多伤亡的案例，但此次火灾事故在当时是全美各个消防机构都重点关注和讨论的热点典型案例。

提出的问题：

① 列举一栋你所在辖区内与上述火灾案例中建筑结构相似的建筑物。

② 试想你所在单位，在处置类似火灾时所需调用的兵力和装备。

③ 如果有足够的灭火救援资源，你将如何组织开展此次灭火行动？

1.1 引言

当本·富兰克林 1736 年在宾夕法尼亚州费城组建第一支消防队时，消防队的目标非常明确：抢救生命并减少财产损失，其实现途径就是用水来灭火。值得注意的是，消防服务仍然因这一基本目标而存在着。

消防服务的任务自始至终没有发生过任何改变，但近两个世纪以来科学技术和标准规范的重大革新带动了灭火战斗行动策略和战术的发展和变革。科学技术的进步，促进了火灾科学领域的研究进步，带动了消防教育的发展提升，强化了行业内对安全问题的重视程度。近 30 年来不断完善和强化的各类标准也在很大程度上影响了消防服务行业的发展和变革。消防服务行业在行动方法上发生了巨大变化，包括如何将水运至火场，个人防护装备也不断更新，这些变革确保了消防员在搜救和灭火行动中能够更加深入火场内部。本章即将讨论到的新型装备的发展和各种变革都是影响火场指挥决策的重要因素。

提示

科学技术的进步，不断发展的消防领域科研攻关，逐步完善的教育体系，全行业范围内对安全问题的集中关注，各种标准的完善升级，都给消防服务行业发展带来了深远的影响。

策略和战术这是大家经常会一起听到和使用的两个名词。事实上，在消防领域的许多从业人士，对它们的真正含义的理解都失之偏颇。策略并不是战术，而战术也并非任务。一项策略，是对某一项需要达成的目的的一个广义的、普遍的陈述或想法。对于消防行业来说，策略要按照人员生命安全、财产保护和控制事态蔓延这一事故处置优先等级而设定。相反，战术则更加具体并具有指向性，要按照实现策略性目来制定。实现战术目的（也即真正的任务）的方法就是所说的战术手段。为更好地理解上述几个概念，请参阅以下示例：

策略：为确保按照事故处置优先等级顺序来开展处置行动，必须对起火建筑采取排烟和通风措施。

战术：为实现这一策略目的而选择采用水平方向通风的方式。

方法：战术目的可能需要通过选择采用在建筑正门设置正压排烟设施来实现。

在 1736 年费城消防队刚刚成立时，他们处置建筑物火灾时，通常是组织一支"传水队"专门负责运送灭火水源，如图 1-1 所示。这种方式既耗费时间，又耗费人力。然而，在当时，这是火场上最有效的运送水源的方式。高效的团队合作是这支队伍最需注意的问题，在这一人力传送链上，任何差错都会对灭火行动的整体效果造成致命影响。成立传水队就是为实现用水灭火这一战术目标（战术）而采用的战术方法（任务）。通过实现这一目标，该小组能够实现抢救生命、降低火灾损失、防止小火发展为大火（也就是所谓的火灾）的目的。关于策略和战术两个概念的更深层次探讨，参见第 4 章"协调与控制"。

现如今，消防部门虽然同样将灭火作为火灾扑救行动的整体目标（策略），但是所采用的战术行动却大不相同。现代水泵、水带和水枪被广泛应用于火场水源运送，如图 1-2 所示，但团队合作仍然至关重要。建立一条由消火栓或现场临时水源和消防车联通的水带干线并将水由泵输送至手持水枪，是现代版的"传水队"的运水方式。通过这种方式，实现扑灭火灾、保护人员和财产安全，并避免引发更大规模的火灾事故的目的，如图 1-3 所示。

图 1-1 传水队（早期灭火战斗行动中最有效的运送水源的方式）使用的水桶

图 1-2 现如今，将水源运送至火场的方式有很多

> **提示**
>
> 策略是关于需要实现何种意图的广义的、一般性的陈述或想法，但战术是为实现策略性目标而设计制定的具体措施。

(a)　　　　　　　　　　　　　　　　　(b)

图 1-3　（a）早期消防设施极大提高了传水队的灭火能力；（b）当代消防装备得到了极大改进

当代消防机构的种类也可做同样类比。消防机构因其驻地消防局及其任务辖区不同而有所不同，既有驻扎在小镇上的、全部由志愿者组成的消防队，也有面向都会城市服务、由志愿者和消防员共同组成的大型消防队，如图 1-4 所示。但不同消防机构没有好坏之分。消防机构的种类取决于社区对消防服务的需求、驻地消防部门的职能以及纳税人愿意为消防服务所承担的费用多少等因素。

图 1-4　地方消防队示例

无论现场可调用资源的多少，火场上的灭火战斗策略和战术目的从未有过任何改变。但用以实现这个策略目的而采用的战术和战术方法却发生了极大变革。例如，有些消防部门，在应对火灾时，可能有足够的装备，但也许会因兵力不足而导致供水不足。而有些消防部门则既有足够的装备，也有足够的兵力和水源供给。事件指挥官必须对其所能调用消防资源的灭火及应急救援能力和局限有准确认识，并能够随时根据这些因素来调整消防队的战术目标和战术方法。

人员编制水平会直接影响灭火战斗行动效果和消防员自身安全。在过去的近几十年里，许多职业消防队由于政策原因和经费问题而导致人员不足。行动方案必须将上述人员变动情况纳入考量范围并做出针对性调整。消防队的消防服务能力取决于驻地社区愿意承担的费用。因而，有些消防队的行动小组人员编制数量可能仅仅是每组 2 人，但有些消防队却能达到每组 5 人。人员编制水平会影响策略能否实现，因此，指挥员在部署战术行动时必须将可用兵力数量纳入考虑范围。除此之外，供水也分固定设施和移动设施两类，取决于辖区内建筑物的建设规划情况。

尽管战术目的和任务会因受内部或外部因素影响而有所区别，灭火作战行动的策略却不因消防队种类不同而有所不同。任何消防队的任务，都是抢救生命并降低财产损失。实现这一使命，需要掌握的知识涉及诸多方面，在本书中都会有所涉及：

- 火灾动力学；
- 灭火剂的种类；

- 事件管控；
- 指挥与控制；
- 消防员安全；
- 消防队行动；
- 内部管理；
- 事故预案编制；
- 消防系统；
- 平息事态；
- 独栋、双拼以及多住户民用建筑的常用火灾扑救方法；
- 商用建筑物火灾；
- 人员密集场所和高层建筑火灾；
- 交通工具火灾；
- 林野火灾；
- 其他火灾及特殊火灾事故。

> **提示**
>
> 无论现场可调用资源有多少，灭火战斗策略都是一样的。
>
> 人员编制数量会影响消防队实现行动策略的能力，指挥员在部署战术行动时必须将其纳入考虑范围。

1.2 变革的原因

既然消防部门如今在火场上的行动策略与 250 年前并无区别，那么是什么原因导致灭火和营救行动的方式发生了如此巨大的改变呢？促使消防服务发生巨大变化的原因有许多。这其中，有的主导因素属于正面因素，如消防装备和人员防护装备的发展革新、不断完善的消防员教育培训体系、更加严格的标准和规范以及不断升级的各类防火系统。在第 2 章 "消防员安全"中，将对直接影响火场作战策略和战术行动的一些规范和标准做详细介绍。同时，带来这些变革的原因中，也有一些负面因素，这其中就包括消防员和民众伤亡事故。

建筑材料和火灾荷载的变化也在一定程度上带动了消防服务的变革。例如，建筑结构种类和工程方法的变化，以及民用和商用建筑中随处可见的可燃材料的大量使用，如图 1-5 所示。此外，各种火灾风险还来自于建筑结构设计领域的发展、林野-城市交界区的不断发展，交通工具上各类设备（例如，气囊和替代性燃料）的更新换代，以及不断涌现的各类危险化学品。最终，这些变化或多或少会影响当地社区、州、甚至国家性的各种活动和设计，进而

图 1-5 典型现代单层住宅建筑，建筑结构和材料的变化极大地增加了火灾风险

影响为其服务的消防部门的各类行动。例如，美国严峻的反恐形势直接带动了反恐策略和政策的变革。变革无可避免，因其本身就是人类对进步永无休止的追求所带来的结果。

1.3　推动变革的特有催化剂：管理的变革

具体来说，上述的各种"催化剂"究竟是怎样影响作战目标和战术行动变化的？下面，将逐一分析引起灭火策略和战术变化的具体原因。

> **提示**
>
> 建筑材料和火灾荷载的变化直接导致了消防服务的变革。例如，建筑施工中各种工程方法的运用以及民用和商用建筑中随处可见的可燃材料的大量使用。

1.3.1　装备更新

近年来，个人防护装备（PPE）不断更新换代。一般来说，尽管有些消防部门由于经费原因，仍然不能为消防员提供最佳的个人防护装备，但金属头盔和橡胶防护服已被淘汰，如图 1-6 所示。现如今，消防员大多配备的防火服使用的是诺梅克斯（一种芳香族聚酰胺纤维的商品名）和凯拉维尔 B 纤维（一种质地牢固重量轻的合成纤维）等材料，个人防护装备大多使用的是透气并能够隔热的热防护材质，能大大降低消防员因过热而晕厥的概率。现如今，防护服上还增设了一条救生拖拉带，缝在上衣上并在腋下位置加固，在消防员坠落时提供保护，如图 1-7 所示。

(a)　　　　　　　　　　　　　　　(b)

图 1-6　(a) 30 年前典型个人防护装备；(b) 个人防护装备发生了巨大改变

装备生产商在轻型、复合材料的头盔研发中也不断取得新突破。许多州级和联邦级标准中，都强制要求在直接威胁生命和健康的环境下（IDLH）工作时必须佩戴呼吸装置，比如职业健康和安全管理局（OSHA）1910.134 号标准就有这一规定。现在，佩戴个人警报装置也属于强制性要求，该装置能够在消防员停止移动 20～30s 时，发出高分贝声音警示信息。

还有许多其他装备的发展，同样在保护财产损失、提高行动效益方面发挥了巨大的作用。这其中就包括破拆强攻装备，例如手持液压工具，能有效提高强攻破拆的效率。红外头盔或手持热成像仪则大大提高了潜在受害者的生还率，同时也有助于消防员及时发现隐藏在天花板、墙体等内部的起火点，进而及时采取必要措施来降低财产损失。

图1-7　配备防护装置（救生拖拉带）的战斗服

这些装置和装备的发展直接提高了消防员行动的效率，并促进了灭火策略和战术不断发展。消防员能够深入起火建筑内部开展搜救行动，更加快速地破门开展内攻，也能够更有效地利用水源。然而，战术行动必须以最大限度发挥各类装备的功能这一原则来展开。如此，才能在最短时间内实现保护生命财产安全、防止事态蔓延这一灭火策略。

1.3.2　不断完善的消防员教育培训体系

设立在马里兰州埃米茨堡的国家应急培训中心的成立，更具体来说，国家消防学院（NFA）的成立，极大地推动了消防领域科研和教育行业的发展，如图1-8所示。

国家消防学院由联邦政府出资建成，是美国消防局（USFA）的组成部门，行政隶属关系上属于美国国土安全部（DHS），是其下属的联邦应急管理局（FEMA）的一个分支部门。这一组织体系是在2001年9月11日恐怖袭击后确立的。2001年，乔治·布什总统成立了国土安全办公室（OHS），2002年他又组建成立了国土安全部。之后，美国消防局在隶属关系上先后做过数次调整，曾先后隶属于联邦应急管理局、国土安全部或同时接受二者领导。

国家消防学院最初成立于1974年，是依据1974年颁布的《联邦防火和控制法案》规定所成立。促成该法案的最直接因素，就是《美国在燃烧：国家防火及消防管控报告》这一里程碑式的文件。近年来，尽管国家消防学院经历了多次隶属关系上的调整，但其职能和服务面向自始至终未曾改变。学院将全国甚至全世界各地的消防员聚集在一起，进行系统的教育培训，培训内容极其广泛。

该学院官方网站显示：国家消防学院设计和开设的课程和培训项目，均旨在提升消防及其他灾害应急管理部门和人员应对火灾及相应灾害的能力。学院的授课方式多样，相关课程既在马里兰州埃米茨堡的学院本部授课，也通过与其他州及其当地消防培训机构、大学合作在全国范围内授课。

图1-8　国家消防学院极大地带动了消防高等教育的发展

国家消防学院在教学层次上也在逐步升级，

如执行消防官培训项目（EFOP）和远程教育项目（DDP）以及其他多个本科学历项目，其中的远程教育项目就是该学院与另外 7 所高校联合，面向全国开展的在线学位课程，如图 1-9 所示。

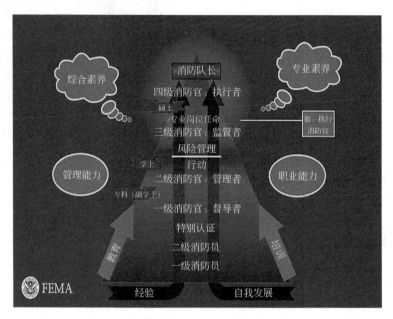

图 1-9 国家职业发展模型

国家消防学院所创立的火灾与应急管理服务高等教育（FESHE）模型，引领了全美消防高等教育标准化的发展。该模型旨在为高校开设的消防方向本科学位专业或辅修学位专业的核心课程设立一个统一的、较高的标准。关于火灾与应急管理服务高等教育的更多内容参见美国消防局网站。

州属消防大学同样在促进消防员教育培训领域的变革中起到了至关重要的作用。大多数州立消防学校都在特定领域（如消防指挥员、火灾勘查员）设有国家认证的专业。这些学校还针对某些直接影响火场战术行动展开的内容开展实战培训，如人员解救、高空救援、水泵操作及流体力学、城市搜索及救援、野外医疗救护等课程，如图 1-10 所示。

消防培训教育体系的发展，同样还得益于地方社区大学和职业学校的发展。这类机构往往会不间断地开展类似危险化学品及封闭空间救援等方面内容的培训和教育。大多数社区大学都设有专科的火灾科学或应急管理专业，同时，许多州政府或相关机构都会对取得相应学位的人给予一定教育奖励。

现如今，消防员有大量的教育培训机会，既有关于基本技能的职业培训，也有硕士甚至博士学位的学历教育。任何事件的指挥员，无论事件大小，都必须了解现场人员及装备的优势和局限性。如果现场大多是受过专业培训、

图 1-10 能够开展实训的训练塔

经验丰富的消防员，现场决策就要容易得多。但如果现场消防员大多是没什么经验的新人，指挥员的决策可能就大不一样了。这种情况就类似于棒球队的教练，通常会将最好的击球手放在首发阵容的最前位置，最佳外野手安排在内场。教练了解球队球员的能力和特长，据其制定的这一战术是获得比赛胜利的最佳战术。试想一下，如果将一个好的投球手安排在右场，由其负责接小腾空球是一种怎样的资源浪费啊？同样的，聪明的指挥员会充分了解现场行动人员的受教育情况，并做出最优部署。如果一名消防员熟悉某一特定领域，如危险化学品，那么该消防员的这一能力就应该在战术部署时加以考虑。

1.3.3 规范和标准

各类规范和标准的完善发展，也直接带动了消防部门战术手段的革新。图 1-11 中的物品，就是不断发展完善的建筑规范和标准中所要求的各种新设备，包括建筑物中的各类喷淋系统、竖管、火灾报警系统和安全通道。

喷淋系统在很多建筑结构中被采用，目前，全国所有新建民用项目均被强制要求安装固定喷淋系统。在扑救配置有喷淋系统的建筑物火灾时，能否保证喷淋系统能够得到最大程度的利用取决于火灾发生前的几个重要举措。要想在营救和灭火行动时采用最佳战术，事件指挥官和消防员必须第一时间了解起火建筑内配置的喷淋系统的具体型号。这一信息只能通过指挥员对所属辖区内特定建筑开展详尽的事故前预案制定和勘查才能获得。喷淋系统通常被应用于各类战术行动，仅仅是因为其方便消防员使用。有效利用喷淋系统，有助于第 4 章"协调与控制"中讨论的各种灭火策略的达成。

室内消火栓系统的出现，是多层和大面积建筑的另一项进步。与喷淋系统一样，事件指挥官和消防员必须掌握建筑物内室内消火栓系统的具体型号，如图 1-12 所示。这一信

图 1-11　喷淋系统是消防部门
灭火行动的有效工具

图 1-12　室内消火栓系统是提升
多层建筑灭火能力的一项重大革新

息最终会影响战术决策。室内消火栓系统能够减少消防员携带的水带数量，进而有效避免消防员体力透支。此外，利用它还可以有效节省铺设水带干线的时间。消防员内攻灭火时，携带一套消火栓套装（也称为高层套装）显然要比携带一条 300～400ft 长、2.5in 或 3in 宽的水带要容易得多。该套装仅包括一条 150ft 的标准水带、一个水带接口转化器或一个闸阀分水器、一只水带扳手。

> **提示** 🔔
>
> 　室内消火栓系统能够通过减少消防员灭火行动中携带水带的数量而减少其体力消耗。

　　在火灾事故初期，必须充分考虑为喷淋系统或室内消火栓系统供水或加压设施的位置。有些建筑物内同时配有由同一集水器供水的喷淋系统和室内消火栓系统。然而，在一些大型商场、高层建筑、多翼建筑中，可能由数个集水器为建筑物内各类消防系统的不同部分供水。掌握这些信息的唯一渠道，就是通过实地走访和事前预案制定。战术方法的选择，应基于该建筑物的结构、组件、现有装备和兵力等。

　　还有一项标准，同样引发了灭火战斗策略和战术的变革，这就是对建筑物安全出口的标准要求，如图 1-13 所示。消防员在处置新建住宅建筑物火灾时，都知道在住宅的睡眠区通常能找到一个撤离出口。另外，对于各类商业建筑来说，也都设有各种各样的安全出口，并对出口的最小宽度有明确要求。这些关于安全出口的要求来自于各类规范和标准，对战术方法的变革产生了重大影响，并极大提升了人员生还率。消防员在火场上必须谨小慎微，在设计灭火战斗策略和战术时充分考虑到安全出口被锁闭或堵住时可能会出现的问题，如图 1-14 所示。此外，住宅建筑和商用建筑中均有可能出现的一个问题，就是业主对建筑结构的违规改造，这些改造很有可能导致规范中要求的安全出口的数量减少甚至被封堵。消防员不能想当然地认为，规范中所要求的安全出口全部可用。

图 1-13　尽管各类标准和规范中都对安全出口的设置有明确要求，但安全出口经常被堵闭而无法使用

图 1-14　在确定行动策略和战术行动时，必须提前预估安全出口被锁闭时应如何应对

火灾报警系统能够在短时间内检测到火灾发生并在第一时间作出适当反应，这同样也会影响灭火战斗行动中灭火策略和战术手段的制定，如图 1-15 所示。现如今，报警系统的造价已经有所降低，在很多商用建筑和民居中都比较常见。报警系统存在的一个问题，就是火灾误报。如果消防部门经常在辖区内遇到特定建筑物发生火灾误报，很有可能会造成消防队的大意。而这种大意往往是致命且不能容忍的。

图 1-15　火灾报警系统能够及时发现火灾并作出示警

规范和标准给消防服务的发展带来的影响是正面积极的，但其中的许多进步都被大家认为是理所当然的，如楼梯上的台阶尺寸、残疾人专用坡道的宽度、可用装饰材料等。

> **安全提示**
>
> 当一个消防部门经常接到其辖区内某一特定建筑的火灾误报时，消防部门很有可能会对该建筑的任何报警信息都比较大意。而这种大意往往是致命的且不可补救的。

1.3.4　消防员及民众伤亡

所有消防员死亡事故都必须做详尽调查，总结其经验教训，并形成经验性的学习材料。这类研究的目标，是为了防止未来的灭火行动中再次出现类似的伤亡事故。消防员和民众伤亡事故，在促进灭火战术行动的发展和变革中起了重要作用。消防员伤亡直接影响了灭火作战行动的开展方式，也影响了火场上各类决策方案的制定。有些伤亡事故，也直接促成了规范的变革，如图 1-16 所示。例如，在费城一栋高层建筑火灾中，3 名消防员不幸遇难后，费城立即要求所有高层建筑中都必须安装喷淋系统。民众的伤亡事故，同样带动了建筑标准领域的变革。例如，人员密集场所火灾导致的大规模人员伤亡事件，直接影响了有关标准和规范中对建筑物内安全出口的相关要求。任何火灾伤亡事故都会对消防员个人产生一定影响，如图 1-17 所示。亲身经历过伤亡事故的消防员都会从自己的角度反思，并主动提升他们的消防技能和战斗能力。

国家职业安全和健康研究所会对美国境内的每一起消防员牺牲案例做详尽调查。甚至，国家消防学院还专门印发了一部消防员死亡验尸规范供验尸官采用。除各项验尸工作的细节外，该规范详尽描述了应如何在验尸过程中保护死亡消防员所穿防护服的完整性。因为防护服状态的分析是整个调查活动的一个非常重要的方面。

新闻媒体、死者家属以及其他消防员同事都希望知道，死者的牺牲是有价值的。一些机构和人想了解的是，殉职消防员是否配备了恰当的装备、他们受过的培训是否完备，还有的人和机构希望确保造成人员伤亡事故的错误是首次出现，而非悲剧再现。

本章提及的新泽西发生的火灾案例，是一起消防员伤亡引发战术决策变革的典型案例。在这起火灾之前，弓弦桁架这一建筑结构并不为人熟知。事实上在当时，美国大多数

图 1-16　消防员伤亡事故影响了火场上各类决策　　　图 1-17　消防机构极其尊重那些殉职消防员，
的制定。然而，每年仍有 100 名左右的消防员在　　　　　同时，每名消防员对消防员伤亡事故有
灭火行动中牺牲。图中的殉职消防员纪念碑　　　　　　　　　　自己的看法
位于国家消防学院（马里兰州埃米兹堡）

消防机构都没意识到，火场上除了火灾本身还有其他危险存在。在 1988 年哈肯萨克火灾中，没有一人预料到，房顶会突然坍塌并带来如此严重的后果。这起火灾包括其他伤亡惨重的火灾发生之后，消防部门看待这类事故的角度发生了变化，并因此导致了战术行动的变革。不幸的是，尽管如此，美国每年仍然有 100 名左右的消防员牺牲。除了哈肯萨克火灾以外，还有很多消防员牺牲的案例。

每年国际消防员协会、美国消防协会、美国消防局等机构都会对消防员伤亡数据做详细统计（关于这一话题的更多信息，参见第 2 章 "消防员安全"）。一份关于这些统计数据的报告显示，消防机构仍然在不停地重复同样的错误，年复一年。仍然有消防员因未系安全带而在消防车车祸事故中丧生，在闲置建筑物内丧生，或在林野火灾中为保护树木而牺牲，这些事故中，没有任何家庭或商业受到火灾威胁。

最不幸的是，在这大约每年 100 名的伤亡数据中，超过半数消防员是由于压力造成的，然而，美国仍然没能针对职业消防员队伍或志愿者团队出台一部全国通行的、强制性的身心健康项目。消防部门将消防员的健康挂在嘴边，甚至还出台了一项标准即 NFPA1500《消防部门职业安全和健康计划标准》，但是，时至今日，仍然没有任何有效举措来有效避免这类事故的发生。保持健康的体魄必须是一项强制性要求，各级官员必须引导其所属消防员重视，并努力提升个人的健康水平。健康标准有利于确保消防员的生命安全，并且对其辖区内民众生命安全有重大意义。如果不能从以往的错误中学习到这点，那么这些悲剧就注定会一再重演。

这些具有积极作用的影响因素不断出现，战术行动和战术手段的变革也随之发生。例如，哈肯萨克福特火灾促使事件指挥官认真思考行动时内攻行动的可行性以及内攻转外攻的时机等问题，尤其是在建筑物内受困人员生命安全有所保障的情况下，这些行动如何展开。

消防员伤亡同样还促进其他方面的变革。有些带来了全国性的影响，有些则带动了当地消防部门灭火战斗行动的发展变化。最近的一些变化包括针对受困消防员设立的快速干预组、人员管控、2 进/2 出规则，以及健康计划等。消防员伤亡事故本身、针对事故的调查以及媒体对消防部门灭火救援行动的关注，都是带来各种变革的催化剂，然而，这种变革通常仅仅是短期的。消防员必须以开放的心态面对这些事故，从中吸取教训并做出长期性的改变。

民众伤亡事故同样在很大程度上促进了消防部门灭火救援行动的发展变革，这种影响往往是通过促成某些规范的颁布或对现有规范的强化升级来实现的。关于这一点，最好的例子就是1942年马萨诸塞州波士顿椰林火灾。火灾中，有492人死亡，主要有以下三点原因：装饰材料可燃，安全出口数量不足，人员过于密集。值得关注的一点是，这起火灾中发现的危险因素都在1942年版的《建筑物安全出口规范》中有所提及。这起火灾之后，关于这一规范的执行和适用法律的讨论不绝于耳。进而，美国消防协会1945年的年例会上提出了对这部规范做适当修改的建议，这些建议被1946年版的规范采用。修改建议包括：针对安全出口的测量方法，对楼梯间封闭墙、可拆卸旋转门、照明及标示等的明确要求，以及一份关于室内装饰的特别说明。

这些由于民众伤亡事故而促成的规范上的变革，同样也影响了灭火策略和战术行动的发展。例如，20世纪40年代，椰林火灾带动了相关规范的进一步完善升级，规范的升级又促使当时的消防员开始注意室内装饰材料对灭火战斗行动的影响和潜在风险。消防员要正确开展各类战术行动，就必须了解火灾机理并考虑火势在建筑内的蔓延速度。

提示

现如今的家具材料包括塑料、泡沫以及合成纤维。住宅内部铺有覆盖地面的合成纤维地毯，并装有各种板材橱柜。这些因素都会造成火灾发展机理和火势蔓延趋势的改变：它们会产生有毒烟气和浓烟，火焰的温度也会大幅上升。

1.3.5 建筑材料以及建筑物内的物品

很多人都很享受在壁炉或篝火边上的安静时光。木头燃烧产生的火焰使人愉悦，尽管有时候烟气也会窜入人们的眼睛，它们却不会威胁到人类的财产或生命安全。然而，将泡沫塑料杯和塑料叉子投入火中，会产生刺鼻的气味，并带来巨大安全威胁。这一比喻，恰恰能够说明近年来建筑材料以及建筑物内物品的变化给灭火战斗行动所带来的影响，如图1-18所示。

20世纪二三十年代，住宅内部通常以木质、皮毛、棉织物和羊毛等材料装饰，建筑的主要结构也以木材为主。橡木之类的硬木地板和塑料泡沫材质的屋顶十分常见。

建筑材料和建筑物内的物品的变化，必然对消防员灭火战斗行动产生一定影响。如今，家具材料包括塑料、泡沫和合成纤维。住宅内部铺有覆盖地面的合成纤维地毯，并装有各种

图1-18 类似建筑材料的各类因素（不管其是否易燃），以及建筑物内部的各种物品，都会极大地影响灭火策略和战术的制定（请注意火势的蔓延趋势）

板材橱柜。结果就是，与以木材和自然纤维为主建成并装饰的传统住宅相比，现代建筑材料和内容物的燃烧温度是前者的 2 倍。这些因素都会造成火灾机理和火势蔓延趋势的变化：除燃烧温度更高、速度更快以外，后者发生轰燃所需的时间更短，并且会释放出大量有毒烟气和浓烟。消防员必须全程佩戴空气呼吸装置和防护装置，在清理火场阶段也不例外。关于空气呼吸装置的佩戴使用，有一个惯例，就是消防员深入建筑内部持续开展灭火救援行动的时间，不得超过 2 个 30min 自给式呼吸器气瓶用尽的时间。费城消防局曾经对 750 名消防员做过一项实验，30min 自给式呼吸器气瓶的平均使用时间是 12min 50s。事件指挥官应当随时指挥其所属消防员作适当休整，而不是等到消防员或消防队官员提出休整要求才意识到这一问题。气瓶消耗时间会根据天气情况、火场温度、救援行动的不同以及消防员个人身体素质的好坏而有较大变化。消防员的耐力、后备人员的数量、休整场地等都需要纳入战术行动的决策范围内。尽管这些原本就是战术行动必须要考虑的内容，但建筑材料的变化却一直影响着灭火战斗行动的发展。

1.3.6　建筑设计和工程

哈肯萨克福特火灾是消防部门用以说明特定工程类型危险性的一个典型案例，尤其是木结构弓弦桁架屋顶结构。消防员知道这种桁架结构在火灾中会解体，建筑物的各种建筑设计和工程结构的最终目的都是为了抵御重力和风力，维持建筑物的稳定。通常情况下，桁架就是基于这一理由而设计建造的，然而，当其受到火灾高温的影响时，构成桁架的材料就会迅速掉落，如图 1-19 所示。火焰及其温度的影响并不在桁架设计者的考虑范围内。

图 1-19　轻型桁架木结构在新型
建筑中十分常见

如今，轻型桁架屋顶随处可见，尤其是在新型建筑中，这种结构被广泛应用。轻型桁架通常是选用 2in×4in 规格的木材，通过工程方式组建一系列三角形单元，并设有上弦杆和腹杆，这种组合结构十分稳定。这些 2in×4in 规格的木材通过一种小型金属板连接在一起，被称为角牵板。角牵板采用 0.25in 的突出钉与木材固定在一起。数个桁架按照 16～24in 的距离横向排列在承重墙上，构成屋顶的骨架。角牵板通常情况下（除非因加工质量或安装有误）都很稳固，然而，当其暴露在火灾中时，角牵板将从木材上脱落，并造成整个桁架的脱落。其结果就是屋顶整个或部分坍塌。2008 年，美国安全检测实验室的一项研究发现，轻型木结构组件较之传统建筑技术来说，更容易脱落，相应地，消防员必须意识到轻型木桁架结构可能衍生的各种危险。

此外，桁架设计中纯木质材料的大量应用，对于身处其中开展灭火战斗行动的消防员来说，不亚于在其头顶悬挂了一个露天的木材堆垛。轻型桁架结构的出现，极大地改变了传统的灭火策略和战术。处置一场阁楼火灾时，必须要定位起火点、控制火势并尽快扑灭，否则极有可能出现屋顶坍塌的严重后果。在建筑中使用的轻型金属材质的桁架，一般是用在大跨度空间建筑物中，例如超市或折扣店。这种桁架在火灾初期很容易遇热脱落，也有可能在消防员对屋顶进行破拆、以实现火场通风的过程中因悬梁被切断而导致脱落。

单户住宅建筑中屋顶设计的改变，对于消防应急救援服务工作也有一定的负面影响。新近建成的现代风格的住宅造型都很陡峭，这种建筑风格也给消防员实施垂直通风行动造成了一定的困难。各种空隙、不可见区域，例如阁楼与墙面、地板与墙面之间的区域，通常被各种物品填充，而这种缝隙和填充物的燃烧通常难以发现，同时也会进一步影响建筑组件的稳定性。这些空隙或空位，也为火势蔓延提供了通道。消防员必须留意建筑内各处空隙的位置及其潜在的风险。

其他建筑上的变革则对消防灭火与应急救援服务带来的是正面影响。轻型构架的建筑中，地面或阁楼区域不设置任何防火墙。如果起火点位于一楼，火势将毫无阻拦地蔓延到阁楼。而现在，这种建筑被强制性要求设置防火墙。然而，时至今日，美国境内仍有许多居民居住在未设置防火墙的住宅建筑中，如图 1-20 所示。

图 1-20 在旧木结构建筑火灾中，消防员必须充分考虑房屋建造中使用轻型构架的可能性

根据建筑材料和建筑结构、工程方法而调整作战目标和方法的关键在于事故前的调查及预案制定。消防员必须充分熟悉其任务辖区内建筑的种类和特点，并在灭火行动中对作战目标和战术行动做出适当调整，以确保用最安全的方式实现控制事态的战术意图。如果消防员熟知辖区内建筑类型、所用建筑材料、建筑设计，以及特定建筑结构所用最基本的工程方法，作战目标的实现和战术行动的开展都将更为高效。

提示

如果消防员熟知辖区内建筑类型、所用建筑材料、建筑设计和特定建筑结构所用最基本的工程方法，作战目标的实现和战术行动的开展都将更为高效。

1.3.7 林野-城市交界区

一般来说，森林火灾扑救行动往往由多个州和联邦机构的林业部门联合展开，而建筑物火灾则通常由驻地消防部门来承担。那么，林野火灾是如何影响消防应急部门的作战目标和战术行动发生变革的呢？许多民用建筑位于森林和灌木林内部或周围区域，当森林火灾向在用住宅建筑蔓延时，这一位置因素就会影响灭火战斗目标和战术行动的制定和展开，如图 1-21 所示。林野-城市交界区的火灾形势，随着近年来更多的人由城市向郊区和乡村迁移而日益严峻。人们喜欢森林的宁静和凉爽。而随着这一趋势不断发展，林野火灾对民用和商用建筑的威胁也越来越大，如图 1-22 所示。

1.3.8 车用新型装备和材料

类似空气气囊、纤维玻璃、催化转换器、减震缓冲器、封闭式空调单元等新型设施的

图1-21 如今，在野外和森林内部或周围
建造家园是一种非常流行的生活方式

图1-22 林野火灾

研发使用，压缩天然气、丙烷、甲醇和电力等替代能源的推广运用，混合动力机动车行业的发展，塑料和轻型金属在交通工具制造业的大量使用，以及其他交通工具的技术发展，都对交通工具火灾扑救行动带来了深远的影响。就像前文提及的其他"催化剂"一样，这一领域内的技术革新和应用，也在不断发展并日新月异。

1.3.9 危险化学品

任何火灾中，都存在一定的危险化学品，无论是车库、工厂、零售商店、住宅建筑、棚式建筑和商用建筑中。同时，危险化学品还正通过公路、铁路和海运的方式被运送到世界各地。这些危险化学品直接影响了灭火战斗行动的展开方式。甚至在人们普遍认为的一般家庭火灾中，也会由于住宅内部存放的各类杀虫剂、除草剂、汽油而产生有害物质。有毒化学品会影响火的燃烧性质，造成灭火战斗行动发生变化。

安全提示

有害物质几乎在任何火场中都存在：车库、工厂、零售店、住宅、棚区以及商用建筑。

1.3.10 正在发生的各种变革

灭火策略和战术的变革永远不会停止。影响其发生变革的因素中，有些是逐步并且缓慢的，也有些是立竿见影的，例如职业安全和健康管理局制定的各类规则和标准，一经颁布就会立即对灭火与应急救援行动产生影响。消防员必须熟悉这种变革，以确保最基本的灭火策略和战术得以实现：抢救生命并降低财产损失。本·富兰克林成立第一支消防队时要考虑的全部内容加起来，都不会比如今一个消防员在火场上需要考虑的因素多，但是灭火战斗策略目标和战术目的却从未发生过任何改变。借以实现这些目标和目的的程序和方法，必须随着各种影响因素的变化而做出适当调整，否则，这一最基本目标就无从谈起。

1.4 消防员职责

从灭火策略和战术的角度来说，消防员的职责多种多样。无论职务高低，每一名消防员都必须准确理解每一场灭火战斗行动的目标和战术目的。这种理解能力不能单纯通过在学校的学习或培训获得。在试用期内的消防员（新任）通常在指挥员的指令下，能够按照战术目标的意图准确实施作战行动。但对于这些新人来说，准确理解全部灭火战斗行动所涉及的各种方法和技术，则需要大量的经验和培训。然而，从功能上来说，每名消防员都是正常灭火战斗行动的一部分，都属于灭火战斗行动资源。火场上英勇奋战的消防员，同时也是事件指挥官的眼睛和耳朵。消防员必须对本书所提及的有关概念有最基础的了解，比如火灾动力学这一概念。在灭火行动中，准确判断火情发展机理和蔓延方向对提高行动效益有极大帮助。消防员同时也应该对火场上现有灭火剂的性能有准确认识，并能够熟练应用。此外，熟悉指挥和控制程序，熟悉各项安全措施，熟悉不同种类的战斗目标、战术目的以及战术方法，同样也是消防员的职责范围。

> **提示**
>
> 无论职务高低，每一名消防员都必须准确理解战斗目标和战术行动。

本章小结

- 尽管两个世纪以来，消防部门的任务始终未曾改变，但这期间科学技术和各类标准的发展进步，带动了灭火战斗策略和战术行动的变革。
- 促使消防应急救援服务发生变革的因素有很多，有些主导性因素属于正面因素，例如装备和个人防护装备的发展更新，以及更加完善、系统的各类规范和标准。有些因素则是负面的，例如消防员及民众伤亡事故、不断出现的各类危险化学品，以及恐怖主义带来的威胁。
- 战斗目标和战术行动变革的主要原因包括：
① 装备的更新；
② 日益增加并不断完善的教育培训机会；
③ 各类规范和标准的修订和完善；
④ 消防员和民众伤亡事故；
⑤ 建筑材料和建筑内容物的变化；
⑥ 建筑设计和工程手段上的变化；
⑦ 林野-城市交界区的出现和兴起；
⑧ 交通工具上各类新型设施和材料的运用；
⑨ 有害化学物质；
⑩ 持续不断的变化。
- 对于灭火策略和战术来说，消防员的任务或角色有多种。无论其职位高低，每一名消防员都必须对策略和战术有准确理解。

主要术语

美国在燃烧（America Burning）：一份向总统提交的关于美国消防工作现存问题的报告，也称为国家防火及消防管控报告。

轻质木框架（balloon frame）：一种旧式木结构建筑形式，这种结构中，墙体直接由建筑物地基延伸至建筑物顶部，中间不设置任何防火墙或防火设施。

上弦杆和腹杆（chord and web）：桁架结构的部件。其中上弦杆是主体，不论其位于桁架结构的顶部还是底部；腹杆是垂直方向上的部件。

国土安全部［Department of Homeland Security（DHS）］：为维护美国国土安全的国家安全战略目的，依据 2002 年国土安全法案而建立的一个联邦机构，其职能是保护国家免受国内外各类威胁。

执行消防官培训项目［Executive Fire Officer Program（EFOP）］：美国消防局及国家消防学院共同设计的一个培训项目，主要是针对高级官员和其他承担主要领导职责的人员开设，培养其执行层面的理论知识、技能和能力。

联邦应急管理局［Federal Emergency Management Agency（FEMA）］：美国国土安全部下设的一个联邦机构，主要是与民众和应急处置机构合作，针对一切有害事件开展事前预案、处置以及善后等工作。

角牵板（gusset plates）：桁架结构中使用的连接片。在钢结构桁架中通常是平面钢片，在木结构桁架中是轻型金属或是压合板材质。

国际消防员协会［International Association of Fire Fighters（IAFF）］：代表美国和加拿大两国在编消防员的一个工会组织。

凯拉维尔纤维（kevlar）：一种广泛用于消防员个人防护装备尤其是内部防护服的材料，其特点是抗磨损和耐热。

国家应急培训中心（National Emergency Training Center）：位于美国马里兰州埃米茨堡的一个培训中心，为美国消防局、国家消防学院和应急管理学院服务。

国家消防学院［National Fire Academy（NFA）］：隶属于美国消防局，负责为消防员和消防局各级人员开发教育培训课程，并承担教学任务。

美国消防协会［National Fire Protection Association（NFPA）］：1896 年成立的一个公益性组织，该组织致力于减少全球范围内的火灾和其他灾害隐患。该组织通过颁布各类规范和标准、面向公众开展教育培训、倡议、职业发展培训、信息资源共享和出版相关印刷品来实现这一目标。

国家职业安全和健康研究所［National Institute of Occupational Safety and Health（NIOSH）］：负责处理工作场所安全和健康问题的一个政府组织。该研究所自 1997 年开始承担消防员执勤伤亡事故的调查工作。

诺梅克斯（nomex）：一种被广泛应用于制作消防员个人防护装备，尤其是外部防护设施的材料，其特点是耐磨耐热。

个人警报装置（personal alert devices）：与个人警报安全系统类似的一种装置，能够在佩戴者停止移动时发出声音报警或其他警示信息。

个人防护装备［personal protective equipment（PPE）］：消防应急救援人员穿戴的衣物及各类装备。不同种类事故有不同的防护装备，例如，林野火灾中所穿戴的个人防护装备与扑救建筑物火灾时的装备就完全不同。

自给式呼吸器［self-contained breathing apparatus（SCBA）］：一种装配有稳定的空气供给设施和相关组件的呼吸保护装置，一般是由使用者直接穿戴。消防应急救援行动中所使用的空气呼吸器被强制性规定为正压式。

集水器（siamese）：一种将两根水带干线连接为一条干线的装置，一般配有瓣阀或门阀，防止在仅有一条水带连接时出现水流浪费的现象。

行动策略（strategy）：对需要实现的工作的一种广泛的、一般性的说法或想法。

战术方法（tactical method）：为实现战术目的（任务）而制定的各种物理移动和程序。

战术（tactics）：为实现行动策略目标而设计的各种功能性手段。

美国消防局 [United States Fire Administration（USFA）]：隶属于联邦应急管理局和国土安全部，负责指导并开展消防领域教学、科研和培训工作。

林野-城市交界区（wildland-urban interface）：是指未开发的荒野与人工建筑相结合的区域。

案例研究

假设你是消防局一名新任消防官，被分配至一个你并不熟悉的辖区工作。该辖区内既有商业建筑，也有民用建筑。其中，多数建筑是在近25年内建成，还有一部分建筑建于19世纪早期。利用本章所学习内容，试想一下你如何尽快熟悉该辖区？

1. 当进行辖区走访时，你发现那些旧式民用建筑多采用的是轻型框架结构。从战斗目标的角度来考虑，你认为你最关心的问题有哪些？

A. 火势可能会从地下室通过墙壁，以一种不可见的方式直接蔓延至阁楼区域。

B. 墙体上的角牵板会在火灾初期就开始脱落，并导致屋顶坍塌。

C. 由于建筑物主要结构是木材，消防员灭火时并不需要佩戴空气呼吸装置。

D. 火势在垂直方向上的蔓延速度缓慢，因为墙体内的火焰会自动熄灭。

2. 你发现，辖区内有三所小型商业建筑使用的是弓弦式桁架。这类屋顶本身所存在的风险，会对以下哪些问题产生影响？

A. 战斗目标

B. 战术

C. 战术方法

D. 对以上全部都有一定影响

3. 在另外一栋商业建筑中，你发现仓库中存放有杀虫剂、除草剂、汽油、氯气，从灭火战斗行动目标的角度出发，你最关心的方面是什么？

A. 上述化学品均应存放于隔热容器内以防止发生火灾。

B. 上述几类化学品并不需要消防员携带特殊防护装备。

C. 火势会因上述化学品参与燃烧而有所不同。

D. 由于存在这些化学品，消防员应该每10min进行一次调防。

4. 一名消防员向你提示说，有一栋建筑，他们以往接到过很多次火灾报警，但赶到现场后发现都是误报。因此，在你前任的指挥员并不要求队员携带全部防护装备。你对此有何看法？

A. 前任指挥员的做法是对的，如果现场火警属于误报，穿戴全套防护装备是对消防员体力的无端浪费。

B. 这是一种典型的、不可取的大意。

C. 防护装备可以在赶到现场后，确认发生火灾时再穿戴。

D. 由于你刚刚到任，可以先按照该方法执行一段时间并看看这种方法是否可行。

复习题

1. 描述本章提及的消防队伍的种类。
2. 简要描述一下个人防护装备都发生了哪些革新。
3. 说出促成1974年联邦防火及管控法案颁布的文件的名称。
4. 简要说明20世纪20年代的住宅与如今的住宅在建筑结构和建筑材料上有哪些区别。
5. 被用在轻型桁架结构屋顶、遇火极易脱落的金属板的名称是什么？
6. 列出消防员要成为一名优秀的战斗员应当理解的三个概念。
7. 为什么说对消防员来说，理解影响战斗目标和战术发展的众多因素是至关重要的？

讨论题

1. 请回顾在最近的1年中造成消防员死亡事故的一起案例，是哪些原因直接造成了这起伤亡事故？该事故中的某些事项是否引起消防部门的注意并影响了战斗目标和战术的制定？请解释说明。
2. 分析你所在单位所采用并实施的哪些新政策、新装备影响了战斗目标和战术制定工作。

参考文献

Backstrom, B., & Tsbaddor, M. (2009). Structural stability of engineered lumber in fire conditions. *The Fire & Security Authority, 2009*(3). Retrieved from http://ul.com/global/documents/corporate/aboutul/publications/newsletters/fire/fsa_issue_3_2009.pdf.

Demers, D. P. (n.d.). Fire incident analysis: Fire fighter fatalities—Hackensack, New Jersey, July 1, 1988. International Association of Firefighters. Retrieved from http://www.iaff.org/Comm/PDFs/IAFF%20Demers%20Hackensack%20Report.pdf.

Naum, C. J. (2011, November 4). Remembering Hackensack and Gloucester. *Firehouse*. Retrieved from http://www.firehouse.com/blog/10447416/remembering-hackensack-and-gloucester.

United States Fire Administration. (2010). Future students. Retrieved from http://www.usfa.fema.gov/nfa/future.shtm.

第 **2** 章　消防员安全

学习目标　通过本章的学习，应该了解和掌握以下内容：
- 消防员生命安全 16 项举措。
- 消防员健康和安全及应用灭火策略及灭火战术之间的关系。
- 研究火场人员伤亡的报告。
- 规范和标准对火场灭火战斗的影响。
- 火场常用的安全概念。

案例研究

　　2007 年 2 月 9 日，1 名见习职业消防员在参与实体火灾训练时牺牲。训练课程是 NFPA1001《一级消防员职业资质标准》中规定的实体火灾训练演练课程。牺牲的消防员是由 4 人组成的水罐消防队的一员，该行动由副中队长指挥，当时该演练中的师在对一排五层联排住宅的最边户实施灭火，该户住宅是闲置并且封闭的，使用的火为训练火。按照演练方案，他们应该穿过建筑物二层区域，并忽略二层内的任何起火点，由第二梯队负责扑灭二层火灾。该小组在二层和三层相连通的楼梯位置遇到了极为猛烈的火焰。死者当时负责操控水枪，承担演习指导任务的助教意图将进攻重点放在三层，但实际上该意图难以实现。助教通过三层的一处窗户撤离，负责在该条水带干线上为死者提供掩护的另外一名消防员也随之从该处撤离。然而，死者在试图同样从该窗撤离时被卡住，窗户距离地面高度为 41ft。助教及其他队员在协助其脱困的过程中发现，她已经失去知觉。待将其从火场解救出后，死者立即被送往当地一家创伤中心，在医院内，她被宣布死亡。

　　国家职业安全和健康研究所的调查员总结到：为了尽量避免类似事件再次重演，消防部门应当做到：

　　① 按照最新版的训练标准开展各项真火演练和训练。最新版的标准为 NFPA1403《真火训练标准》。

　　② 确保所有的训练及教学，包括真火演习都由教官直接指导和监督。承担指导任务的教官应当符合 NFPA1041《消防服务指导教师职业资格标准》的要求。

　　③ 为培训学校和安全部门提供充足的资源、人员和装备，以确保训练安全。

　　④ 消防队招收的新队员，在开始受训前，要按照消防部门的要求对其进行全面的体格检查。

　　⑤ 根据 NFPA1404《消防行业呼吸防护训练标准》，制定全面、系统的呼吸防护方案，并严格执行。

　　⑥ 在新招收的队员开展训练前，确保他们的身体条件都符合 NFPA1582《消防员体检标准》的有关要求。

⑦ 根据 NFPA1851《建筑物火灾扑救及近火灭火战斗防护服选购、护理和保养标准》的要求，制定防护服检查规范。

⑧ 确保演练现场指导教官和受训学员之间的通信畅通。

⑨ 根据 NFPA1561《突发事件管理系统标准》的要求，对所有事件处置行动（包括真火演习），引入事件指挥系统和人员管控制度。

⑩ 营造一种引导学员学习为主、而非压迫式教学方法的训练教学氛围。

此外，各州政府还应引入真火训练许可制度，仅在训练设施或建筑符合训练要求、训练及演习相关事宜均满足 NFPA1403 中所规定的要求后方能颁发训练许可。

提出的问题：

（1）你所在的消防部门开展的各项真火训练，不管该演习是在规定的建筑物内还是其他起火设施，是否是按照 NFPA1403《真火训练标准》开展的？

（2）在你所在的消防部门，对开展真火演练的指导教官的能力或资格是怎么要求的？

2.1 引言

如果一项关于火场策略和战术的研究中忽略了消防员安全和健康事宜，则该研究就不能称为一项完整的研究。消防员安全和健康一直都是所有事件指挥官和应急反应单位所关注的重点，但其也的确仅在近 25 年以来，才逐步成为大家关注的最首要问题。每年都有上千名消防员在各类行动中受伤，其中有很多人殉职。并不奇怪的是，根据各类公开出版的资料中的伤亡报告显示，仅有不到一半的受伤事故和大约三分之一的死亡案例发生在火场上。

NFPA1500《消防部门职业安全和健康计划标准》是确保火场安全和健康行动的重要文件之一。这份标准为消防员职业安全和健康事宜提供了一个基本框架。影响消防部门应急响应和行动方式的其他因素同样还有很多。其中包括职业安全和健康管理局的一份规定，它要求，除极特殊情况以外，灭火救援行动现场开展内攻之前，必须要成立不得少于 2 人的营救组，随时准备营救被困消防队员。这一规定也就是大众所熟知的"2 进 2 出规则"，也是影响全美消防部门行动的通则。

本章重点关注火场安全和健康与火场策略和战术的内部关系，包括对已经颁布实施的各类标准、规定和统计数据的简要回顾，并包括对降低常见伤亡事故的各类火场安全概念的介绍。

2.2 消防员生命安全 16 项举措

消防员生命安全 16 项举措的制定提出，是消防员安全领域的另一大进步。2004 年 3 月 10 日和 11 日，美国召开了消防史上史无前例的一次领导峰会，超过 200 名人员聚集到佛罗里达州坦帕市参会，集中讨论解决怎样防止消防员因公牺牲这一棘手问题。这场史无前例的国家消防员生命安全首脑峰会，将全国各个地区消防部门的主要官员集中到一起，专门就消防员生命安全这一关键问题开展了为期 2 天的会议讨论。美国境内每一独立成编的消防部门都派出了代表全程参会。

这场由国家殉职消防员基金会主办的首脑峰会，是美国消防界促进消防员生命安全战役迈出的第一步。基金会与美国消防局合作，制定了5年内将消防员死亡率降低25%、在2014年前降低50%的目标。而召开这一峰会的目的，就是要赢得消防部门官员对这一目标的认可、支持和配合，并根据这一目标制定详细的时间表，进而确保各单位能够严格按计划实施。这次峰会是美国消防史上一次里程碑式的会议，因为会议是美国历史上首次就减少消防员死亡事故这一专门议题而组织召开的、全美所有在编消防部门领导全员参与的大集会。会议为所有参会人员提供了一次难得的交流机会，让所有人都能够聚焦消防员人身安全这一问题，共同讨论并分析影响消防员人身安全的重要因素，共同研究制定一套关键举措，会议还成立了相关委员会和联盟，以确保这些举措能够得到有效落实。在这一开创性的会议之后，又召开过数次会议，对峰会所提出的相关建议进行了进一步完善。

峰会的最直接成果，就是促成了消防员生命安全16项举措的推广和实施，如图2-1所示。相关学习材料和其他资源也逐步开发完善，有力支撑了消防员生命安全16项举措的推广落实。这些材料可在国家殉职消防员基金会网站上找到。

① 建立并推行消防业内的安全文化革新，安全文化应该与领导、管理、监管、人员管理和人员职责等文化整合。
② 在消防行业内全面强化人员和组织机构对于健康和安全的责任意识。
③ 在任何层面的决策和考虑，都要高度重视风险管理与事件处置行动即突发事件管理的整合，包括策略性战斗目标、战术性行动任务以及行动方案中的任务划分。
④ 所有的消防员都必须有权停止任何不安全的行动。
⑤ 根据消防员职责，制定适用于全体消防员的训练、职业资格以及认证（包括定期审定）的国家标准并严格执行。
⑥ 根据消防员职责，制定适用于全体消防员医疗和健康的国家标准并严格执行。
⑦ 针对这些动议，制定全国性的研究计划和数据收集系统。
⑧ 利用一切可利用的技术，全面提升消防员健康和训练、行动安全水平。
⑨ 对全部消防员死、伤事故开展彻底调查，包括有惊无险的事故。
⑩ 经费管理部门必须大力支持提升人员安全的项目，并且/或者在经费申请审核阶段将某些提升人员安全的举措作为申请方是否符合划拨经费要求的强制性要求。
⑪ 针对应急响应政策和响应程序制定国家级标准，并推动实施。
⑫ 针对暴力事件制定国家级处置方案，并推动实施。
⑬ 消防员及其家属必须能够随时享受咨询服务或心理支持。
⑭ 作为消防和人员生命安全框架下的一个重要组成部分，公共教育应被赋予更多资源。
⑮ 进一步宣传推广住宅内部安装喷淋装置的必要性，并强化监督执行。
⑯ 在各类装备和设施的设计中，安全性必须是其最基本考虑内容之一。

图2-1 消防员生命安全16项举措

尽管图2-1中所列的人身安全举措中，有许多条都与火场策略和战术有关，甚至本身就是策略和战术的运用原则，但其中有7条与战术行动直接相关：
① 在任何层面的决策和考虑，都要高度重视风险管理与事件处置行动即突发事件管理的整合，包括灭火策略、灭火战术以及行动方案中的任务划分。
② 任何消防员都有随时停止任何不安全行动或操作的权力。
③ 根据消防员职责，制定适用于全体消防员的训练、职业资格以及认证（包括定期

审定）的国家标准并严格执行。

④ 利用一切可利用的技术，全面提升消防员健康和训练、行动安全水平。

⑤ 对全部消防员死、伤事故开展彻底调查，包括有惊无险的事故。

⑥ 研究制定应急响应政策和程序的国家标准，并严格执行。

⑦ 进一步宣传推广住宅内部安装喷淋装置的必要性，并强化监督执行。

2.3 消防员安全、策略和战术

消防员安全与灭火战斗行动策略和战术之间的关系可追溯至突发事件优先处置目标。突发事件的三个处置优先等级为人身安全、稳定事态和保护财产。消防员安全就属于第一优先等级：人身安全。

图 2-2 指挥员在制定稳定事态的策略时，必须充分考虑到消防员的自身安全

人身安全从来都是灭火救援行动中第一优先考虑的关键问题，一切行动都应当以此为前提来设计开展。某一特定事件中所制定并实施的策略和战术，都必须是基于确保消防员安全和民众安全二者兼顾这一前提。由于突发事件处置行动人员的人身安全是首位因素，处置行动和策略必须确保能够为行动人员提供最大程度的安全防护。换句话说，指挥员为实现稳定事态的目的而制定策略时，必须充分考虑到行动人员自身的人身安全，如图 2-2 所示。

> **提示**
>
> 人身安全永远是首位因素，并且所有的战术行动都必须以此为前提。

突发事件现场的风险评估可以按照以下原则来展开：

① 目标越大，风险越大；

② 目标越小，风险越小；

③ 对于已经形成事实、无法挽回的损失，无需承担任何风险采取营救措施。

更形象地来说就是，如果建筑物内可能有人受困，指挥员几乎无需犹豫便可派出一队搜救小组进入建筑物内开展搜救。然而，同样火情下，如果指挥员抵达现场后，通过清点人员，在确认住户已经全部撤出的情况下，可能就会采取另外一种不同的、更为安全的行动策略。尽管有些人认为，未经彻底搜索确认后，对任何建筑物都不能轻易给出"无人被困"的结论，但一些性格谨慎、更注重人员安全事宜的指挥员会调整行动策略，使之与行动面临风险相应。

在制定行动策略时，建筑物内被困人员的生还率也是一个重要考虑因素。现如今，可燃物的种类与 50 年前大不相同。如今的火场上，有毒气体种类和数量更多、火焰燃烧产生的热量更多。因此，受困人员在起火建筑中能够存活的时间也较从前有所缩短。

2.4 火场伤亡事故回顾

大约有一半的消防员受伤事故是发生在火场上。人们也许会认为，这是由于火场本身属于不可控的外部环境。然而，如果事件指挥官了解火灾行为和发展机理，恰当地运用事件管理系统，并且对以往火场伤亡事故的原因有所了解，那么他就有可能制定一份相对比较安全的行动策略。在充分考虑消防员安全并制定行动策略和战术时，指挥员必须对造成火场伤亡事故的原因有深刻理解。

要了解这些原因，首先要回顾各类消防组织出版的年度伤亡报告，并以此为依据，分析伤亡事故发生的地点和过程。以下便是出版相关报告的组织以及报告包含的主要内容：

（1）美国消防协会（NFPA） 自 1974 年开始，NFPA 每年都会针对消防从业人员工伤及殉职事件分别发布一份报告。该协会出版的死亡事故调查报告，是一份关于全年消防员死亡事故的综合报告，报告根据行动种类、死亡原因、年龄段，以及辖区人口总量比较等进行系统分析。

协会针对受伤事故所做的调查并不是面向全美消防部门，而仅仅是从中选取一部分作为样本，用来影射全国消防员受伤的整体情况。尽管如此，这项调查仍然具有极强的权威性，并且对任何编制规模、任何类型的消防队都具有代表性。这两份报告每年都会在NFPA 的《火灾》杂志上发表。这些报告非常详尽，对于消防员伤亡事故研究工作很有价值。

（2）美国消防局 美国消防局负责美国国家火灾事故报告系统（NFIRS）的管理运行工作。该系统生成的报告中，有一部分是专门关于消防员伤亡事故的统计数据。这些数据由美国消防局统计发布，并可用作国家与地区的伤亡数据比对。然而，该系统也存在一个弊端，就是它是自愿性质的，各地消防局可以选择参加，也可以选择不加入这个系统，如图 2-3 所示。如果某个地区的消防部门没有加入这一系统，则该部门发生的伤亡事故就无从获知。

数据经过整理，会以不同形式出现在报告中，读者可通过与消防局出版中心联系来获取相关数据。美国消防局还有一个专门网站，读者可以通过该网站订购相关出版物，其中还有一些文件可直接下载阅读。

（3）国际消防员协会（IAFF） 自 1960年开始，IAFF 每年都会开展一次消防员死亡和受伤事故的专项调查。这份研究报告中涉及的安全和健康相关事宜，与美国消防协会所做调查内容相近。然而，他们所做的研究更加深入，涉及了传染性疾病感染和工伤事故。这份

图 2-3 如果要准确定义国家消防工作中存在的问题，各地消防部门最好都能够加入到国家火灾事故报告系统中来

报告对于消防机构负责健康和安全项目的人员来说，是另外一份重要的参考文献，报告中的数据均收集自与国际消防员协会有合作关系的职业消防队。因而，这份研究也同样有局限性，其研究结论仅对上述范围内的职业消防队有效。

（4）职业安全和健康管理局（OSHA） OSHA 隶属于美国劳动部。其颁布的多数规

范、规定对大多数公共消防部门都适用，同时适用于全部私立消防机构。职业安全和健康管理局对因公伤亡事故设置有明确的记录和报告制度。这一制度，使得管理局能够准确收集目标数据，并就事故发生原因开展专题研究，进而制定防范对策。但并非每个州都规定消防部门接受管理局的领导，因而这一数据的覆盖范围同样也有所局限。

（5）国家职业安全和健康研究所（NIOSH） NIOSH自1997年便开始了一项关于消防员职务牺牲事故调查的项目，该项目名为"消防员伤亡调查和预防"，1998年获得经费支持。该项目的总体目标是分析消防员职务死亡和重伤事故的规模和特点，并据此提出预防同类事故出现的措施建议，同时负责各类防范措施的落实和推广。该项目包括5个子项目，其所收集的数据信息被分享至全国范围内的消防机构（如图2-4所示）。

消防员伤亡调查及预防项目简介

　　当前，美国有120万名从业消防员，整个国家都依赖这些消防员来保护公民和财产免受火灾损失。这120万人中，有大约210000人是职业消防员或雇佣人员，大约有100万人为志愿者。据美国消防协会以及美国消防员协会估计，每年约有105名消防员因公殉职。

　　1998年的财政支出中，国会意识到消防从业人员伤亡事故这一持续多年的问题需要得到进一步重视和解决，因此国会向国家职业安全和健康研究所划拨专项经费，支持其针对消防员履职期间伤亡事故开展独立性调查。

消防员伤亡事故调查

　　消防员伤亡调查及预防项目通过对消防员履职期间的伤亡事故开展调查，提出相关建议措施来尽量避免在日后出现类似的死伤事故。该项目的目的并非是要找出消防机构或消防员自身存在哪些失误或找替罪羊来承担事故后果，而是将这些悲剧性事故作为经验教训来学习，并努力防止类似悲剧重演。

　　该项目的目的是：

- 进一步掌握消防员履职期间伤亡事故的规模和特点；
- 提出针对性建议，预防类似伤亡事故重演；
- 向整个消防行业推广这些建议。

图2-4　国家职业安全和健康研究所的消防员伤亡事故调查研究

2.5　法规和标准的影响

随着消防行业的发展和公众对消防员职业安全和健康事宜的关注不断提升，各类与消防应急救援行动相关的规范和标准也逐步丰富完善。规范和标准是有区别的。规范由拥有管理权限和执法权限的政府机关或机构颁布。标准，有时候也被称为"公认标准"，并不具有法律强制性，除非被拥有司法管辖权的机构将其纳入某一法案之中。

从策略和战术的角度来说，准确把握适用的规范和标准，对于事件指挥官来说是非常必要的。

2.5.1　规范

规范具有法律强制性，规范中的各类要求，由联邦政府（有时也可能是州政府、地方政府或立法机关）下令实行。《联邦规范法典》（CFR）是一部集和了全部联邦政府颁布的各类规范的法典，包含50部规范。其中，有些规范中的强制性要求会对火场行动产生一定影响，基本上这些由职业安全和健康管理局颁布的规范都收录在该法典的第29分册中。需要牢记的是，这些规范都具有法律强制性，并由承担管辖责任的联邦机构负责监督执行。

有些州会采用联邦法案，这种情况下，这些法案会在全州范围内有效，并由州政府的相关官方机构负责监督执行。对于公立消防机构来说，其是否需要遵守职业安全和健康管理局的各类标准，取决于其所在地是否在职业安全和健康管理局规定的 25 个州内。如果是，则必须遵守这些规定。

> **提示**
>
> 规范具有法律强制性，并由具有管辖权限的联邦机构负责监督执行。一旦标准被采用，下令采用该标准的政府机构也立即获得监督执法权。

2.5.2 标准

其他种类的文件，则不具备强制性。这些文件，就是通常所称的"公认标准"，因为这类文件通常是某一行业内的专家集体就某一特定行动或任务应该如何展开这一问题进行讨论研究后形成的共识。美国消防协会就是美国众多制定该类标准的组织平台之一。它并不具备任何执法权限或权力，其所颁布的标准通常是建议性或指导性的。然而，某一司法机构有权采用协会的某项或某些标准，并根据其法定权限选择强制执行该标准。关于这一"采用-执行"过程，最简单的案例就是 NFPA101《生命安全法》。这项标准同时被一些地区和州政府采用，成为防火规范的一个重要组成部分。一旦一项标准被采用，决定采用该标准的政府机构或机关同时就拥有了该标准的强制执行权。

2.5.2.1 职业安全和健康管理局 29 号条例

OSHA 1910.134（29 CFR 1910.134）《呼吸防护》这一标准中，明确要求雇佣方（机构或单位）在必要时，出于保护雇员健康的目的，必须为其提供空气呼吸装置，包括自给式空气呼吸器（SCBA）。其所提供的呼吸设备必须满足工作环境需要，同时由其承担该设备的购买和日常保养责任。此外，标准还要求，雇员必须按照设备说明和受训规程使用上述装置。该标准还对空气质量标准和自给式空气呼吸装置的维护保养标准作出了明确规定，如图 2-5 所示。

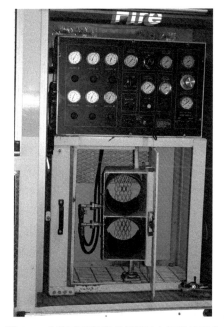

OSHA 1910.120（29 CFR 1910.120）《有害废物处理和应急处置》对危险化学品排放相关事项做了明确规定。该标准被视为"2 进 2 出规则"的延展，尤其是"两人同行制"的要求。

OSHA 1910.156（29 CFR 1910.156）《消防队》适用于各类消防队、工业消防部门、私立或合同制消防机构。该标准中对于个人防护服的要求，仅对承担建筑物内部火灾灭火行动任务的消防队适用。该标准明确指出，空难火灾救援和林野火灾扑救行动不受该标准约束。该标准对消防队的组织机构、训练和个人防护装备都有明确要求。

图 2-5　气瓶串联装置必须满足空气质量要求

OSHA 1910.134 和 1910.120 两份规范中，同样采用了职业安全和健康管理局发布的"2 进 2 出规则"。尤其是引用了其关于必须为任何开展建筑物内部火灾扑救行动消防员提供自给式空气呼吸装置这部分内容。

2.5.2.2 美国消防协会

美国消防协会制定颁布的一系列标准，都对火场行动产生了一定影响。以下是这些标准的简要介绍。

- NFPA1500，消防部门职业安全和健康计划标准
- NFPA1521，消防部门安全官职业资格标准
- NFPA1561，应急管理部门突发事件管理系统标准
- NPFA1584，突发事件应急处置行动及受训人员休整程序标准
- NFPA1021，消防官员职业资格标准
- NFPA1041，消防行业教官职业资格标准
- NFPA1403，真火训练演进标准
- NFPA1404，消防部门呼吸保护训练标准
- NFPA1410，突发事件现场初战行动训练标准
- NFPA1710，职业消防机构灭火战斗行动、突发事件医疗救护行动、面向公众开展的特殊行动的组织及部署标准
- NFPA1720，志愿消防机构灭火战斗行动、突发事件医疗救护行动、面向公众开展的特殊行动的组织及部署标准

上述种种标准，仅属于共识标准，除非其被地方或州立法机构在某项法案中引用，否则并不具有强制性。但由于这些标准是由具有同样专业背景或直接利益相关的业内专家集体研究讨论确定的、关于某一事项的最低水平的要求，因此在某一特定专业领域内应谨慎使用该标准。

2.5.3 标准谨慎程度

标准谨慎程度这一概念，在应急医疗行业被普遍使用。学生在第一天接受培训时，就会被介绍这个概念，其目的是让学生意识到，在行动中，出于规避责任的目的，他或者她的行动标准，必须与其他参加过同类培训的行动人员保持一致。这一概念很简单：行动中的每名参与者都对行动本身具有一定的期望值。去银行存钱时，人们理所当然地会希望出纳员把钱存到了正确的账户内，然而，当出现错误时，银行必须对出纳员的错误负责。

这一概念同样适用于火场上的安全和健康事宜，并与很多现行标准有关。任何一份关于安全事宜的标准本身，及其内容都会对谨慎程度产生影响。例如，NFPA1500 标准中，要求在危险环境中，所有行动人员都必须佩戴个人安全警报装置。当有人在起火建筑中失联或死亡时，就会有人需要在法庭上回答为何没有为其提供个人安全警报装置。回答问题的人可能会辩解说，"NFPA 标准本身并非法律，在这一案件审理过程中引用这一标准并不合法"。但这种辩解在消防员家属状告某一机构未合理遵从某一行业标准时显然是无力的。因为 NFPA 文件已经对这种谨慎程度作出了明确定义。

标准谨慎程度并不是一个静态的概念，而是一个非常动态的概念，会随着新技术和新规范、标准和指南等的出现而随之发生改变。对 25 年前的消防员来说，不携带个人安全

警报装置进入火场是可行的。因为在当时，这种装置还没有被开发出来，或者未被任何公开发行的文件所采用。但在今天，显然就不是那么回事了。

> **提示**
>
> 谨慎程度这一概念很简单：行动中，任何人员都会有一定的期望值。

2.6 常用的火场安全概念

事故现场安全概念对于事件指挥官来说是至关重要的。很显然，很多关于安全的概念或需求可以互相影响，进而将现场安全性提高至最高程度。在之前的章节中，有些危险情况已经有所提及，例如跟火灾火势发展有关的危险情形。个人防护装备，虽然被设计为消防员提供保护，同时也可能会成为消防员体力消耗过度或体温过热的原因。其他特定情况下的安全问题会在后面章节逐一讨论。然而，与安全有关的众多概念中，有相当一部分都适用于全部火灾扑救行动。这其中，有些属于事故发生前就应该有所考虑的事项，有些则是在事故处置过程中需要考虑的。通用的事故现场概念中，都会引入设立事故安全官的概念，由其负责确保消防员装备了恰当的个人防护设备、确保火场责任体系的维护、确保建立一支能够随时到位的快速干预队伍并负责事故处置过程中的休整工作。

> **提示**
>
> 一般性的事故现场概念中，都会引入设立事故安全官的概念，由其负责确保消防员装备了恰当的个人防护设备、确保火场责任体系的维护、确保建立一支能够随时到位的快速干预队伍并负责事故中的休整工作。

2.6.1 事故安全官

任命 1 名安全官，并充分发挥其作用，是将消防员行动风险最小化、提升现场行动安全水平的关键环节，如图 2-6 所示。根据现场指挥体系的规模和种类，安全官可以是安全部门内一个独立的职位，也可以是行动前线指挥员根据事件类型在一线行动人员中指定的负责安全事宜的某个人员。一些机构也会在应对大规模突发事件时，额外设立一些机构组织，由其所属人员负责与安全事宜相关的工作，包括事件安全官、人员管控官、进出口管控官，或者快速干预小组。在有些情况下，安全官仅仅是名义上存在，例如，可能会指派给现场任何一个没有行动任务的人。这种做法并不可取，因为安全官必须熟悉相关安全知识，并有处置与现场事故种类相近事故的经验，且不承担其他现场任务。不同的突发事件，对于安全官的

图 2-6 一名安全官正与指挥员商议现场安全事宜

要求也不相同。

提示

根据现场指挥体系的规模和种类，安全官可以是安全部门的一个独立职位，或者是行动前线指挥员根据事件类型在一线行动人员中指定的负责安全事宜的一名行动人员。

安全官在抵达事故现场后，应尽快对事故开展评估，并掌握最新情况进展。评估工作中，应包括对事态下一步可能发展趋势的预测，评估工作应基于对现场 360 度的走访和对现场掌握信息的分析研判，例如，事故处置预案。安全官应该对事故现场内部群众或业主开展问询，问询内容主要是与建筑或交通工具相关的一些危险情况，例如，起火车辆中是否使用了替代性燃料、住宅内部是否存有枪支弹药或其他种类的爆炸物。

安全官应该从安全角度对整个处置行动开展评估，并将评估结果和发现的问题反馈给指挥员。安全官必须被授权随时叫停对处置人员有直接威胁的任何不安全行动。任何被叫停的行动，都会对其他正在开展的处置行动产生一定影响，并可能会影响处置行动的整体策略。在事件评估工作过程中，安全官还应该对现场行动人员开展评估，包括是否使用了正确的防护装备、职责是否清晰以及现场人员数量是否一致。图 2-7 是一份安全官的评估清单。

消防/紧急医疗服务部门
突发事件安全官检查表
建筑火灾

现场
- ☐ 交通管控
- ☐ 设施管控
- ☐ 有害材料
- ☐ 特别注意 ________

结构
- ☐ 类型 ________
- ☐ 稳定性
- ☐ 倒塌区位置
- ☐ 火灾荷载
- ☐ 建筑过火比例
- ☐ 特别注意 ________

行动
- ☐ 突发事件管理系统
- ☐ 全体队员均了解进攻性行动
- ☐ 快速干预队伍就位
- ☐ 逃生用拉梯已经就位
- ☐ 特别注意 ________

人员
- ☐ 数量充足
- ☐ 均接受过相关训练
- ☐ 个人防护装备到位
- ☐ 全员归队
- ☐ 全体人员均纳入突发事件管理系统内
- ☐ 人员管控制度就位
- ☐ 人员休整
- ☐ 特别注意 ________

现场草图

任务分工

安全事宜

已向指挥员简报
☐ ☐ ☐ ☐ ☐ ☐ ☐ ☐ ☐ ☐

图 2-7 火场安全官评估清单

安全官为事件指挥官服务，并应成为其指挥决策时的智库资源之一。指挥员在制定策略和战术决策过程中，必须充分利用安全官的知识储备和专业能力。下文所列，即为安全官在行动中可能会承担的不同职责：

① 根据事态，制定相应的策略，并确保每一名行动人员都了解这一策略；

② 分析火势和烟气的发展情况；

③ 确保人员的完整性；

④ 确保事故现场建立了突发事件管理系统（IMS）；

⑤ 保证人员管控机制有效运行；

⑥ 确保为行动人员提供与事态相应的防护装备；

⑦ 评估建筑物或交通工具的结构稳定性；

⑧ 设立倒塌区（倒塌安全范围）；

⑨ 检查督导休整区的设立；

⑩ 评估行动人员的体能情况；

⑪ 确保现场灯光照明得当；

⑫ 与行动小组沟通确认危险场点，例如，地板上的孔洞、电线掉落、后院泳池等；

⑬ 确保行动人员随时能够安全撤离；

⑭ 开展风险评估；

⑮ 确保快速干预小组随时能够出动；

⑯ 保证各类设施的安全性和有效性；

⑰ 确保事故现场周边交通得到有效管控。

2.6.2 个人防护装备

在现场正确使用火灾个人防护装备，是将消防员暴露在有害环境下的可能性降至最低的策略之一，这也满足将生命安全这一优先考虑的内容范围扩大至处置人员的要求，如图2-8所示。关于个人防护装备的讨论，可以分为三个主题：①设计和购买；②使用；③维护和保养。

美国消防协会颁布的标准（1900系列）中，对灭火战斗行动防护装备的购买事宜有明确要求。这些标准对防护装备配备作了最低要求。在将个人防护装备提供给消防员时，必须同时发布关于装备的使用说明和操作规程。关于装备维护和保养包括检查的操作规程必须及时到位。

NFPA1500要求，新购买的个人防护装备，必须满足其他现行标准中的要求。旧装备必须符合其购买时实行标准的要求。因此，各机构的采购部门在购买装备时，应参照美国消防协

图2-8 一名消防员正在进行实装训练

会关于该类装备的规格和数量的有关标准。一般情况下，灭火战斗行动中的个人防护装备应包括如下内容：

　　① 含有眼部防护功能的消防头盔；

　　② 抗燃头巾；

　　③ 战斗衣；

　　④ 战斗裤；

　　⑤ 消防手套；

　　⑥ 消防靴；

　　⑦ 个人安全警报装置；

　　⑧ 自给式空气呼吸装置。

　　在使用个人防护装备过程中，也同样必须严格遵守标准操作指南的要求。尽管在特定情况下，配备全套个人防护装备和空气呼吸装置的作用是显而易见的。操作规程同样也是指挥员借以判断是否下令解除空气呼吸装置或其他个人防护装备的依据。

> **提示**
>
> 标准操作指南应及时到位，用以指导个人防护装备的使用。

美国消防协会制定的标准中，关于个人防护装备的标准，为装备的使用和保养提供了

参考依据。一般来说，这类标准中的要求和重点，是依据设备生产商的建议而提出来的。尽管这些重点或多或少更针对设备的使用者，但个人防护装备的标准操作规程中必须要涵盖定期检查这一环节，以确保装备随时处于良好状态，如图2-9所示。一般来说，建议每月对装备进行一次检查，检查可以由装备站的官员组织实施，也可由值班指挥员组织开展。个人防护装备检查，也可以在每次轮值前和使用后，由使用者实施。自给式空气呼吸装置和个人安全警报装置应当在每次使用前和使用后都进行一次检查。

图2-9　灭火战斗行动中使用的个人防护装备标准操作规程中，应包括装备的标准检查程序

2.6.3　火场人员管控

　　突发事件管理过程中，人员管控系统至关重要。对于存在不同区域划分或任务区分的行动，如果存在多个管理或指挥层级时，人员管控工作就极有可能会出现问题。每一行动小组或分支单位的负责人，都对其所管辖团队和人员承担管控责任。人员管控官，这一职位应当隶属于事件管理系统。或者对于小规模突发事件来说，应当由指挥员或安全官来指派专人担任。

　　对于突发事件管理系统来说，可以采用的人员管控方法有多种。有时可以使用"通行制"将行动人员的名称制成尼龙标签并将其贴在一张卡片上，用作行动现场的通行证，如图2-10所示。有时使用二维码系统。另外一种人员管控模式，是使用一张卡片或贴片，

将其连接在装置和设备上。有时也可通过无线系统来监控消防员空气用量，并定位失联人员。

无论何种形式，相关标签都可通过购买或定做的方式获得。但人员管控体系必须能够实现以下目标：

① 能够在任何时点，准确定位每一名消防员在火场的准确位置；

② 具有扩展性，能够满足不同规模事态需求；

③ 与现行事件管理系统相适应；

④ 确保在事件发生之初，将所有人员都登记在系统中；

⑤ 能够允许他人通过识别管控标识来辨认某人是否属于行动参与者；

⑥ 能指明进入危险区的入口位置。

一些人员管控系统中，可能还包括每名行动人员的医疗相关数据和受训情况的信息，有些还包括大规模、多行政管辖的突发事件所用设施的信息。

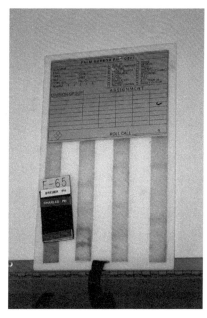

图 2-10 护照式人员管控标签

对任何规模、任何种类突发事件的处置行动来说，设置人员管控系统都属强制性要求。行动中的每一层级都有其特定的管控责任。对于行动人员个人来说，他们要确保将名牌放置在准确的位置和装置上，以确保能够在现场随时与其他人员保持准确通信，绝不允许擅自行动。任何级别、任何分队或小组的负责人都有责任掌握其所属人员的位置，并确保其在行动任务区域内。小组负责人，对于其组内工作人员承担管控责任。

人员管控官负责确保为事件现场的每一区域都设置特定的进出口。指挥员有责任将人员管控系统纳入突发事件管理系统中来，并充分发挥其作用，作为统计现场行动人员数量的方法。在大规模突发事件中，人员管控部或人员管控组可能会需要承担专门任务，这些任务包括选定进出口位置、确保与每一名管控官的通信畅通，以及在特定事件中负责人员管控的总体协调工作。

> **提示**
>
> 对任何规模和种类的突发事件处置行动来说，设立人员管控系统都是强制性要求。

人员管控系统要求建立并执行个人报告制度。该制度要求指挥员或管控官在某一固定行动间隙或特定时机时能够随时了解队伍状态，确保掌握每名行动人员的动态。理想的状态是，行动队伍负责人，能够在接到人员状态报告命令时随时上报所属人员情况。例如，报告内容应为"第二战斗小组，报告 5 人"。报告的时机可提前规定好，也可根据处置行动变化随时调整指定。此处所指的报告时机示例如下：

① 在操作规程里规定的某一固定时间；

② 在初次搜索结束时；

图 2-11 快速干预小组应穿戴好全部的个人防护装备，并准备好特定事件处置所需装备，能够随时根据命令出动

③ 在火势得到控制时；

④ 在策略种类发生转变时（进攻或防守）；

⑤ 在某一重大事件发生后，如爆炸、轰燃或复燃后；

⑥ 在接到消防员失联的报告后。

2.6.4 快速干预队伍

无论现场采用的突发事件管理系统效果怎样，或人员管控系统的规模大小，当火场上出现意外情况时，如果行动人员未能按要求对报告命令做出响应，就不能说处置行动是成功的。突发事件管理系统和人员管控系统可以为指挥员提供人员是否失踪这一信息。但如果要有效应对这些意外情况，指挥员手头必须有备用资源能够调用。这就是为什么一定要设立快速干预队伍的原因，这一队伍也经常有其他称呼。快速干预队伍是由一组全副武装的消防员组成，并在行动现场附近待命，随时准备应对发生在现场的任何意外情况，包括消防员失联、被困或受伤而需要营救时，如图 2-11 所示。快速干预队伍的行动要遵照前文提及的、职业安全和健康管理局规定的"2 进 2 出规则"。

> **提示**
>
> 无论现场采用的突发事件管理系统效果怎样，或人员管控系统的规模大小，当火场上出现意外情况时，如果行动人员未能按要求对报告命令做出响应，就不能说处置行动是成功的。

快速干预小组的组成人员数量根据突发事件的复杂程度不同而有所不同。参见下文提及的凤凰城快速干预研究。房间或住宅火灾中，2～3 人组成的快速干预小组便足以应对各类突发情况。而情况复杂的大型仓库火灾中，考虑到距离的因素，可能会需要在仓库的每一侧都设置一个快速干预小组。

一旦 1 名消防队员被确认为快速干预小组队员，消防队通常情况下不应再为其分派其他任务，防止影响其待命状态，该队员应与指挥员或事故现场建立直接通信。抵达任务现场后，小组应迅速对火情做出判断，并预测火势发展趋势。同时确定可能的进攻和撤离点。例如，在一栋二层花园公寓建筑火灾中，快速干预小组可能需要一架 24ft 的梯子以确保能够迅速进入二层区域。

指挥员必须在事件发生伊始直至结束的全过程中，都随时准备派出快速干预小组。有些较小规模的消防队，会采取自动互助形式的现场干预小组。最佳做法是能够在每场火灾扑救行动中，都设立快速干预小组应对意外情况。

2.6.4.1 凤凰城快速干预研究

在一场火灾扑救行动伤亡事故发生后，凤凰城针对快速干预行动开展了一项专题研究。尽管该城消防局在很久之前就制定了快速干预小组的任务派出程序，但直至这一悲剧性事故发生后，这些快速干预小组的作用才真正得到重视。凤凰城开展了 200 次快速干预演习，作为此次火场伤亡事故的善后工作的一部分。这一研究结论被广泛传播，并在很大程度上为消防机构的负责人敲了一记警钟。研究显示，快速干预小组实际上行动并不快，事实上，演练中，实施营救任务的人员平均需要 2.5min 方能进入战斗状态。从被困消防员发出求救信号到快速干预小组进入到火场，需要 3.3min，之后还需要 5.82min 的时间方能与被困消防员取得联系。平均每一快速干预小组在建筑物内共计需要 12.33min，而平均营救时间为 21min。研究还发现，营救 1 名被困消防员平均需要 12 名消防队员，同时大约五分之一的快速干预小组成员本身也会陷入某种困境，而 1 瓶标注为 3000lb/in^2 的自给式空气呼吸器气瓶大约能为消防员提供 18.7min 的呼吸用空气（误差约 30%）。

战术提示

一旦一名消防队员被确认为快速干预小组队员，消防队通常情况下不应再为其分派其他任务而影响其随时待命的状态，该队员应与指挥员或事故现场建立直接通信。

2.6.5 火场休整

消防员所面临的生理和心理压力对其产生的负面影响，会由于其身处极热或极冷环境中而加倍。在行动中，如果消防员没有充足的休息或休整，他们生病或受伤的风险就会大大提高，如图 2-12 所示。

突发事件现场的休整，是事件管理系统的另外一个重要组成部分。这种关于休整工作的要求，在很多与安全和火场行动有关的国家标准中都有所提及。尽管不同情况下，休整的内容也不尽相同，但其应当满足以下最基本的要求：

① 在事件管理系统内建立一个独立的休整组织单位；

② 补水、补充营养、休息并恢复体力；

③ 医疗评估，休整期间清点人员。

同时需要考虑的，还应当包括补给、帐篷

图 2-12 休整，还应该包括为消防员
提供快速的医疗检查

以及维护休整区功能运转的工作人员数量，如图 2-13 所示。

突发事件管理系统中的指挥员、消防队负责人和人员的责任都应有明确规定。在规模较小的消防队中，很难有足够的人员来成立一支专门的休整组。这种情况下，应选择其他方式，如行动队员之间的互相检查，或由未参加灭火行动的其他紧急医疗救护人员、或由经过专业培训的红十字会工作人员承担这一工作。

主题：休整

定义：休整部/组，为现场行动人员提供休息、补充营养、慰问以及医疗评估。

目的：确保突发事件现场或训练演习场上的行动人员保持良好的生理和心理状态，不因其二者恶化而影响人员自身、团队甚至行动整体的安全。

范围：这一程序应在持续时间较长、体力耗费较大或存在极热或极冷条件的突发事件处置行动和训练中引入。

事件指挥官有权根据行动需要决定是否实施短时非正式休整。非正式休整，一般是为行动人员提供短暂的休息时间，并提供液体补充。

职责

1.事件指挥官

在应对每场突发事件时，都要对现场环境有所考虑，并在事件发生之初便对现场行动人员的休息和休整需求作出充分准备。准备工作应包括医疗评估、监控、治疗以及伤员转移；食物和液体补充；极端天气情况下的体能恢复；以及事件中的其他环境因素。关于突发事件医疗救护的准备标准，应满足或高于基本生命支持需要。事件指挥官如果在行动现场或训练过程中发现人员需要休息和休整时，应立即组织设置一个休整组。休整组应向事件安全官报告并保持联络。

2.分支/组/队负责人

应随时掌握其所属人员的身体和心理情况。并按照指挥层级向指挥员提出休整意见并对需要休整的所属人员下达休整命令。

3.人员

在任何突发事件处置行动或训练过程中，任何人员在认为其自身体力不支，或因暴露在极端环境中的时间过长而影响其自身、队员和行动本身安全的情况下，都有权向其负责人提出休整建议。所有行动人员都应密切注意其同行队员的健康和安全情况。在炎热天气中，行动人员应保证充足的饮水量。

休整组的建立

1.位置

休整场地由指挥员或休整官根据以下标准选定：

(1)根据天气情况提供恰当的防护：炎热天气中，选择凉爽和遮荫的环境。寒冷天气中，选择温暖干燥的场地。

(2)距离事件发生地有一定距离，允许行动人员在休整场地内解除个人防护装备，并缓解其由于处置行动或训练而产生的压力。

(3)场地附近不存在任何设施、交通工具和设备产生的废气。

(4)足够大，能够同时为多人提供休整空间。

(5)便于接近，方便紧急医疗服务的运输单位随时进出。

(6)靠近或与空气呼吸气瓶充气站相邻，确保行动队员在完全恢复后，能够迅速返回事故处置现场或训练现场。

2.资源

常用的休整资源可分为两类：

(1)初级休整，适用于事件处置行动可在6～8h内结束的情况。初级休整通常发生在火灾扑救或营救行动中。如，现场设备需要调整、冷却时或提出休整要求时。

(2)长期休整，通常是在预计处置行动需要超过6～8h时采用。长期休整需要通过请求外部资源的协助来实现。

休整官要确保提出的资源需求满足人员和休整组自身需要。这些需求包括：

液体供给——水，能量饮料，冰块。

食物供给——高能量食物，如能量棒、饼干、麦片等。

医疗供给——血压计、听诊器、温度计、运输组。

追踪记录——事态发展图板、拼版（空白及白色）、通行证、铅笔、记事本或白板、记号笔或油笔、跟踪记录表。

其他——凉棚、风扇、路障带（路障带用于标示单独的进出口/点）。

3.休整程序和责任（保证成员良好状态）

(1)事件指挥官或安全官应为休整官提供一份行动现场的人员和单位名单。如有必要，安全官可以通过联系派遣单位获取人员信息及其抵达任务现场的时间。

（2）行动人员应在休整时报告其个人健康状态，并出示人员管控通行证。同时脱下空气呼吸装备和防护服，并将其放置在工作人员指定的地点。所有行动人员完成体征评估和休整工作表填写后，应净手并开始补充水分。

（3）非经休整官允许，任何人员不得离开休整营地。离开时，应领取个人通行证并向集结场地报告。

4.休整官指南

（1）补水：防止热伤害的一个关键要领，就是保证水和电解质的补充。在极热环境下，行动人员每小时应至少补充 1L 水。补水方案应为，50%的水与 50%的能量饮料，温度应控制在 40°F。不应饮用含有咖啡因的饮料和碳酸饮料，因这两种饮料都会对人体水分消耗机制产生影响。

（2）营养：在重大突发事件处置行动中，应为行动人员提供食物（如能量棒、饼干、麦片等），但食物补充不能替代补水。

（3）休息：通常建议按照 "2 瓶规则"，或者 45min 的持续行动间隙作为休息的标准时间。行动人员应尽量在气瓶充气时补充水分。在任何情况下，休整时间应取决于对行动人员体力透支情况的评估，通常应不少于 10min。新抵达人员及经过休整的队员应在集结区待命。

（4）恢复：休整过程中，行动人员应大量补充水分。行动人员不可从极热环境中直接转换到空调房间内，因为人体温度调节系统可能会因外部温度过低而停止工作。经过自然风（风扇）将体温降至室温后，可使用空调房。抗组胺剂（用以治疗过敏反应）和利尿剂等药品会抑制人体排汗和降温能力。对服用这类药物的行动人员应予以特别关注，他们可能会需要更多的时间来休整。

（5）医疗评估：行动人员进入休整区后，应立即对其生命体征进行系统评估。应对其进行 30s 的心律监测。如果心律超过 110 次/min，应测量其体温。如果温度超过 100.6°F，应除去所有防护服。如果体温低于 100°F，且心律保持在 110 次/min 左右，其休整时间应适当延长。如果心律低于 110 次/min，则其心脏负荷的影响可以忽略不计。对于任何超出正常体征范围的数据，以及经休息仍未显著改善的体征情况应及时向伤员转移工作人员和安全官报告。所有的医疗评估结果都应记录在休整工作表上，如图 2-14 所示。休整工作表应成为整个事件处置行动记录的一部分，休整官应确保事件指挥官拿到一份休整工作表。

（6）人员追踪：对行动人员进出休整区域的追踪和管控主要依靠人员管控通行证，消防队长或行动组长应在抵达休整区时将通行证上交。休整官可通过通行证来追踪休整区内的工作单位和人员，并将在单位或人员离开时将其归还给上交者，如图 2-15 所示。

图 2-13 消防局标准行动程序示例

休整工作表 事件名称：_____ 时间：_____										
姓名/单位	时间/s	时间/补水瓶数	血压	脉搏	呼吸	体温	皮肤检查	检查人	补检人员自述/情况	是否转移？

图 2-14 休整工作表

休整组　　　　　　　　　　　　　　　　　　　　　　　　　　签到/离开工作表

在现场救援的人员 _____

单位	人数	进入时间	离开时间	单位	人数	进入时间	离开时间

图 2-15　签到/离开表格

本章小结

• 消防服务行业中，每年有数千名消防员受伤，其中有许多人丧生。仅有不到一半的消防员受伤事故和大约三分之一的死亡事故发生在火场上。

• 国家消防员生命安全峰会的目的，是为了制定一份动议推进时间表，这份时间表非常必要，时间表的目的是引起消防服务行业领导的重视和支持，确保消防员生命安全动议得以实现。

• 消防员安全和策略以及战术之间的关系，可以通过事故处置的优先等级来确认。

• 事件指挥官在充分考虑到消防员安全的情况下，制定策略和战术时，应该对造成火场伤亡事故的原因有深入理解。

• 随着消防行业的发展，以及业内对职业安全和健康事宜的关注不断提升，与消防救援行动相关的各类规范和标准的数量也不断增多。

• 规范等同于法律，规范中规定的各类要求具有法律强制性，因其颁布主体为联邦或者州或地区立法机关。

• 业内公认的标准，是由一群具有专业领域知识背景的专家聚集在一起，就某一个特定任务应该如何开展而形成的一致意见，并不具有强制性。

• 标准谨慎程度并非一个静态的定义，它的内涵会随着新技术的产生和新的规范、标准和指导手册的颁布而有所变化。

• 与安全有关的多数概念都适用于所有的火灾扑救行动，其中有些概念用于事前的准备工作中，有些则用于事故发生过程中。

● 任命事故安全官并充分发挥其作用，对于将消防员面临的行动风险降至最小化、将行动安全性提升至最大化来说，是至关重要的一个环节。

● 个人防护装备是火灾扑救行动中，将消防员暴露在火场有害环境中的危险性降至最低的一个策略，符合人员安全应延伸至处置行动人员本身这一优先原则。

对于涉及多个行动区域或任务分区的人员管控，可通过设置多个监管层级的方式来实现。

● 快速干预小组是一组装备全套个人防护装备、在事故现场附近随时待命、随时准备对遇到危险的消防员采取营救的一组消防员的称谓。

行动中，如果消防队员未能进行足够的休息和休整，则其患病或受伤的风险将大大增加。

主要术语

联邦规范法典 ［Code of Federal Regulations（CFR）］：一份包含所有联邦机构颁布的在整个联邦范围内适用的规范的文件。

公认标准（consensus standard）：一份被行业或领域内专家共同制定、认可并出版发行，可能被地方政府所采用的文件。如果其未被任何法案援引的情况下，该标准也可以作为**标准谨慎程度**。

消防队员（fire brigade）：某一商业或工业场所内部，参加过专门培训，承担灭火或其他突发事件的工作人员。

职业安全和健康管理局 ［Occupational Safety and Health Administration（OSHA）］：一个联邦机构，负责确保雇员的工作安全。

人员管控报告 ［personnel accountability report（PAR）］：就行动人员的状态向人员管控官进行的口头或行动示意报告。该报告应在特定的时间间隔内或某一行动结束后实施。

快速干预队伍 ［rapid intervention crew（RIC）］：由一组营救人员组成，其唯一职责就是在接到有行动人员被困或失联报告时迅速出动采取营救行动。

规范（regulation）：普遍适用于联邦范围或州、地区范围内的，具有强制性的要求或法律。

休整（rehabilitation）：是在行动期间，为确保行动人员健康和安全而组织开展的一系列活动的统称。休整可能包括休息、医疗检测、补水和补充营养。

标准谨慎程度（standard of care）：用以描述一个理性的、受过同类训练、使用类似装备的人在同类情况下应该如何开展处置行动或如何反应的概念。

标准（standard）：通常是关于某一方法或政策的共识，通常通过集体决策来形成。标准不具有强制性，除非其被政府机构所采用。

2 进 2 出规则（two-in，two-out rule）：保证至少有 2 名消防员保持待命状态，随时能够进入建筑物内部对遇到危险的消防员提供营救。这一规则，通常在灭火战斗行动开展内攻时准备就绪。

案例研究

假设你刚刚被任命为你所在消防局的健康和安全委员会的消防队代表。除了你在各类训练中学到的知识和你自身从事消防工作而积累的经验以外，你并没有消防职业安全和健康相关知识背景。尽管如此，你对这一任命仍然很开心，并对如何着手开展新工作心怀忐忑。

1. 关于安全和事故处置优先等级二者之间的关系，以下哪种说法是正确的？

A. 生命安全包括现场实施救援任务的消防员自身安全

B. 稳定事态这一任务本身就极其危险，为实现稳定事态这一意图，可以适当忽略消防员安全因素。

C. 任何财产保护行动的开展，都是在事态得以控制之后方才实施，因此，这时消防员安全本身就不存在任何风险。

D. 二者毫无关联。

2. 为更好地完成你在该委员会的工作，并尽快崭露头角，你应该阅读以下哪份文件？

A. NFPA1500

B. 消防员死亡事故调查和预防对策报告

C. 国际消防员协会所做的消防员受伤事件调查报告

D. 以上全部

3. 大约有多少件消防员受伤事故发生在火场？

A. 20

B. 30

C. 40

D. 50

4. 如果要确保你所在部门正确遵守联邦、本州立法机关所规定的各项要求，你需要查阅以下哪份文件？

A. 美国消防协会标准

B. 标准处置规程

C. 联邦规范法典

D. 相关文件

复习题

1. 描述突发事件处置行动需要优先考虑的三个问题。

2. 事件处置行动优先考虑事项是如何影响火场安全问题的？

3. 火场上安全官必须要被赋予哪三项权利，以确保其功能发挥？

4. 列举有效的人员管控系统的五个特点。

5. 讨论标准谨慎程度的含义。

6. 列举人员管控报告实施的3种情形。

7. 在"2进2出规则"中，引用的是职业安全和健康管理局的哪三个规范？

讨论题

　　1.讨论本章开始介绍的案例。你所在部门的做法，与国家职业安全和健康研究所给出的建议相比，有何差别？

　　2.回顾你所在部门关于火场行动的标准行动规程。这些规程是否满足或超过适用规范或标准中的要求？

　　3.你所在部门是否在每个火场上都会设置安全官？安全官在现场是否真正发挥了作用？

　　4.安全官的指派工作是否符合本章的指派建议？

参考文献

Angle, James. (2015). *Occupational Safety and Health in Emergency Services (4th ed)*. Burlington, MA: Jones & Bartlett Learning.

Kreis, S. (2003, December 1). Rapid intervention isn't rapid. In *Fire engineering*. Fair Lawn, NJ: PennWell Corporation. Retrieved from http://www.fireengineering.com/articles/print/volume-156/issue-12/features/rapid-intervention-isnt-rapid.html.

National Fallen Firefighters Foundation. (2013). *16 firefighter life safety initiatives*. Emmitsburg, MD: Author. Retrieved from www.everyonegoeshome.com.

National Fire Protection Association. (2008). *NFPA 1521, standard for fire department safety officer*. Quincy, MA: Author.

National Fire Protection Association. (2009). *NFPA 1561, standard on emergency services incident management system*. Quincy, MA: Author.

National Fire Protection Association. (2008). *NFPA 1584, standard on the rehabilitation process for members during emergency operations and training exercises*. Quincy, MA: Author.

National Fire Protection Association. (2010). *NFPA 1410, Standard on training for initial emergency scene operations*. Quincy, MA: Author.

National Fire Protection Association. (2010). *NFPA 1710, standard for the organization and deployment of fire suppression operations, emergency medical operations, and special operations to the public by career fire departments*. Quincy, MA: Author.

National Fire Protection Association. (2010). *NFPA 1720, standard for the organization and deployment of fire suppression operations, emergency medical operations, and special operations to the public by volunteer fire departments*. Quincy, MA: Author.

National Fire Protection Association. (2012). *NFPA 101, Life safety code®*. Quincy, MA: Author.

National Fire Protection Association. (2012). *NFPA 1041, Standard for fire service instructor professional qualifications*. Quincy, MA: Author.

National Fire Protection Association. (2012). *NFPA 1403, standard on live fire training evolutions*. Quincy, MA: Author.

National Fire Protection Association. (2013). *NFPA 1404, standard for fire service respiratory protection training*. Quincy, MA: Author.

National Fire Protection Association. (2013). *NFPA 1500, standard on fire department occupational safety and health program*. Quincy, MA: Author.

National Fire Protection Association. (2014). *NFPA 1021, standard for fire officer professional qualifications*. Quincy, MA: Author.

National Institute for Occupational Safety and Health. (2009). *Fire fighter fatality investigation report F2007-09: Career probationary fire fighter dies while participating in a live-fire training evolution at an acquired structure—Maryland*. Atlanta, GA: CDC/NIOSH. Retrieved from http://www.cdc.gov/niosh/fire/reports/face200709.html.

Occupational Safety and Health Administration. (2008). *OSHA 1910.156 (29 CFR 1910.156), fire brigades*. Washington, DC: Author.

Occupational Safety and Health Administration. (2011). *OSHA 1910.134 (29 CFR 1910.134), respiratory protection*. Washington, DC: Author.

Occupational Safety and Health Administration. (2013). *OSHA 1910.120 (29 CFR 1910.120), hazardous waste operations and emergency response*. Washington, DC: Author.

第 **3** 章 突发事件管理系统

□ **学习目标**   通过本章的学习，应该了解和掌握以下内容：
- 描述事件管理系统的要求。
- 描述事件指挥官的角色定位。
- 明确美国消防协会陈述的关于事件管理体系设置的最低要求。
- 描述事件管理系统的前身是怎样的。
- 理解在事件管理过程中所使用的一般术语。
- 描述在消防部门，事件管理体系的结构。
- 明确事件行动预案的组成部分和目的。
- 描述在一场突发事件中，国家突发事件管理系统如何协调和统一众多参与处置行动的机构和单位。
- 描述管控范围的组成部分和目的。
- 解释统一指挥的概念。
- 解释标准行动规程的目的。

案例研究

　　2007年6月18日，在扑救一栋商用家具展示大厅及家具仓库火灾时，9名职业消防员（均为男性，年龄从27岁至56岁不等）因火势迅速恶化且在火场中迷失方向，在耗尽全部空气后不幸遇难。最先抵达现场的水罐消防队在连接展示厅和仓库的、封闭的装卸点发现了着火点，且火势迅速扩大。助理中队长进入建筑正门入口处的主展厅后，在主展厅内并未发现任何明火或烟雾。

　　他对建筑物内部进行火点勘查时，发现右配展厅后侧与装卸点相连的门处于打开状态。几分钟后，火势迅速蔓延至主展厅、右配展厅和仓库内部。被引燃的家具迅速释放出大量有毒可燃气体和烟尘，同时由于不完全燃烧而产生的各类废气也加重了火势燃烧的猛烈程度。内攻行动无法控制火势发展，建筑内部的消防员在黑色浓烟充满展厅时也开始失去方向感。他们意识到，他们遇到了麻烦，在温度开始急剧上升时，他们试图通过对讲机发出求救信号。一名消防员按下了对讲机上的紧急求助按钮。包括隶属于其他消防局的另外一支支援消防队在内的多名消防员被派往建筑内部，他们通过敲碎展厅前部的窗户玻璃进入建筑内部，对失联消防员开展搜救。很快，大量可燃的燃烧副产物被引燃，火焰充满整个展厅。建筑内部的消防员因火势发展过快而被困，9名隶属于第一批抵达的消防队的消防员遇难。另外还有至少9名消防员，包括2名支援消防队的消防员，受到重伤，经抢救后脱险。

　　国家职业安全和健康研究所的调查员为消防部门制定了一份内容翔实的正确行动列表，以尽量规避同类事件中的各类风险。尽管所有的行动都大致可以认为与事件管理工作本身有关，但与其直接相关的部分，列在下文。也就是说，消防部门应该做到以下几点：

　　① 制定一份书面的突发事件管理系统，并将其运用在每一次突发事件处置行动中。

　　② 制定一份书面的标准行动规程并严格落实。规程中，应对承担指挥任务的人员必须要承担的事件管理训练标准和要求做出明确规定。

　　③ 确保事件指挥官是突发事件中唯一具有最高指挥权限并负责管控事故现场全部活动的人员。

　　④ 确保指挥员在开展灭火战斗内攻行动前，对现场火势及行动可调用资源、可能面临的各类风险都进行过最基本的评估。

　　⑤ 确保事件指挥官在现场建立一个固定的指挥部，保持对火场全部行动的指挥控制，并避免亲自参与任何灭火战斗行动。

　　⑥ 确保将早期的分区/分组的指挥也纳入事件指挥系统中来。

　　⑦ 确保事件指挥官在决定采取进攻或防御性灭火战斗行动时，对行动风险和效益有准确的评估。

　　⑧ 确保指挥员能够随时掌握火场上全部行动人员的情况。

　　⑨ 确保无线求救信号能够发送至指挥员，确保指挥员优先处置求救信息。

　　提出的问题：

　　① 描述你所在的消防局与突发事件管理系统有关的标准行动规程有哪些？

　　② 你所在的单位，针对事件指挥官开展了哪些关于风险评估能力的训练？

3.1　引言

　　就像案例研究中所描述的那样，如果没有突发事件管理系统，任何处置行动（甚至包括相对较小、仅需要少量行动单位就能处理的事件处置）都可能会出现极为严重的后果。在一起突发事件中，运用事件管理系统来确保安全事宜得到落实、人员以及行动都得到有效管控，是一个强制性要求。事件管理系统具有可扩展性并可适用于任何规模、任何种类的事件中。处置行动中必须要使用事件管理系统中的原因有很多，但最主要的原因，是这一系统具有很强的灵活性，并且能够在选择任务和职位相应人员时提供明确的人员管控责任，从而便于人员管控工作开展并提升行动人员的整体安全。如果没有这一系统，消防员安全和行动就有可能受挫。在大型行动中很容易出现人员失联的现象，消防员很可能在需要帮助时，很难被迅速发现，因此，经常会出现严重的伤亡事故。

　　多年来，美国先后采用了多种类型的事件管理系统。其中有些很受欢迎，这些受欢迎的系统，都有一个共同点，就是在整个事件中，仅有 1 人负责"指挥"。指挥，或者说事件管理，是引导和控制被分派到或请求分派至行动中的人员和设备资源的艺术，是对一起事件的控制。通过建立这样一种系统，指挥员可以将管控范围控制在其可驾驭的能力范围之内。一般来说，控制的范围是指监督管理的人数应该在 3～7 人以内的任何数字（最简单的办法是选择 5 人）。当然，这一管控范围会根据事件种类不同而有变化。例如，在应对一起有害物质事故时，需要管控的人可能会少一些，但如果是扑救一间装满物品房间的火灾时，为降低风险，管控范围的人数可能就会相对多一些。

> **提示**
>
> 凡是需要超过 1 个中队来开展处置行动的事件，必须引入事件管理系统，以确保安全、人员管控工作和行动等都能够有效落实。

设置指挥程序的目的，是为了给事件管理工作提供一个框架，确保指挥工作坚强有力。在强有力的指挥框架下，其他参与处置的单位和机构所开展的事件评估、干预、稳定事态、管理和缓和事态的各种努力，都会被整合到一起而使得处置行动整体更有组织性和有效性，同时也能更大限度地确保整体处置行动的安全。

本章会重点讨论美国消防协会颁布的 NFPA1561《突发事件应急管理系统标准》，并分析其他几种不同种类的事件管理系统与这一系统的相同点和不同点。本章还涉及外部机构如何被整合到系统中，并提供标准处置行动规程的相关案例，为事件指挥官在行动前、行动中以及最后的恢复阶段作参考。

随着事件管理系统的使用和发展，当前，国家突发事件管理系统是大家关注的焦点。自从 2001 年恐怖袭击以来，美国努力在全国范围内的机构中都推行国家突发事件管理系统。这一系统被推广至所有可能会参与某一突发事件处置行动的全部实体机构，不管其是官方机构还是私人单位、应急服务部门还是公共服务部门，也不管其是否为政府机关。简要回顾一下几个最受欢迎的事件指挥系统，有助于更好地理解这些系统是如何发展演变成为如今的版本的。

3.2 事件指挥官

在突发事件处置过程中，如果要确保行动效益，必须确保负责指挥工作的人只有 1 人，即事件指挥官。如果没有指挥员和事件管理系统，处置行动将会并且一定会以失败告终：可能会出现各种缺乏安全保障的行动，行动处置人员和公民的生命安全会面临更大风险，重复性处置工作频出，火灾造成的损失会更多等，总而言之会出现各种混乱局面。

首先并且最重要的是，事件指挥官必须对整个事件处置行动进行管控。正确应用事件管理系统，首先是要尽早对处置行动实施可见的、强有力的指挥，此时，指挥员至少应当宣布其指挥员的职责以及指挥部所在位置。此外，指挥员还应该保持在相对固定的位置，远离周围噪声的影响，提高指挥点的可视性，最理想的状态是通过身着一件亮色马夹或者设置一束带颜色的光的方式，来指示指挥部的位置，如图 3-1 所示。

指挥员不应参与任何处置行动，这是一条重要原则。如果指挥员参与到了某一个行动中，他就会失去对整个事件处置行动的大局观，变成一个单位或行动的指挥员，仅仅能看到迷宫

图 3-1 用以指示事件管理系统
内部各个职位的马甲

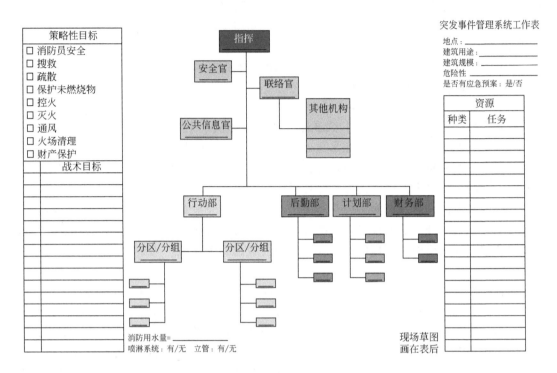

图 3-2　一份关于战术或事件管控工作表的示例

图 3-3　一份事件指挥板

一角。同样，指挥员必须与重视他所看到、听到的情况一样，同样重视其被告知或传达的各类信息，因为事态会根据突发事件的规模和波及范围的发展而发生巨大变化。

指挥部建立后，立即需明确以下需求和职责，并组织落实：资源的协调、各种错误行动的纠正、行动方案的制定、事件相关的各类安全事宜、对某一行动有帮助的组织结构的引入（事件管理）、通信的标准以及其他许多关于职责和需求的相关事宜。在事件后期，很难建立事件管理系统，也很难对正在开展的各种处置行动予以调整纠正。

指挥员实施现场管控时可以借助很多工具，这些工具中，有些极其简便，如战术工作表和签到表，如图 3-2 所示，有些则较为精细，如图 3-3 所示。

3.3　NFPA1561

NFPA1561 标准是 NFPA1500 中的一部分，名称为《突发事件应急管理系统标准》。这份标准中对所有消防部门应该采用的突发事件管理系统的最低标准作出了明确的要求。任何指挥系统的设立目的，都是通过建立风险管理机制并利用其结构、协调和整合功能，来实现提升消防员自身安全的目的。美国国土安全部已经将这一标准确立为其基本指挥结构模型。

> **提示**
>
> 　　任何指挥系统的设立目的，都是通过建立风险管理机制并利用其结构、协调和整合功能，来实现提升消防员自身安全的目的。

　　消防部门必须设有自己的指挥系统，并以书面形式对有关具体要求和程序等做出规定，用以界定和描述系统内部的管理体制、管理结构、系统组成部分和系统内部各个职位的职责和权限。

　　其选用的指挥系统框架内，要对系统的执行运转、通信、统一协调、指挥结构、训练和能力资格、人员管控以及休整工作等作出具体规定。这一指挥系统应该适用于并且必须被应用于所有突发事件处置行动，此外，根据事件规模，它还应该可以被参与处置活动的机构和单位用作处置同类突发事件行动的训练、演练中。关于无线通信的标准行动规程中都会严格规定，在任何事件中，现场无线通信都必须使用英语，通信技术必须使用统一标准，从而减少甚至避免无线通信过程中经常会出现的各类歧义或误解。清晰准确的通信，对于多个单位或组织共同参与的处置行动来说，是至关重要的。指挥系统能够将可能会参与处置行动的外部机构和单位整合到统一的处置活动中来，并实现单位间的合作和协调。其结构内部，包括数个指挥层级和一个有效管控区间，指挥层级的数量和管控区间的范围可以根据事件规模进行调整。受过指挥系统专门训练的任何人都可能被任命为指挥员。

　　指挥系统的结构中，有一个非常重要的部分就是人员管控。有效的人员管控能够实现对行动人员的位置及其所承担任务保持时刻跟踪，并且能够帮助上级准确定位所有进入或离开危险区域的行动人员的位置。人员管控工作，需要制定统一标准的警示体系，用来警示工作人员或者指导其从紧急环境中撤离并快速完成人数清点。系统结构在设计时还必须将行动人员的休息和休整需求纳入考虑范围。

　　指挥系统的组成要件中，必须包含并且准确描述以下内容：事件指挥官、指挥部成员、计划制定、后勤、行动、集结以及财务/监管人员的职责和功能（NFPA1561）。

3.4 常用术语

　　对任何管理系统来说，尤其是对可能会由不同人员共同实施的联合行动任务来说，按照以下要求，建立一个通行的术语系统是至关重要的。

　　（1）组织性功能　事件管理系统中，对一些主要救援部门及其职能，必须预先有一整套标准指代用语。关于系统中组织结构涉及的各种要素要件的术语，必须标准化并保持稳定。

　　（2）资源要素　资源是战术性行动中，对所有相关人员和装备的统称。事件管理系统内部的所有资源，必须都要有事先规定好的、统一的名称。任何因尺寸规格或使用动力不同而影响资源行动或处置能力变化的情况，例如，直升机、发动机、营救小组，必须根据其能力被明确定义或者归类。

　　（3）设施　事件发生至其结束期间，所有在事件波及范围内及其周边的设施都必须加注标签牌。这些设施包括指挥部、营地、集结区等。

3.5　模块化组织

突发事件管理系统的组织结构是一种模块化形式的结构，会基于突发事件的种类和规模而有所不同。组织内部人员及其职责，应从事件指挥官开始，按照从上至下的顺序逐一确立到位。如果情况需要，也可以设置多个部门，每个部门可以根据需要设置数个行动单位。对任何规模或种类的突发事件来说，其相应的事件管理系统的组织结构应基于事件管理工作的需要来确定。通过这一方式来确定组织结构，有助于保持管控区间始终在可驾驭范围之内。

如果某人可以同时管理全部主要任务区，则无需再设置其他组织层级。如果一个或多个区域需要独立的指挥管控，则需要指定专人专门负责该区域的指挥管理工作。为便于指代和理解，任何被指定负责组织内部某一层级的管控任务的人员，都需要被冠以一个特定的组织性或职务性头衔，如小组长或组长。

在突发事件管理系统中，事件指挥官在事件发生初期下达的第一个事件管理任务，通常是指定一个或数个负责人负责主要任务区的指挥管理工作。这些负责人仅在需要时，方能在其任务区内进一步分派管理任务和权限。这种组织结构上的扩展性，方便了（也使得其本身更容易整合）将多个行政单位整合到一个统一的体系中来，如图 3-4 所示。如果负责人发现有扩展该部门的需要，可在内部成立数个任务小组。同样地，每个任务小组的负责人，也仅仅在接到命令后，才有权将本组任务进一步分工为各个分任务。关于这一问题在本章稍后还会进一步讨论。

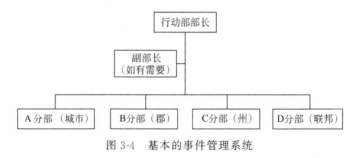

图 3-4　基本的事件管理系统

3.6　事件处置行动方案

任何事件处置行动，都需要有某种形式的行动方案。对于小规模、持续时间短的小型事件来说，方案并不一定是书面的。以下所列，是行动方案必须以书面形式印发的几种情形：

① 需要使用来自多个机构或单位的资源时；
② 涉及多个司法管辖单位时；
③ 处置行动中需要进行人员轮换或设备替换时。

事件指挥官要根据司法管辖的不同要求来确定行动目标和决策。在实施统一指挥的情况下，行动目标必须充分满足所有司法机构的相关政策规定。行动方案的内容，应该包含处置行动过程中所涉及的所有战术活动和支援活动。

3.7 事件管理系统的发展

3.7.1 火场指挥

火场指挥系统在 20 世纪 70 年代末开始流行，并在当时被广泛使用。这一指挥系统由凤凰城（亚利桑那州）消防局创立，并在阿兰布鲁那希尼主任撰写的《消防指挥》一书出版后迅速风靡全国。许多突发事件管理系统都是根据这一系统演变而来。这一系统对于那些几乎每天都会出现的例行性突发事件极其有效，但很难有效应用到大型、不常见、多机构协同作战的处置行动中。

火场指挥使用了三个基本指挥层级。

（1）策略 这是事件指挥官的任务。这一层级的指挥工作，包括确定事件处置行动的目标、规定各个目标的优先等级、分配行动资源等，同时也包括在全局范围内对突发事件进行整体管控。

（2）战术 在火场指挥系统中，指挥员会为每一个行动区选定一名负责人，直接负责这一区域的行动监管工作，确保战术目标得以实现。该负责人直接向指挥员汇报。

（3）任务 这一层级，指的是消防队层面的指挥管理。在任务性层级中，具体的处置行动逐一展开，产生预期结果并实现既定目标。消防队长向指挥员或部门负责人报告。

火场指挥系统使用"区"（sector）这一名词，来指代和区分不同的地理位置和处置活动。例如，某一任务区，可能会根据地理位置来划分，如屋顶区、前区或后区，也可能根据建物内部的楼层数字来指代第×层。此外，任务区也可能根据功能来划分，例如，安全区、休整区或者医疗区。

图 3-5 所示的是一个典型的小型事件中使用的突发事件管理系统的结构示例。对于大型突发事件来说，其典型的事件管理系统如图 3-6

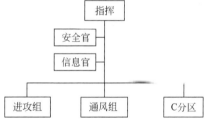

图 3-5 房间及内容物火灾处置行动的事件管理系统组织结构表

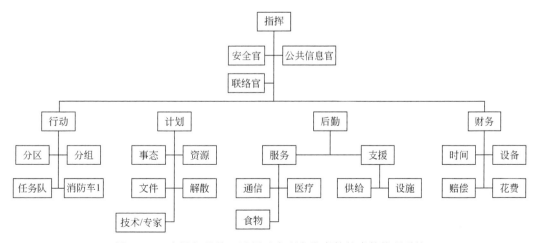

图 3-6 一个被拓展的，适用于大型突发事件的事件管理系统

所示。系统很简洁，且有效。因为它并没有使用很多不同的术语，因此也就避免了出现歧义或错误理解的可能性。

3.7.2　国家跨部门突发事件管理系统

1980 年，美国联邦官员将突发事件管理系统转化升级为一个国家级项目，并称为国家跨部门突发事件管理系统（NIIMS），是当时所有承担林野火灾处置任务的众多联邦机构合作开展联合处置行动的基本模板。自那时起，许多联邦机构都开始逐步在突发事件处置工作中引入突发事件管理系统，其中，有些机构强制性规定行动中必须使用该系统。突发事件管理系统通过设置有效管控区间的方式，实现了沟通以及方案制定工作等的统一整合，并逐步发展成为一个应急服务部门和其他机关通行的，适用于地区、州和联邦各种规模的突发事件的通用的系统。国家跨部门突发事件管理系统将 5 个主要子系统整合到一起，成为一个完整的突发事件管理工具。

（1）突发事件指挥系统（ICS）　包括现场管理结构的组织和运转涉及的各种行动要求、互相影响的各个因素、基本程序等。

（2）训练　采取标准化训练模式，有效提升了国家跨部门事件管理系统的运行效益。

（3）资格认证系统　有效确保了来自全国任何地区的人员在承担系统内部某一特定职位时，都接受过标准化训练，其经验和体能均满足系统要求。

（4）出版物管理　包括国家跨部门突发事件管理系统相关材料的编制、出版和发行。

（5）技术支持　包括卫星远程图像系统、系统的通信系统、地理信息系统等。这些系统为国家跨部门突发事件管理系统的有效运行服务。

这一系统的构建，得益于众多机构（州、地区和联邦层级）的共同努力。突发事件管理系统的基本组织架构，是根据大型林野火灾的处置经验和处置行动中设置的组织结构来设立的。随着时间推移，地方、州和联邦防火部门将这一系统逐步拓展，使得其能够适用于所有种类的突发事件，除能有效应用于小型日常突发情况中，该系统也被应用到大规模、情况复杂的大型突发事件处置行动中。

3.8　国家突发事件管理系统

国家突发事件管理系统（NIMS）是所有机构都应当使用的管理系统。它是处置各类事件的基本系统，无论突发事件本身的规模大小，是否涉及多个司法管辖权、多个部门。国家突发事件管理系统成功取代了国家跨部门突发事件管理系统。该系统逐步被联邦、州和地区政府采用，并被一切可能参与突发事件处置工作的公立或私立、应急或非应急实体广泛采用。使用国家突发事件管理系统也成为各个行政单位寻求联邦经费支持时的必需要求，这些机构必须向联邦政府证明其确实使用了该系统后才可能获得经费支持。NFPA1561 中，明确下令要求必须要使用这一系统，但在这一规范颁布之前，消防部门和其他机构早就已经意识到这一系统的重要意义。通过一些已经发生的大型、持续时间较长、多个机构和部门共同参与的突发事件处置行动，人们已经非常清楚地意识到这些处置行动中存在着很多显而易见的错误和不足，而这些错误，需要通过并且可以通过使用突发事件管理系统来解决。

国家突发事件管理系统是第一个在全国范围内实行的、对一切可能承担处置任务的人员和任何种类的灾害都适用的事件管控和应对工具。国土安全总统第 5 号令（HSPD-5）中，前总统乔治·布什要求国土安全部长制定一个全国范围内通行的国家级突发事件管理系统，无论事件的起因、规模和复杂程度如何，联邦级别、州级、部落和地区级政府都能够通过这一系统来协同开展发生在美国国内的各类事件的准备、预防、应对和恢复工作。

2004 年，国土安全部向全国发布了国家突发事件管理系统。国家突发事件管理系统将所有有效应对突发事件的处置行动整合成为一个系统的国家级突发事件管理框架。国家突发事件管理系统使得参与处置行动的、任何级别的工作人员，都能够共同协作、更有效率地开展管控工作。不论事件的起因、规模或复杂程度如何，系统都能适用。包括重大恐怖袭击和自然灾害。联邦机构同样被要求在国内突发事件管理工作中，以及在其配合州、地方政府开展的各类处置行动和恢复工作时使用这一架构。

使用国家突发事件管理系统的好处是：

① 标准化的组织结构、程序和方法；

② 为预案、训练和演习制定了统一标准；

③ 人员资格能力标准；

④ 设备购买和认证标准；

⑤ 能够互相操作的通信程序、方法和系统；

⑥ 普遍认可的信息管理系统；

⑦ 技术支持，包括声音和数据通信系统、信息系统、数据展示系统以及特殊技术；

⑧ 出版物管理程序和活动。

国家突发事件管理系统整合中心由国土安全部长建立和管理，其目的是为国家突发事件管理系统提供战略指导和监管服务。该中心既能够为国家突发事件管理系统及其组件的运转提供智力支持，同时也致力于不断丰富完善这一系统。中心是一个多管辖权、涉及多学科专业的实体机构，由包括从联邦到地方各个级别共同参与的公立和私立机构以及相关组织组成。国家突发事件管理系统整合中心通过制定、修订和发放关于突发事件管理系统训练相关的国家级标准、准则和规定等形式，协助不同管辖单位和机构更好地使用这一突发事件管理系统。这种方式，有效提高了国家突发事件管理系统内部，由不同级别政府或机构制定的各类标准的兼容性，同时也能够更好地将公立政府机构与各类私立实体机构整合到统一的处置行动中来。国家整合中心还对关于国家突发事件管理系统的训练和认证工作做出了明确规定和要求，并建有一个相关的数据库。

与其他种类的突发事件管理系统一样，国家突发事件管理系统将突发事件管理工作划分为 5 个可控的、对于事件处置行动至关重要的功能模块：指挥、行动、计划、后勤以及经费和监管。国家突发事件管理系统将国家林业火灾协调组织指挥系统的训练作为其开展训练和课程设置的模板：

- ICS-100，事件指挥系统概述；
- ICS-200，初级事件指挥系统；
- ICS-300，中级事件指挥系统；
- ICS-400，高级事件指挥系统。

美国消防局下属的国家消防学院以及应急管理研究中心都将这一突发事件指挥系统模型作为设置核心课程的模板。

3.9　有效管控区间

有效管控区间的范围，取决于安全事宜和突发事件管理方案的科学性。并且，通常来说，突发事件管理系统中，对任何承担事件管理任务的个人来说，其有效管控区间都应在3~7人以内，将其控制区间确定为5人是相对保守并安全的做法。当然，由于突发事件种类或者承担任务不同，也会出现种种例外情况。例如，危险化学品火灾中，破门小组的控制区间人数可能很少，但对一间放置满各类物品的房间的火灾进行详细勘查时，为确保安全，其控制区间的人数可能就需要更多一些。

正如其他突发事件管理系统一样，设立国家突发事件管理系统的本意是为了执行并实现统一指挥。统一指挥，像本章后续内容中讨论的那样，对于有效控制事态非常非常重要，因为突发事件不会在其事态发展到涉及另外一个司法管辖权限或职能部门时戛然而止。在统一指挥的框架下，保证管控区间的可控性是开展高效、安全的处置行动的第一要务。该系统强调提前确定指挥部所在位置、开展各类支援活动的营地的位置、可以被确定为集结地的场所、可作为直升机基地和降落的场地、任务分队和强攻小组的位置以及可用的独立资源的存放位置。

国家突发事件管理系统之所以设立这5个主要的功能部门（指挥、行动、方案、后勤以及经费/监管），就是为确保指挥员的管理任务始终保持在有效管控区间以内。取决于事件的规模、波及范围以及复杂程度，以上任何一个或者全部模块都有可能被采用到突发事件管理系统中。同样，取决于事件本身，以上每一模块都有可能会指定一名指挥人员专门负责这部分工作，如图3-7所示。

这5个部门的功能发挥，最先从"指挥"开始。事件指挥官对整个事件的全部处置活动负责。他或者她负责所有的指挥工作，并在系统内部某一岗位任命人员就位之前，负责该岗位的工作。从这一角度来说，指挥结构被按照功能分解，分解后的任务交由1名部门负责人组织开展。部门，是对事件管理系统中一个组织层级的称谓，每一部门发挥一般成员或者指挥部成员的功能。每个部门的负责人直接向指挥官汇报。另外一个功能模块——行动，负责管理所有战术目标和活动，如图3-8所示。因此，行动部门负责人需要直接参

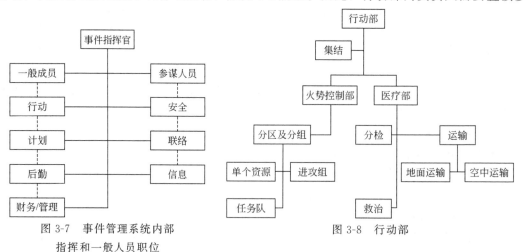

图 3-7　事件管理系统内部
指挥和一般人员职位

图 3-8　行动部

与行动方案的制定工作。

　　计划部门的职责有很多，从行动计划制定开始，如图 3-9 所示。随着方案制定工作的开展，计划部要将行动方案的相关信息形成书面文件并发放给参与处置行动的所有机构和人员。计划部要保证随时掌握事态发展最新情况，并将最新信息记录在案，发布事态发展趋势预测，并随时跟进各类资源的最新情况。

　　后勤部负责所有非行动性质的支援和活动，包括设施（睡眠休息区、洗手间、淋浴室）、交通运输、供给、设备和器材保养、设备所需各类燃料、事件相关全部人员所需食物、通信、（无线电、电话、电脑、网络），以及针对行动人员开展医疗救助服务，如图 3-10 所示。

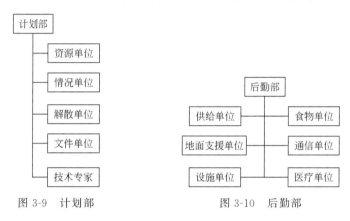

图 3-9　计划部　　　　　　　　图 3-10　后勤部

　　在规模较大、持续时间较长的事件中，还有可能需要设置突发事件管理系统的最后一个组织——经费/监管组，如图 3-11 所示。其主要任务是分析事故的全部开销，追踪设备

和人员的时间信息，与供应商联络购买食物和给养，并完成相关的文书工作。这一部门的任务极其关键，至少从财务工作的角度来说，这些任务尤为重要，尤其是在涉及经济赔偿的相关文件起草以及（或者）大项经费决议时，或者当一个事件可能满足被宣布进入灾难状态的某种程度时。

图 3-11　经费/监管组

　　根据事件不同，每一部门可能都会有其本部的指挥部成员，负责协助并承担该部门的各项工作。那些对这 5 个主要部门的工作具有重要支援意义的职位，会进一步拆分为分部、分区和分组。

> **提示**
> ・分部通常在其所属分区以及/或者分组的数量超出有效管控区间时设置。
> ・分区通常依据地理位置或范围来划分和命名，例如，建筑物三层，可能会被称为"第三分区"。
> ・分组，通常根据其承担的职能划分和命名，如搜索组。

　　分部通常在其所属分区或分组的数量超出控制范围时设置。此外，也会在同时开展两项以上的特定行动时设置分部，如火势控制分部、危险化学品管控分部、紧急医疗救护分部以及撤离分部。分部被设立后，会立即指派 1 名分部负责人，负责一定数量的分区/分组、任务分队、强攻小组、单个资源的指挥工作。任务分队通常由 5 个不同种类的战斗资源组成，如 1 个任务分队可能包括 2 辆水罐车，2 辆云梯车，以及 1 辆抢险救援车。而强攻组，则是由 5 个同类的战斗资源组成，例如 5 辆水罐车或 5 辆急救车。任务分队和强攻组都会指派一名专门的负责人，承担指挥管理任务。

这些被部署至各个分区和分组中的工作人员，是真正直接开展突发事件管控的工作单元。分区根据地理位置来划分建立并命名，如，建筑物三层可被称为第三分区。分区可以由 1 个独立的工作单元组成，也可以由多个工作单元、任务分队，以及/或强攻组组成。分组通常根据承担任务或行动目标来划分并命名，例如，灭火战斗行动现场需要进行通风排烟，则根据这一需要可能会立即成立一个排烟组。与分区一样，分组也有其独立的负责人，负责管控的对象既可能是一个独立的作战单元，也有可能是多个作战单位、任务分队或强攻组。

3.10　统一指挥

本章内容中所讨论到的任何组织形式，都要求必须采用统一指挥的指挥结构，也正是基于这种指挥结构，突发事件管理活动才能得以有效展开。当突发事件处置行动中，涉及多个机构或部门时，这些参战单位必须开展有效协作方能实现处置行动的效益最大化。统一指挥为事件处置行动提供有力、直接并且可视的指挥链条，并架构了一个条理清晰的组织框架，这个框架内部行动目标及任务分工明确。在统一指挥结构中，所有人员必须完全认可并支持事件处置优先等级、行动目标以及整体处置策略。

指挥部可以设置在参与行动的行动机构的管辖范围内的任意地点。指挥部应该只有 1 个，负责对处置行动涉及的所有活动实施管控。否则，就会出现很多问题。例如，一场可能会波及多个城市或郡县的大规模林野火灾中，很多不同的机构可能会迅速参与到处置行动之中。如果这些不同的部门或机构都按照其部门内部的行动方案开展处置行动，现场情况很快就会陷入混乱，现场可能会出现各种互相冲突甚至造成事态进一步恶化的处置活动，如高风险的扑救行动、重复性行动、资源浪费等。而在统一指挥框架下，机构间的竞争效应和自由发挥限度都会得到有效控制和纠正。

采用统一指挥的指挥模式，能够将外部参与机构有效整合到统一行动中来。此处所谓的外部机构，不仅仅是指其他消防部门，而是可能包括来自当地政府、军方、联邦政府、私人承包商以及其他机构的代表。

3.11　标准行动规程/指南

正确采用并实施突发事件管理系统的关键，是要制定一份标准的行动规程或行动指南。如图 3-12 所示。每一个组织都必须按照事件管理工作的原则和规律来行事，组织内部的各个分支机构或个人也必须保证有效支持这些原则和规律的落实。

> **提示**
>
> 标准行动规程是事件管理系统的根基。这些准则规定了行动的标准过程或程序，任何突发事件处置行动都必须严格遵守这些准则。通常情况下，所有参与处置行动的人员，都默认被认为会严格依照标准行动准则开展处置行动。

消防部门标准操作指南

主题：处置，装备部署，以及消防队职能

此标准操作指南为处置行动小组应对或部署救援行动提供了参考。同时，列出了指挥系统未能完全发挥功能前处置小组的基本任务。

处置（应对）

所有行动单位必须按照"紧急情况"的标准来行事（启用各类警示设施），除非是基于抵达事故现场前得到的一些事故信息而做出其他决定。行动单位整装出发的时间要求是，早7时至晚10时60s，晚10时至早7时90s。紧急状态下，所使用交通工具应选择可以最快抵达现场的路线，并根据当时情况和限速规定以安全时速行驶。所有人员应按要求坐在规定座位上，并佩戴好安全带等安全装置。驾驶员驾驶过程中，应最大程度保证行驶安全。期间，行动单位不应主动联络指挥机构请求被分配某种勤务。一级火警中，行动单位应按照标准任务部署（一级集结）的规定来放置各类装备，除非接到命令按照其他要求放置。二级或更高级别火警中，行动单位应该在距离现场相对较远的位置集结（二级集结），并且向集结官（如果现场有人担任这一职务）或指挥部汇报地点及人员装备等情况。所有的二级集结区内的行动单位都应在同一位置集结。人员应该始终与其所属单位位于一处，并保持集结状态，直至任务通过指挥系统下达至其所属单位。不承担具体功能性任务的行动单位（泵水，登高，照明等）应停在进出通道之外。

装备部署标准（一级集结）

抵达现场后，各行动单位应按照行动标准中的规定，将其交通工具停放至能够最大化行动效率，并确定安全的位置。对于火警、建筑物火灾和烟气检查以外的情况，装备如何部署应参照其他特定事件的标准行动规程。

• 首批抵达的水罐车中队——该行动单位应该部署于起火建筑前方，略微偏向某一侧（以便消防卡车停放），或者根据现场事态评估的结果，根据是否开始实施强攻灭火行动或火灾调查等来选择最佳放置地点。

• 首批抵达的云梯车中队——应部署在起火建筑前方，能够接触屋顶是实施通风任务的位置。

例外情况：

① 对于在燃多层建筑火灾，如果观察到浓烟和明火，装备应部署在能够对高层实施营救的位置。

② 火势过大（已经实施通风），以及/或者火势对相邻建筑产生威胁时，装备应部署在能够实施空中射流的位置。

③ 移动房车公园或其他小型建筑（小于$1400ft^2$）火灾中，行动单位应将装备部署在距离起火建筑250ft、不影响消防车中队架设水带干线，但能够方便取放装备或方便开展防御性行动的位置上，除非该单位被分配了其他任务。

④ 如果云梯车中队负责第一响应任务，并且配有泵水功能的话，则按照首辆消防车的标准来选择停放位置。

• 第二批抵达的水罐车中队——根据指挥部或首批抵达消防车中队的指示将车部署在方便供水的位置。

• 第三批抵达的水罐车中队——应将其按照快速干预小组或小队的任务，将其部署在能够完成这一任务的最佳位置。

• 首批抵达的抢险救援中队——该中队的部署位置应根据当时户外光线条件来确定，黄昏或黑暗条件下可能会有所不同，应将其部署在能够为主要灭火点提供照明的位置。这一位置可以是在相邻建筑附近，或首批抵达现场的水罐车中队后方。将照明放置于高处有利于将该中队与其他行动单位相区别。这一单位的部署位置，还应该是接近电线或空气呼吸气瓶充气站并距离灭火作业区有一定距离的位置。其部署位置应避免影响其他行动单位（消防车和云梯车）的进出通行。如果火灾发生在白天，其部署位置应主要基于是否有利于使用电线和便于气瓶充气来选择。

首批抵达的指挥单位——如果可能并能够确保安全的情况下，应部署在可以观察到建筑全貌和强攻点的位置。对于指挥机构来说，能够随时看到其他行动单位至关重要。

首批抵达的搜救队——部署在距离建筑75ft、不影响其他行动单位进出的位置上，该位置应该便于取放装备或实施现场紧急医疗救护措施。

首批抵达的急救车——部署在距离建筑300ft、不影响其他行动单位行动的位置上，该位置应该便于取放装备或实施现场紧急医疗救护措施。

首批抵达的公共服务部门——部署在二级集结区内。

首批抵达的休整人员——应与急救车部署在一处，随时根据指挥部指示行动。

被指派快速干预任务的消防队随时保持战备状态，并将注意力放在指挥员或负责人身上。后续抵达的支援加强人员或资源，应该部署在远离任务区，并不影响他人进出的位置。如果可能，所有的行动单位都应该部署在街道或开放通道的一侧，足以容纳装备进出任务区的位置。首批抵达的行动单位或指挥部可能会根据事态评估中发现的一些关键问题而调整装备部署位置，这些位置可能跟标准部署位置的要求有所不同。

集结

集结命令通常由指挥部下达，或由首批抵达的行动小组在向现场赶赴途中，作为二级火警的一部分下达。在指挥部下达任务分工前，应选定一处足够大的区域用作陆续扩大的行动单位的临时集合地（如有可能应尽量选择安全区域），一般认为该区域应至少距离任务区600ft。首批抵达的行动单位负责组织集结或将集结任务传递给其他单位。接替单位必须同意承担这一任务。集结官应该掌握一份行动单位及其人员的名单，控制集结区内的人员进出，并与指挥部保持联络。集结区内的个人不应直接与指挥部联系。

图3-12

中队的标准任务

　　为高效协调现场初期的各类活动，不同消防队应该根据以下标准任务分工和优先处置目标来行事。承担相应任务的中队应该自动推动任务直至其完成，除非接到其他行动任务或被指挥部命令停止该任务行动。

- 首批抵达的水罐车中队
  - ① 事态评估或现场勘查；
  - ② 破拆入门（如被要求）；
  - ③ 搜索和营救；
  - ④ 设置第一条进攻水带干线；
  - ⑤ 建立自己的供水系统（如有必要）。
- 第二批抵达的水罐车中队
  - ① 定位并建立初期的供水系统；
  - ② 为第二条进攻水带干线或营救行动提供人力支援；
  - ③ 如条件允许，协助完成有关喷淋系统和竖管供水系统的各种行动。
- 第三批抵达的水罐车中队
  - ① 建立快速干预小组或小队；
  - ② 如果第二批抵达现场的消防车中队此时未完成供水系统的建立，则建立供水系统；
  - ③ 根据指挥部的命令随时采取相应行动。
- 首批抵达的云梯车中队
  - ① 针对如何实施通风或空中射流开展事态评估；
  - ② 协助开展搜索和营救任务，如被请求协助；
  - ③ 部署云梯（商业建筑或者多层建筑）；
  - ④ 准备并组织人员就位，开展有效通风行动，并向指挥部汇报准备情况。
- 首批抵达的抢险救援中队
  - ① 建立现场照明系统（如有需要）；
  - ② 对起火建筑的电气设施采取警务措施；
  - ③ 协助云梯车中队的行动（如被要求）；
  - ④ 如有需要，使用隔离带对现场实施警戒；
  - ⑤ 建立空气呼吸器气瓶充气站。
- 首批抵达的搜救队
  - ① 根据需要采取相关安全措施或伤员护理；
  - ② 协助首批抵达的消防车中队开展破拆入门、通风等任务。
- 首批抵达的急救车
  - ① 随时待命；
  - ② 密切观察行动现场，并随时准备救助伤员。
- 首批抵达的休整人员
  根据指挥部命令组织各类休整工作的开展
- 首批抵达的公共服务部门
  在集结区待命

　　所有中队都应该根据事态评估结果和指挥员命令，随时准备接受其他任务分工或职责。如有可能，所有中队都应该将所属人员集结在一处，并以团队的形式开展各类活动。此处所说的团队，至少由2名人员组成。如果某一中队的行动与标准任务分工有所区别，该中队应向指挥部说明原因和行动意图。

图 3-12　一份关于应对、设备以及消防队任务职能的标准行动规程示例

　　标准行动准则是事件管理系统的根基。这些准则规定了行动的标准过程，在任何突发事件中都必须严格遵守这些准则。通常情况下，所有参与处置行动的人员，都默认被认为会严格依照标准行动准则开展处置行动。标准行动准则能够确保行动效益最大化。在理想的状态下，所有的应急处置行动参与单位或机构都会依照同一个基础标准行动准则行事，并且所有机构都会自发性地开展互相配合协作。

　　标准行动准则的内容应该涵盖事件处置行动可能会出现的所有情况，包括：

　　① 一份关于事件管理系统是由何人在何种情况下发起并实施的情况介绍；

② 一份关于事件管理系统组织结构及其内部组织部门机构的定义；

③ 一份关于文件传递和通信系统的情况介绍，包括标准术语，如图 3-13 所示；

④ 安全防范方法；

⑤ 消防队职责；

⑥ 战术性优先行动目标的列表；

⑦ 一份关于如何开展人员管控工作的简要说明。

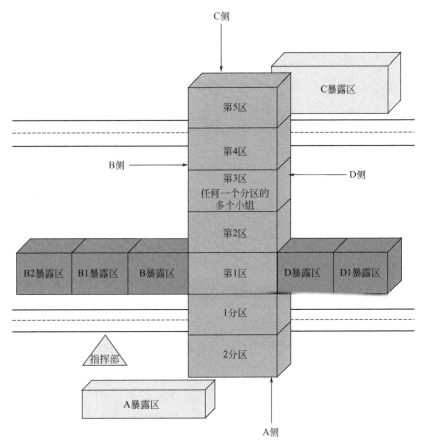

图 3-13　一个事件管理系统要求将起火建筑及其周边区域划分为相对较小的单元。
一些功能性任务同样也可能会进一步细化

　　这份列表仅仅是个开始。任何层面、任何区域的机构代表都应该协助指挥员共同制定标准行动规程。如要制定通风行动的标准行动规程，只有云梯中队队员的意见才更有建设性。并且，如果来自各地的代表都参与了行动规程的制定工作，那么这份新制定的行动规程必然会在最大范围内被接受并得到落实。标准行动规程必须是书面的，简便易行、权威，适用于各类情况，并且必须被严格执行。

　　如果能够严格遵守上述要点，处置行动就会更为有效。值得注意的是，整个指挥框架内的所有人员，都必须拿到所有的行动规程，并且开展针对性训练。如果人们根本就不知道标准行动的准则是什么，何谈遵守并执行这些准则呢？

　　关于标准行动规程的另一个要点，是指挥人员必须根据时态发展，随时审阅行动规程并视情况做适当调整。随着时间的推移和新技术不断被引入到处置行动中，参与行动的机构或组织可能会发生改变，行动规程可能会因此而过时甚至无效，如图 3-14 所示。需要牢记的是，标准行动规程必须具有可行性。同时，各类突发事件管理活动的标准行动规程也必须每天都要练习并执行。

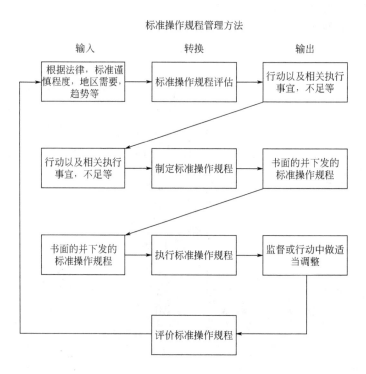

图 3-14 标准行动准则必须与时俱进，并且与行业发展趋势、规范和标准相适应

提示

必须对标准行动规程保持随时审阅和调整更新。 随着时间推移和新技术的引用，规程的内容可能会过时，甚至无效。

无论突发事件规模大小，突发事件管理系统都需要在第一时间建立起来。当这一系统在每天例行的突发事件中持续引用并练习的情况下，消防员对这一系统的理解会更加深入，当遇到更大规模、情况更为复杂的突发事件时，才会更有心理准备并熟悉系统的扩展程序和模式。这种理解，会逐步成为消防员的习惯。

本章小结

● 在规模相对较小、参与单位较少的突发事件中，同样可能会出现极为惨烈的后果。因此，任何规模的突发事件中，都必须使用事件管理系统，以确保人身安全、人员管控工作和处置行动等能够有效展开。

- 如果要确保行动效益最大化，就必须要确保行动现场只有 1 名指挥员负责全部指挥工作。
- NFPA1561《突发事件应急管理系统标准》，是一份关于消防部门应采用的突发事件管理系统的最低要求的准则，适用于全部消防机构。
- 火场指挥系统，逐渐在 20 世纪 70 年代末开始流行并被广泛采用。许多类型的突发事件管理系统都是基于这一系统演变发展而形成的。
- 1980 年，联邦政府将突发事件指挥系统扩展为国家级项目，称为"国家跨部门突发事件管理系统"，并成为当时所有承担林野火灾的联邦机构开展处置行动的基本行动纲领。
- 制定一套通行的术语体系，对于任何事件管理系统特别是那些被用在多单位参与的联合处置行动中的突发事件管理系统，都是至关重要的。
- 突发事件管理系统的组织结构是根据突发事件的种类和规模，按照模型化构建。组织结构中的工作人员从指挥员开始，按照自上而下的顺序逐一确定，确定人员职位时同时会规定其职责和任务。
- 任何突发事件处置行动都需要制定一份某种意义上的行动方案。
- 国家突发事件管理系统是所有机构或部门都应当采用的突发事件管理结构。该系统的结构适用于任何规模、涉及多管辖权的多机构联合开展的突发事件处置行动。
- 安全因素和噪声管理方案都会影响并决定对管控范围的考虑。
- 为实施有效管控，设置 5 个功能区：指挥、行动、计划、后勤、经费/监管。
- 统一指挥能够在一个条理清晰的、行动目标和任务分工明确的管理框架下，开展一个有力、直接并可视的指挥管控工作。
- 正确执行和利用突发事件管理系统的关键是制定一份标准行动规程。

主要术语

分部（branch）：突发事件管理系统中为确保任务分区和分组数量始终保持在有效管控区间规定的数量以内，而设立的一个组织层级。

指挥（command）：是突发事件处置行动中最高级别、最具权威性的一个组织层级。

分区（division）：是突发事件处置行动中，负责承担特定地理位置上的具体行动任务的一个组织层级。

经费/监管（finance/administration）：是突发事件管理系统中的一般性工作职位，负责所有与经费有关的工作。

分组（group）：是突发事件管理系统中的一个组织层级，负责具体的救援任务，例如，搜救组。通常情况下，所有参与处置行动的人员，都默认被认为会严格依照标准行动准则开展处置行动。

后勤（logistics）：是突发事件管理系统中的一般性工作职位，负责一切与后勤需求和供给有关的工作。

行动（operations）：是突发事件管理系统中的一般性工作职位，负责一切与救援行动有关的工作。

计划（planning）：是突发事件管理系统中的一般性工作职位，负责一切与突发事件相关的方案制定工作。

部（section）：是突发事件管理系统中的一个组织层级，主要承担某一类一般性工作任务或指挥任务，直接向事件指挥官报告。

管控范围（span of control）：一个人能够有效管理的其他人数或单位数，通常是 3～7 个，最恰当的是 5 个（这一数量取决于现场情况的复杂程度）。

强攻小组（strike team）：通常由 5 个同类资源组成，使用统一的通信标准，由 1 名组长负责。

任务分队（task force）：通常是基于某一特定战术需要而组件，由 5 个独立的资源构成，使用统一的通信标准，并设置 1 名分队长负责全部指挥和管理工作。

典型的（Typed）：当某一现有资源，被确认具有某种能力或能够完成某种水平的任务时，通常被称为典型的。

统一指挥（unified command）：当均对某一突发事件负有处置义务或管辖权限的多个机构同时开展处置行动而采用的一种指挥结构。

 案例研究

假设，你被分配至发生在林野-城市交界区的大型火灾的指挥部工作。此时，由多个机构和消防部门参与灭火和周边区域防火行动。一些建筑已经被烧毁，另有很多建筑面临起火危险。所在州政府已经下令启动全州范围内的支援行动。此时，正在开展人员疏散和撤离工作，避难场所已经设置完毕并向群众开放。

1. 你曾经有多年使用突发事件管理系统的经验。以下哪份文件与突发事件管理系统相关？
A. NFPA1500　　　　　B. NFPA1561　　　　　C. NFPA1710　　　　　D. NFPA1021

2. 在组织成立你自己的组织层级时，以下哪一职能属于一般性工作职务？
A. 安全　　　　　　　B. 信息　　　　　　　C. 联络　　　　　　　D. 计划

3. 以下哪些职能需要负责所有非行动支援需求和活动？
A. 经费/监管　　　　B. 后勤　　　　　　　C. 行动　　　　　　　D. 计划

4. 5 个消防车中队作为支援单位被调遣至集结区。你希望将这 5 个中队整合到一起，以方便调遣。这时，这 5 个中队属于：
A. 一个强攻小组　　B. 一个任务分队　　C. 一个分区　　　　D. 一个分组

复习题

1. 指挥这一名词的含义是什么？
2. 为什么每一场突发事件处置行动的指挥员必须只有 1 名？
3. 火场指挥系统的三个基本层级是什么？
4. 管控范围的定义是什么，并解释如何在行动中运用这一原则。
5. 说出国家突发事件管理系统的 5 个主要功能分区。
6. 列出计划部的主要职责。
7. 分部、分区、分组、强攻小组和任务分队的定义分别是什么？
8. 为什么标准行动准则对于突发事件管理系统具有极其重要的意义？

讨论题

1. 为你负责的部门画一个最基本的突发事件管理系统，并说明其组成部分。

2. 回顾你所在单位的突发事件管理标准行动准则。周边单位是否也使用同一种事件管理系统？这一系统哪些地方需要完善？

参考文献

Brunacini, Alan. (2002). *Fire command*. Quincy, MA: National Fire Protection Association.

National Fire Protection Association. (2014). NFPA 1561, *Standard on emergency services incident management system*. Quincy, MA: Author.

National Institute for Occupational Safety and Health. (2007). *Fire fighter fatality investigation report F2007-18: Nine career fire fighters die in rapid fire progression at commercial furniture showroom—South Carolina*. Atlanta, GA: NIOSH. Retrieved from http://www.cdc.gov/niosh/fire/reports/face200718.html.

The White House. (2003). *Homeland Security Presidential Directive-5 (HSPD-5)*. Washington, DC: The White House. Retrieved from http://www.fas.org/irp/offdocs/nspd/hspd-5.html.

第4章 协调与控制

学习目标　通过本章的学习，应该了解和掌握以下内容：
- 明确高效的火场通信工作所包含的要素并对其作出准确描述。
- 讨论事态评估这一程序的意义。
- 明确突发事件的三个优先处置目标并对其作出准确描述。
- 讨论策略性目标在突发事件优先处置原则中的地位和作用。
- 讨论战术目的在突发事件优先处置原则中的地位和作用。
- 讨论战术手段在突发事件优先处置原则中的地位和作用。
- 描述方案制定工作的内容及其在突发事件处置工作中的地位和作用。
- 讨论决策制定工作相关的三个概念。

案例研究

　　2005年1月23日，在一起发生在一栋四层公寓住宅的火灾中，一名消防队长（死者1）以及一名消防员（死者2）不幸死亡，4名职业消防员受伤。事故发生时，2名死者及其他伤者正在起火楼层的上一层内部搜索被困人员。火灾最初发生在建筑三层内部的1间公寓内，并迅速蔓延至建筑物四层。消防员在抵达现场后不到30min的时间时，因火势过大而不得不从建筑物四层的窗户强行撤离。这6名消防员被立即转移至当地医院，抵达医院后不久，其中2人被宣布死亡。

　　国家职业安全和健康研究所的调查员认为，为尽量将类似事故的发生率降至最低，消防部门应该做到以下几点：

　　① 认真学习现行建筑物火灾扑救标准行动规程并严格依照其中有关规定开展灭火行动，确保消防员在危险环境下执行行动任务时，都配备有水带、水枪，并确保其能够随时出水。

　　② 确保行动现场的消防员都接受过在未携带可用水枪、未架设水带干线的危险情况下，如何在起火楼层以上空间内开展灭火救援行动以及相关标准行动规程的专门训练。

　　③ 确保消防员在执行内攻行动时，随时向事件指挥官汇报行动进展情况。

　　④ 确保消防员在起火建筑内部开展各类行动时，都以团队的方式行事。

　　⑤ 事件指挥官应根据现行的标准行动规程的规定，在复杂情况下，将灭火救援行动进一步细化为不同的任务分区。

　　⑥ 确保无线呼救信号传递畅通，并对消防员开展如何在建筑物内部被困时能够第一时间发出求救信息的专门训练。

　　⑦ 研究制定大风环境下灭火救援行动的标准行动规程。

⑧ 为消防员配备恰当的安全防护装备，如逃生绳，并针对高层建筑火灾潜在发生区域开展多部门联合火灾扑救训练。

此外，国家职业安全和健康研究所还指出，建筑物业主应该严格遵循现行建筑法规有关规定，确保住户及消防员安全。

① 你所在的消防部门是如何确保消防员在建筑物内部开展各类灭火救援行动中保持队伍团队行动的？是否有效？

② 描述你所在的消防部门对无线求救信息收发的相关程序规定。

4.1　引言

火场上的指挥员和消防员都必须对火场控制和协调工作有深刻理解，如图 4-1 所示。突发事件管理系统一章中，已经就各类突发事件管理系统及标准行动准则做了简要介绍。为确保行动安全、高效开展各类灭火救援行动和事态管控，指挥员和消防员还需要对高效通信过程、事态评估、突发事件优先处置原则、策略性目标、战术性目标、战术手段、方案制定以及（正如事故预案制定工作一章所讨论的那样）事故预案制定工作等有深入理解。

图 4-1　事件指挥官负责对突发事件进行全时、全局性管控，从事件发生开始直至其结束

很多人可能都听说过"没有哪两起火灾是一样的"这样一句话。这句话并不完全正确。因为每场火的化学和物理性质都一样，火势也通常按照一样的模式逐步发展；因此，特定的燃烧行为，例如火势蔓延，是可以预测的。此外，建筑物和建筑物彼此也不尽相同，甚至差异很大，但事件指挥官对相似的建筑物火灾发展趋势和火灾后果可以有大概的估计和判断。例如，对一起火势已经蔓延至某一阁楼的联排建筑火灾来说，基本可以判断，其火势必然会在整个阁楼框架内蔓延。不同的火灾事故都具有的另一个相同点就是，处置行动的优先处置原则及适用策略性目标基本是一致的。

> **提示**
> 火灾的化学和物理特性都基本一致，火势通常按照同一种模式发展。特定的燃烧行为，如火势蔓延，是可以被预测的。

4.2　通信

良好的通信系统是高效制定各类策略和战术的基础。本章节的这一部分内容，并不是要对现有的众多通信系统的优劣进行分析，而是对高效通信过程的几个重要方面展开讨论。

通信过程中的语言文字的含义，都基于使用之前就已经存在于人们脑海中的对这些文字的理解和知识储备。如果火场上的灭火救援行动中，有人对某一通行的词语含义理解错误，很快就会造成负面影响。火场术语系统可能因不同地理区域内语言习惯，或不同消防部门开展训练时所使用的语言不同而有所区别。例如，你所在消防部门，一般将"消火栓"叫做什么？"给水栓"还是"消火栓"？什么是"烟柱"？在美国西海岸，消防从业人员可能都知道，烟柱指的是由于燃烧而产生的柱状浓烟，但东海岸

图4-2 林野火灾扑救装备（在大多数地方，并不会将这一装备称为消防车）

消防部门却几乎不会使用这一代语。在一场林野火灾中，许多参与火灾扑救行动的人员会发现，消防车这一名词，指代的并不是装配有 A 类水泵的传统意义上的消防车，而是消防员通常会将其称之为灌丛消防卡车的一种车辆，如图 4-2 所示。显然，词语的通用含义以及已经定型的理解模式对于火场灭火救援行动的影响极大，尤其是对于那些经常开展联合处置行动的地方来说，影响更为巨大。

> **提示**
>
> 对在通信中所使用的各种词语的理解，基于人们此前对这一名词的理解和相关知识储备。当来自不同地方甚至不同机构的行动人员同时被整合到一个突发事件管理系统的时候，绝不允许出现因对相关指令或信号信息缺乏了解而出现失误的现象。

对那些需要依靠代语来开展的通信工作来说，对某一词语的理解和相关领域的知识储备对其的影响是显而易见的。这些代语或信号，通常是 10 个代语，应当用最平实的语言来代替。对于这一看法的讨论，就像对消防设施喷涂颜色的讨论一样，已经持续了数年。然而，当来自不同消防部门、甚至来自不同单位或机构的行动人员同时被整合到同一个突发事件管理系统中的时候，绝不允许出现因对相关指令或信号信息缺乏了解而出现失误的现象。

一旦关于相关代语或信号的意思及相关背景知识被确定并在系统内发布后，消防员、各级负责人以及指挥员都必须立刻开始进入通信程序。国家消防学院的消防大队战术行动管理课程中，引入了一种 6 步通信模型，这一模型可以被用在任何突发事件处置行动的通信工作中。火场通信工作中，应使用这一模型，消防部门也应该就这一模型对相关行动人员开展针对性培训，如图 4-3 所示。

在这一通信模型的第一步中，信息的发出者形成一个需要向其他人传达的想法。这一想法应该是清晰并且准确的，并且在火场通信工作中，这一想法应该尽量简洁。由于通信工作对信息的简洁性这一特殊需求，对通信人员开展关于事件处置优先目标、战略目标、战术手段等的专门训练会极大提升通信效率。例如，一名行动人员可能会产生在屋顶进行排烟的想法，具体来说，是对 B2 或 B3 区进行切割。尽管这名行动人员的头脑中还有很多与这一想法有关的信息，但他仅仅需要对同伴说"1 号破拆车切开 B2 和 B3 区之间的屋

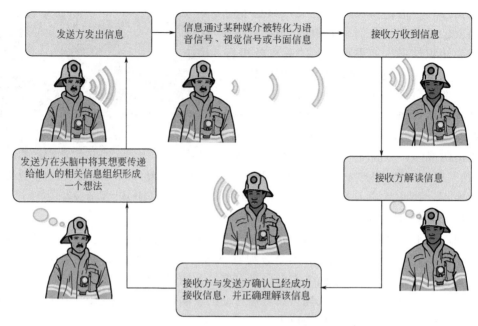

图 4-3　国家消防学院提出的六步通信模型

顶"即可。不需要对这一行动的具体手段和方法展开讨论，因为行动人员已经通过之前的训练掌握了具体的屋顶切割方法。在第一步中，必须充分考虑具体通信手段。通常情况下可能是通过无线电、面对面或者书面的方式。

通信模型的第二步，是信息的发出者将要表达的信息传递出去。发出者必须要首先获得信息接收方的注意后再发出信息。在消防行业，信息通常是通过无线电的方式来传递。通常情况下，是通过呼叫对方的单位番号或呼叫突发事件管理系统内部分区或分组负责人的形式来获得信息接收方的注意。例如，"指挥部呼叫 1 号车"或"指挥部呼叫第二分区"。有些情况下，被呼叫的单位番号或人员的名字在前，如"1 号车听令"。具体的方式可能会因所属消防局不同或地区不同而有所区别，但都可视情况可以适当引入特定的辅助形式。

通信模型的第三步，是信息被传递到通信媒介。这种媒介可以是声音的、图像的或文字的。尽管大多火场通信工作都是通过图像或声音媒介来传递信息，但有些情况下，例如需要传递的信息是复杂的任务分工或其他信息、持续时间较长的大规模突发事件的行动方案、或者大规模突发事件处置行动的指挥命令等复杂信息的传递，则需要采用书面的方式。

第四步，接收方接到发送方传递的具体信息，此时则直接进入通信的第五个阶段，也就是通信模型的第五步，信息的解读。为确保信息接收方能够正确理解相关信息，接收方必须具有能够确保其正确理解相关信息的背景知识或经验。

第六步，就是接收方向信息的发出者作出反馈，向信息发送方确认已经收到并正确理解该信息。与之前列举的信息示例对应的反馈如下文，1 号车应该这样回复"1 号车收到，对 B2 和 B3 分区之间的屋顶实施切割"。本质上来说，第六步中，信息的接收方已经转变为另外一个信息传递过程的第一步中的信息发出者。通信工作至关重要，贯穿突发事件的整个处置过程始终。下面的章节，将重点讨论通信工作的具体要求。

4.3 事态评估

协调与控制工作中，确定最基本的通信需求后，需要考虑的下一个问题就是事态评估。事态评估可以被定义为为解决问题而开展的信息收集工作，如图4-4所示。它是对突发事件发生以前、发生发展并直至结束全过程中的一些关键要素进行的评估工作。突发事件优先处置目标，正如下文即将讨论到的一样，并不会因为突发事件的不同而有所差别。然而，在事态评估这一阶段，突发事件优先处置原则会以一种特定的方式被应用到实际的处置工作中。

> **提示**
>
> 在事态评估这一阶段，突发事件优先处置原则会以一种特定的方式被应用到实际工作中。

事态评估，是在事故发生前就已经开始的、持续性的信息整理工作，并且每一场事故的事态评估工作都有其特殊性。那么这一信息收集过程中，有哪些关键因素需要重点勘察呢？对于这一问题，应急管理学界有几种不同的观点，这几种观点都采用缩略语的方法来指代那几个重要方面的信息必须要收集。

事态评估工作所需的信息，可以简单划分为三个方面：事件发生地的环境因素，可用处置资源，事态，如图4-5所示。具体到某个突发事件处置行动时，上述的三个方面均有详细的勘察内容。有些情况下，可能某一方面的勘察工作相对更容易开展。

图4-4 抵达现场后，消防官立即
就近展开事态评估工作

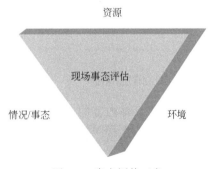

图4-5 事态评估三角

4.3.1 环境

突发事件发生地的环境因素，包括起火建筑的建筑特点，对于林野火灾来说，则是起火位置周边的地形因素。环境因素还包括时间、天气、燃料、高度、区域、建筑物性质、抵达起火地的路线等。表4-1列举了与环境相关的内容以及其在具体的突发事件中可能的使用方式。

表 4-1　事态评估要素及示例

环境	资源	情况/事态
事件	行动人员	起火点
建筑物建筑结构特点(图 4-6)	处置行动所需人员数量	火灾可能的波及范围
天气	装备、设施	燃油类型
高度	所需特种装备	各类安全问题
区域	供水	财产保护相关事宜
建筑物性质	内置的防火设施	事件可能持续时间
接近现场	对特定灭火剂的需要	烟气的属性,包括烟量、速度、浓度以及颜色
地形	行动资源抵达现场所需时间	

> **提示**
>
> 　　突发事件发生地的环境因素,包括起火建筑的建筑特点,对于林野火灾来说,则是起火点周边的地形因素。

4.3.2　资源

　　对资源开展评估时,人员的数量、设备的种类、对特种设备的需求都需要同时确定。一旦这些需求确定后,就需要立即对现有的资源情况进行统计。如果现场只有 2 辆水罐车,行动方案中却使用了 3 辆消防车的话,这一方案就不具备任何战术意义。对于有严格时间限制的各项具体战术目标来说,清点现场可用资源这一程序至关重要。事件指挥官必须牢记,对屋顶进行切割破拆行动,现场可用人员越少,则破拆行动所需时间就越长。表 4-1 还列举了一些相关的资源要素。

> **提示**
>
> 　　对资源开展评估时,人员的数量、设备的种类、对特种设备的需求都需要同时确定。

4.3.3　情况/事态

　　作为事态评估内容的一部分,消防员必须考虑到,现场的实时情况或基本事态。基本上,对事态的评估应该回答四个问题:着火的东西都有哪些?现有的明火位置如何?火势的蔓延方向如何?火灾已经造成何种损失或可能会造成何种损失?如图 4-6 所示。除了环境和资源要素,表 4-1 还列出了分析现场情况或事态时需要注意的事项。

　　事态评估是一项需要充分考虑众多变数的工作。表 4-1 所列的各个注意事项并不一定适用于所有情况,然而,为确保评估工作完整有效,应按表所列项目逐一确认。

图 4-6　这种带有 R 字母的红色标志牌表明这是一栋使用轻型桁架结构屋顶的建筑

> **提示**
>
> 　　作为事态评估内容的一部分，消防员必须考虑到，现场的实时情况或事态。
>
> 　　对事态的评估应该回答四个问题：着火的东西都有哪些？　现有的明火位置如何？　火势的蔓延方向如何？　火灾已经造成何种损失或可能会造成何种损失？

4.4　事件优先处置目标

　　突发事件优先处置原则包含三个方面：生命安全，稳定事态，财产保全。这三项内容应该是所有突发事件处置行动的最终极目标，并且是所有事件指挥官必须首先要考虑的问题。突发事件优先处置目标不但应该在第一时间被确认，还应该始终保持对其完成情况等进行持续性评估，直至事件结束。突发事件指挥官通过确定一般性目标的方法来制定各项可量化的战术目标，并最终满足突发事件优先处置原则的要求。

4.4.1　生命安全

　　任何突发事件处置行动的第一个优先处置目标都是尽可能确保人员生命安全。确保生命安全，是指为将可能导致行动人员和群众受伤甚至死亡的各类威胁逐一消除或为将其危险降至最低而开展的各类活动。这一目标，仅需尽可能减少人员暴露在各种危险情况中即可实现。对于含有内容物的单个房间起火的情况，确保生命安全，可能仅仅意味着现场选用了恰当的突发事件管理系统，指挥员充分考虑到消防员的自身安全问题，如是否配备了恰当的个人防护装备/人员管控系统，或快速干预队伍迅速就位。对于一场发生在林野-城市交界区的大规模火灾来说，确保生命安全，就意味着对几百甚至几千名群众采取疏散撤离措施。无论这些具体处置活动需要在多大范围内实施，事件指挥官在任何突发事件行动中，都必须随时将确保人员安全作为第一优先考虑的事项。

> **提示**
>
> 　　对于任何突发事件来说，第一优先处置目标都是确保人员生命安全。　第二优先处置目标就是有效开展解决问题或有助于稳定事态、避免造成更大损失的各类活动。　第三优先处置目标是尽量减少突发事件造成的各类财产损失。

4.4.2　稳定事态

　　第二优先处置目标就是有效开展解决问题或有助于稳定事态、避免造成更大损失的各类活动。有人将这一行动目标理解为灭火行动。然而，由于突发事件指挥系统可以并且应该用在各种不同的突发事件处置行动中，因此，稳定事态这一说法更为准确。

　　对于含有内容物的单个房间起火的火灾事故，要实现稳定事态的目的，可能仅需要通过实施一场协调高效的内攻行动即可实现，但对于大规模林野火灾来说，稳定事态可能意味着需要通过协调不同消防部门、联邦或者州级机构，在其共同协助下方能实现。无论资源对行动有何保证，稳定事态都是指挥员的第二优先行动目标。实现稳定事态的目的必须采用适当处置行动。一般情况下，处置行动分为进攻行动和防守行动两类。

4.4.2.1 进攻行动

当消防员靠近着火位置实施灭火行动时，他们的这种行动就属于进攻行动，如图 4-7 所示。一般来说，进攻行动通常指手持水枪对建筑物内部起火部位实施灭火，为其他相关策略性目标得以实现奠定基础。进攻行动中，消防员需要与火直接接触，并且随时会暴露在种种危险情况下，包括烧伤、坠落物、有毒气体甚至建筑倒塌。

4.4.2.2 防守行动

防守行动通常在火势过猛、难以开展进攻行动时采用，或者当现场行动资源不足以完成一次安全的进攻行动时采用，或者起火建筑内部存有化学品、爆炸物、或其他已知有害物质，或者建筑物结构不稳时采用，如图 4-8 所示。一般来说，防守行动意味着放弃对起火建筑实施灭火行动，转而对其周边面临火灾波及危险的建筑采取隔离或直接灭火行动。然而，在有些情况下，采取进攻行动之前可能会先实施一次防守行动。例如，一栋 5 层公寓建筑的临街建筑起火后，可通过在防守位置采用强流灭火的方式将其扑灭，但在明火被扑灭后，通常会跟着实施一个进攻行动检查起火部位上层空间是否安全。

图 4-7　一次进攻行动通常意味着消防员　　　　图 4-8　一次正在针对公寓建筑开展
　　　　　需要进入起火建筑内部　　　　　　　　　　　　　的防守行动

防守行动通常使用大流量外部水源和大口径水枪。消防员位于直接危险区外围，或者坍塌区外围。防守行动中，同样需要穿戴个人防护装备。因为消防员同样还面临建筑物倒塌、高空坠物、电线接地等危险情形，同时火灾本身产生的热量和有害物质也会对消防员健康造成一定威胁。

4.4.2.3 行动模式转换

不同的行动模式可以并且经常在灭火战斗实践中发生转换。消防员安全一章中已经讲过，消防员安全问题就如同风险与收益问题。促使行动模式发生改变的一个原因，可能是作战目标从抢救生命行动转换为财产保全。另外一个可能的原因就是进攻行动未能实现控制火势这一预期效果。并且，建筑物本身所使用的建筑材料可能会在遇热后迅速脱落，桁架屋顶可能会解体，楼板和墙壁可能会发生坍塌事故，这些都可能成为行动模式转换的原因。事件指挥官的职责是通过事态评估和行动风险与效益的权衡后，选用恰当的行动模式。无论导致行动模式发生改变的原因究竟是哪一种，都必须确保，现场所有的行动人员都了解现行的行动模式究竟是哪一种，并且在行动模式转换时必须进行人员清点。

4.4.3 财产保护

第三优先处置目标，一般是通过采用各种活动来降低突发事件造成的各种财产损失而实现，如图 4-9 所示。在灭火战斗行动现场，这类行动通常又被称为财物保护或者止损。无论名称如何、无论究竟采用了何种行动，财产保护的目的都应该是为了降低财产性的损失，并且要符合保护当地社区的长远利益和安全健康这一原则性要求。对于一场含有内容物的单个房间起火的情况，财产保护可能意味着需要使用一些防火隔离措施或者将房间内的家具做适当移动，并且根据住户的要求，将贵重物品移出火场。对于林野火灾来说，财产保护可能意味着在大火之后，由其他机构开展的土壤质量恢复工作。

图 4-9　实现财产保护这一目标的方法有很多

尽管财产保护是第三优先处置目标，但实际上却经常被忽视。指挥员必须将其列入行动方案中并且在情况允许的情况下，配置相应力量来开展财产保护工作。

> **提示**
>
> 对于含有内容物的单个房间起火的情况，财产保护可能意味着需要使用一些防火隔离措施或者将房间内的家具做适当移动，并且根据住户的要求，将贵重物品移出火场。对于林野火灾来说，财产保护可能意味着在大火之后，由其他机构开展的土壤质量恢复工作。

4.4.4 优先处置顺序与目标达成顺序

突发事件优先处置目标的顺序是根据其重要程度来确定的：生命安全，稳定事态，财产保护。这一顺序从未发生过任何改变。然而，有些时候，它们的实现顺序却不尽相同。

> **提示**
>
> 尽管突发事件优先处置目标应该永远按照其固有顺序来逐一加以考虑，却不意味着不能同时开展一个或多个与优先处置目标相关的具体行动任务。

例如，假设一支消防车中队在抵达一处二层公寓建筑火灾现场后，在建筑一层的一个窗户内发现火焰，建筑二层有多名被困群众等待救援。中队长下令，派出消防员手持水枪到建筑一层开展灭火行动。这是个错误的决定，对吗？他们应该在稳定事态之前，首先考虑如何确保人员安全，对吗？当然，这两个问题的答案都是否定的。这也是对于优先处置行动目标的重要性顺序与实现顺序的准确理解。如果中队长决定对二层被困人员开展营救，那么一层的火势就会进一步蔓延，并严重降低建筑物内部其他被困人员的生还可能性。通过灭火这一为实现稳定事态的目的而开展的行动，中队长实际上恰恰遵循了首先确保人员生命安全这一优先处置原则。当然，更好的方案应该是，同时派出多个小组，一部分人员负责对被困人员实施营救，另一部分人员同时开展灭火行动实现稳定事态的目标。然而，这种理想的情况在灭火战斗实际中很少出现。

需要记住的是，尽管这些优先处置目标在其重要性上有排序先后之分，但绝不意味着不能同时开展多个活动。毕竟，在建筑物一层设置一条警戒线，这一行动本身对于整个建筑物来说就属于稳定事态，对于起火楼层来说，就属于财产保护。

事件指挥官如果能够正确理解突发事件优先处置目标原则，并恰当开展事态评估工作的话，他就能够正确运用下一节中所提到的各种策略性目标。

4.5 策略性目标

策略性目标，通常是关于人们希望能够实现的各类事项的广泛的、一般性的说法。策略性目标跟突发事件优先处置目标密切相关，因为所制定的各类策略性目标都要符合突发事件优先处置原则。

在多年的实践中，消防部门先后研发出多套目标系统。这些系统都从灭火战斗行动角度出发，包括5～7个目标。公认的灭火战斗行动目标包括营救人员、强攻、危险防护、疏散、堵截、灭火、清理火场、抢救财物以及排烟。有3个目标系统最为人们熟知，分别是 REVAS（营救人员，疏散，排烟，强攻，抢救财物）、RECEOVS（营救人员，暴露，堵截，灭火，清理火场，排烟，抢救财物），以及 REEVAS（营救人员，疏散，紧急护理，排烟，强攻以及抢救财物）。国家消防学院设置的危险化学品现场处置实践课程中，列出了危险化学品泄漏处置行动的8个策略性目标：隔离，通知，确认材料品种，防护，扩散控制，泄漏控制，火灾控制，恢复以及行动终止（收尾）。紧急医疗救护行业的应急行动人员接受的关于突发事件应急救护的训练中，有6个策略性目标：接近现场，分检（伤员分级），稳定伤情，解救被困伤员，包扎，伤员转移。在上述的任何目标系统中，并非每一个目标都必须要实施一项对应的处置行动，也不是说这些策略性目标的实现顺序在每一场突发事件中都一定要按照特定顺序来实现。

也就是说，对于每一场火灾事故来说，都需要充分考虑以下9个目标，从而确保突发事件优先处置原则得以落实：消防员安全、搜救、疏散、保护未燃物、堵截、灭火、排烟、清理火场以及抢救财物。这些目标的实现顺序可能会因现场情况不同而有所区别，但是每一个目标都与特定的某个或多个突发事件优先处置目标直接相关。图4-10说明了突发事件优先处置目标以及上述9项策略性目标之间的关系。表4-2是对这些目标的简要描述。

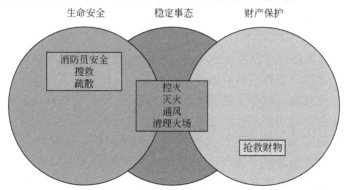

图 4-10 策略性目标与突发事件优先处置目标之间的关系

表 4-2 9 项策略性目标

目标	说 明
消防员安全	设计具体行动,将事故现场对消防员安全的威胁降至最低
搜索与营救	确保准确定位事故现场中被困人员的位置,并将其从危险环境中转移至安全地带。此处使用营救一词,意指消防员必须要对建筑物或事故区域内被困人员提供帮助
疏散	将具备行动能力的人员从危险区域内转移至安全处。此处使用疏散一词,意指尽管这一行动是在消防员组织指导下实施,但被疏散的人员本身也可以完成这一行动
保护未燃物	对事故周边物业项目实施防护,避免其受到火灾波及
堵截	控制火势蔓延,并将其蔓延范围尽可能控制在最小范围
灭火	将火扑灭
通风	将起火建筑内的各类烟气、火焰燃烧产生的高热以及其他有害气体排出
清理火场	确保火灾被彻底扑灭,排除各类阴燃,如图 4-11
抢救财物	将火灾造成的财物损失降至最低

> **提示**
> 事态评估中发现的相关信息,有助于确定现场需要实现或可能实现的各类策略性目标。

并非每场突发事件中都需要采取某一项行动来实现每一个策略性目标,但是每场突发事件处置行动中都必须充分考虑每一个策略性目标。并且,事态评估的各类因素,有助于确定现场需要实现或可能实现的各类策略性目标。例如,对于一栋全面过火的房屋来说,实施搜救这一策略性目标显然是不可行的,至少在采取相关控制火势的行动之前是不可行的。这种情况下,灭火这一目标,可以同时实现稳定事态和确保人员生命安全这两个优先处置目标。

图 4-11 策略性目标中,清理火场这一目标可以实现一个甚至多个优先行动目标

4.6 战术目的

当根据突发事件优先处置原则确定了各类策略性目标后,就需要根据其制定更为具体的战术目的来确保这些策略性目标得以实现。下文将要介绍的战术手段,要符合战术目的的需要。

> **提示**
> 策略性目标要根据突发事件优先处置原则来确定,战术目的更为具体并具备功能性,是为了实现各类策略性目标而制定的。

　　策略性目标是对为解决某一问题而需要采取的行动的更为宽泛的说法，战术目的则更为具体，且其结果可量化。例如，为了要实现通风这一相对宽泛的目标，可能会制定的一个战术目的就是在屋顶实施垂直通风。很显然，这一目的更为具体，因其对需要采取的行动及地点做了明确描述，且其结果可通过观察烟气是否成功从屋顶排出而实现量化。如果烟气没能排出，则可以确定是其选用的战术手段出现了问题，但这一战术目的仍然有效。

　　另外一个例子就是与保护未燃物目标相关的战术目的。这种情况下，战术目的可能包括为降低起火建筑周边建筑物受到热辐射而使用的大容量射流装置的摆放问题，或者在暴露建筑内部架设一条 2.5in 的水带干线以防止其被飞火引燃。

　　目标和目的二者之间的关系显而易见。表 4-3 中列举了一些与策略性目标相关的战术目的。这份列表具有很强的说明性，但并不完整。在每一起火灾中，都要对所有的策略性目标进行充分考虑，然而战术目的可以根据事态评估或情况变化而做出调整。

> **提示**
>
> 　　每一个策略性目标可能都需要通过数个战术目的来实现，通常情况下，每个战术目的也需要通过采用多个战术手段来实现。

4.7　战术手段

　　就像策略性目标要满足突发事件优先处置原则的要求、战术目的是为了实现各个策略性目标一样，战术手段要符合战术目的的需要。战术手段，是在行动层面所采用的各种手段，如图 4-12 所示。例如，对于通风这一策略性目标来说，战术目的可能是为了实现起火建筑的垂直通风。所采用的战术手段则可能是在屋顶切割出一个孔洞，如图 4-13 所示。对于垂直通风来说，目的是可量化的行动结果。然而，战术手段是为了达到战术目的而实施的各种任务。正如每一个策略性目标可能都需要通过数个战术目的来实现一样，通常情况下，每个战术目的也需要通过采用多个战术手段来实现。

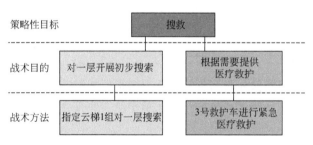

图 4-12　一份关于消防员安全的策略性目标、
战术目的以及战术手段之间的关系

图 4-13　屋顶垂直排烟行动

表 4-3　策略性目标及其可能选用的战术目的

策略目标	战术目的
消防员安全/健康	采用人员管控系统 指定一名安全官 设立一只快速干预队伍
搜索和营救	开展第一次搜救 开展第二次搜救 开展第三次搜救 解救被困人员 提供紧急医疗救护
疏散	对建筑物内人员发出警示 在资源充足的情况下,根据需要协助被困人员撤离 提供一处安全避难区域 根据需要提供紧急医疗救护
保护未燃物	架设暴露水带干线降低热辐射 提供飞火防控巡逻
堵截	在建筑物未被引燃的区域设置一条水量充足的水带干线
灭火	在建筑物未被引燃的区域架设一条水带干线并实施直接或间接强攻灭火
通风	实现自然垂直通风 在正门架设正压排烟风扇实现正压排烟,并拆除起火房间内的窗户
清理火场	拆除起火区域内的墙体、天花板、地板,排除阴燃隐患 使用热成像仪定位墙体内部热点
抢救财物	保护建筑物一层内部的各类物品 移出起火区域内未被损坏的贵重物品

关于战术手段的讨论本身就是一门课程。许多战术手段所采用的各种手段、程序都属于消防员接受的最初级训练。表 4-4 中所列的是为了实现消防员安全这一策略性目标以及相关的战术目的而采用的各种战术手段。

4.8　行动方案

制定行动方案,或行动策划这一过程,在每一起火灾中都存在。然而,火灾本身决定了行动方案的复杂程度。例如,对于一个含有内容物的小房间火灾来说,其行动方案可能仅仅需要一张指挥员工作表,但对于一起大规模、多机构参与、持续时间较长的山林火灾来说,其行动方案应该是书面的、正式的。

行动方案通常在事态评估工作之后形成,或者在信息收集完毕后形成,并且对已经确认的各类策略性目标和战术目的都有充分考虑。一旦这些目标和目的被确定,就必须将其传达至每一名消防员。传达工作可通过传达行动方案同时实现。行动方案把各类处置行动整合到一起。

> **提示**
>
> 在制定行动方案时,事件指挥官除充分考虑策略目标和战术目的外,还应该根据所属消防部门的标准行动规程来设计行动方案。

表 4-4　与战术目的和策略目标相关的战术手段示例

策略目标	战术目的	战术手段
消防员安全/健康	使用人员管控系统	首先到达建筑物每一侧位置的司机都应立即架设一块人员管控登记板。 抵达现场后每一单元都应在进入危险区域内前在人员管控位置信息处贴上其通行标签。 休整组及集结区都应设置独立的人员管控签到板
	指定安全官	抵达现场后,第一时间指定值班安全官。 安全官应使用火场工作表,确保将在危险区内部的行动人员的危险降至最低。 安全官负责确保行动人员的休整需求得到满足,并根据需要设立休整区
	快速干预队伍	指定第二批抵达现场的登高车中队为快速干预小组。 快速干预小组负责对起火建筑开展评估并决定是否需要增加快速干预小组人员。 快速干预小组全副武装就近待命

在制定行动方案时,事件指挥官除充分考虑策略目标和战术目的外,还应该根据所属消防部门的标准行动规程来设计行动方案。在很多情况中,标准行动规程中可能包括一些必须要写入行动方案的一些标准行动方法。例如,在应对一场单户住宅建筑火灾时,拥有2个消防车中队、1个云梯车中队的大队长应采用的标准行动规程是,一支消防车中队直接赶往现场并利用车载水箱内的水实施堵截和灭火,第二支消防车中队架设一条供水线路,云梯车中队实施搜救和排烟任务。这一案例中,大队长事先为每一首批行动力量制定了战术目的。任何时候,如果事态需要,这些行动单元的负责人都可以不按标准行动规程的规定行动,并就未按规程行动的内容与指挥员沟通。此时,指挥员可根据需要对行动方案作出适当调整。

图 4-14　现场指挥部正在运行

行动现场,必须就行动方案与所有人员开展深入沟通。沟通有多种方法:

(1)面对面沟通　这一方式最为高效,但通常情况下,由于事态紧急并不具备使用这一方法的时间条件。这种方法要求指挥员与现场各个单位和层级的负责人面对面就行动方案进行沟通。如图 4-14 所示。

(2)使用助手或传话人　助手或传话人可以通过与不同层级、不同机构的负责人进行面对面沟通。

(3)无线沟通　行动方案和各类行动任务可以通过无线电来下达。按照本章节开头部分所述的步骤开展通信训练非常重要。

(4)书面方案　尽管书面的行动方案通常仅在重大复杂突发事件或持续时间较长的突发事件中采用,但其可以通过将具体行动任务以书面的形式下发至承担任务的单位。在这一方法中,行动方案的格式和内容必须统一标准。

4.9 决策的相关概念

4.9.1 再认-启动决策模式

消防员和指挥员是否在每一次突发事件行动中都会进行一次完整的标准决策程序从而最终下定决心呢? 指挥员是否会回顾其所经历过的每一场紧急情况中的策略性目标和战术目的呢? 这两个问题的答案都既是肯定又是否定。克雷恩研究团队对决策过程做过一个研究, 名为"RPD决策模型"。研究通过分析火场指挥员、军事指挥员以及其他高压、紧急情况下的决策人员如何进行决策而得出这一过程。RPD模型显示, 火场指挥员所做的大约90%的决定都是基于以往经验而决策, 而非基于当时现场情况选择最优解决方案的方式来决策的。更值得注意的是, 其决策中所选择的方案或方法都是基于其经历过的、在类似事件中确实发生过效用的方案或方法。

> **提示**
>
> RPD模型显示, 火场指挥员所做的大约有90%的决定都是基于以往经验而决策, 而非基于当时现场情况选择最优解决方案的方式来决策的。

从策略目标和战术目的的角度来看, 这份研究的结论说明, 事件指挥官和消防员如果要确保行动效益, 就必须要在事前接受过相关教育并经历过类似事件, 即具备相关经验。并且, 随着其处置各类突发事件的种类和数量的增加, 其进行有效决策的能力也将逐步提升。对于事件指挥官来说, 科学制定策略目标和战术目的的能力需要通过学习并在突发事件现场通过实践或模拟场景中实习来获得。只有通过学习, 指挥员方能获得辨别同类事件或事态的能力, 才能够立即选择正确的行动来应对。然而, 事件指挥官同样还必须能够随时根据最新外部信息或事态发展变化而做出相应调整。在对决策程序进行研究时, 同样还发现, 事故后的行动总结分析同样在决策过程中发挥了重要作用。如果指挥员所选择的战术目的未按预期奏效, 通过总结分析能够找出其中存在的缺陷或不足, 并为未来的行动作参考。

4.9.2 自然决策理论

国家消防学院的指挥与控制课程中, 将RPD决策过程替换为自然决策理论 (NDM)。这一决策程序关注于真正的或理想的决策者是如何决策的。NDM理论假设决策者是完全理性、掌握全部决策所需信息并且有能力充分利用手头信息的基础上, 重点关注如何选择最优解决方案。这一理论是基于个体的经验和知识、突发事件的复杂程度以及事发地周边环境等构架了一个描述性的决策理论框架。

NDM决策理论是在仔细研究现实中的决策者——从军事指挥员到火场指挥员的决策过程后形成的。该理论认为, 人们是基于经验而决策的。事件指挥官通过或应对一起突发事件时, 他们会将当前情况与其以往经历过的、学习过的、训练过的或者其他案例中发生过的经验或知识相匹配。指挥员会考虑哪些行动在以前的案例中是否奏效, 如果面对的是一起从未经历过的突发事件, 指挥员会迅速将当前的事态分解为他们熟悉的信息子集。例如, 一个事件指挥官在第一次组织处置有害物质泄漏事故时, 他或者她可能会根据受训时学到的知识来完成他们的决策过程。

在 NDM 理论中，事件指挥官会基于其辨认类似烟气流动及颜色、建筑结构种类、肉眼可见的火焰位置等的能力来开始其决策过程。因为通过以往的学习训练，指挥员知道接下来的指挥程序，并且知道对现场开展 360 度的现场勘查有助于获得最完整的决策信息。这一决策过程中的决策信息进一步扩展，将全部可见信息都纳入其中。而基于这些信息，指挥员会作出关于如何控制事态发展的相关策略目标和战术目的。

NDM 理论认为，指挥员要充分利用其视觉、听觉和嗅觉来协助其收集全部相关信息，并根据其以往经验来分析并作出最有效的应对。指挥员必须同时使用其认知性知识库（经验），或现场收集的信息，以及其程序性知识库（如标准行动规程），或关于如何应对特定事故或情况的相关知识。此处需要重点注意的是，行动人员必须要根据其在事故现场承担的任务来开展针对性训练。实操训练至关重要。

4.9.3　经典决策理论

国家消防学院中的指挥与控制课程中，同样还讲授经典决策模型。指挥员在处置其从未经历过的突发事件时通常使用这一决策模型。因其不具有相关经验或知识，指挥员并不具有相关的认知性知识库来调取信息。这时，指挥员必须要利用其认知能力以及其程序性知识库来制定各种策略性和战术性决策。经典决策模型认为，指挥员可以通过 4 个步骤来完成决策过程。

（1）目标　是根据突发事件优先处置原则和事态评估结果而确定的、指挥员想要实现的那些事情。

（2）不利因素　是指那些会影响决策过程的全部要素。关键火场因素包括被困人员、快速蔓延的火势、被冻住的消火栓等。因素包括很多内容，指挥员必须分析确认哪些因素对行动的影响最大并优先考虑该因素。

（3）过程　是指指挥员要达成目标而必须采用的行动。根据确定的各类不利影响因素，指挥员必须决定，每一行动过程的优缺点。

（4）方案（行动方案）　是指当前情况下，最佳行动过程。其中应对如何根据现场及集结区内的资源执行该方案作出详细规定。

在应对不熟悉的事件时，事件指挥官必须要详细分析现场的各类线索，并将这些线索与其以往经验和受训所学知识相比对。指挥员还应该对现场开展 360 度无死角勘察，并根据指挥程序，观察是否存在其他潜在不利因素。之后，指挥员应根据当时事态，形成解决问题的各类策略和战术。最后，指挥员应该对所有可行的行动进行充分考虑，从中选择最有效的战术手段并下令执行。

当 A 方案中的战术开始执行后，指挥员必须着手考虑方案 B。如果 A 方案未能按计划有效解决问题，指挥员可以迅速组织人员执行方案 B。

此时，指挥员必须根据其自身关于哪一策略和战术最能有效解决问题的假设来完成决策。事件结束后，指挥员应该对其决策进行批评性反思，并找出有效以及无效的各类决策。这些经验和教训，会以知识的形式成为其认知性知识库的一部分内容。

指挥员在制定行动方案以及决定如何执行方案时，有许多决策模型可以使用。对于决策者来说，最关键的是需要制定一个评估事态的逻辑思维过程。指挥员是否能够实施高效指挥，取决于其是否能够按照逻辑思维过程选择最高效和安全的行动方法，而不是其使用了哪种指挥顺序，战术命令表格，如使用了 REVAS 还是 RECEOVS 系统，或使用了某种高明的助记符号。

对于事件指挥决策来说，唯一不变的因素只有优先处置目标：生命安全，稳定事态，财产保护。

本章小结

- 对于火场指挥员和消防队员来说，了解火场协调与控制的相关知识是十分关键的。
- 对于通信过程中所使用的词语的理解，是基于此前对这些词语的理解和知识储备。
- 事态评估是一个持续性的信息分析过程，其起始于事故发生前，且每一场突发事件的事态评估工作都有其特定要求。
- 突发事件的环境因素包括起火建筑的建筑特点。对于林野火灾来说，环境因素包括火灾发生区域的地形特征、时间、天气、燃油量、高度、区域范围、建筑物性质以及进入起火区域的难度等因素。
- 在资源评估阶段，需要确认现场行动人员的数量、装备的种类以及对特种装备的需求。同样还需要评估实际上可以调用的资源有哪些。
- 对突发事件的事态的分析，可以通过回答以下问题来完成：
  ① 哪些东西已经被引燃？
  ② 目前哪些位置在燃烧？
  ③ 火势的蔓延趋势和方向如何？
  ④ 火灾已经造成何种危害或可能会造成何种危害？
- 突发事件优先处置原则包括三个独立的目标，保护人员生命安全、稳定事态、财产保护。这些目标应该是所有突发事件处置行动的驱动力，并且应该是事件指挥官首要考虑的问题。
- 确保人员生命安全，包括将威胁行动人员和群众生命或健康安全的各种危险降至最低。
- 在稳定事态过程中，应选择最恰当的行动模式：主动进攻行动，防守进攻行动和行动模式转换。
- 无论行动的名称或具体行动手段如何，财产保护这一目标都应该定位为减少财产损失并降低事件对社区安全和健康的影响。
- 突发事件优先处置目标的顺序，是根据其重要程度来排列的。但是各目标的实现顺序却可能与其重要顺序不同。
- 一般认为，灭火战斗行动策略性目标包括营救、进攻、保护未燃物、疏散、堵截、灭火、清理火场、抢救财物以及排烟。
- 策略性目标通常是对为解决问题而需要采取行动的宽泛的说法，而战术目的则通常更为具体并具有可量化的特点。
- 通常情况下，一个策略性目标可能包括多个战术目的，而每个战术目的也可能需要多个战术手段来实现。
- 每一次突发事件应对，都应该制定行动方案。事件本身的复杂程度决定了行动方案的复杂程度。
- 再认-启动决策模式认为，九成以上的火灾中，火场指挥员都是基于其以往经验而做出各种决策的，并非列出数个备选决策方案而从中择一。
- 自然决策理论是在假设决策者掌握决策所需全部信息，充分理性并能够有效处理手头信息的情况下，关注其如何选择最优决策方案。
- 经典决策过程通常发生在指挥员面临其从未经历过的情况时。

主要术语

经典决策（classical decision making）：事件指挥官面临其从未经历过的情况时所使用的一种决策模型。

通信系统（communication system）：硬件和软件组件所组成的通信网络——无线电、电脑、打印机、纸等。通过这一网络，行动人员可以与他人进行沟通。

自然决策［naturalistic decision making（NDM）］：一种专门研究人类在面临严峻情况时如何决策、如何进行复杂认知思考过程的框架模型。

RECEOVS 目标系统：一组火灾事故处置目标，包括营救、暴露、堵截、灭火、清理火场、排烟、财产保护。

再认-启动决策模式［recognition-primed decision making（RPD）］：用来描述人类在面临复杂情况时如何快速并高效决策的模式。

REEVAS 目标系统：一组火灾事故处置目标，包括营救、疏散、紧急医疗救护、排烟、进攻以及财产保护。

REVAS 目标系统：一组火灾事故处置目标，包括营救、疏散、排烟、进攻、财产保护。

事态评估（size-up）：一个决策程序，开始于事件发生之前，通过这一程序，消防员或指挥员来收集相关信息并制定相应行动对策。

策略性目标（strategic goal）：关于突发事件处置行动需要达成的目标的相对宽泛的、一般性的说法。

案例研究

某购物中心一层建筑发生火灾，假设你是首批抵达现场的消防队中队长。该购物中心内部有 5 家商店，面积为 200ft×200ft。这些商店的内部物品似乎不含有任何有害物质。此时，购物中心最内部的一家服装店内部火势已经很大。火警于凌晨 3 点发出，此时所有商店均未开始营业。

1. 考虑到火灾发生在凌晨，且所有商店均未营业，即无人被困，那么这时需要考虑的优先处置目标是？

A. 生命安全

B. 稳定事态

C. 财产保护

D. 无需考虑这一问题，应尽快采取行动争取控制火势

2. 在你开始事态评估时，关于建筑性质用途的分析应该与以下哪一因素同时考虑？

A. 环境　　　　　　B. 资源　　　　　　C. 情况　　　　　　D. 事态

3. 安全官的任务应该是：

A. 策略　　　　　　B. 战术　　　　　　C. 战术手段　　　　　　D. 优先处置目标

4. 目标、因素、过程以及方案是以下哪种程序的过程？

A. 标准决策程序　　B. 再认-启动决策程序　　C. 自然决策程序　　D. 经典决策程序

复习题

1. 列出在事态评估阶段需要重点考虑哪三个方面的问题。

2. 列出预案制定阶段，有哪五个具体要求？

3. 为提高通信效率，你所在消防部门的通信政策和通信设备应做哪些调整？

4. 对照策略性目标列表，你所在消防部门的标准行动规程能否满足实现所有策略性目标的需要？规程中是否涵盖了火灾事故 9 项考量因素？你参与的最近一次灭火救援战斗行动中，为实现策略性目标，制定了哪些战术目的？

5. 为什么说，使用简洁平实的语言对于实现高效通信异常关键？

6. 财产保护这一策略性目标符合突发事件优先处置原则中的哪一条？

7. 列出在所有火灾事故中都必须要充分考虑的 9 个灭火战斗行动目标。

8. 列出通信模型中的 6 个步骤。

讨论题

1. 与你的同事和上级讨论本章介绍的 3 个决策模型，看看大家自己认为在何种情况下自己会使用哪种决策模式？

2. 对你所属辖区进行走访，并选定一栋建筑。在查阅行动预案时，观察建筑物建造类型和火灾行为影响因素的同时问自己以下问题：

- 如果火灾从这里开始的话，会产生怎样的后果？
- 火势会向哪里蔓延？
- 需要调用哪些资源开展灭火战斗行动？
- 是否有同类案例？

参考文献

Klein, G. (1998). *Sources of power: How people make decisions* (pp. 1–30). Cambridge, MA: MIT Press.

National Institute of Occupational Safety and Health. (2007). *Fire fighter fatality investigation report F2005-03: Career lieutenant and career fire fighter die and four career fire fighters are seriously injured during a three alarm apartment fire—New York*. Atlanta, GA: CDC/NIOSH. Retrieved from http://www.cdc.gov/niosh/fire/reports/face200503.html.

U.S. Fire Administration. (2010). *Mandatory incident command system prerequisites for all NFA resident courses*. Emmitsburg, MD: Author. Retrieved from http://www.usfa.fema.gov/nfa/about/attend/ics_req.shtm.

第5章 基本建筑结构

学习目标　通过本章的学习，应该了解和掌握以下内容：
- 辨认并讨论第五类建筑类型的各种组件。
- 辨认并讨论第四类建筑类型的各种组件。
- 辨认并讨论第三类建筑类型的各种组件。
- 辨认并讨论第二类建筑类型的各种组件。
- 辨认并讨论第一类建筑类型的各种组件。
- 辨认并讨论桁架建筑结构的各种组件。

案例研究

　　2009年5月21日，一名36岁的消防员在一栋商业建筑的非倒塌区内行动时，被突然坍塌的弓形桁架屋顶砸中而受重伤。首批抵达现场的消防人队大队长据告称，布-林单层二类仓库建筑中发现明火。大队长通过一道升起约3ft的卷帘门缝隙观察到，在建筑物后部，大火正迅速由地面向屋顶蔓延。根据其所属消防局规定，首批抵达现场的消防大队应迅速开展"快攻"行动。消防员试图进入建筑物内部，但因卷帘门失灵且人行小门被锁死而未能成功。消防局副局长在该消防大队抵达现场9min后赶到，他决定采取防守性行动；然而，这一指令未能通过无线电传达到全体行动人员，或者说未能得到全部行动人员的确认答复。行动开始约20min时，屋顶突然发生坍塌，一名在建筑物外侧、手持2.5ft口径水枪的消防员被砸中。事故调查结果显示，造成此次事故的主要原因包括现场管控和风险分析不力；火势当时处于全面发展阶段且建筑结构本身就有一定坍塌风险，消防员可能位于发生坍塌的区域。

　　国家职业安全和健康研究所的调查员认为，为尽量避免类似事故再次出现，消防部门应该遵守以下要点：

　　① 对同一突发事件管理系统的使用和训练要有延续性。

　　② 针对可能会承担指挥任务的人员制定一份书面的、关于突发事件管理训练标准及要求的标准行动规程，执行该规程并督导落实。

　　③ 确保指挥员在组织开展灭火战斗行动之前都对现场首先开展最基本的事态评估和风险评估工作。

　　④ 确保第一任务队（头车）的指挥员始终保持其指挥位置，负责火场全部行动的指挥工作，并绝不直接参与任何灭火战斗行动任务。

　　⑤ 严格执行防守性策略中规定的各类标准行动规程。

　　⑥ 在有迹象显示建筑物可能发生坍塌的情况下，严格遵守相关规定设置倒塌区并负责该区域的督导工作。

⑦ 对所有人员开展建筑物结构、建筑倒塌风险及危害方面的训练。

⑧ 针对辖区内建筑，扎实开展事故前的预案制定和勘察走访，以便在火灾发生后为火场策略和战术制定工作提供参考。

提出的问题：

① 从指挥的角度来说，首批抵达现场的消防队负责人有哪些职责？

② 你所在的消防部门针对建筑物结构方面的培训有哪些？

5.1 引言

本书中介绍了众多种类的建筑物火灾，在每一案例中，建筑物结构种类都直接影响了消防员的灭火战斗行动。本章旨在为大家简要介绍 5 种建筑物类型，在事态评估阶段采用哪些方法来判断建筑物属于哪一种，以及每种建筑起火后需要重点关注的安全事项。火灾科学专业的学生以及即将投身于灭火应急救援行业的人员都必须系统学习关于建筑结构的相关课程，了解每种建筑物起火后，不同荷重、力系、材料以及结构原件会对建筑物的稳定性产生怎样的影响。

对建筑结构的分类方法有很多。美国消防协会的 220 号标准中，明确了每一建筑物种类应如何归类，该标准名为建筑物类型标准。

第五类：木框架结构建筑

第四类：重木结构建筑

第三类：普通结构建筑

第二类：不燃建筑

第一类：阻燃建筑

提示

对消防员及指挥员来说，了解最基本的建筑类型、建筑设计、建筑改造以及建筑材料对建筑物燃烧特性的影响是至关重要的。多重分类法以及互联建筑种类不属 NFPA220 标准分类之一。本章简要介绍了建筑物建造特点及其固有的安全特性和安全隐患。建议所有消防员在其能力范围之内尽量多学习与建筑物建造有关的知识，包括国家消防学院、州立消防大学、当地大学甚至地区的职业技术学校开设的有关课程。这些学校都设置有相关课程，并且在这一领域有专业背景深厚、经验丰富的授课教师。

在你所在辖区，建筑物的种类有可能只有几种。在老城区，类似沿河而建的旧城，有很多多层木结构建筑、大型原木建筑厂房，也有可能会有很多建筑种类同时聚集在一起。在新城区，建筑方法更为现代，大多数建筑都属于第一类到第三类建筑。不要被建筑物的外观迷惑，许多建筑物在后期都经过了改造，或者同时使用了多种建造类型和材料。例如，一些新型公寓建筑在建造时使用了钢梁或钢柱，但其余建筑材料均为木材。因此，对消防员及指挥员来说，了解最基本的建筑类型、建筑设计、建筑改造以及建筑材料对建筑物燃烧特性的影响是至关重要的。如图 5-1 所示。

图 5-1　并非所有建筑都按照同样方法来建造

5.2　第五类：木框架结构建筑

第五类，木框架结构建筑的建造手段在美国非常常见。在木框架结构的建筑中，主结构材料使用的都是木材，内部地脚线、内墙、屋顶承重墙，都使用木材建造。对于使用木材作为主结构材料的建筑来说，最需要注意的问题是其表面积与其质量二者的比例。质量是影响木材燃烧性能的主要因素。木材的承重能力取决于其质量。建筑使用的原木越大、承重能力越大，其失去结构完整性之前所需要的持续燃烧时间越长。

第二个需要注意的问题是，木框架结构中，各个结构组件之间的连接方式。所使用的连接方式会成为火灾中影响其各结构组件连接稳定性的薄弱环节。

当你在所属辖区路上行走的时候，注意观察各个建筑工地，无论其是在建建筑还是正在进行后期维修改造，注意观察其建筑结构组件是如何被连接在一起的。知道了建筑是如何一点一点建造起来的话，就等于知道了建筑会按照怎样的方式解体。

> **提示**
>
> 第五类建筑，木框架结构建筑，遇火后，其所有建筑组件都会被引燃。这种类型的建筑会引发结构性火灾，因其整个框架结构都会起火并解体。许多消防员在处置这类建筑物火灾时牺牲，小型火灾如单户住宅，大型火灾如多层多户公寓。实际建造中，木结构建筑种类有很多。因此，掌握并了解辖区内木框架结构的种类是消防员及指挥员的职责。

5.2.1　框架结构建筑的种类

5.2.1.1　轻型木骨架

轻型木骨架结构是在 18 世纪至第二次世界大战结束期间非常普遍的一种建筑结构。廉价的机器加工钢钉被发明后，建造多层木框架结构所需时间更短、花费成本更低。这种类型的建筑是使用木框架作为建筑的主要骨架（墙或立柱），该骨架贯穿整个建筑纵高，遇火后，楼层之间没有任何避火装置可以阻挡火势隔层蔓延。建有地下室或地窖的框架结构建筑中，地下室到阁楼之间有一条贯穿的通道。地板托梁通常直接与垂直方向的木骨架相连，相当于为建筑物内部的火势蔓延提供了一条通道。整个建筑结构都是中空的，如图5-2 所示。

图 5-2　轻型建筑火势蔓延示例

轻型木骨架结构通常可以通过观察其门窗来辨认。所有的墙壁开放孔、门窗都按照同一垂直方向设置，但有些在后期经过改造，在其他位置也设有墙壁开放孔。

这种结构的缺陷在于，火势可以迅速沿垂直和水平两个方向蔓延，但从外部却无法通过肉眼观察起火位置和方向。这种建筑的结构性空隙来源于其支撑性结构连接，例如楼板、墙体和屋顶。一旦遇到通风条件，火势会迅速蔓延至墙体、楼板和阁楼。当火势蔓延至各连接处附近并破坏其质量后，极有可能会造成建筑物在起火初期便发生坍塌。此前，也有过地下室起火后，火势迅速蔓延至阁楼的案例，这种情况下，需要同时对地下室和阁楼区域开展快攻灭火。建筑物内部房间火灾可以蔓延至墙体缝隙，并通过外部的各处缝隙迅速蔓延至其他位置。

5.2.1.2　平台框架结构

平台框架结构有时也被称为西方框架结构，是如今新型建筑普遍采用的建造形式。这种结构中，与楼层同高的木质框架系统被直接安装在地基或楼板上，上部与双层板相连。这样除了有意设置的电路孔、下水管或通信线路等所需的开放孔以外，就在框架结构内部设置了一道防火墙。二层楼板的托梁直接架设在建筑一层的墙体之上，其上覆盖地板的底板。建筑二层的墙体在底板上建造。这些工作完成后，基本平台框架也即完成，第三层建筑可以按照同样方式实施。这种建筑类型适用于三层以内的建筑。这一建筑方法将每一楼层划分为单独的空间，并在每层建筑之间设置了一条内部防火墙。

这种建筑类型起始于 20 世纪中期，至今仍被使用。辨认一栋建筑是否属于平台框架结构的方法，可以通过观察建筑物的门窗是否断层错开。需要牢记的是，在轻质木框架结构建筑中，所有门窗都是垂直堆栈式的。

5.2.1.3　梁柱结构

梁柱结构是使用柱（垂直方向）和梁（水平方向）通过刚性联结的方式形成承重框架结构。非承重墙板基于框架设置。内部框架可能会出于艺术审美的角度而故意显露在外。非承重墙板为梁柱提供侧部支撑。谷仓一般都采用板梁架构的底板和屋顶。屋顶板的最小尺寸为 2in，横梁按照 6～8ft 的距离横向架设。横梁和立柱的最小尺寸为 4in×4in，这种尺寸的建材通常被简称为"4×4"。

梁柱结构通常被用于谷仓、农场建筑中，有些商用建筑也会采用这种结构。辨认一栋建筑是否属于梁柱结构的方法很简单，因其内部墙体通常是暴露的。而判断一栋商业建筑是否属于梁柱结构则相对困难。通过查阅最新的行动预案、开展实地走访等可以帮助消防队员了解辖区内建筑属于何种类型。这种建筑类型遇火后通常会保持较好的稳定性，但一旦发生坍塌，整栋建筑都会受到波及。谷仓建筑火灾中火势会迅速发展，在坍塌前可以在外部直接看到横梁和立柱均被引燃。

5.2.1.4 板梁式框架结构

还有一种建筑类型，同样是使用横梁和立柱为主要框架主体，但其使用的横梁更大，这种建筑类型现如今通常用于大型住宅建筑、商业建筑、教堂以及各类人员密集场所。板梁结构使用多层楼板相叠形成大梁。楼板通常为厚重的、榫槽式相接的多层板。这种建筑结构大大减少了建筑中的隐藏空间。多层板横梁通常裸露在建筑物内，并成为建筑内部装饰的一部分。在很多教堂和礼堂中，这些大型刚性框架通常会以木板屋顶的方式被遮盖起来。这种建筑结构通常可以通过观察其内部来辨认，因为大型多层板框架可以直接被观察到。使用这种大型横梁的好处是木头的荷载与其质量成正比，大型横梁可以承担更多的重量。其缺点则为大型横梁及其暴露在外的天花板面板会在遇火后成为火势快速发展的助燃因素之一。

5.2.1.5 桁架结构

有一种建筑类型被广泛采用，并备受诟病，就是轻型桁架结构。这种桁架结构是使用工程方法将建筑物全部建筑构件连接成为一个统一的建筑框架。其墙体为承重墙，并通过传统的平台框架建筑方法建造。与平台框架结构不同的地方在于，其楼板和屋顶使用轻型木桁架结构而非较重的木质横梁。

这种建筑结构可以被用在三层以内的建筑中。木质屋顶桁架可以架设在建筑物顶部，并能够实现更高的建筑高度。桁架系统结构建筑的主要建筑部件互相依赖，如图 5-3 所示。

这种建筑结构可以轻易辨别，因为现如今大多数住宅和商用建筑结构都或多或少使用屋顶或地板桁架结构。注意观察所在辖区内的各类在建项目，会发现很多建筑都是用桁架结构。这种结构的优点是其

图 5-3 桁架结构示意

轻型建材的价格更为低廉、易于加工，并设有不同型号的成型开孔。

这种结构的缺点同样在于，木材需要通过其质量来承重。桁架是使用最轻、最小尺寸的木材组装而成，最常见的是 2in×4in 规格，通常被称为"2×4"。桁架可以形成大跨度的开放空间区域，其下部无需任何结构支撑。这种结构可能会有大面积区域坍塌的危险。建筑工程专业的学生应该尽可能多地学习桁架建筑结构火灾的相关知识，在过去几十年内，有数十名消防员在应对这种结构的建筑火灾时殉职。此外，桁架的建造方法、运输以及组装过程中也都暗藏一定隐患。桁架通常是按照一定的宽度和高度将一系列三角结构组合到一起。这些三角结构通常是通过角牵板加固，角牵板通常为 0.05in 厚的金属板，并在一侧冲压有锯齿（其厚度会根据建筑设计要求而有细微差别）。角牵板会在连接点的位置被压入木材之中，进而将整个桁架连接为一体。这些连接点失效会造成极其严重的后果。在桁架开始组建至其最终成型的过程中，角牵板都极有可能出现损坏、松动或漏装等问题。这些情况下，各处连接点遇火后就极有可能会出现坍塌事故。此外，由于桁架本身属于整个建筑结构的一部分，其本身并不具有任何支撑部件，连接点遇火后极有可能会出现致命的坍塌事故。

　　还有一种桁架是采用原木材料制造。该结构使用的框架组件相对更大，通常用在有较大开孔需要被遮盖时。原木桁架结构通常被应用在超市、保龄球场、剧院以及其他大型开放式楼房建筑中。这种桁架的最大隐患是其弓弦状屋顶，其特征是屋顶为碗状。这种屋顶会在毫无征兆的情况下突然发生坍塌，这类建筑物火灾已经造成多起消防员死亡事故。一旦屋顶坍塌，会对其外部承重墙产生向外的推力，并且一个桁架脱落后，会造成其他桁架一起坍塌，就像发生在 1988 年 6 月 1 日的哈肯萨克福特火灾案例中的那样，该起火灾造成 5 名消防员牺牲。一般认为，如果该类建筑物发生重大火灾，或弓弦桁架屋顶的阁楼区域发生火灾后，任何人都要远离其屋顶、屋顶下方、屋顶四周的边墙区域。

　　这种弓弦桁架系统是为了创造一个开阔的大跨度开放区域，例如保龄球场、家具商场、汽车销售店、竞技场等。其横向跨度可跨越 50～100ft 之远，中间高度可达 20ft。这类屋顶可通过观察其外部的弓弦屋顶结构来辨认。问题是，弓弦桁架屋顶可能在装修过程中被覆盖起来，无法通过观察其内外特征来辨认。

安全提示

　　弓弦桁架屋顶的阁楼区域发生火灾后，任何人都要远离其屋顶、屋顶下方、屋顶四周的边墙区域。

5.2.2　影响木材燃烧特性的各种变量

　　木材本身的情况在很大程度上直接影响着建筑物的整体稳定性。如果建筑物建造时间较为久远，可能会存在干腐或者白蚁问题。各种菌类和木材的自然老化问题同样也是造成其结构稳定性衰退的重要原因。多层压合木构件的燃烧特性较为特殊，因其暴露在火焰或高热环境后会发生脱层现象。

　　木结构组件的隐患，如弯曲、缩水、木纹处磨损都会对其稳定性造成影响。其承担的重量也会造成木结构组件的弯曲和变形。最关键的问题是其连接处的情况如何。需要牢记的是，任何建造方法的安全隐患都来自于其结构组件的连接方式。

　　需要再次强调的是，对桁架结构建筑开展灭火战斗行动时，用于连接各个桁架组件的金属紧固件是需要重点考虑的问题，因为遇热后这些紧固件会发生弯曲或扭曲变形，从木材处脱落，进而导致桁架坍塌。如今这些紧固件普遍应用于轻型木桁架建筑中，通常被称为"角牵板"，但有时也被称为组钉板、锁板或金属齿连接板。这种金属板被设计成能够穿透木材至其 0.25～0.375in 深的位置，但事实上，其实际穿透深度通常不足 0.25in。

5.2.2.1　木材处理方法

　　木材可以通过一些处理手段实现防潮、防虫和防火的目的。许多年前，建筑施工方采用的是在隔火墙和屋顶处加装一层阻燃板材的方法实现防火目的。然而，使用磷酸或硫酸介质处理木材而实现防火的目的，也会产生另外一个问题，就是如果将用这种方法处理过的木材用于屋顶建筑，压合板会因阁楼区域的高温和高湿环境而变质，会变得更脆，一个人的重量就足以导致其坍塌。

5.2.2.2　尺寸规格

　　前文中通篇在讨论木质框架和木结构组件的各种特性，但需要注意的是，其尺寸规格同样会影响其燃烧特性。正如前文曾经提及的，木材的负载能力取决于其质量。其质量越大，其负载越大。木材在遇火后，其质量会逐步变小，到达某一临界点后，其损失的质量会大于其承重能力，这时就会发生坍塌。

5.3 第四类：重木结构建筑

重木结构建筑，有时特指厂房结构，该结构中使用的木材尺寸较大。重木结构通常在旧式建筑中使用，其承重能力极为突出，如图 5-4 所示。重木结构组件可以实现较长距离的跨度，能够保证工业器械加工所需的开放空间需要。巨大的木质立柱的尺寸超过 8in×8in，可以用来建造 8 层以内的建筑。地板厚度通常在 3in 以上，并使用 1in 规格的舌榫结构十字相连。超过 6in 厚的木结构比外露的钢材结构耐火性能更好。

重木结构建筑的外墙为砖石结构。一些大型建筑中，会设置防火墙将建筑的不同结构隔成独立分区。防火墙独立建造，并直接通向屋顶起到隔火的效果。被防火墙分隔的各个建筑分区设有防火门，遇热后自动关闭。

可以通过观察建筑的尺寸、建造时间等来确认建筑结构类型，因其建造中使用的木材尺寸较大，具备一定的防火性能。

图 5-4 第四类建筑——重木结构建筑

重木结构的缺点是其墙体和天花板通常未经后续处理，实际上并不具有任何防火性能。火焰能够迅速蔓延至各原木的连接处。这些连接处的稳定性直接决定了整个建筑结构遇火后能够保持稳定的时间长短。这种建筑形式一般用在加工业厂房、作坊等，在东北地区的各州的制造厂中较为多见。这种建筑火灾对于消防员来说较难实现火势控制，因为其建造容积和建筑内部空间较大。

20 世纪 70 年代，在俄亥俄州的代顿市区曾经发生过一场著名的六层重木结构火灾。火灾最初发生在建筑物三层，并迅速蔓延到四、五、六层。在消防员开展快攻灭火行动之前，火势已经蔓延至整个建筑。火焰通过锁闭的防火门蔓延至建筑的其他区域。火灾引燃了建筑物周边两个街区内的全部建筑，并最终造成三栋六层重木建筑倒塌。

> **提示**
>
> 第四类建筑，重木建筑或厂房建筑，通常出现在旧式工厂遍布的城镇、旧式谷仓以及仓库中。这类建筑所使用的大型梁柱通常本身就具备一定的防火性能。需要牢记的是，木材会随着其质量的减少而影响其强度。

5.4 第三类：普通建筑

普通建筑是使用砖石结构的承重墙以及楼板托梁建造，并使用木质屋顶的建筑，如图 5-5 所示。承重墙的建筑材料为砖、混凝土砌块或二者混合使用。墙体的厚度自 6～30in

图 5-5　第三类建筑——普通建筑

不等。多层建筑中，建筑底层的墙体通常更厚，以便承担楼层以上的建筑组件的重量。

这种建筑类型在多数城市中普遍存在。通常在住宅建筑、酒店、快捷旅馆、写字楼、零售商店以及其他商用和轻工业建筑中。绝大多数这类建筑为 1～3 层，但个别建筑可能会达到 10 层左右。

这类建筑的楼板使用木质托梁，通常上覆一层 1in 厚的舌榫板，也可能上覆多层复合材料板。其屋顶可能使用木质压板或直弦桁梁、三角桁架结构。

在很多这类建筑中，楼板和屋顶中都设有火灾避难层。这些避难层有 30°的倾斜角，其长边位于承重墙的一侧。火灾中，地板和房顶被有意地设计为遇火后脱落，保护外墙不因坍塌事故而倒塌。这类建筑在其建筑的最长位置设有承重墙。这种设计可以让地板和屋顶的托梁跨度最小。

> **提示**
>
> 第三类建筑即普通建筑，由砖石结构承重墙和木质楼板和屋顶托梁组成，安全性高，但其使用的建筑材料遇火后可能会成为火灾的助燃物。 对老城区可开展实地走访勘察，辨认建筑物屋顶是否使用了木质托梁、木质桁架以及最危险的弓弦桁架屋顶。 这类建筑有时也采用直弦桁架和三角桁架结构。

在一些旧式普通建筑中，可以看到在建筑外部有一个星状标识或者一个大写字母 S，一个凹缝、一个圆圈或某个装饰性装置。这种装置，被称为分力器，用以将承重分散到两个或两个以上的建筑组件上。分力器有两种：第一种，吊杆或吊索，与托梁平行，将所有墙体连接在一起，以加强某一侧墙体或两侧墙体的稳定性。第二种，张力装置，同样是将吊杆或吊索在与托梁垂直的方向上，将建筑物底部 3 层或 4 层的楼板托梁与墙体固定在一起。这种张力装置既可能是重木建筑建造之时的有意设计，也有可能是在后期为加固某一松动墙体而后期改造而成。

这类建筑很容易辨认，因为其建造特点比较常见。典型的街角加油站、药房、超市等一般都属于这种建筑类型。这种类型建筑的结构极为稳定，一般情况下含有内容物的房间火灾并不会导致整个建筑物损毁。火灾会被限制在建筑物内部，因为其所使用的混凝土砌块或砖块导热性极差，通常情况下火灾不会波及周边建筑，除非起火建筑的某一墙体发生坍塌。

这类建筑的缺点在于，其墙体在发生大火后有坍塌的可能性。大型火灾中，极有可能出现部分甚至全部墙体发生坍塌的事故。墙体在坍塌前会首先出现膨胀现象，这是提前预判墙体坍塌的重要线索。另外一条线索则是观察是否有烟气从墙体裂缝中冒出。

5.5　第二类:不燃建筑

不燃建筑是指使用不可燃材料作为其建筑材料的建筑物。其使用的材料为不可燃材料，能够防止火灾发展为结构性火灾。在观察木框架结构或一般建筑物火灾时可以发现，建筑物结构部件同样会被引燃。在木框架结构建筑中，整个建筑物可能会发生整体燃烧。在一般建筑中，其屋顶和楼板会被引燃。这种情况下，火灾就发展成为人们常说的"结构性火灾"。

提示

　　第二类建筑即不燃建筑的建造过程中使用的材料不具有助燃性，并且具备一定的耐火性。这种建筑通常设有外露的钢材桁架以及金属梁柱，这些金属材料遇火后可能会变软变形并失去承重力。在很多新型的药品店、大型零售连锁店都可见到外露的钢材桁架和钢梁。

　　不燃建筑建造时不使用可燃或具有助燃效果的材料。其建筑材料包括钢材和混凝土等，如图 5-6 所示。这种使用金属外立面以及钢质平台屋顶的钢结构框架建筑是很多小城市消防队会使用的建筑。这种建筑通常是预先加工好，直接运输至目的地后即可迅速架设安装完毕。

　　典型的新型住宅区附近的药店都是使用混凝土砌墙、其上架设钢材直弦桁架以及一个金属平台屋顶的形式来建造的。这类建筑内部墙体很少有覆盖面，建筑本身也不可燃。屋顶结构可以是平台型也可以是尖角型。无论是哪一种屋顶，建筑结构材料都是用金属框架桁架。最常见的建造屋顶的方法是在金属桁架上加设金属平台的方式完成。屋顶本身是一个单独的

图 5-6　第二类建筑——不燃建筑

建筑结构，其所使用的材料能够隔绝建筑物外的极端天气。屋顶部分的建造过程，首先是将一层隔热材料覆盖在金属平台上，随后将焦油和油毡覆盖在其上作为交替层。再在其上覆盖砂石或岩砾，作为保护层。如今，有很多新型的、更为柔韧的材料可以用来制作屋顶覆盖层。走在这种屋顶上的感觉不是很舒服，因为像踩在一块大海绵上。如果需要在这类或其他任何平台屋顶上行走，切记要沿墙体一侧，这部分位置通常承重能力更强，不会因人的重量而造成倒塌。

5.6　第一类：阻燃建筑

　　阻燃建筑是使用钢材、混凝土以及其他阻燃或耐火材料建造而成。阻燃建筑的各个结构部件均不可燃，并能够长时间耐火而不发生性变。钢材的发明及其在建筑领域的应用，开启了阻燃建筑的时代。现在，建筑物可以比以往任何时候相比，建造得更高、更稳，如图 5-7 所示。

图 5-7　第一类建筑——阻燃建筑

　　然而，建筑材料中使用的钢材在遇火后，会发生变形或软化。一般认为，钢材在 800°F 高温下的延展性为每 10ft 增加 1in。由于钢材遇火会变形的特性，通常会在其外部覆盖一层防火

材料。钢结构组件可以被包在混凝土或砖墙、防火干饰面内墙等中。天花板吊顶可以用来保护人们头顶上方的钢梁和桁架，墙体覆盖面则可以用来保护建筑物的钢材立柱。还有一种方法，是在钢结构部件的外部采用喷涂混凝土材料的方式来起到覆盖保护的效果。以上方法都能有效保护钢结构并且防止其遇热后发生延展或变形。

许多阻燃建筑都是使用钢筋混凝土建造而成的，其地板及天花板的托梁同样使用钢材建造。混凝土在生产时，可以通过在其中加入螺纹钢筋或将混凝土灌入盛有螺纹钢筋网的模具内的方式来加固。这些螺纹钢筋能够为混凝土提供横向张力。此外，也可通过在混凝土内加入其他材料的方式来实现提升混凝土抗拉力性能的目的。

提示

第一类建筑，阻燃建筑，因其本身的建筑材料和建筑工艺而本身就具有其内在的安全性。现如今，很多写字楼建筑中都含有大量的阻燃建筑构件，这些构件在前文中曾经有所提及。

5.7　桁架结构

这五类建筑所使用的桁架种类很多，桁架的材质也不尽相同，如图 5-8 所示。建筑施工中大量使用桁架结构的原因是，桁架结构本身的优点——其建造组件重量极轻，并能够单独承重。这些组件将各种轻型建筑材料组合到一起，组合成一系列三角单元，通过这些三角单元，建筑物本身的重量被分散至不同的建筑构件之上。由于三角形本身就属于稳定的结构形态，只要这些轻型建筑构件的结构稳定性有所保证，任何加注到这其上的重量实际上都起到了加固整个三角形桁架的作用。其上弦被压紧、下弦被拉伸。

图 5-8　桁架屋顶

位于桁架上下位置的组件被称为弦杆。桁架内部的组件被称为腹杆。一个一个的桁架单元被连接到一起，其连接组件被称为"加固器"，其连接点被称为节点（桁架节点）。

弓弦桁架是最具危险性的桁架结构。这种结构通过观察其弯曲的上弦杆可以轻易辨认。这种桁架结构通常被用在保龄球场、滑冰场以及其他需要长距离不间断大跨度结构的大型建筑中。

最常见的用于屋顶建造项目的桁架结构是尖顶桁架。如今，这种桁架结构多用于住宅和小型商用建筑中。这种三角形形状的桁架结构形成了建筑物的尖顶。这些桁架单元被密集地排列在一起，中心位置的桁架高度大约为 16～24in。通过压板屋顶材料将其固定，上覆鹅卵石、陶瓷砖、金属或其他房顶材质。

桁架与建筑墙体相连的方式因建造地和建造时间不同而有所区别。如果建筑物建造时间早于 1990 年，其屋顶桁架通常仅简单通过将其斜钉在墙体的上部进行固定。由于龙卷风、飓风以及其他屋顶坍塌事故频发，屋顶桁架的加固方式也逐步发展为使用一种带角度的金属板或金属片来加固，这种金属板或金属片被称为飓风片或飓风紧固器。

这些金属片被同时钉在桁架和承重墙上，能够对整个建筑顶部起到加固的作用。

这种连接方法同样也进一步演变升级为在金属片上增加绑带的方式。绑带的具体形式有很多，取决于建筑结构部件是否专门针对绑带使用做过改造或者是否有绑带设计。使用绑带的基本程序是，使用一条束带从上弦杆上的加固片或墙体处与桁架的顶部捆绑在一起并收紧。建造过程中使用的典型的捆绑方法是将一条金属绑带从承重墙的外部将桁架捆绑在一起。这种捆绑加固方法能够提升建筑顶部承受提升力的能力。

直弦桁架既可以用在屋顶建造，也可以用在地板建造。上弦杆以及下弦杆互相平行，腹杆将二者连接在一起。上下弦杆的材质可以是钢材的也可以是木质的，腹杆也是如此。建筑中，可以使用木质弦杆加金属腹杆的组合形式。在第二类建筑中的商用建筑中所使用的桁架通常全部采用金属材质。

对于大多数住宅建筑来说，其直弦桁架通常全部采用木质材料。直弦桁架的缺点是这种桁架结构中存在大量的空隙部位。这种组织间隙被用来安放电线、空调系统管线以及其他类似设施。这种建筑结构的一个变体就是目前常见的 3 层或 4 层宿舍建筑。根据建筑法规要求，这种建筑建造时必须加装喷淋消防系统。但这种防火系统的缺陷在于，喷淋设施并不能覆盖其楼板和楼顶使用的木质直弦横梁结构本身所产生的楼层之间的组织间隙，而通常情况下所有的线路设施以及内嵌照明设施都安放在这些间隙内。

桁架的设计初衷是使用最少的建筑材料来实现最大承重效果。建筑业使用这种成本最为低廉的工程形式来实现屋顶和楼板的承重需求。其设计过程中，充分考虑了各类自然因素和自然力对建筑物结构稳定性的影响。其屋顶结构的设计是为了隔离外部天气环境对建筑物内部的影响，其遇火后的结构稳定性却不在设计师的考虑范围之内。其结构稳定性更多地取决于建筑物的用途以及相关法规对该用途建筑的硬性规定。

桁架结构的缺点与其他建筑结构的隐患一样，都是其连接方式。桁架部件彼此互相支撑，因而，整个桁架的每一个小单元都对其结构稳定性有重要影响。如果其中的某一个部件脱落，就有可能影响其他部件的结构稳定性并造成整个桁架结构跨度的脱落。极有可能会造成大面积区域的坍塌事故。由于整个建筑的稳定性都基于其每一个结构部件，仅仅通过某种方式或工具来加固楼板或屋顶的方式并不能完全确保建筑的安全性，在这些平台结构仍然很稳定的情况下，其下方的各类部件同样有可能发生坍塌。在大多数桁架结构建筑坍塌事故中，楼板和屋顶平台会随着桁架脱落而随之发生坍塌。

> **提示**
>
> 桁架结构的缺点与其他建筑结构的隐患一样，都是其连接方式。

需要注意的是，轻型加固片对于木质桁架建筑来说是非常重要的建筑部件，它将桁架的弦杆和腹杆固定在一起，如图 5-9 所示。有时，这些加固片会在运输途中或建筑物建造过程中损毁且未能及时修复。这种情况下，问题会随着屋顶平台和石膏板的安装而被隐藏起来。还有些情况中，这些金属加固片会在遇热后从木结构部件中脱落从而造成整个桁架结构的坍塌。

最需要强调的是，木质材料的承重能力来源于其本身的质量。一旦一个轻型木桁架结构起火，其质量会迅速减轻、结构稳定性迅速下降。

图 5-9 加固片

钢筋直弦桁架既可以用于屋顶建造，也可以用于楼板和地板建设。对于未经任何防护处理程序处理过的钢质桁架，其所使用的钢材部件会在温度达到 800°F 时开始逐步失去承重能力，在 1000°F 左右时彻底失效。钢筋托梁桁架同样会在遇热后发生拉伸现象，并对其下部的砖石结构墙体产生推力进而造成墙体倒塌。钢质桁架同样会因消防员在其上实施排烟行动时产生的重量而发生弯曲并造成坍塌事故。

指挥员和消防员应尽可能多地了解关于桁架结构和桁架结构建筑的相关知识，因为这种建筑结构在任何辖区都普遍存在。

5.8 新型建筑建造工艺

在建筑建造业，不断有新产品和新科技被采用。如工程木料产品，包括层压梁、工程工字梁。这些产品的应用，在确保承重效果的情况下，能够用较低的成本实现建筑物的大跨度延伸。

工程木工字梁与传统的工字梁相似。其上下两翼，被称为翼缘（工字的上下两个部分），中部压槽，腰板（腹板）位于槽内，侧面观察形如"工"字。其翼缘部分通常为硬木，其腰板则通常为压合板、定向刨花板或者其他种类的木质层压板。这种产品的最大问题是，由于其本身相对较轻，故在遇火后更易失效。

叠压梁是根据设计需要，按照一定排列，将一系列规定尺寸的木片黏合到一起形成一根单独的大梁。例如，要想实现 22ft 的跨度，其所需横梁的尺寸大概应为 6in×12in×22ft。生产商制造这根横梁时，可能需要将一些 2in×12in 的板件压合到一起，而不是直接购买一根目标尺寸的木梁。很显然，后者的成本较之前者要高得多。这些叠压梁具备较大的承重能力，并可以根据建筑物的整体外形着色从而更加美观。然而，叠压梁遇火后会解体，进而失去承重能力并引发坍塌事故。

本章小结

• 任何消防专业学生都应该学习掌握不同的承重、外力、材料以及结构部件对每种建筑类型遇火后结构稳定性的影响。

• 第五类建筑，木框架结构，是美国常见的建筑类型。在木框架结构建筑中，主要的结构材料是木材，其内部楼板支撑部件、内墙以及屋顶支撑组件也都是使用木质材料。

• 木框架结构建筑包括以下几种类型：

① 轻型框架结构；

② 平台框架结构；

③ 梁柱结构；

④ 板梁结构；

⑤ 桁架结构。

• 建筑结构中木材本身的情况会对建筑结构的整体稳定性有一定影响。

• 木材可以经过特殊处理，实现防潮、防虫和防火的效果。然而，经过磷酸盐或硫酸盐处理过的木材在高湿环境下极易发生老化变质。

• 建筑建造过程中使用的木材尺寸很关键，木材的承重能力来源于其本身的质量。

• 重木结构或（厂房结构）中使用的木材尺寸很大，承重能力也很强。这种建造类型通常在旧式工业建筑中比较常见。

• 普通建筑的建造方式，是使用砖石结构的承重墙以及木质托梁楼板和木质屋顶。

• 在一些旧式普通建筑中，在其外墙上有星状标志、S标志、凹槽、圆圈或其他装饰性装置。这些装置通常被称为分力器，被用来将承重力分散给两个或两个以上的建筑部件之上。

• 不燃建筑的建造中，使用的建筑材料不会在火灾中产生助燃效果。

• 阻燃建筑是使用钢材、混凝土以及其他阻燃材料或耐火材料建造而成。

• 桁架是由轻型建筑材料按照一系列三角单元的形式组合连接而成，整个桁架结构的承重需求会分散到其所有的建造部件之上。

• 桁架建筑结构的缺点与其他建造方法存在的缺点一样，即连接部位。

• 叠压梁以及工程工字梁的发明和在建筑行业的应用，能够在保证承重效果的前提下，用最小的成本实现最大的建筑跨度。

主要术语

轻质木框架（balloon frame）：一种旧式木框架建筑结构，其墙体自建筑物地下室垂直延伸至其屋顶区域，中间不设任何隔火装置或隔火点。

弓弦桁架（bowstring）：是最具危险性的桁架结构。通过观察其弯曲的上弦杆这种结构可以轻易辨认。这种桁架结构通常被用在保龄球场、滑冰场以及其他需要长距离不间断大跨度结构的大型建筑中。

弦杆（chord）：桁架结构的上下部位。

角牵板（gusset plates）：是桁架结构中使用的连接片。在钢结构桁架中，角牵板通常是平面钢片。在木结构桁架中，使用的角牵板或者是轻型金属或者是压合板材质。

组织间隙（interstitial space）：直弦桁架结构中，其上下弦杆中间的开放空间。

桁架节点（panel point）：一个带有锯齿的金属片，有时也被称为角牵板，其齿端可以穿入木材建筑部件并将其牢固固定在一起。

直弦桁架（parallel chord truss）：是指上弦杆和下弦杆互相平行、在上下弦杆中间设有腹杆的一种桁架结构。

尖顶桁架（peaked roof truss）：外形为三角形的桁架结构，这种结构在如今的住宅建筑和商用建筑中十分常见。

板梁结构（plank and beam）：使用相对较重的横梁来建造的一种框架结构，其横梁按照大于16in的距离平行排放。现代建筑中多采用这种建造方法。

平台框架（platform frame）：每一楼层都像独立盒子一样的一种建造方法。每层建筑的框架都建在一个底板上，框架高度与楼层同高。

梁柱结构（post and beam）：将立柱（垂直方向的建筑部件）和横梁（水平方向的建筑部件）刚性部件连接起来来构建承重框架的一种框架结构。

加固器（tie）：将桁架的各部分组件连接到一起的一种连接部件，如角牵板。

桁架（truss）：一种使用轻型结构部件按照三角形的方式组合到一起的结构物。能够用作楼板或屋顶的支撑部件。

网格（web）：桁架结构的内部单元。

案例研究

消防队接到一起公寓火灾报警，起火公寓位于城市内一处多个在建项目聚集的区域。你对这些在建建筑情况并不熟悉。你所在消防队为第一任务队抵达现场后，你发现褐色浓烟从起火建筑的各个开放口处不断涌出。你所在消防队队员携带一条 1.75in 的水带进入到建筑内部，当你们行进到建筑大堂区域时，楼板发生坍塌。所幸没有任何队员被砸中，但需要立即撤离并将进攻模式转为防守性行动。火灾扑灭后调查发现，起火建筑中，楼板使用的支撑部件是直弦桁架结构。电气火灾沿楼板之间的空隙迅速蔓延，直至其烧毁桁架后才被发现。起火建筑在所有楼层和房间中都装有水喷淋防火装置，但起火楼层的桁架没有任何喷淋防火措施。

1. 辨认所属辖区内建筑物种类的最好方法是什么？

A. 在其建造过程中走访勘察。

B. 在建筑物完工后开展实地走访。

C. 走访辖区内相似建筑。

D. 问询建筑物内的居民。

2. 桁架通常会在其连接节点处脱落。这些连接节点叫做：

A. 角牵板

B. 帮钉板

C. 卡钉板

D. 以上均可

3. 以下关于桁架结构的叙述中，哪一项是正确的？

A. 木质组件越小，桁架所能承重重量越大。

B. 桁架的质量越大，其承重重量越大。

C. 桁架在小型建筑中比较常见，因为桁架结构可以实现的跨度范围较小。

D. 桁架结构只用在商用建筑中。

4. 以下关于未经任何保护性措施处理过的钢筋直弦桁架的叙述中，哪一个是正确的？

A. 可以用在屋顶和楼板中。

B. 在温度达到 800°F 时，钢材的承重力会开始下降，温度达到 1000°F 时，钢材会失效。

C. 钢筋托梁桁架在遇热后会发生延展现象，并对承重墙产生向外的推力致其倒塌。

D. 以上全部。

复习题

1. 说出美国消防协会所定义的 5 种建筑类型。

2. 木材通过什么来承重？

3. 为什么了解建筑物的建造过程是一件极其重要的工作？

4.说出针对轻型框架结构的建筑物，有哪些因素必须要注意？

5.为什么使用平台结构对于木框架结构建筑来说是更为安全的一种建造方法？

6.对于消防员来说，为什么使用轻型木框架结构的建筑物是一个问题？

7.说明弓弦桁架屋顶建筑的危险，并解释在火场上，哪些位置对于消防员来说是不安全区域？

8.说出2种分力器的名称，并解释它们在建筑物建造方式上的区别。

9.在阻燃建筑中使用的建筑材料主要有哪些？

10.说出轻型木桁架的建筑部件有哪些，并说明这些部件的承重原理。

11.辨认你所在辖区的众多建筑物分别属于哪一类型。争取为每一种类型找一个具体案例。

12.按照规定，如果三层或更高的木框架建筑被要求必须设有喷淋防火装置，为何对三层花园公寓却没有这项要求？

讨论题

1.将你所在辖区内的建筑物分别拍照，并找出每个建筑物建造方法中存在的安全隐患。

2.将你所在辖区内的在建项目进行拍照，并找出这些建筑物建造方法中的优缺点。

3.将你所在辖区内装有分力器的建筑拍照，并说明你是如何区分每种分力器的类型的？

参考文献

Corbett, G. P., & Brannigan, F. (2015). *Brannigan's building construction for the fire service* (5th ed.). Burlington, MA: Jones & Bartlett Learning.

National Fire Protection Association. (2012). *NFPA 220: Standard on types of building construction.* Quincy, MA: Author.

National Institute for Occupational Safety and Health. (December 1, 2010). *Fire fighter fatality investigation report F2009-21: Career fire fighter seriously injured from* collapse of bowstring truss roof—California. Atlanta, GA: CDC/NIOSH. Retrieved from http://www.cdc.gov/niosh/fire/reports/face200921.html.

National Institute for Occupational Safety and Health. (2012). *Fire fighter fatality investigation and prevention program.* Atlanta, GA: CDC/NIOSH. Retrieved from http://www2a.cdc.gov/NIOSH-fire-fighter-face/state.asp?state=ALL&Incident_Year=ALL&Submit=Submit.

第6章 火灾动力学

学习目标 通过本章的学习，应该了解和掌握以下内容：

- 燃烧三要素和燃烧四面体的组成部分。
- 火灾的五种类型。
- 火灾的发展阶段。
- 传热的四种方式。
- 回燃和轰燃的定义。
- 烟气行为。
- 火灾动力学和应用灭火策略及灭火战术之间的关系。

案例研究

2009年4月12日，星期日，午夜后不久，在扑救一起住宅建筑火灾中，由于风的作用导致火灾快速发展，一名30岁的见习消防员和一名50岁的队长被困火场而牺牲。这两名消防员是首批到场的灭火队员，他们从前门进入建筑物后迅速开展内攻灭火。到达火场不到6min时，大风使火势快速蔓延到内攻消防员所在的书房和客厅，使他们迷失了方向。

其他7名消防员被迫从建筑物内撤离出来，但是队长和见习消防员没能撤离。于是消防队立即对他们展开救援行动。但是，由于火灾形势恶化，救援工作不得不暂停。距离他们到场大约40min时，搜救人员才找到被困的队长和见习消防员，并将他们从建筑物内转移出来。

此次事故调查中确定的主要原因包括，采取灭火战术前对火情估计不充分，没有充分理解火灾行为、火灾动力学、空旷地区通风控制的火灾、强风等相关知识，灭火战术运用不灵活，尤其是在采取通风行动时，没有用水枪保护出口，火场通信不畅，没能在火灾形势恶化时做出适当的反应等。

来自职业安全和健康管理局、国家职业安全和健康研究所的调查人员认为：为降低类似事故的风险，消防部门应该做到如下几点：

① 内攻灭火前必须对火情进行初步的判断，并对事故现场开展风险评估；

② 消防员和指挥员要充分了解火灾特性，并根据烟气的颜色、速度、浓度、火焰、温度等判断火灾发展趋势和火势发生变化的可能性；

③ 消防员要认识到大风天气对火灾的影响，并进行正确的战术训练，以降低潜在的危害；

④ 消防员要理解通风对火灾的影响，并采取灵活的方式有效实施通风并控制火势；

⑤ 消防员和指挥员要理解热成像仪的性能和局限性，并利用热成像仪进行火情估计；

⑥ 确保消防员受过相关的训练，能在向室内推进充实消防水带时，检查入口顶部空间内是否已起火；

⑦ 制定详细的紧急求救文件并严格实施和执行，确保消防员能有效地求救；

⑧ 确保消防员受过火场逃生训练；

⑨ 确保火场的所有消防员都配备了能够与事故指挥员和调度员通信的手台。

此外，研究机构和标准制定组织应对自给式呼吸器面部透镜材料的热性能和其他个人防护装备的组成部分开展专题研究，进一步提高其防护等级。

尽管没有证据，但是如下建议确实能有效避免消防员伤亡事故。调查人员建议消防部门，要保证所有消防员都能认识到他们的个人防护装备在高温环境下操作时的性能和局限性。

提出的问题：

① 描述你所在的消防部门为消防员开展的求生训练；

② 就现有的消防装备而言，火场每个人员都配备对讲机了吗？热成像仪是所有消防车的标配还是选配？

6.1　引言

在战争中，如果军事领导人了解他们的敌人，他们根据敌军的作战装备、作战准备和作战方式制定作战计划，战争会迅速取得胜利。同样，事故指挥员也应该了解他们的"敌人"，无论他们的"敌人"是火灾、危险化学品泄漏，还是建筑物倒塌事故。

火场指挥员必须了解火灾向上及向外增长和蔓延的途径，掌握控制和阻止火灾的方法。火灾是热量、燃料和氧气三者发生不受限制的链式反应的化学过程，这个过程是放热反应，释放出热量、光、烟气、有毒气体和其他不完全燃烧产物。军队指挥员根据自身的实力、敌方的优势及弱点来攻击和阻截敌人，这同样适用于火场指挥员。

在火场，消防员必须了解火灾，确定火灾可能的发展过程及其对生命和财产造成的危害，也要明确火灾荷载，火灾蔓延的途径和速度，及火灾增长的速度。而且，了解建筑物的类型有助于消防员确定火灾在建筑物内运动的方式，即烟气向上层蔓延还是控制在建筑物的起火房间内。如木结构建筑能增加可燃物的火灾荷载，砖混结构建筑能控制火势。因此，对事故指挥员来说，了解火灾，明确火灾增长和蔓延的途径，并采取相应措施阻止火灾发展是十分必要的。

提示

事故指挥员应该了解他们的"敌人"，无论他们的"敌人"是火灾、危险化学品泄漏事故，还是建筑物倒塌事故。

了解火灾的定义，火灾增长和蔓延的途径，以及如何阻止火势发展是事故指挥员必须要掌握的基本知识。

6.2　火灾的化学特性

火既是人类的朋友又是人类的敌人，它在为人类提供光和热，保持安全和温暖的同时，也产生热量和火焰，对人类造成破坏，导致人员伤亡。火是一种自持式燃烧过程。该化学过程是一个放热过程，伴随产生光和热。火灾中的燃料可以是固体、液体或气体，如

图 6-1 所示。

6.2.1 燃烧三要素

燃烧发生的必要条件是燃烧三要素，如图 6-2。该图基本解释了燃烧三要素。必须同时具备这三个要素，燃烧才发生。

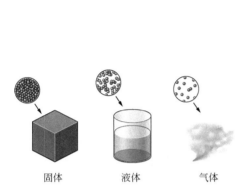

图 6-1 火灾中的燃料可以是固体、液体或气体　　图 6-2 燃烧三要素包括燃料、氧气和点火源

燃烧三要素的第一个要素是燃料，燃料必须是易燃或可燃的物质，大部分物质是由能发生氧化反应的碳原子和氧原子组成。第二个要素是氧气，即空气中最常见的氧化剂。空气中氧气含量为 21%，其他的大部分物质是惰性气体氮气。第三个要素是热量（点火源）。

在一定的点火能量下，燃料和氧化剂，主要是氧气发生化学反应，释放出光、热和其他化学产物。以能量的形式释放出来的光和热称为火焰。在释放热能的同时，液体或固体燃料继续蒸发，从而确保化学反应或燃烧持续进行。

当移走燃烧三要素中的任何一个要素时，燃烧会停止。设想如果能接近小火并将燃料移走，燃烧就会停止。如果用盖子盖住蜡烛使其隔绝空气，燃烧也会停止。如果用灭火剂移除热量，燃烧也会停止。水是一种有效的灭火剂，它取用方便，能吸收热量、冷却可燃物。用水淹没可燃物也能窒息灭火。在俄亥俄州，一列装有 12000gal 白磷的货运列车在迈阿密河大西岸的 CSX 沿线发生脱轨事故，大约疏散了蒙哥马利县南部两万多人，这是在俄亥俄州历史上疏散人数最多的一次事故。白磷自燃，能与空气发生反应。事故发生后，浓浓的白色云团覆盖了 15mile 以北的多个社区。化学云团像巨大的沙尘暴在地面翻滚，包裹着地面，遮住了太阳。这次火灾采用水淹没法窒息灭火，残余的可燃物用水灭火。采用隔绝氧气的方法，使燃烧的化学反应过程停止。

6.2.2 燃烧四面体

燃烧四面体更加全面地解释了燃烧过程，如图 6-3 所示。燃烧四面体这个概念是由沃尔特黑斯勒（Walter Haessler）在 20 世纪 50 年代提出，他对干粉灭火剂磷酸铵能有效地灭火很感兴趣，认为用目前的燃烧三要素理论解释火灾是不恰当的。在燃烧三要素的基础上增加第四个要素，即不受约束的链式反应，形成四等边形结构。在有焰燃烧的火灾中，燃烧四面体较好地描述了发生的反应，第四个要素涉及自由基链式反应。在有分子燃烧的反应过程中，氧化剂从还原剂燃料中吸收电子，使分子中的电子发生转移。当氧化剂和还原剂结合，转移电子时释放出光和热，在较大的反应中，光和热以火焰的形式呈现。

6.2.3　火灾的分类

火灾分为 A、B、C、D 和 K 五类，如图 6-4 所示为其中四类。A 类是普通可燃物火灾，常见的有木材和未处理的纸制品。B 类是易燃液体、固态或气态的石油产品火灾。C 类是带电设备火灾。在 C 类火灾中，可燃物本身可能是 A、B 或 D 类。当不切断电源时，不能用水、泡沫或者其他导电的物质灭火。断电后使用合适的灭火剂扑灭燃烧物质。D 类火灾是可燃金属火灾，这类金属如钠、钛、镁、钾、铀、锂、钚和钙。可燃金属火灾常发生在制造业，燃烧后会产生大量的热，快速地蔓延到周围的普通可燃物。水不能和这些物质直接接触，消防员必须用特殊的灭火剂灭火。

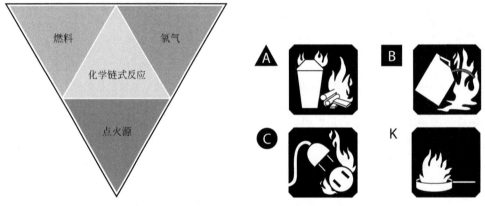

图 6-3　化学链式反应将燃料、氧气和点火源　　图 6-4　A、B、C 和 K 类火灾
这三个燃烧要素组合起来形成燃烧四面体

K 类火灾包括可燃的烹饪物，如动植物油及油脂火灾，从技术上看，可认为是易燃液体或气体火灾。将这类火灾单独分类，对认识它们的特性尤为重要。这类火灾中的可燃物与 B 类火灾中的可燃物类似，但是温度更高，需要使用化学物质溶液灭火，灭火时灭火剂能快速地把燃烧物质转变成不燃的皂化物，灭火的基本原理是皂化反应。这个过程是吸热反应，从周围环境吸收热量，降低了环境的温度，进一步抑制火焰燃烧。湿式化学灭火剂参见第 9 章 "固定灭火设施"。

了解可燃物的分类是选择合适的灭火剂，并正确应用灭火剂的基础。必须采用正确的灭火方法安全地开展灭火行动。

> **提示**
> 了解可燃物的分类是选择合适的灭火剂并正确应用的基础。必须采用正确的方法安全地灭火。

6.2.4　烟气

火灾的化学特性之一是不完全燃烧的产物。在失去控制的火灾中，燃烧过程可能是不完全的。A类火灾生成二氧化碳、一氧化碳和水。B类火灾中，由于未燃尽的碳而产生浓浓的黑烟，如图6-5所示。塑料也是碳氢化合物，燃烧后产生浓浓的黑烟和高浓度的一氧化碳、二氧化碳、氰化氢和氯化氢气体。不完全燃烧产生的烟气使空气中产生大量的有毒气体，这些气体对建筑物内的人员和进入建筑物内的消防员是危险的，会严重阻碍他们的视线，并对他们的眼睛和呼吸道造成伤害，如图6-6所示。这些气体是有毒的，是火灾中人员致死的最重要的原因。火灾中大部分人员死亡不是由于与火焰接触，而是死于烟气的毒性。在合适的条件下，被加热的烟气能够引燃聚集的一氧化碳。

图6-5 轮胎火灾是B类火灾，有浓浓的黑烟

图6-6 浓烟导致能见度低，建筑物内充满了大量的一氧化碳

火灾中产生数量最多的气体是一氧化碳，它是导致火灾中大部分人死亡的主要原因。火灾中，氧气含量低，燃烧不充分，释放出大量的一氧化碳。烟和热携带一氧化碳以对流的方式到达建筑物的上层，使人员在逃离建筑物前失去行动能力。一氧化碳中毒是火灾中人员死亡的主要原因，其数量占火灾中人员死亡事故的50%以上。含氮元素的天然材料和合成材料，如羊毛、丝绸、丙烯腈、聚氨酯、三聚氰胺和尼龙制品起火时会释放氰化氢。氰化氢和一氧化碳都是烟气中的主要物质，是导致人员生病和死亡的重要因素。在火灾导致的人员死亡事故中，包括消防员牺牲事故，氰化物造成的死亡事故数量可能超过一氧化碳造成的事故数量。氰化物和一氧化碳相互作用会加剧毒性效应。

汽车着火时，聚氨酯泡沫和橡胶的座椅及座垫等内饰物产生大量的气体，引发消防员多种疾病。燃烧的合成材料释放出剧毒的刺激物丙烯醛。聚氯乙烯燃烧释放出致死的氯化氢气体，刺激人的眼睛和上呼吸道。燃烧过程缺氧或者氧气不足也是非常致命的。氧气越充足，产生的有毒气体越少，燃烧越完全。在阴燃火灾中，随着空气中氧气含量的降低，会产生大量的有毒气体。

火灾熄灭后和在清理火场过程中，现场仍有高浓度的一氧化碳和其他气体，因此，许多消防部门要求消防员检测空气后才能卸下自给式空气呼吸器。

> **提示**
> 一氧化碳中毒是火灾中人员死亡的主要原因，占火灾中死亡人员的 50%以上。

6.3 火灾的物理特征

火灾事故指挥员对火灾的物理特征方面应关心的是火灾所处的阶段和火灾发展的情况，如图 6-7 所示。事故指挥员和消防员必须考虑火灾增长和蔓延途径、在建筑物内运动的方式，及着火前可燃物的数量。对指挥员来说，预测火势和火灾的发展是很重要的，如图 6-8 所示。可通过火焰的形状和颜色，烟气的密度和颜色，烟气运动的驱动力等来确定火灾增长的阶段。

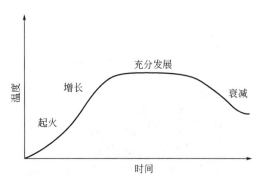

图 6-7 标准的时间-温度曲线，
显示火灾的温度随时间的变化

图 6-8 确定火灾增长阶段时，
考虑烟气的密度和颜色

6.3.1 火灾发展

着火必须满足燃烧三要素，并且有不受约束的化学链式反应。可燃物刚开始燃烧时，产生热量、烟气、气体和其他不完全燃烧的产物。可燃物的荷载、可燃物的燃烧性、产生的热强度等都影响火灾的发展，在这些因素的共同作用下，火灾能发展很快或者阴燃几个小时，最终达到有焰燃烧阶段。

> **提示**
> 可燃物的荷载、可燃物的燃烧性、产生的热强度等都会影响火灾的发展，在这些因素的共同作用下，火灾能发展很快或是阴燃几个小时，最终达到有焰燃烧阶段。

一场火灾可能经历初起阶段、自由燃烧阶段、轰燃阶段和阴燃衰减阶段这四个阶段，也可能只经历上述四个阶段中的几个阶段。在最初的几个阶段，有足够的氧气，只要燃料充足，火灾就会发展。火灾是否发展取决于燃料是可燃的还是易燃的；取决于燃料的物理特性，是固体、液体、蒸气还是气体；取决于燃料的表面质量比，如是 4in×4in 的木材还是木屑；取决于燃料的分布（包装紧密或是中间有缝隙）；取决于是否有合适的通风（自然通风或密闭空间）。

并不是所有的火灾都经历这四个明显的阶段，特别是建筑火灾。一些火灾刚开始是阴燃火，可能整个火灾期间都如此。其他火灾可能开始就是自由燃烧的火焰，继续增长或者很快熄灭。还有一些火灾开始处于初起阶段，然后快速地发展成自由燃烧阶段。

室内火灾发展一般要经历这四个阶段。初起阶段实际上是起火阶段，火灾仅限于燃烧物质，产生热量和烟气。燃料和空气中的氧气充足时，火灾继续增长，火焰温度高达$800 \sim 1000°F$，但是房间内的温度变化不大。

在自由燃烧阶段，产生大量烟和热，如图6-9所示。它预热了周围的物质，使火灾增长速率增大。在热对流的作用下火灾垂直蔓延，当上升的烟柱和热气流受到天花板的抵挡时，开始转为水平蔓延，热气充满房间后，室内被自上到下加热。在热辐射的作用下火灾向四处蔓延。房间内的所有物品吸收热量达到它们的燃点后，只要不断有空气供应且有充足的燃料，房间将会达到发生轰燃的条件。

轰燃后继续消耗房间内的氧气，火灾进入阴燃或者衰减阶段，释放浓烟和其他不完全燃烧的产物。由于没有充足的氧气促使火焰完全燃烧，阴燃阶段充满了可燃和易燃的气体。房间温度高达$1000°F$。气体受热膨胀，压力增大，热量和烟气通过建筑物的小裂缝或者小开口喷出或倒吸回建筑物内。如果有氧气进入房间，可能发生回燃。如果房间完全缺氧，燃烧将因氧气耗尽而熄灭。

6.3.2 热传递

火灾主要通过对流、辐射、传导和火焰直接接触这四种方式增长蔓延。火焰直接接触有时被认为是辐射，在本书中作为第四种方式，目的是阐明这种热传递方式在灭火策略和战术的实际应用，如图6-10所示。

图6-9 自由燃烧阶段的火灾

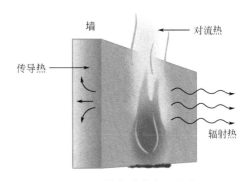

图6-10 热传递的主要方式

提示

火焰直接接触有时被认为是辐射。

6.3.2.1 对流

火灾燃烧时产生热量、烟气和不完全燃烧的产物如焦油等。这些被加热的产物比空气轻，向上自由运动。当天花板等障碍物阻碍热量和气体运动时，这些热量和气体向外蔓延，水平运动。就像水和电总是朝着阻碍最小的地方流动，火焰亦是如此。烟气和热量冲出房间后，就会进入楼梯、走廊和其他防火分区。在本章案例分析的起火建筑物中，对流使火灾迅速蔓延，进入毗邻 D 处的封闭阁楼（D 为火场建筑物一侧的地理位置标识）。

> **提示**
>
> 就像水和电总是朝着阻碍最小的地方流动，火焰亦是如此。

对流受空气流动和通风系统的影响。当火灾及其气态产物在建筑物内运动时，它们会点燃周围的其他物体，火灾增长越快，强度越大，气体在建筑物内蔓延就越快。

火灾的气态产物比火焰蔓延快。气态产物冷却时分层，较轻的气态产物在建筑物的顶层，火焰和较重的气态产物分布在建筑物的下部。这些气态产物是有毒的，能快速导致上层空间内的人员死亡。这就是在拉斯维加斯米高梅旅馆火灾中导致大量房客死亡的原因。1980 年 11 月 21 日早上，内华达州克拉克县，米高梅旅馆火灾导致 85 人死亡，超过 700 人受伤，在发现火灾 6min 内，赌场全面过火，燃烧速率为每秒 15～19ft。由于火灾和烟气蔓延迅速，最大的威胁在着火层，然后是着火层的上层，最后是建筑物的顶层。搜索时也应按照这个优先顺序进行。关于此火灾的官方报告可以在美国消防协会（NFPA）网站上查到。

6.3.2.2 热辐射

火灾中的火焰产生热波，类似于光波，在火灾中沿直线运动。热波是人肉眼看不见的热量移动，它能穿透建筑物的窗户和没有保护的开口。热辐射在向各个方向移动时都会加热接触到的各种物体。只要物体被加热，并且引起了分子运动，电磁辐射的能量就变成了热能。

受滚燃的火焰或火灾热辐射的影响，被加热的气体冲出房间，向各个方向蔓延。火灾强度越大，热辐射效应越大。在本章的火灾事故案例分析中，热辐射在点燃毗邻物中起了重要作用。

辐射的热是电磁热波，它能在玻璃和水中移动，能透过窗户上的玻璃，不破坏玻璃而点燃窗帘等装饰的可燃物，这就是水幕不能阻止热辐射的原因。为保护毗邻物，必须用水来降低毗邻物本身的温度，因为水可以转移热辐射波积聚的热量。图 6-11 显示了成功保

图 6-11　用水保护右侧的毗邻物，使其不受热辐射的影响。考虑到建筑物的结构，通过正确部署消防水枪，有效保护了毗邻建筑物

护毗邻物的例子。

6.3.2.3 传导

19 世纪，约瑟夫·傅里叶（Joseph Fourier）提出了热传导定律，热量能在固体、液体和气体介质中传递，传热速率和温度差成正比，热量从温度高处向温度低处传递。热汤锅里的金属勺子将热汤中的热量从小勺传递到把手，使小勺的把手变热。在火灾中，热量通过管道、天花板和墙体传导至各处。旧式建筑物中通常使用了铁皮天花板，此时要考虑热传导问题。

热传导物体最重要的物理特性是它们的热传导性、密度和比热容。如金属就是良导体，砖和混凝土是不良导体。消防员必须记住保温隔热材料不能完全阻止热传导。空气和其他气体也能传热，不受压力的限制，但是完全真空是不导热的。

6.3.2.4 火焰直接接触

火灾通过火焰直接接触蔓延，类似于辐射，如图 6-12 所示。实际上火焰直接与暴露物表面接触。当两栋建筑物建造时离得很近，外墙距离仅几英尺远时，常常要考虑火焰可能会直接接触到毗邻建筑物。此时一栋建筑物的火焰头实际上就接触了另一栋建筑物的表面。

图 6-12　火焰直接接触

在处置危险物质火灾事故时，需要关心的是一个容器着火是否会导致相邻的另一个容器起火，那可能是多次爆炸的原因。例如，颠覆的铁路油罐车起火后，在压力作用下，火焰强有力地喷向相邻的另一列铁路油罐车，火焰直接接触会导致临近罐车快速超压，可能引发爆炸。

6.3.3　轰燃

轰燃是室内火灾发展的临界点，轰燃时，房间内所有可燃物都被点燃。在自由燃烧阶段的后期，火焰和烟气在压力的作用下从起火房间窜出，在建筑物内蔓延。这个加热的过程是由于热辐射反馈导致的。

火灾初期，火灾在起火点附近缓慢燃烧，产生烟气和热辐射，热辐射使起火点附近的物体温度升高，当达到它们的引燃温度时，火灾开始增长，产生的热量和烟气到达顶棚后继续加热起火室内的所有可燃物，产生烟气和不完全燃烧产物。此时房间内的温度超过 $1000°F$。火焰和烟气在压力作用下开始窜出房间，在建筑物内蔓延。烟气充满房间，直至顶棚，然后沿着墙向地面蔓延。辐射和对流的共同作用使房间内的所有物体加热到它们的燃点。烟气开始窜出房间，向走廊移动。刚开始烟气运动很慢，随着火势增大，房间内气体膨胀的压力使烟气通过墙的裂缝和其他开口快速地向走廊蔓延。当达到房间内其他物体

图 6-13　滚燃的火球是轰燃早期的标志，
通风和冷却可以防止轰燃的发生

的引燃温度时开始冒烟，火舌开始在顶棚翻滚，点燃房间内的其他可燃物。顶棚的滚燃火，如图 6-13 是即将发生轰燃的迹象之一。

如果没能快速用水冷却顶棚，就会发生轰燃。轰燃的危害性较大，原因如下：

① 当房间内所有物体都达到它们的引燃温度时发生轰燃；

② 从地面到天花板，房间已全面过火；

③ 温度超过 1000℉；

④ 能见度降低；

⑤ 房间发生轰燃后，距出口 5ft 处是安全逃生的临界点；

⑥ 轰燃意味着被困房间内的人员死亡或者严重烧伤。

发生轰燃时，房间内的所有物品都已处于燃烧状态。房间内的火灾荷载决定了火灾的温度，自持式化学反应产生的气体和膨胀热决定了压力的大小。火焰窜出房间，向走廊蔓延，沿着楼梯向上蔓延，通过开口蔓延。

作为火场指挥员，必须掌握火灾的发展阶段，明确行动部署的时机和位置。对于指挥员来说，通过烟气来判断建筑物内火灾发展情况的能力是非常重要的。当火灾继续增长时，会烧光室内所有物品，且火焰最终会窜出建筑物并使整栋建筑物过火。

判断轰燃的关键是观察烟气的运动和火势的增长。需要考虑的问题包括：起火房间的面积、顶棚的高度、烟气是否为黑色浓烟、烟气是在压力作用下被排出还是慢慢地自然冒出、是否存在火舌、滚燃的火球等。

> **提示**
>
> 判断轰燃的关键是观察烟气的运动和火灾的增长。

仔细查看建筑物内是否突然有热量积聚。通过顶部的烟气观察火焰的移动。消防员在向起火点移动时要对前方的顶棚实施冷却。如果烟气几乎已积聚到了地面且热量持续升高，表明即将发生轰燃。由于消防员在火场上穿着密封的防护服，直到轰燃发生才能感受到火场的热量。

在轰燃中幸存的策略如下：观察上方烟气和火焰的运动趋势；掌握离开房间和建筑物的疏散路径；使用安全的搜索程序；沿着墙向一个方向前进；逃离时使用安全搜索绳或者水带作为指引物；排出积聚的热量；当明显会发生轰燃时不要进入房间；关上房门，使热量和烟气只能在房间内而无法蔓延进大厅；穿上所有的防护服，正确地佩戴自给式空气呼吸器；谨记一旦发生轰燃，在起火房间内的生存率几乎为零。

> **提示**
>
> 大约 20ft 高的顶棚会掩盖住实际积聚在顶棚上的大量热量。

不要被有较高天花板的建筑物迷惑，如图 6-14 所示。在这些建筑物里，大约 20ft 高的顶棚会掩盖住实际积聚在顶棚上的大量热量。

图 6-14　仓库的天花板一般都较高，由于地面处的热量较低，掩盖了轰燃的迹象

烟气和热量上升至这一高度后，仓库内部的能见度依然很好，下部区域热感不强。天花板处聚集的热量会引发轰燃，轰燃引发的高热会迅速传播，远远超过消防员的逃生速度。

> **提示** 🔔
>
> 即将发生轰燃的征兆有：房间的尺寸、迫使人趴在地上的难以忍受的热量、在烟气中有类似火舌的滚燃。

6.3.4　回燃

当密闭的起火房间处于缺氧状态时，如果突然有空气补充进来，混合气点燃后就会形成类似爆炸性的、快速的火焰传播，这就是回燃。这是因为，此时有足够的热量和可燃物，燃烧仅仅缺乏空气。这时虽然肉眼看不见火，但是仍存在高温和烟气。当氧气进入房间，达到气体的可燃范围时，可燃物就会燃烧爆炸。这个现象可能会发生在水平通风时。爆炸冲击波能够震碎窗户并推倒墙体，从而导致建筑物倒塌。

> **提示** 🔔
>
> 回燃即将发生的迹象有：浓烟在压力作用下从门窗和开口涌出；在密闭性好的空间内有浓烟，看不见火；紧闭的建筑物内冒出暗黄褐色的烟；烟气从建筑物内排出，然后又被倒吸进建筑物内；窗户沾染成黑色而且很热；几乎看不见火焰；建筑物紧闭。
>
> 如果没有采取垂直通风，空气的进入会导致气体燃烧爆炸。

目前，建筑物在建造时基于节能考虑，很少采用自然通风装置，这就使得通过裂缝、窗户与墙之间的缝隙进入建筑物内的新鲜空气数量较少。保温材料和隔热窗的使用也大大限制了空气在现代建筑内的自然流动。

起火房间火灾发展到自由燃烧阶段时，可能耗尽了建筑物内所有的氧气，产生热量、烟气和不完全燃烧的产物。此时烟气中的一氧化碳气体的温度达到燃点，房间的物品冒烟，开始燃烧。没有充足的氧气，火灾开始阴燃。没有燃烧所需的氧气，火灾继续阴燃，产生大量的烟气和其他气体，形成爆炸性气体。如果没有采取垂直通风，空气进入后会导致气体燃烧爆炸。

缺氧会使着火建筑物房间内的热量积聚，压力增加，使烟气从建筑物内的裂缝窜出。压力释放后，新鲜的空气又被吸进房间，压力随着火灾持续增长而增大，直至室内空气耗尽为止。当压力再次释放后，火灾又开始重复上述的变化过程。这个过程持续进行，直至火灾最后熄灭或者空气能够不受限制地进入房间。如果消防员在起火点处或在起火点下方进行通风，空气会被瞬间吸入并点燃所有气体，导致房间发生爆炸。氧气和一氧化碳点燃时的温度大约为1100°F。

回燃发生前，火灾并不一定阴燃很长时间。案例表明，烟气在火灾处于自由发展阶段时进入起火房间，起火房间的压力随着受热气体和烟气的增加而增大，进一步发生燃烧和爆炸。这是在商住楼和有公共阁楼的联排商业街灭火时常见的问题。联排房和花园式公寓也是如此。随着建筑行业环保和节能意识的增强，在单户建筑物火灾中经常发生回燃现象。

消防员必须采取必要的措施防止回燃的发生。商业建筑物也是发生回燃的常见场所。关闭几个小时的商业建筑火灾中，也极有可能发生回燃。观察建筑物内每个裂缝排出的烟气，环视门窗，看烟气是被排出还是被倒吸回建筑物内。因为建筑物本身没有通风设施，所以从外面几乎看不到火焰，窗户乌黑，而且摸起来很热，冷凝气沿着窗户下滑。这些都是回燃发生的征兆。消防员进入建筑物前，必须采取垂直通风，且实施水枪掩护。

回燃发生时，消防员生存的策略包括如下：根据迹象预测突发的爆炸；远离门窗；垂直通风；防止烟气和热量的聚积；将消防水流射到超热的烟气内部，降低环境温度；正确地穿戴所有的个人防护服装，佩戴自给式空气呼吸器；在地面保持低伏的姿势。

美国海军有一个能模拟回燃爆炸的训练中心。测试表明：空气进入建筑物几秒钟后才能发生回燃。如果空气进入后，用水喷射起火房间，降低环境温度，就会破坏热量、可燃物和空气之间的平衡，从而避免回燃的发生。

回燃能在空旷区域发生，如双层的天花板或双层地板、阁楼、花园式公寓和改建的建筑物的正面。这些地方有烟气和热量的积聚，有时会烧穿建筑物，有时会回燃，回燃时几乎没有征兆。

> **提示**
>
> 当铺设好水带、水带内有水，且采取垂直通风措施排出建筑物内的热量和烟气后，消防员才能进入建筑物内部。

6.4 烟气行为

烟气是火灾中对消防员和建筑物内人员的最大威胁。不完全燃烧产物中的气体是导致人员死亡的头号杀手。这些超热的气体产物具有毒性、窒息性和爆炸性等特点。烟气是不完全燃烧的产物，含有焦油颗粒、水和多种气体。一氧化碳是这些超热气体中的主要成分，并能快速地向上蔓延及向建筑物外扩散，从而导致人们在发现火灾前中毒死亡，如图 6-15 所示。在中速增长和高速增长的火灾中，烟气能够快速移动到更高的楼层，从而造成了远离着火楼层的人员死亡。

在米高梅旅馆火灾、贝佛利山庄超级俱乐部火灾、今埃利斯酒店火灾和历史上许多其他火灾中，烟气都是造成人员死亡的主要因素，而且大部分人员是在逃生时死亡的，如图 6-16 所示。当他们离开房间时，烟气向上层扩散，从而导致他们都死在走廊、楼梯和电梯轿厢内。

图 6-15 烟气在建筑物内沿着阻碍最小的地方快速扩散

提示

烟气是消防员和公众在火灾中的最大威胁之一。不完全燃烧产物中的气体导致了人员的死亡。

火灾增长时会产生大量的烟气和气体。火场的空气越少，产生的烟气越多。烟气首先向上运动，达到天花板顶棚后开始水平蔓延。寻找阻碍最小的地方蔓延，窜出起火室，向走廊、楼梯和通风口扩散。当建筑物内有楼梯、电梯井或者公共通风井等开口时向上扩散，如图 6-17 所示。

图 6-16 商业建筑物火灾中产生浓烟，烟气蔓延的速度超过了消防员控制的速度

只要烟气被加热并被火焰前端推动时，就会快速蔓延扩散。遇到房间外的冷空气时开始分层并且减慢扩散速度。烟气会沿着楼梯和通风井向上扩散，通过采暖、通风和空调系统排出建筑物。

在建筑物火灾扑救中，消防员必须定位起火点并且实施灭火。烟气会使得定位起火点异常困难。密闭的建筑物火灾产生的大量烟气，往往会掩盖起火点。有时，烟气会影响整个火灾现场的视野。因此，准备好水带后，必须对建筑物进行通风。

寻找火点的方法是绕着起火建筑物转一圈，寻找存在明火、浓烟和其他显示可能存在着火点的迹象。这项工作通常由指挥员侦察，有时消防员侦察后向指挥员汇报。当建筑物面积很小时，如独栋建筑，消防员侦察后向指挥员汇报更合适。火场指挥员至少应该了解建筑物三个侧面的情况。通过巡视建筑物，观察烟气的浓度及其在建筑物内的运动趋势确定起火位置，如图 6-18 所示。

图 6-17　在有公共阁楼的建筑物
内烟气和火焰蔓延迅速

图 6-18　烟气使火场消防员的视线不清

如果烟气很浓，正从窗户猛烈地排出，消防员能判断火灾正在快速地发展，有充足的可燃物和空气。如果烟气慢慢地从窗户排出，表明火灾发展很慢。深黑色的烟表示里面的燃烧物质是碳氢化合物，如塑料和泡沫。脏的棕色烟气表示缺氧。烟气较淡的火灾多数是A 类火灾。天气比较冷时，火场温度高导致水蒸气冷凝，烟气看起来很白。一定要注意，烟气在白天和晚上是不同的，如图 6-19 所示。

图 6-19　烟气在夜间是不同的

如果不控制建筑物内的烟气，很难找到起火点，也很难进行灭火，如图 6-20 所示。消防队员需要对建筑物进行通风，排出烟气，为内攻灭火创造条件。救援行动由于浓烟而受阻，消防员可能由于迷失方向而失踪和死亡。指挥员要根据建筑物的类型和火灾的范围，决定采取垂直通风、水平通风还是正压通风。消防员可通过训练来掌握烟气特征，并对火场烟气实施有效控制，而非通过火场上血的教训来学习。

(a)

(b)

图 6-20　通风前的独栋建筑（a）及通风后的独栋建筑（b）

本章小结

- 火场指挥员必须了解火灾向上及向外增长和蔓延的途径，掌握控制和阻止火灾的方法。
- 火灾是一种自持式的氧化反应过程，这是一个放热的化学反应且燃烧产物是光和热。
- 燃烧三要素描述了发生火灾的三个必要条件：燃料、氧气和热量。
- 燃烧四面体更加全面地解释了火灾过程，因为加入了第四个要素，即不受约束的链式反应。
- 火灾分为五类：A类是普通可燃物火灾；B类是易燃的石油产品火灾；C类是带电设备火灾；D类是可燃金属火灾；K类是可燃的烹饪物火灾。
- 在失去控制的火灾中，燃烧可能是不完全的。不完全燃烧过程产生的有毒烟气，威胁着建筑物内人员和进入建筑物内灭火的消防员安全。
- 对火灾的物理特性方面，火灾事故指挥员更关心的是火灾所处的阶段和火灾的发展情况。
- 可燃物的荷载、燃烧性及其产生的热强度都会影响火灾的发展过程，在这些因素的作用下，火灾能发展很快或者阴燃几个小时，最终达到有焰燃烧阶段。
- 火灾主要通过传导、对流、辐射和火焰直接接触这四种方式增长和蔓延。
- 轰燃是室内火灾发展的临界点状态，轰燃时，室内所有的可燃物都被点燃。
- 当密闭起火房间内进行缺氧燃烧时，突然有空气补充进来，从而使燃烧快速增长并发生爆炸，这就是回燃。
- 烟气是火灾中的最大危害之一，由于不完全燃烧过程中产生的气体具有毒性、窒息性和爆炸性等特点，因此称其为火场的夺命杀手。

主要术语

回燃（backdraft）：发生在受限空间内的一种火灾现象。当大部分氧气耗尽时燃烧停止，但仍在产生易燃气体，一旦氧气补充进来，混合气点燃后就会形成类似爆炸性的、快速的火焰传播，这个现象称为回燃。

传导（conduction）：通过介质如金属传递热量的方法。

对流（convection）：通过流体，主要是气流流动传递热量的方法。

火焰直接接触（direct flame impingement）：目标和明火之间直接接触而传递热量的方法。

吸热反应（endothermic reaction）：吸收热量或者需要增加热量的反应。

放热反应（exothermic reaction）：释放热量的化学反应。

建筑物的正面（façade）：建筑物的设计面或前面。

燃烧四面体（fire tetrahedron）：类似金字塔的四边形，显示燃烧必需的热量、燃料、氧气和化学反应。

燃烧三要素（fire triangle）：显示燃烧所必需的热量、燃料和氧气。

轰燃（flashover）：在非常短的时间内，起火室内的所有可燃物都达到它们各自引燃温度的现象。

花园式公寓（garden apartment）：有公共的入口和楼层布局的两层或三层公寓建筑，通常在建筑物周围有门廊、露台和草坪。

辐射（radiation）：通过光波传递热量的方法，像太阳把能量传递给地球一样。

　　滚燃（rollover）：当火灾发展到轰燃阶段时，在顶棚天花板下滚动的火焰。

　　联排房（row house）：有公共的墙和屋顶，一家连着一家的房子。

　　皂化（saponification）：采用 K 类灭火剂将烹饪油或油脂中的脂肪酸转变成肥皂或泡沫的过程。

　　联排商业街（strip shopping center）：一排连在一起的商用建筑，这些建筑有相同的外观和屋顶轮廓线。

　　商住楼（taxpayer）：建筑物的名称，在东海岸地区更常见，其商业区在一楼，生活区在楼上。

　　热辐射反馈（thermal radiation feedback）：热量在起火房间内传递，加热墙和家具后，热量反馈回来进一步加热起火房间的过程。

案例研究

　　假如你是水罐消防队的指挥员，你所在中队是一起一层家具商店火灾的第一出动力量。火灾在一个大约 200ft 宽，600ft 长的金属建筑物内。建筑物的前半部是展厅，后半部是仓库。有浓烟但是看不见火，浓浓的烟气在压力作用下从仓库排出。

　　1.如下哪些有利于火情估计？

　　A. 热成像仪　　　　　B. 绕建筑物一圈　　　　　C. 火灾事故预案　　　　　D. 上述都是

　　2.根据你的经验，燃烧的大部分物质最可能是：

　　A. A 类物质　　　　　B. B 类物质　　　　　C. C 类物质　　　　　D. D 类物质

　　3.火灾从后面仓库蔓延到前面展厅最可能的方式是什么？

　　A. 传导　　　　　B. 对流　　　　　C. 辐射　　　　　D. 火焰直接接触

　　4.当你完成火情估计后，仓库已经全面过火，最可能发生什么？

　　A. 回燃　　　　　B. 火灾发展到衰减阶段　　　　　C. 滚燃　　　　　D. 轰燃

复习题

　　1.列举火灾发展的四个阶段。

　　2.轰燃前有哪些预警信号？

　　3.解释燃烧三要素之间的关系。

　　4.简述如何通过移走燃烧三要素中的任意一个要素就能灭火，并解释原因。

　　5.建筑火灾中大部分有毒气体是什么？

　　6.简述火灾增长过程中的热传导。

　　7.简述火灾增长过程中的热辐射。

　　8.简述烟气在建筑物内运动的方式。

　　9.列举并简述火灾的五种类型。

讨论题

1. 检查消防部门制定的某个火灾事故预案，确定烟气运动和火灾蔓延的路径。
2. 基于本章开始的案例研究，讨论火灾增长速度快及在各个方向运动的原因。
3. 利用实际火灾图片讨论火灾的阶段，并根据烟气和可见火来预测火灾的形势。

参考文献

National Institute for Occupational Safety and Health. (2010). *Fire fighter fatality investigation report F2009-11: Career probationary fire fighter and captain die as a result of rapid fire progression in a wind-driven residential structure fire—Texas*. NIOSH Firefighter Fatality Investigation and Prevention Program. Retrieved from http://www.cdc.gov/niosh/fire/reports/face200911.html.

The National Institute of Standards and Technology (NIST). (2013). *Fire Dynamics*. Gaithersburg, MD: The National Institute of Standards and Technology (NIST). Available at: http://www.nist.gov/fire/fire_behavior.cfm. Accessed August 13, 2013.

第 7 章　事故预案

学习目标　通过本章的学习，应该了解和掌握以下内容：

- 事故预案的概念。
- 制定事故预案的过程。
- 事故预案的格式。
- 建筑物的分类。
- 建筑物的类型。

案例研究

　　2008 年 3 月 7 日，两名年龄分别为 40 岁（死者 1）和 19 岁（死者 2）的男性职业消防员在扑救北卡罗来纳州一起工厂火灾时，因火灾发展迅速被困而牺牲。供水组组长也严重烧伤。火灾扑救过程中，四名消防员采用削水的方式保护防火墙，试图将火灾控制在燃烧的办公区内，避免火势蔓延到生产区和仓库区，牺牲的两名消防员就是该四人中的两人。火灾形势迅速恶化后，供水小组组长尝试用无线电台请求援助，但是，外面的消防员最开始没有听到他的求救信息。当建筑物外的消防员意识到火灾形势正逐步恶化并且严重威胁内攻队员生命安全后，他们多次尝试进入燃烧的仓库，努力接近被困人员。快速干预组的三名队员在营救受伤的供水小组组长时也受伤。连续实施五次营救后，他们才找到第一名死者，并将其移出现场。直到火势被控制，第二名死者才被找到。第四名小组成员在火势恶化前安全地逃出了燃烧的仓库。

　　此次事故调查得出的原因如下：

　　① 无线电台通信问题（火场内外传递的信息模糊不清，导致火场通信产生偏差）。

　　② 火情评估不充分，事故预案中的相关信息不完备。

　　③ 办公区地板内的深层火灾蔓延到生产区和仓库设施，进攻和防守的作战方式交替使用。

　　④ 事故救援的关键时刻缺乏团队精神，天气条件限制了火场的能见度。

　　为尽量避免消防部门再次发生类似事故，国家职业安全和健康研究所的调查员建议应做到如下几点：

　　① 确保事故预案收集的信息详细可用，尤其是火灾风险较高的建筑物的处置预案。

　　② 在没有喷淋系统和没有人员需要营救的建筑物火灾中，应禁止消防员进入建筑物开展内攻灭火行动。

　　③ 制定、实施并执行清晰的灭火作战方式的操作程序。只有在现场指挥员、指挥部成员和消防战斗员间协调后才能改变灭火作战方式。

　　④ 进入危险环境实施救援行动前，确保快速干预组至少有一条水带实施掩护。

⑤ 现场指挥员应确保在视线好、火场整体通信畅通的位置建立现场指挥部。

⑥ 在灭火过程中确保团队合作。

⑦ 在火灾荷载大的建筑物内，地方的建筑规范审查部门应鼓励业主按照规范要求安装自动喷淋系统。

此外，生产厂家、装备设计者和研究人员应该继续研发和改善无线通信系统，以提高消防员在佩戴自给式呼吸器时的通信能力。改进和研发新的消防员室内定位技术。

提出的问题：

① 简述你所在的消防部门是如何实施火场人员管控的？

② 简述你所在消防部门制定事故预案的过程。

7.1　引言

了解所在的建筑物的基本情况对消防员来说十分重要。消防员每天都应该到他们所在辖区的建筑物内，了解建筑物的情况。建筑物是消防员的作战对象，可以通过事故预案了解建筑物的全部信息。事故预案，也称为火灾预案，是消防人员制定的一份文件，文件中详细说明了水源、建筑物和内部财产的布局，危险性，建筑类型，出口，电、气开关，应急联系信息，固定系统，建筑所有人或建筑物内人员储存的重要物品，及灭火或响应其他事故时需要的其他信息。

事故预案是在事故发生前制定的，并且要定期更新。事故预案编制工作应该由消防队完成，而不能由防火人员或者公共教育人员完成。实际上，了解建筑物最好的方式是在事故发生前去走访建筑物。因此，消防员必须熟悉制定事故预案的过程，这是了解建筑物主要组成部分的一种系统性方法。事故预案是一个已经完成的文件，而制定事故预案是一项任务。

本章的重点是建筑物火灾事故预案的制定，消防员有责任了解他们所在辖区的所有危险和风险。所以，对于存在较大火灾隐患、可能造成较大生命危险或者较高财产损失的地区必须制定事故预案，包括荒野地区、车辆、列车、船舶、户外储存场所，危险物质储存场所，户外的公共聚集场所（如圆形剧场或者临时搭建的舞台），运动场和其他场所。

提示

了解建筑物的基本情况，对消防员十分重要。消防员每天都应该到他们所在辖区的建筑物内，了解建筑物的情况。

7.2　制定事故预案的基本概念

想象你家里的布局。你知道厨房的位置吗？第二个浴室的位置在哪？你知道剪草机用的汽油储存在哪里吗？清洗浴室的漂白剂在哪？如果在卧室里被蒙住眼睛转三圈，你能找到前门的路吗？现在想象你家附近的公共图书馆着火了，充满了烟，你能找到图书馆管理员的办公室吗？如果你确实能找到图书馆管理员的办公室并且听到了疏散广播，你会怎么办？你知道安全出口的位置吗？在屋顶坍落前，你和你的家人能离开吗？了解辖区内的建筑物对于消防员的幸存是至关重要的，如图7-1所示。

图 7-1　你知道你所在辖区图书馆管理员办公室的位置吗？消火栓在哪？
安全出口在哪？建筑物内安装有喷淋系统吗？

> **提示**
>
> 　　预案是消防员灭火时的有力工具。通过预案，消防员可以在火灾发生前了解建筑物的不同组成部分，这是确定总体灭火策略的重要方面。指挥员应借助预案制定灭火战术目标和战术方法。

　　制定预案的目的是在火灾事故发生前，掌握建筑物及其组成部分的相关信息，包括消防队对建筑物巡查时的记录、从建筑物业主或建筑物内人员获得的信息、建筑物及内部财产布局的草图。

　　预案完成后，应记录在笔记本或者存储在计算机内，放在消防车上，以便出警途中参考，也可复印一份供消防队训练，或制定预案时参考。首批到场的指挥员在到达事故现场前可能没有充足的时间查看整个事故预案，但是，在到达现场前应该有针对性地查阅事故预案，快速获取建筑物的入口，室外消火栓的位置，能用的水泵接合器的位置，室内消火栓和已知的危险等信息。第二到场和第三到场的指挥员应该从事故预案中获得建筑物更详细的信息，通过手台把重要的信息传达给首批到场的指挥员和其他应急人员。到达事故现场后，事故指挥员就应该准备好事故预案，随时供指挥部参考。

7.3　制定事故预案的程序和方法

制定事故预案包括几个程序，如图 7-2 所示。
① 检查建筑物，获取信息；
② 绘制草图；
③ 可能的话照一些照片；
④ 完成绘图和事故预案；
⑤ 把事故预案放在消防车上；
⑥ 共享和训练；
⑦ 定期检查；
⑧ 更新事故预案。

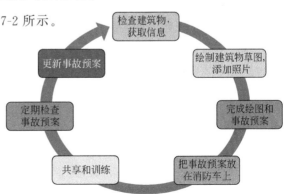

图 7-2　制定事故预案的流程

> **提示** 🔧
>
> 制定事故预案前应该对建筑物及内部财产进行彻底的检查。

7.3.1 检查建筑物，获取信息

制定事故预案前应该对建筑物及财产进行彻底详细的检查。指挥员首先应联系建筑物主人或者建筑物内人员，预约后完成事故预案。收集信息时，保安、维修人员和现场工作人员都可以提供有价值的信息。向建筑物的主人和建筑物内人员解释制定事故预案的目的是很重要的，要向他们说明这不是消防检查；在制定事故预案期间，任何重大违反消防规范的行为都应该记录在事故预案中，随后应检查建筑物，并清除在现场发现的任何危险源。

在对建筑物进行现场检查前，指挥员应该给小组人员分配任务，包括记录信息，绘制草图，拍照（如果资源允许）。如果建筑物相对比较新，可从建筑部门获得建筑图纸的副本，便于确定建筑物的结构特点，这对于绘制建筑物及内部财产的草图具有重要的价值。在制定事故预案时，也可利用互联网上的其他工具，如谷歌地图，绘制建筑物不同角度的草图。

进入建筑物后，消防员应找到建筑物的主人和建筑物内部人员，获取所需的信息，制定事故预案。大部分消防部门有固定的事故预案格式，能满足他们的需要，包括填表的格式或可填写的计算机程序。所需的基本信息包括公司的名称，公司所有人或内部人员的联系信息和法人的信息。在检查时，最好有建筑物内人员和负责人在场，以便随时了解相关信息，且能进入建筑物内部锁着的区域。负责绘制建筑物草图的消防员在检查期间应该完成绘制草图的任务。这项任务将在本章后面详细讨论。

实际上，检查应该从停车场开始，观察水源位置，车辆停放情况或者入口，建筑物的构造类型。如果可以的话，应观察屋顶的类型，建筑物的用途，高处是否有障碍物，外部存储的危险物质和外部消防设备，如水泵接合器或者喷淋系统的竖管，注意带锁箱子的位置及钥匙存放位置。

此外，注意水和气的关闭位置、空调的位置、饭店厨房用油的存放位置、垃圾箱的位置及其他可能对消防员有危险的物品，如图 7-3 所示。想象在建筑物内处于最坏的场景，浓烟和黑烟阻碍了视线。如果地面有危险，如排水沟，也应该标注在建筑物草图上。

完成建筑物的外部观察后，要对建筑物内部进行系统的检查，确保每层都检查到，包括地下室、阁楼或狭小空间。查看地下室和狭小空间可以了解建筑物的构造。大部分建筑物的加热系统都在地下室，因此也要查看地下室。检查完建筑物内部后，要注意固定消防设施，如是否有喷淋系统，室内消火栓系统的接口，通风和排气系统，火灾报警系统。注意消防报警控制面板的位置，如图 7-4 所示。同样还要确定消火栓系统上是否安装有减压设备。

在建筑物内部检查时还需要标注电路面板的位置，门的锁闭方式，外力破门的最佳方法，防火墙及防烟分隔的位置。此外，还应该区分和标注一些特殊的危险源，如工业危险源和存储危险源等。值得注意的是，存储危险源是在灭火过程中可能坠落到消防员身上的

储备量大的物质。另一类储存危险源包括家庭储存的物质，必须打开每家的锁。建筑物及其环境不同，指挥员应该慎重考虑事故预案中应涵盖的内容。

图 7-3　找到气阀的位置，
并标注在事故预案上

图 7-4　事故预案上应该标注消防
报警控制面板的位置

7.3.2　绘制建筑物草图

绘制建筑物和内部财产的草图是事故预案的重要组成部分，如图 7-5 所示。建筑物草图不需要很漂亮，也不必按照建筑物尺寸绘制，但一定要简洁和清晰，因为后续要完成事故预案的绘图。如果信息不清楚或者草图太潦草，可能会丢掉重要的信息。在确定精确尺寸时，可以用相对廉价的测距轮或者激光测量仪测量。

完成这项任务的人应该询问建筑物主人或者建筑物内人员，看看他们是否有建筑物平面图。这些资源可以极大地促进预案绘图任务的完成。如果没有，草图必须从头开始绘制。首先，想象建筑物的外观，然后画在纸上，这样比较容易标注消火栓和危险源的位置。消防部门应该采用通用的符号。NFPA 1620《事故预案制定标准》就包括了常用的推荐性符号。无

图 7-5　在检查建筑物时绘制草图

论选择哪种符号，都应该清楚地理解符号的含义，并在消防部门制定事故预案时使用。

画内部墙体会比较棘手，因为需要一边走一边画。绘图可能不成比例，返回消防站时需要重画。确保草图包含建筑物到消火栓的距离，建筑物的长、宽、高等信息。草图不要太详细，只要有灭火时需要的重要信息就可以。此外，大型的多层多侧厅建筑物，尤其是每层或者每个侧厅有不同的布局时，可能需要几页事故预案。

> **提示**
>
> 建筑物和内部财产的草图是事故预案的重要组成部分。

图 7-6 一些消防部门利用笔记本
电脑存储事故预案

7.3.3 添加照片

在事故预案中使用照片能大大增强预案的可用性。可以是建筑物正面的简单照片，也可以是一套完整的组合照片，包括外部和内部照片，建筑物及周围区域的卫星图像。这些照片对于了解建筑物是非常有用的。由于财政支持不足，消防部门没有电子预案系统，不能通过计算机存储照片，也不能连接卫星图像。尽管如此，包括建筑物照片以及财产和建筑地图的硬盘拷贝系统可以非常有效地为消防人员提供所需的信息。利用消防车上的笔记本电脑，通过电子预案可立即获得出警的位置，但这不是必需的，如图 7-6 所示。

7.3.4 完成绘图和事故预案

当现场的工作完成后，收集到的信息应形成一个最终的可用文件，这个文件应有两大特点：一是容易定位所需信息；二是容易输入和储存信息。在某些消防部门，现场草图和现场收集到的信息由行政管理人员输入到计算机数据库，如 Microsoft Acess 中，最终利用计算机绘图程序，如 Microsoft Visio 完成绘图工作。其他消防部门是消防员输入信息后手工绘图，然后印刷和胶印，塑封后放在消防车的文件夹内，如图 7-7 所示。事故预案的文件夹是根据地址而不是建筑物的名称归档，因为建筑物的名称是随时间变化的。

7.3.5 把事故预案放在消防车上

每个消防部门都要考虑如何更好地储存事故预案。只要能在使用时找到事故预案，任何储存的方法都可以。容易因粗心而出现的问题是，制定了预案，但是没有放在消防车上。然而，大城市的一些消防部门或者辖区有大量建筑物的城郊消防部门通常将重点危险源的事故预案直接放在消防车上，将其他非重点危险源的预案放在指挥车上。

7.3.6 共享和训练

一般来说，消防队负责制定本辖区的事故预案。然而，将预案及相关信息提供给相邻的消防队也是十分必要的，如图 7-8 所示。一般有几种做法。第一种是完成预案后，将复印件送到临近的消防队，让他们依据事故预案检查建筑物。第二种方法是一些训练部门通过视频记录制定预案的过程，然后把视频资料或电子版送到临近的消防队。无论采用哪种方法，高效的信息共享能挽救公众或消防员的生命，并且能够保证任何一个消防部门需要时，随时都可以获得所需的事故预案。

图 7-7　通常将事故预案的简单活页文件夹
放在消防车上，这是一种常见的方法

图 7-8　与其他消防队共享事故预案是制定
事故预案过程中一个重要的环节

> **提示**
>
> 信息共享能挽救公众或者消防员的生命，且随时可以获得所需的事故预案。

7.3.7　定期检查

观察辖区内建筑物，逐渐熟悉辖区内的建筑物，这样可能保证消防员的生命安全。制定事故预案不是最终任务，相反，这仅仅是定期检查建筑物的开始。要腾出时间检查建筑物，如果消防队由于某种原因不能到实地检查建筑物，他们仍应制定事故预案，并将其作为他们的日常工作。拿出一个事故预案，花 15min 讨论建筑物的布局、危险性、消防水源和任何其他相关的信息。无论是否实地检查了建筑物、是否检查了事故预案，一定要花时间讨论扑救该建筑物火灾时应该采用的策略和战术。

7.3.8　更新事故预案

制定事故预案的最后一个阶段就是定期更新预案。新租户和新的业务可能会改变建筑物的布局。而且，建筑物业主会增加或者减少建筑物内的物品，改变或者移走墙，增加或者移走危险源，更改联系信息等。所以，预案上的日期是非常重要的，可以让消防队指挥员了解预案的制定时间。每个消防部门都应该明确预案的制定时间，确保它们及时更新。

更新预案没有固定的时间，但是，保险事务处（Insurance Services Office）评估消防队时，每年都更新预案的消防队得分最高。然而，每年更新每个建筑物的事故预案，在某些辖区可能很难做到，因此这仅供参考。

> **提示**
>
> 高质量的事故预案会对火灾或其他事故的后果产生重大影响，甚至可能决定某起事故中建筑物内的人员和现场消防员的伤亡数量。对于灭火救援的消防人员来说，了解他们所在辖区的建筑物至关重要。

7.4　事故预案的形式

通常，事故预案的格式要满足部门的需要，但是，所有的事故预案都有共性。图 7-9

列举了典型的事故预案，可在此基础上变化和丰富。可以把 NFPA 1620 作为推荐性的参考格式，也可以做适当的变化和改动。国家消防学院快速响应预案（The National Fire Academy's Quick Access Plan）也是常用的格式。

南径消防部门事故预案

一般信息	
建筑物的名称：	地址：
联系人：	应急电话：
入口障碍物：无	营业时间：见标注
上方的障碍物：无	重大危险源：是

水源		
消火栓位置1：建筑物的四周都有	距离：150ft	GPM: 1986
消火栓位置2：东面的停车场	距离2：300ft	GPM2: 1986
备用水源：无		

救援		
白天人数：最多350	晚上人数：最多350	夜晚：晚10：00～0：00
人员能力：大部分能行动	应急照明：始终有	

毗邻情况	
毗邻建筑物：东北角有气泵	其他：不适用

危险性	
危险物质：在货物码头有危险化学品或者电池	
危险过程：无	
特殊危险性物质：东北角有4个10000gal的地下气泵	

破拆	
可能的破拆位置：前门或者南面的卷帘门	
锁住的方法：只能用钥匙开启的门锁	盲孔：无
破拆方法：开锁的K型工具，消防斧，铁铤	

通风	
水平开口：5个卷帘门，1个玻璃门	
垂直开口：52个排烟口，12个金属门或者天窗	

建筑物特点		
建筑物的类型：渣煤砖结构		屋顶：金属桁架
防火门：无	门：金属	墙：渣煤砖结构
垂直开口的保护：排烟口		
水平开口的保护：无		
楼层数：1	高度：30ft	
底层面积：136912ft²		总建筑体积：4107360ft³

固定灭火设施	
报警系统：有	减速器：无
消火栓系统：有	
消防水池2：不适用	
特殊系统：西南角有消防泵	灭火器：始终有
喷淋系统：有	示位阀：不适用
消防水池：西南角有水泵接合器	外螺纹带支架：不适用

公共设施			
电：南面	气：无	水：南面	空调系统：无

备注	
最初制定日期：1999年11月30日 最后更新的日期： 消防站：3	营业时间：早10:00至晚8:30(星期一到星期五)，早9:00至晚8:00(周六)，早10:00至下午6:00(周日)，在泵箱东端，有气泵的应急关闭阀，消防泵房(只能用钥匙打开)入口在外面的西南角

图 7-9　事故预案的信息表（注意标题的设置，铺灰部分需重点关注）

事故预案的第一页通常是关于建筑物的重要信息，即信息页，第二页是建筑物及其周边环境的地图，也可以加入照片。在多个单元的建筑物事故预案中，如购物商场的事故预案，还包括一页，其上显示每个出租商户的联系信息。

提示

事故预案的格式通常要满足使用部门的需要，所有的事故预案都有共性。

事故预案的信息页应该包括如下内容：

（1）一般信息　建筑物的名称和地址，辨识的重大危险源，建筑物的用途，重要法人的信息，电话号码，联系姓名和营业时间。

（2）入口信息　上方的障碍物和入口。

（3）水源　消火栓的位置，距离消火栓的距离，备用水源。

（4）救援　一天内不同时间段人员的数量和人员的行动能力。

（5）毗邻情况　建筑物，危险物质，荒野地区等。

（6）危险性　危险物质，生产或者加工，其他特殊的危险。

（7）破拆　破拆的最佳方法，可能的破拆点，进入的通道是如何锁住的，盲孔和锁箱的位置。

（8）通风　水平开口，垂直开口，和可能的通风口。

（9）建筑物特点　建筑物的构造，墙的类型，屋顶的类型，防火墙，门的类型，垂直或者水平开口的保护，楼层的数量、高度，底层的面积，建筑面积，体积，全面过火灭火所需的消防用水量。

（10）消防系统　报警系统，室内消火栓系统及其位置，消防水池，特殊系统（如通

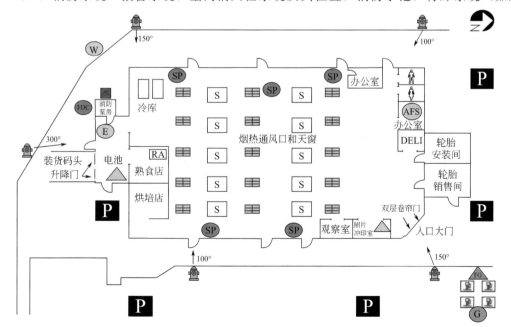

图 7-10　美国科斯科仓库的事故预案图

风橱的排风系统），灭火器的位置，喷淋系统，水泵接合器的位置，喷水灭火系统的示位阀等位置。

（11）公共设施　水电气的位置，空调系统的连接位置。

（12）附注备注部分　最初制定事故预案的日期，更新日期，特殊信息的位置。

事故预案的第二个要素是建筑物及地面的地图，可能是一页或者几页，与建筑物的大小和复杂程度有关。图 7-10 所示是一个五层的建筑物，每层有不同的布局，可能需要五页图表。图表对于首批到场的力量是一个可行的参考，对于事故后期到场的指挥员，需要更加详细的信息。注意：图 7-10 中使用了不同的图形，这是美国科斯科连锁企业（批发大卖场仓库）的地图，原来是水罐消防队画的草图，然后通过微软画图软件 Visio 完成的。为满足地图所需的信息，系统采用了常用的符号和缩略语。消防部门能识别和理解大部分图形的含义。如，带圆圈的"SP"代表竖管，带三角的"FG"表示易燃气体，"RA"表示房顶的入口，"E"表示电气设备。最好能清楚地说明各个图形。图 7-10 清楚地标出了烟气/热量的通风口和天窗。最后，与任何地图一样，地图中要标明北方，便于读者根据地图定位。

7.5　建筑物的分类

根据规范、标准、法律和条例对建筑物分类。详细的分类比较繁琐，制定事故预案时不必对建筑物详细分类。但是，在事故预案中采用普遍接受的分类方法是非常有效的。指挥员应该熟悉本辖区采用的规范，规范中清楚地对建筑进行了分类。常见的分类包括：公共建筑、商业建筑、托儿所、教育机构、工厂/工业建筑、危险建筑、社会机构、商业建筑、住宅、仓储建筑、综合性建筑等。

根据规范对建筑进行分类。一般来说，公共建筑包括公共聚集大厅、影剧院、饭店、体育场、图书馆、教堂等，如图 7-11 所示。

商业建筑包括理发店、银行、干洗店、花店、打印店和办公大楼。儿童教育类建筑包括超过一定规模的幼儿园和学校。工厂、工业建筑通常制造、配装或生产产品。危险建筑包括储存或生产爆炸品、高可燃性物品、危害健康物品或者大量危险物质的场所，如图 7-12 所示。

图 7-11　教堂通常认为是公共建筑　　　　图 7-12　烟花爆竹零售店通常认为是危险建筑

社会机构场所包括医院、疗养所，可能还包括监狱、拘留所，如图 7-13 所示。

商业建筑包括零售商店、购物中心、批发中心和市场。住宅建筑包括所有的单户建筑和多户建筑。仓储建筑包括长期存储物品的仓库，其中存储一部分常见的低危险性的物质，如图 7-14 所示。

图 7-13 一般来说，疗养院是慈善机构

图 7-14 自用型存储仓库通常认为是仓储建筑

最后一类是综合性建筑，即同一建筑里有两类或者多类建筑物。此时，首先应列出对生命威胁最大的建筑。例如，有购物区的公共建筑首先应辨识为公共建筑，然后是商业建筑。

7.6 建筑物的类型

通常根据美国消防协会对事故预案中的建筑物进行分类，主要有五种类型：

第 I 类建筑：阻燃建筑

第 II 类建筑：不燃建筑

第 III 类建筑：普通建筑

第 IV 类建筑：重木建筑

第 V 类建筑：木框架结构建筑

在本书建筑物结构这章有关于建筑物类型的讨论。为制定事故预案，应写出建筑物类型的实际名称，而不能用罗马数字。对事故指挥员来说，凌晨2点在事故预案上看到 IV 类建筑，然后判断 IV 是表示4还是6，是砖木结构类型或其他建筑类型，这显然是不妥的。简单地写出建筑物类型的名称是最容易辨别的。

制定事故预案时，在信息表的信息页上能直接辨识出建筑的类型是十分有利的。如果中队指挥员不熟悉这一信息，其可以通过防火部门很容易地获得这些信息。对于没有防火部门的较小的消防队，可能需要认真研究以便将建筑正确分类。

本章小结

- 事故预案包括消防水源，建筑物及内部财产的布局，危险性，建筑类型，出口，电、气开关，应急联系信息，固定消防系统，建筑业主或建筑物内人员储存的重要物品，及建筑物灭火或其他事故时需要的其他信息。
- 制定事故预案的目的是在建筑物发生事故前了解建筑物及其组成部分。
- 制定事故预案包括几个阶段：检查建筑物，获取信息；绘制草图；拍摄照片；完成绘图和事故预案；把事故预案放在消防车上；共享和训练；定期检查；更新预案。
- 制定事故预案前，要对建筑物及其内部财产进行一次彻底的检查。
- 建筑物及其内部财产的草图是事故预案的重要组成部分。
- 照片能帮助消防员了解建筑物，在制定事故预案时使用照片可以大大提高预案的效果。

- 对建筑物实地检查获得信息，完成事故预案。
- 每个消防部门都有储存事故预案的最好方法。只要能在使用时找到事故预案，任何储存方法都可以。
- 一般来说，消防队负责制定本辖区的事故预案。然而，在制定事故预案期间，所有的第二到场和第三到场，甚至是第二出动和第三出动的消防队提供的信息也非常重要。
- 检查辖区内的所有建筑物，了解建筑物能确保消防员的生命安全。
- 制定事故预案的最后一个阶段是定期更新事故预案。
- 通常，根据部门的需要选择事故预案的形式，但是，所有的事故预案都有共性。
- 根据规范、标准、法律和条例对建筑进行分类。
- 事故预案上应该使用建筑物类型的实际名称，而不能用罗马数字。

主要术语

事故预案（preincident plan）：消防人员制定的文件，文件中详细地说明了发生火灾或者事故前建筑物的不同方面，也称灭火作战计划。

制定事故预案（preincident planning）：系统了解建筑物主要组成部分的一种方法，目的是在建筑物发生火灾或其他事故时获取信息。

草图（rough sketch）：现场绘制的包括建筑物主要特征的粗略图，作为最终制定事故预案的基础。

案例研究

作为辖区中队指挥员，你被指派制定首批出动力量的事故预案。目前没有正式的计划，因此，你必须设计一个新的系统和程序。你设计的程序将在消防部门内部实施。

1. 如下可供的参考有：

A. NFPA 1620　　　　B. NFPA 1001　　　　C. OSHA 1910.134　　　　D. OSHA 1910.120

2. 你派救援人员收集建筑物信息，如面积、入口位置和消火栓等，你如何描述最初获得的建筑物的布局：

A. 平面图　　　　B. 快速响应预案　　　　C. NFPA 1620　　　　D. 草图

3. 高质量的事故预案有助于消防员：

A. 制定灭火策略　　　　B. 制定灭火战术　　　　C. 制定战术方法　　　　D. 上述所有

4. 消防部门制定事故预案时，应包括更新预案的计划。得知你所在的消防部门正在被保险事务处评估时，事故预案更新频率是：

A. 每年更新一次　　　　B. 两年更新一次　　　　C. 三年更新一次　　　　D. 四年更新一次

复习题

1. 阐述消防员了解辖区内建筑物的重要性。
2. 列举说明制定事故预案的九个阶段。

3.在最终的图纸和事故预案中，哪两个方面是最重要的？

4.简述和其他消防队共享事故预案的一种方法。

5.事故预案的一般信息部分包括哪些内容？

6.举例说明事故预案信息页的主要组成部分。

7.根据建筑物的用途，分辨建筑的五种类型。

8.举例说明五种常见的建筑类型。

讨论题

1.使用消防部门的事故预案，在你所在辖区找 3～5 个有喷淋系统或者消火栓系统的建筑物，并找到每个建筑物水泵接合器的位置。

2.以你的消防站为主体，完成建筑物和周边情况的粗略草图的绘制。

3.开车到你所在辖区的某个危险源，将车辆停在建筑物正面（A 面），不用事故预案，写下建筑内的人员数量，电闸的位置，建筑内是否有喷淋系统，是否有危险源，破拆开门的最佳方法，最近消火栓的位置。完成这些任务后，查看对照事故预案，看你做得如何。如果这个建筑没有事故预案，就需要进一步完成事故预案的制定任务。

参考文献

National Fire Academy. *Managing company tactical operations.* Emmitsburg, MD: Department of Homeland Security.

National Fire Protection Association. (2010). *NFPA 1620: Standard for pre-incident planning.* Quincy, MA: Author.

National Fire Protection Association. (2012). *NFPA 170: Standard for fire safety and emergency symbols.* Quincy, MA: Author.

National Institute for Occupational Safety and Health. (August 17, 2009). *Fire fighter fatality investigation report F2008-07: Two career fire fighters die and captain is burned when trapped during fire suppression operations at a millwork facility—North Carolina.* Atlanta, GA: CDC/NIOSH. Retrieved from http://www.cdc.gov/niosh/fire/reports/face200807.html.

第**8**章 灭火剂

学习目标 通过本章的学习，应该了解和掌握以下内容：
- 水系灭火剂的性质和用途。
- 火场消防用水量的计算公式。
- 识别不同类型的水枪，并了解它们的优缺点。
- 基本的水力学计算。
- 泡沫灭火剂的应用。
- 干粉灭火剂的应用。
- D类干粉灭火剂的应用。
- 其他消防员可用的灭火剂。

案例研究

  2010 年 7 月 13 日，7 名职业消防员在扑救一起储存有可回收可燃金属的大型商业建筑物火灾时受伤。23 时 45 分，三辆水罐车，两辆云梯车，两辆救护车，一名医疗急救队队长和一名大队指挥员到达商业建筑火灾现场，此时大火猛烈燃烧。几分钟后，一名支队指挥员，两名大队指挥员，三辆水罐车，三辆云梯车，四辆救护车，两名医疗急救队队长，一个城市搜索与救援队也被调派到场。采取进攻灭火的战术 12min 后，火势迅速恶化，战术由进攻转为防守。救援人员利用消防车在建筑物临街的三面部署车载消防水炮。大约 40min 后，一次大的爆炸将燃烧碎片抛到空中，导致建筑物北面和南面燃烧起火，7 名消防员因此受伤，部分消防车和设备遭到损坏。了解到建筑物内可能存有可燃金属，现场指挥员命令消防员利用遥控消防水炮灭火，以避免将水喷射到燃烧的金属上。大约 2.5h 后，两个局部区域仍在燃烧，并且当水接触到燃烧的可燃金属时引发了第二次爆炸，所幸这次没有消防员受伤。

  主要原因如下：
  ① 不清楚建筑物内存放的物品；
  ② 没有意识到有可燃金属；
  ③ 使用传统的灭火战术；
  ④ 黑暗的环境。

  主要建议如下：
  ① 确保事故预案及时更新，并且要保证出警的消防员能够有效利用事故预案；
  ② 确保消防员对于可燃金属火灾的辨别和灭火战术上受过严格的训练；
  ③ 确保及时更新包括可燃金属火灾在内的火灾处置对策；

④ 确保首批到场的消防员和指挥员在火情评估时迅速找到商业建筑物上的危险标识牌；

⑤ 确保所有的消防员都能将在火场上观察到的信息传达给现场指挥员；

⑥ 在危及生命和健康的环境中灭火时，要保证消防员穿戴上所需的个人防护装备；

⑦ 商业建筑物一级火警必须设置安全官；

⑧ 确保火场设立倒塌危险区。

提出的问题：

① 为避免类似案例中的事故发生，你所在的消防部门应该做什么？

② 如果你所在的消防部门没有专职或者指定的安全官，火场上如何完成这项职能？

8.1　引言

用于灭火的物质称为灭火剂。水、干粉、泡沫和D类干粉是消防部门常用的灭火剂，如图8-1所示。用于窒息篝火的沙子是一种优良的灭火剂，它廉价、易得，如果使用正确，灭火效果非常好。消防部门选择灭火剂时，需要考虑的因素很多。不同的火灾和不同的火场，需要不同类型的灭火剂。为了有效地灭火，消防员必须了解所使用的灭火剂的优点。正如第6章"火灾动力学"讨论的，理解火灾行为、明确火灾蔓延的方向和方式，对于控制火灾至关重要。同样，理解灭火剂的性质，把握灭火剂的使用方法、原因和时机也是非常重要的。

图8-1　消防部门常用的灭火剂

提示

不同的火灾和火场需要不同类型的灭火剂。现场指挥员要根据燃烧的物质谨慎选择最适合的灭火剂。

现场指挥员要根据燃烧的物质谨慎选择最适合的灭火剂。此外，指挥员要掌握灭火剂的灭火效果。例如，如果现场指挥员用水灭火，必须要明确基本情况，例如将水从A点输送到B点需要多少人和多少装备。这看起来很简单，但是，作为指挥员，必须了解不同灭火剂的性质和其他方面等。

8.2　水

水是消防部门最常用的灭火剂，这对消防员来说显而易见。通常，水满足前面讨论的灭火需求。

① 水比较便宜。通常消防部门是免费使用的，但是，当考虑供水基础设施的成本时，水真的是免费吗？

② 水比较常见。无论市政或私人供水管网、消火栓，还是受过训练的消防员使用消防装备，均可将水输送到指定地点。

③ 一般来说，正确用水能有效灭火。

水几乎能达到灭火的目的，为使水发挥最佳的灭火作用，指挥员必须全面理解水的性质，包括优点、缺点和局限性。如图 8-2 所示。

水不能被压缩，因此，可以通过加压实现供水。简单来说，消防员要把水供应到他们最需要的地方，就要采取不同的方式对水加压。如市政供水管网的水有一定的压力，当打开水龙头时，水在压力的作用下流动，这个压力称为正常操作压力。如果消防员把消防水带直接接到消火栓上，水通过水枪流出，此时消防员在系统的正常操作压力下操作水枪。但是消防部门通常需要的水压要比市政供水管网的压力大。因此，消防部门要利用正常操作压力为消防车供水，进而使用消防车配备的离心泵提高水流的压力，以提供有效消防射流所需的压力，如图 8-3 所示。

图 8-2 使用消火栓灭火，供水量不足会影响灭火策略和战术

水流的形态取决于贮水容器，也就是说，水流在压力作用下在水带内流动。当水流进入水枪，水流的形态仍取决于贮水容器。这种情况下，容器就是水枪，并使得水从喷嘴喷出后形成射流。

水有固体、液体和气体三种状态。水的固体形态是冰，在 32°F 时，水开始结冰。在 32~212°F 时，水是液体，到了 212°F 以上时，水变成蒸汽，是一种气体。从安全角度理解水以冰的形态存在是很重要的。但是从灭火角度，作为液体、气体（蒸汽）状态的水是最重要的状态。当水处于 212°F 时，它转变成蒸汽，体积膨胀到原来的 1700 倍。温度越高，膨胀率越大。理解这点很重要，因为水蒸气膨胀时，改变了燃烧建筑物的火灾及火场环境。为完全了解蒸汽膨胀的作用，首先必须了解水如何作为灭火剂来使用。也就是说，水是如何扑灭火灾的，如图 8-4 所示。

图 8-3 消防水泵可以提高市政水源的压力

图 8-4 由于水的性质，它是最常用的灭火剂

水灭火主要有冷却燃烧物质、窒息灭火和隔绝燃料三种机理。

一般来说，建筑火灾中，消防员通过将燃烧物质冷却到它们的燃点以下来实现灭火的目的。此外，当水转变成蒸汽时会置换房间内的氧气，达到窒息灭火的效果。但是，冷却是水灭火的最主要作用。

8.2.1　消防用水量

冷却和窒息灭火需要一定量的水。在住宅火灾中，消防员不能仅仅洒一桶水，这对于缓解火势毫无用处。所需的水量称为消防用水量。国际上公认的计算消防用水量的公式有三个：国家消防学院（NFA）公式，爱荷华州立大学（Iowa）公式和保险事务处（ISO）公式。国家消防学院公式和爱荷华州立大学公式比较简单，容易理解，能快速计算出火场所需的消防用水量。ISO 公式不能用于火场，而且很难快速计算。ISO 公式可以用于事故预案的制定。关于 ISO 公式的更多信息可从美国纽约保险服务局获得。

国家消防学院公式如下：

$$NFF = \frac{LW}{3} \times 过火比例$$

该公式容易理解和使用。其中：NFF 指所需的消防用水量，gal/min；L 是着火对象的长度；W 是着火对象的宽度；3 是公式中的常量。

爱荷华州立大学公式如下：

$$NFF = \frac{V}{100}$$

其中，V 是燃烧对象的体积，即长度乘以宽度乘以高度。也就是说，消防用水量是燃烧区域的体积除以 100，100 是个常量。值得注意的是：这两个公式都假设整个区域全部起火，而且没有考虑燃烧材料的类型。因此，尽管这些指南有用，但是仍需要考虑其他多种因素。图 8-5 给出了这两个公式得出的（同一火场情况下）流量需求的对比。

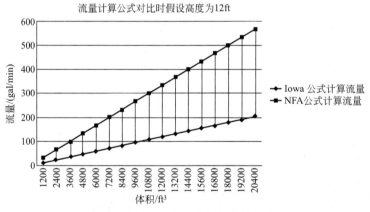

图 8-5　使用适当的水量能有效灭火

> **提示**
> 由于公式的年代比较久远，没有考虑现代建筑火灾中的燃烧材料，所以公式考虑得不全面。

8.2.2　有效射流

计算所需的消防水量只是灭火战斗行动的一部分，而灭火剂的应用是灭火中至关重要的一个步骤，如图 8-6 所示。形成有效的消防射流很有必要。水泵加压后，如果水流前端速度充足，水通过水枪流出后就会形成消防射流。可以从不同角度来定义有效的消防射流，简单地说，射流必须满足作战要求。例如，房间及物品起火用 100psi，200gal/min 流量的喷雾水枪是可行的。同样的射流，对于 15nmile/h 风速下的较大室外垃圾火灾可能是无效的。此外，30gal/min，50psi 可能是扑灭阴燃的沙发火灾所需的消防用水量。如图 8-7 所示。此时，30gal/min 是有效的消防射流，因为其达到消防员的灭火目的。

图 8-6　采取防守模式灭火时必须
正确地使用集水射流

图 8-7　清理火场一般不需要大量或者
较大压力的水流

> **提示**
>
> 合理地使用灭火剂是灭火中至关重要的一个步骤。

8.2.3　水枪

为达到灭火目的，必须利用某种类型的水枪将水以射流的形式喷出。冷却、窒息或者隔离等灭火方法不同，所选取的水枪类型不同，这是灭火时必须要考虑的因素。有多种类型的水枪，每种水枪形成的射流形式不同。

8.2.3.1　喷雾水枪

目前消防部门广泛使用的是喷雾水枪。喷雾水枪有可调节流量、自动调节流量、固定流量、低压和高压等多种形式，如图 8-8 所示。所有的喷雾水枪都将密集射流中的水分解成无数个液滴，并且喷雾水枪有多种调节模式，可从直流调节到开花，这使得喷雾水枪具有多种不同的功能。如开花水可以保护消防员或者辅助通风，直流水用于掩护进入或者穿越着火房间。此外，由于喷雾水枪能将密集水流分解，其可以使泡沫原液充分地搅拌形成泡沫覆盖层。这部分内容将在本章后面详细讨论。相比其他水枪，喷雾水枪能产生许多微小的水滴，每滴水都吸收热量，因此，冷却能力强。可以用冰来打个比方，如一大块冰吸收的热量比碎冰要少，这也是为

图 8-8　不同类型的喷雾水枪

图 8-9　在风的作用下喷雾水枪是无效的

什么碎冰融化得更快。把喷雾水枪想象成碎冰，碎冰越多，表面积越大，吸收的热量越多。水滴越多，表面积越大，从火灾中吸收的热量就越多。因此，喷雾水枪的冷却能力强。

喷雾水枪的缺点是易受风和天气的影响，如图 8-9 所示。因为雾状水流的表面积比密集水流的大，所以，风会使雾状水流失去作用，而且如果使用不正确，喷雾水枪会干扰火灾自然形成的热层。

建筑室内发生火灾，如果使用喷雾水枪，由于本章前面提到的水的扩散性质，水受热膨胀会形成水蒸气。当水蒸气充满房间时，会使热气体和燃烧产物向下运动，运动到消防员灭火所在的地面位置。所以，使用喷雾水枪时正确通风至关重要。另一个问题是许多喷雾水枪在喷嘴处需要 100psi 的压力才能形成有效射流。这就需要高压，但是在低压地区就是个问题。最近，厂家意识到这个问题，许多新的喷雾水枪能在小于 100psi（一般在75psi）下有效地操作。降低水枪喷嘴压力的另一个优点是可以减少反作用力，节省水枪手的体力。在水枪喷嘴前方有应急低压开关，当消防员需要直流水，但是压力不足以形成有效射流时，消防员可以转换到低压模式。当压力在 50psi 时，会形成有效射流，这和使用直流水枪灭火时需要的压力相同。

> **提示**
>
> 目前消防部门广泛使用的是喷雾水枪，喷雾水枪比其他水枪有更好的冷却能力，但是如果使用不正确，喷雾水枪会干扰火灾自然形成的热层。

8.2.3.2　直流水枪

直流水枪能形成密集射流。密集射流有很多优点，最适用于直接喷射燃烧的物质表面，但是在顶棚或墙的反弹作用下，水会被分解成不均匀的水滴，没有喷雾水枪的冷却能力强。直流水枪最大的优点是能形成不干扰火灾热层的射流，也不会将热量和气体驱散到其他区域，这样使得被困人员的生存概率提高并且减少对消防员造成蒸汽烧伤。如图 8-10。密集射流能较好地渗入到燃烧物体中，尤其在高温环境下。由喷雾调整到直流时，风不会对水流产生明显的影响。

图 8-10　直流水枪形成的充实水流有许多优点

8.2.3.3　散流水枪

散流水枪是通过不同类型和形状的喷嘴产生射流，如图 8-11 所示。散流水枪有特殊的应用，如冲孔灭火或者灭地窖火灾。在这两种情况下，消防员不能确定起火点的具体位置，也不能接近起火点，如图 8-12 所示，冲孔水枪进入墙体或者顶棚后喷水灭火。灭地窖火灾时，水枪通常穿过地板上的开口喷水灭火。散流模式在上述应用中是最有效的。

图 8-11 散流水枪

图 8-12 冲孔水枪

如图 8-13 所示，每种水枪都有各自优点和不足，消防员必须意识到正确选择水枪的战术意义。水枪的选择不是唯一的要求，水枪内的水必须有充足的压力和流量，才能形成有效的消防射流，如图 8-14 所示。火场水力学用于确保水枪在喷嘴处有合适的流量和压力。

图 8-13 喷雾水枪和直流水枪

图 8-14 消防部门必须基于当地需要选择最合适的水枪

8.2.4 水头损失和水力学基础

当水在水带内流动还未喷出时，由于摩擦，水的流动速度会变慢。摩擦是水在水带、水枪、泵、管道和水带接口等处流动，水带弯曲、沿楼梯或消防梯铺设时产生的。如图 8-15 所示，这种损失的压力称为水头或压力损失。

例如，铺设 1 盘 50ft，15m 的水带，供水压力为 30psi，当水从另一端流出时，压力将变为 20psi。10psi 压力的损失是由于水通过水带时造成的。这 10psi 压力损失就是水头损失。如果摩擦过大，泵就无法提供有效射流所需的压力。

可以采取如下的简单步骤减少火场上的水

图 8-15 水带的型号和长度，水枪的类型都影响水头损失

带水头损失；减少水带的长度；使用大口径水带；减少消防车和水带接口的数量；减少水带折叠和扭结的情况；改变水枪的类型和（或）型号。

通过调节泵的出口压力，可以进一步降低水带的水头损失。采取如下三个简单的步骤可以计算泵的出口压力。

（1）计算常量　例如，水枪喷嘴处的压力是已知的，即在喷嘴处产生有效射流需要的压力。喷雾水枪一般是 100psi，对于直流水枪一般是 80psi，小口径水带是 50psi。消防车的情况也是已知的。消防部门通常配备标准数量的消防车。如 25psi 是车载消防水炮的水头损失。10psi 是闸门式二分水器的压力损失。上述是许多消防部门使用的工业标准。实际上每个消防部门都应该进行流量测试，以熟悉消防装备的精确压力损失。

（2）计算用于提升高度所需的附加压力　在地面，附加压力是零。然而，高度每增加 10ft，附加压力增加 5psi。

（3）计算水带的水头损失　不同尺寸的水带，计算方法不同，水头损失不同。水带口径越大，水头损失越小。现场指挥员必须理解供水量、所需流量和水头损失之间的关系，以保证灭火所需要的灭火剂量。消防员可利用不同的压力损失公式，包括经验法则公式，火场公式和不同公式的组合。所有的公式都计算 100ft 水带的水头损失。所以，水头损失必须乘以所需水带的数量。简单的压力损失计算公式是：

$$FL = Q(Q + Q + 1)$$

式中，FL 是压力损失；Q 是流量（gal/min）/100。

该公式仅适用于流量大于 100gal/min 的 2.5in 水带。为计算其他尺寸的水带，该公式必须乘以一个系数或者利用不同的公式。如果流量小于 100gal/min，公式中的 1 将变为 0.5。当已知采用的水枪类型时，流量一般是已知的。在火场使用前该信息必须是已知的。

确定流量的公式如下：

$$流量 = 29.7d^2\sqrt{NP}$$

式中，d 是喷嘴的直径；NP 是喷嘴的压力。

表 8-1 列出了不同尺寸水带的压力损失计算公式及系数。

表 8-1　不用类型水带的压力损失及系数

水带尺寸/in	压力损失计算公式	系数
1.5	$Q(Q + Q + 1)$	13.5
1¾	$Q(Q + Q + 1)$	6.0
2	$Q(Q + Q + 1)$	2.94
3	$Q(Q + Q + 1)$	0.4
4	$Q(Q + Q + 1)$	0.09
5	$Q(Q + Q + 1)$	0.031

表 8-2 显示了不必计算系数的简化公式，公式很简单。

表 8-2　不用类型水带的压力损失及系数

水带尺寸/in	压力损失简化公式	系数
3	Q^2	—
4	$Q^2 \div 5$	—
5	$Q^2 \div 15$	—

对于 2.5in 及以下的水带，许多消防部门利用 $Q(Q+Q+1)$ 公式。当使用 3in 及以上水带时，使用简化公式。当喷嘴压力、消防车的压力、压力损失等都已知时，把它们加起来就是泵出口压力，见表 8-3 所示。

表 8-3 泵出口压力

PDP＝NP＋APPL＋（−）ELEV＋FL	
NP	已知的喷嘴压力（＋）
APPL	已知的消防车的压力（＋）
ELEV（＋/−）	已知的由于高度变化的压力（＋）
FL	计算出来的压力损失

所有准备工作完成后，需要团队协作灭火。指挥员掌握所需的消防用水量；操作泵的人员供水，将压力增加到克服压力损失所需的压力；消防员调节水枪压力，并采用正确的射流形式。用水灭火时必须团队合作。但是当水不足时，会发生什么呢？

> **提示**
>
> 简单的压力损失计算公式为：
> $$FL = Q\,(Q+Q+1)$$

8.3 泡沫

单独用水有时并不能完全灭火，必须在水中加入泡沫等化学物质，如图 8-16 所示。消防部门用来灭火的泡沫种类很多，具体使用方法也各不相同。但是泡沫一般用于危险化学品火灾和 A 类可燃物火灾。危险品火灾需要的泡沫极其特殊，如从油罐底部注入成膜氟蛋白泡沫（FFFP）使泡沫漂浮在油品上面灭火，这个技术称为液下喷射。泡沫通常用于两类危险物质：烃类和极性溶剂。烃类主要是石油类产品，如汽油、苯、甲苯。极性溶剂通常是含有酒精的产品，如乙醇、酮类、挥发性漆稀释剂和某些酸。

8.3.1 泡沫组分

如图 8-17 所示，将水、空气、泡沫原液三种原料混合在一起，机械搅动形成泡沫。泡沫中的主要成分是水，大约占 90％以上。泡沫原液是未加入水和空气且未机械搅拌的原料泡沫产品。在泡沫原液中加入水和空气后，在喷嘴和泡沫发生器的机械搅动下形成泡沫。如果缺少任一种原料，都不能生成泡沫。简单的演示就是厨房内 1gal 的罐内加入一半水，然后加入洗涤剂，此时，空气、水和泡沫液混合在一起，如果没有机械搅动就不会产生泡沫。此时在罐上加个盖子，晃动罐子，就看到泡沫覆盖层。这个简单的演示没有提到使用泡沫的关键：泡沫液的比例。泡沫中大约有 90％以上是水，其他小于 10％的是泡沫原液，泡沫液的比例决定泡沫覆盖层。例如，大部分泡沫生产厂家要求扑灭极性溶剂火灾的泡沫液比例是 6％，烃类火灾是 3％。这意味着极性溶剂火灾应由空气、94％的水和6％的泡沫原液搅动时形成有效的泡沫覆盖层灭火。如果是烃类火灾，泡沫覆盖层由空气、97％的水和 3％的泡沫原液组成。

图 8-16 灭火或者消除危险时需要使用泡沫

6%泡沫液的成分

6%泡沫原液

空气+搅拌

94% 水

图 8-17 泡沫的四种组分

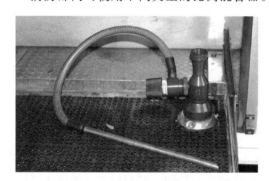

图 8-18 在线泡沫喷射器

消防部门可使用不同类型的比例混合器。有些比例混合器直接连接水带，从泡沫液桶中吸泡沫，如图 8-18 所示。这种吸力是通过文丘里管在比例混合器中产生真空来完成的。比例混合器的设计和吸水管中水的流速使文丘里管发挥作用。利用文丘里原理在比例混合器处形成的真空抽吸泡沫液，通过吸液管吸水。大部分比例混合器的生产厂家给出了应用文丘里管所需的最低压力，这样可以利用真空将泡沫液从桶里吸出来。大部分情况下，所需的压力直接标在比例混合器上。比例混合器也包括发动机泵，如环泵式比例混合器和固定的管线式比例混合器。每个消防员必须注意本部门使用的泡沫系统的类型，并且能够正确地配比和使用泡沫。

提示

将空气、水和泡沫原液这三种成分机械搅动混合，可以形成泡沫。

8.3.2 泡沫的使用

泡沫的种类、火灾事故类型、周围地形和装备都影响泡沫的具体使用。为有效地使用泡沫灭火，实际的操作训练至关重要。应该利用事故时使用的装备进行定期训练。此外，使用正确的泡沫供给强度也很关键。指挥员可利用公式计算需要的泡沫供给强度，并且确定现场的泡沫量是否足够。计算步骤（对于燃烧的泄漏物）如下：①确定燃烧面积（长乘以宽）；②乘以使用泡沫的供给强度，如果是水成膜泡沫和成膜氟蛋白泡沫，灭烃类火灾的供给强度一般是 0.10，极性溶剂火灾的供给强度是 0.24，其他特定的比率，可咨询厂商；③乘以混合比例（3％或 6％）；④上述结果就是 1min 所需泡沫原液的体积（gal）；⑤乘以标准操作指南要求的时间（以 min 计）。

8.3.3 泡沫的类型

各种不同的泡沫都可以用来灭火，其主要分为 A 类泡沫和 B 类泡沫。A 类泡沫只用于 A 类可燃物火灾。A 类泡沫相比于 B 类泡沫的混合比例较低，其对于 B 类物质火灾的扑救是无效的。如图 8-19 所示，B 类泡沫包括蛋白泡沫、成膜氟蛋白泡沫、黄金泡沫、水成膜泡沫等。理解这两类泡沫的区别和正确的使用方法是很重要的。许多消防部门使用的是 3％和 6％型的水成膜泡沫，也被称为抗溶性水成膜泡沫（AFFF ATC 或 AR），因为它适用于烃类火灾（3％型）和极性溶剂火灾（6％型）。灭烃类火灾使用抗溶性泡沫的配比是 3％，极性溶剂火灾使用的配比是 6％。泡沫的双重使用使其成为更具成本效益的产品。此外，如果水成膜泡沫的配比非常低，其可以用来灭 A 类火灾，如1％（请与厂家核对此数据），但是成本明显比使用 A 类泡沫灭火剂要高。

图 8-19　泡沫液

最近消防部门引进的黄金泡沫就是作为抗溶性水成膜泡沫来使用，其在配比为 3％时可用于灭极性溶剂和烃类火灾。这种产品和其他大多数泡沫不同，它不需要形成有效的泡沫覆盖层，因为泡沫能够在极性溶剂上持续较长的时间。

近些年 A 类泡沫的应用剧增，其主要用于森林火灾。许多消防部门也使用 A 类泡沫进行建筑火灾内攻灭火。A 类泡沫破坏水的表面张力后更容易渗进 A 类可燃物内。从本质上讲，A 类泡沫能使水的润湿性增强，因此有时被称为润湿剂，并且 A 类泡沫的使用配比非常低，通常 1％及以下。

使用 A 类泡沫时，消防部门不用购买特殊的装备，只需将泡沫直接加到消防车水罐内和水混合，或者从泡沫液桶内喷射即可。喷雾水枪能用于喷射 A 类泡沫。可以购买不同的水枪和装备用于特殊的用途，并且要按照生产厂家的指导建议清洗装备。

压缩空气泡沫系统可以产生较小的、相同类型和密度的优质泡沫气泡，这些气泡使泡沫聚集在一起，增加了 25％的泡沫析液时间，允许泡沫更加高效持久地工作。当泡沫液离开泵管时，泡沫系统需要空气压缩机将空气加入泡沫液中，这样在水带内引发湍流并形成稳定的泡沫。从用于快速灭火的湿泡沫到用于在野外-城市交界的垂直暴露火灾中常用的厚干泡沫，操作员都可以通过控制压缩空气泡沫系统来实现。

8.4　扑救易燃液体火灾的干粉灭火剂

干粉灭火剂是消防部门可用的另一种类型的灭火剂。干粉灭火剂一般用于扑救易燃液体火灾，如油脂和汽油火灾，其在灭火器和排风系统中较常见。如图 8-20 所示，干粉灭火剂可以用于 A-B-C 多用途灭火器和普通 B-C 灭火器。这两种灭火器中的主要物质如表 8-4 所示。

图 8-20 干粉灭火器

表 8-4 常见的干粉灭火剂

普通干粉灭火剂（B-C）	多用途干粉灭火剂（A-B-C）
碳酸氢钠	磷酸二氢铵
碳酸氢钾	硫酸钡
氯化钾	磷酸铵

一般来说，干粉灭火剂通过破坏燃烧过程中的化学链式反应扑救 B 类和 C 类火灾。扑救 A 类火灾时，干粉会覆盖燃烧物质，从而窒息灭火。

8.5 扑救金属火灾的干粉灭火剂

干粉灭火剂是特殊用途的灭火剂，用于扑救可燃金属或者 D 类火灾。可燃金属火灾不能采用普通的灭火剂，而应使用干粉灭火剂。灭火时可以利用手提式灭火器或者直接将粉末撒在燃烧物质上。具体的应用比率和方法可参考厂家的使用说明。干粉灭火剂更详细的介绍及其应用详见第 9 章"固定灭火设施"。

8.6 其他灭火剂

8.6.1 K 类湿式化学灭火剂

湿式化学灭火系统是专用于保护厨房油烟机、排风管道、油脂过滤器和油脂火灾中的烹饪器具。这些灭火系统使用湿式灭火剂，用于商业建筑物中的厨房火灾扑救。这些系统直接将液体喷到燃烧的物质表面，喷射出来的雾状物质与油脂快速地发生反应，生成可以冷却燃烧物质表面的泡沫，防止火灾复燃。

8.6.2　二氧化碳

二氧化碳灭火剂是可以用于灭火的另一种类型的灭火剂。二氧化碳灭火剂主要用于灭B类和C类火灾，而且其通常储存在便携式或推车式灭火器中。当二氧化碳从灭火器中喷出并通过窒息灭火，灭火过程就完成了。

提示

干粉灭火剂通常用于可燃液体火灾，如油脂和汽油火灾。其在灭火器和通风系统中非常常见。

8.6.3　哈龙

哈龙❶作为灭火剂早在20世纪80年代和90年代初就开始使用，但是1994年《大气保护法》实施后开始禁止使用哈龙，因为其排放后会破坏大气中的臭氧层。哈龙系统的另一个缺陷是其对建筑物内人员有潜在的危险，但是哈龙系统仍在使用。根据美国环境保护署的规定，只要哈龙不被排到大气中，哈龙系统可以继续使用。一旦现存的哈龙药剂被排出，再次填充时只能使用再生的哈龙1301或其他类型的药剂代替。

目前仍有两种类型的哈龙灭火剂还在使用：哈龙1211和哈龙1301。哈龙1211（二氟一氯一溴甲烷），是哈龙的一种液体形式。哈龙1301（三氟一溴甲烷），是一种气体。1301主要用于保护灵敏的电子设备，如计算机和通信设备。因为哈龙灭火没有残留，其也常用于保护高档船舶和游艇的发动机火灾。

前面介绍的灭火剂将在第9章"固定灭火设施"有更加详细的说明。

本章小结

- 水、化学干粉、泡沫和干粉灭火剂是消防部门的主要灭火剂。
- 水能扑灭大部分火灾，为提高水灭火的效率，必须正确理解水的优点、缺点和局限性。
- 冷却和灭火需要一定量的水，所需要的水量称为消防用水量。
- 灭火需要有效的消防射流。如果水的前端速度充足（通常是由泵提供的压力），水将通过水枪喷嘴，形成有效的消防射流。
- 喷嘴使水流有效地射出。灭火时要选择水枪喷嘴的类型。
- 水在水带流动，成为有效消防射流前，由于摩擦，流动速度变慢。摩擦是水在水带、喷嘴、泵、管道和水带接口等处流动，水带弯曲、沿楼梯或消防梯铺设时产生的。
- 消防部门可利用不同类型的泡沫，这些泡沫有不同的应用方法，但是一般用于扑救危险物质火灾和A类可燃物质火灾。
- 将空气、水和泡沫液三种成分混合在一起，通过机械搅动形成泡沫。
- 泡沫的应用取决于泡沫的类型、事故类型、周围的地势、所采用的装备等。
- 灭火可以使用不同类型的泡沫：蛋白泡沫，氟蛋白成膜泡沫，A类泡沫，黄金泡沫，水成膜泡沫和其他。

---

❶ 哈龙即 Halon 的音译，卤代烷类化学品的商品名称。——译者注

- 干粉灭火剂一般用于扑救易燃液体火灾，如油脂和汽油，常用于灭火器和排风系统中。
- D 类干粉是特殊用途的灭火剂，用于扑救可燃金属或者 D 类火灾。
- 湿式化学灭火系统专用于保护厨房油烟机、压力送风系统、排风管道、油脂过滤器和厨房火灾中的烹具。
- 二氧化碳灭火剂主要用于灭 B 类和 C 类火灾，其通常储存在便携式或者推车式的灭火器中。
- 哈龙作为灭火剂早在 20 世纪 80 年代和 90 年代初就开始使用，但是 1994 年《大气保护法》实施后开始禁止使用哈龙，因为其排放后会破坏大气中的奥氧层。

主要术语

压缩空气泡沫系统 ［compressed air foam system（CAFS）］：在进入消防水带前将压缩空气加到泡沫液中的泡沫产生系统。

灭火剂（extinguishing agent）：固定、自动或者便携式灭火系统中用于抑制或者扑灭火灾的物质。

消防用水量（flow requirement）：灭火需要的水量。

烃类（hydrocarbons）：仅含有碳元素和氢元素的有机化合物，如苯、甲烷。

正常操作压力（normal operating pressure）：给水管网正常工作时的压力。

极性溶剂（polar solvents）：溶于水的化学物如酒精，灭火时需要抗溶性泡沫。

液下喷射（subsurface injection）：将泡沫注入到储罐的底部，使泡沫漂浮在上面，覆盖住油品的战术方法。

表面积（surface area）：物体外表面暴露的面积。

案例研究

假如你是消防队的指挥员，正在处置一起二层单户住宅火灾。有火焰从二层 50ft× 100ft 的天花板冒出，在着火房间后面大约 25ft 处有一个类似的房间，这个房间是新建的。

1.处于火灾的这个阶段，选择哪种灭火剂？

A. B 类泡沫　　　　　　B. 水　　　　　　C. 化学干粉　　　　　　D. D 类干粉

2.采用国家消防学院计算消防流量的公式，灭火需要的消防用水量是多少？

A.800gal/min　　　　　B.600gal/min　　　C.400gal/min　　　　　D.200gal/min

3.在二层灭火进攻时，选择水枪时要注意：

A.喷雾水枪冷却能力最差

B.直流水枪需要的压力较高

C.直流水枪比喷雾水枪渗透性强

D.喷雾水枪最适合于此次灭火，因为它不破坏热平衡

4.当火势被控制，开始清理火场时，看到二楼有许多超大尺寸的毛绒家具在阴燃，需要清理。应用哪种类型的灭火剂？

A. A 类泡沫　　　　　B.水成膜泡沫　　　C.干粉灭火剂　　　　　D. B 类泡沫

复习题

1. 灭火剂和火灾之间的关系是什么？

2. 列出消防部门用水作为主要灭火剂的三个原因。

3. 列举三个流量计算公式，哪两个公式用于火场是比较好的，并说明原因。

4. 什么是压力损失？为什么消防部门要克服压力损失？

5. 一般来说，喷雾水枪在喷嘴处需要的压力（psi）是多少？直流集流射流水枪在喷嘴处需要的压力（psi）是多少？直流小口径水带在喷嘴处需要的压力（psi）是多少？

6. 举例说明泡沫的主要成分。

7. 灭烃类火灾需要多少配比的抗溶性水成膜泡沫？灭极性溶剂火灾需要多少配比的抗溶性水成膜泡沫？

讨论题

1. 利用教材中两个计算流量的公式，计算你所在辖区任一建筑所需的消防水量，并进行结果对比。

2. 计算下列条件下泵的出口压力：利用 2.5in 水带铺设一条长 300ft 的干线出一只 200gal/min 的喷雾水枪。

3. 请使用公式 $Q(Q+Q+1)$ 计算下列条件下的压力损失：利用 3in 水带铺设一条长 200ft 的干线出一只 300gal/min 的喷雾水枪。使用简化公式计算同样条件的压力损失，并进行对比。

4. 假设 10ft×12ft 面积的汽油泄漏，利用水成膜泡沫计算喷射 15min 所需的泡沫液用量。

参考文献

National Institute for Occupational Safety and Health. (2011). *Fire fighter fatality investigation report F2010-30: Seven career fire fighters injured at a metal recycling facility fire—California*. Atlanta, GA: CDC/NIOSH. Retrieved from http://www.cdc.gov/niosh/fire/reports/face201030.html. Accessed August 1, 2013.

Occupational Safety & Health Administration. (1996). *Common Fire Extinguishing Agents*. Washington, DC: U.S. Department of Labor. Available at: https://www.osha.gov/doc/outreachtraining/htmlfiles/extagent.html. Accessed August 13, 2013.

第 9 章 固定灭火设施

学习目标 通过本章的学习，应该了解和掌握以下内容：

- 固定灭火设施对建筑物内人员及消防员的重要性。
- 水源控制阀及其作用。
- 三种主要类型的水源控制阀及其开关的方法。
- 根据图纸找到水泵接合器，并识别水泵接合器。
- 喷淋系统和室内消火栓系统供水的主要方式。
- 室内消火栓系统的减压阀及其操作方法。
- 四类喷淋系统的区别及其启动和操作的方法。
- 住宅建筑和商业建筑内安装的喷淋系统的区别。
- 三类室内消火栓系统的相同点、不同点及设置的最低要求。
- 特殊灭火剂的类型及其危害。
- 消防部门使用固定灭火设施的必要性。
- 固定灭火设施标准操作指南中规定的最低要求。

案例研究

2010 年 5 月 22 日，一栋面积为 6000ft² 的住宅建筑起火，一名消防员在搜索被困人员时发生呕吐，摘掉面罩后因吸入燃烧产物而牺牲。火灾发生时，内攻小组在建筑物的另一侧灭火，队长带着这名消防员携带 1.75in 的水带进入建筑物内对被困的一名老人和他的一条狗进行搜救，但是水带内没有水。在队长和这名消防员找到并救出狗后，他们在逐渐变大的黑色浓烟中继续搜索。由于呕吐物堵住了面罩的口鼻管，这名消防员被迫和队长分开。于是他尝试清理面罩，并大声喊求救。队长使用无线电台呼救后立即开始搜索这名消防员。两个快速干预小组也开始搜索这名消防员。大约 11min 后，在距离最后看见他的位置约 24ft 处找到了这名消防员。快速干预小组将他从建筑物内转移到前面的院子里，医护人员进行现场急救后将其转移到当地医疗中心，在那里他被宣布死亡。事故处置结束后，确认火灾发生时老人不在建筑物内。

主要原因如下：

① 消防员生病导致他的自给式空气呼吸器故障，使他和队长分开；

② 不能立即确定被困消防员的位置；

③ 火灾蔓延发展产生浓烟，火场的能见度为零，现场温度极高。

主要建议如下：

① 制定当自给式空气呼吸器在呕吐物堵塞口鼻罩或其他情况而不能使用时的正确操作程序，并加以实施和训练；

②确保消防员受过初步搜索和救援程序的训练，包括如何保持团队的整体性，携带充水的水带进入建筑物内，及在低能见度下沿着水带前进等；

③确保消防员受过求救能力的训练和复训；

④确保执行危险任务时合理配置行动人员。

此外，国家和地方政府应要求在新建建筑物内安装和使用自动喷淋系统。

提出的问题：

①简述你所在的消防部门在火场如何给快速干预小组分配任务？

②为处理火场上自给式空气呼吸器的故障问题，你所在的部门进行过哪些训练？

9.1 引言

固定灭火设施是消防部门主要的灭火方式。由于建筑物业主希望保护他们的财产，地方部门强制要求建筑物安装固定灭火设施，因此，固定灭火设施越来越普遍。目前，建筑物的建筑材料越来越轻，可燃物越来越多，建筑物高度越来越高，面积越来越大，火灾荷载越来越大，这使得控制火灾和限制火灾变得更加耗时费力，更加危险。

消防指挥员和战斗员一样，必须要有专业知识，要了解固定灭火设施，并充分发挥这些设施的优势。本章主要讨论几种常见的固定灭火设施，并阐述消防部门应如何使用它们。

9.2 喷淋系统

主要有湿式喷水灭火系统、干式喷水灭火系统、雨淋喷水灭火系统和预作用喷水灭火系统四种类型的喷淋系统。这些系统有许多相同的组件，消防员必须能识别它们，并掌握它们的操作方法。根据 NFPA 的统计数据，在有喷淋系统的建筑物内，大约 96% 的火灾被喷淋系统熄灭，或者被喷淋系统抑制直到完全被消防部门扑灭，如图 9-1 所示。所有的喷淋系统都有水源控制阀、测试阀、泄水阀和管道。水源控制阀是控制生活用水系统和（或）现场消防泵水流量的阀门。水源控制阀是指示阀，消防员一眼就能判断出它是否关闭。水源控制阀和其他阀门在一起，其是手动操作，且总是被固定在打开的位置，通常位于喷淋报警阀的正下方。

总控水阀主要有三种类型。第一类是外螺旋阀（OS&Y），这是最常见的水源控制阀，如图 9-2 所示。采用螺杆来控制阀的开关。如果肉眼看到螺杆在阀门外面，阀就是开着的，否则阀门处于关闭状态。第二类是示位阀（PIV）。示位阀在标杆的里面，所以看不见螺杆，如图 9-3 所示。这类阀门有一个窗口，通过窗口能看见移动的目标，且上面有开和关字样，以显示阀门的位置。示位阀的操作手柄和阀门连接在一起，在标杆一侧。第三类是壁挂式示位阀（WPIV），类似于示位阀，不同的是其从建筑物的墙上伸出，如图 9-4 所示。

喷淋系统中其他常见的组件包括压力表和阀门，如开关阀、截止阀、止回阀、自动排水阀、报警测试阀和检查人员使用的测试阀，如图 9-5 所示。每个阀都有不同的功能，如用于喷淋系统测试和系统排水等。开关阀既可以用于系统排水，又可以用于消除报警声。

图 9-1　只要正确地设计和维护，
喷淋系统启动后能控制 96% 的火灾

图 9-2　外螺旋阀是最常见的水源控制阀

图 9-3　示位阀（PIV）

图 9-4　壁挂式示位阀（WPIV），
链子和锁确保阀门不被关闭

图 9-5　连接喷淋系统喷淋竖管的其他阀门和组件

图 9-6　室外的水流报警器

同样，截止阀也用于系统排水和测试。这些阀门都是手动操作，但和水源控制阀不同，阀门上面没有刻度。止回阀能保证水沿一个方向流动，当用两条及以上水带为消防水炮供水时可能会使用这些阀门。消防水炮的每个接口都有一个止回阀，保证当只用一条水带为消防水炮供水时，水不会由于反作用进入其他水带或通过这条水带回流。系统压力下降时，自动排水阀能自动排出喷淋系统内的水。报警测试阀用于模拟喷淋系统启动，以确保其正常工作。

总排水管也是喷淋系统的组件之一。当系统需要更换喷头或者系统维修时，可以联用排水管和排水阀门为系统排水。与报警测试阀一样，总排水管也可用于系统测试。

喷淋系统的另一个组件是水流报警器，如图 9-6 所示。水流报警器可以显示有水流通过并且通过水压或者电力的方式启动。水力报警时，系统内水流动驱动水力警铃局部报警，警告建筑物内人员或者路人，系统内有水流动。电子报警时，水流运动作用在隔膜上，启动开关报警，类似于水力报警，也是局部报警，或者连接到消防部门，报警启动时通知消防部门。

每个喷淋系统必须有自动可靠的，具有充足流量和压力的水源。流量取决于建筑物的类型、高度和用途。通常需要有备用水源，其能够保证喷头喷出的水压不小于 15psi。备用水源可能是生活用水，高位水箱或者压力消防水箱。这些水源，尤其是生活用水，也需要使用现场的消防泵供水。

> **提示**
>
> 每个喷淋系统必须有一个可靠的、自动的、充足流量和压力的水源。

消防泵有测试喷头，看起来像墙壁式消火栓，有多个 2.5in 的出口，用于测试消防泵。根据建筑物所需的消防流量确定消防泵出口的数量。

除了现场水源外，消防部门会使用一个或多个水泵接合器，将消防车和水泵接合器连接给系统供水，作为辅助水源，以提高喷淋系统的水压或者水量，如图 9-7 所示。

图 9-7　水泵接合器

接好水泵接合器后，必须保证水不是来自供应喷淋系统的水源，更不是从启动的喷淋系统内取水，从而避免与正在运行的喷淋系统抢夺水源。所以，消防员必须掌握建筑物内防灭火系统的工作原理。取决于建筑物的位置，整个建筑的水源可能是防火系统和消防员灭火供水的唯一来源。

尽管各个辖区关于使用喷淋系统的具体要求可能有所区别，但是喷淋系统都有一个单独的竖管，水泵接合器连接在系统的喷淋一侧。这就意味着，即总控水阀被关闭，消防车仍然可以向喷淋系统继续供水。系统有多个竖管时，水泵接合器连接在系统的供水一侧，这样关闭总控制阀就可以控制水流。无论哪种情况，管道上都有止回阀，确保通过水泵接合器的生活用水不被污染或者回流，而且不会损害重力水箱或者压力水箱。

像移动消防炮或者带架水枪上的止回阀一样，水泵接合器也有止回阀，使系统只能通过消防车的一条水带供水，防止水通过第二个水泵接合器回流，并且可以保证在后续灭火时增加水带。

> **战术提示**
>
> 消防部门连接水泵接合器时，应保证灭火战斗的水源不是建筑物固定灭火系统内的水源。

喷淋系统的水泵接合器应该进行相应的标识，必须用某种符号和字母贴在水泵接合器上，或者其他看得见的指示，以此表示喷淋系统的水泵接合器。如果喷淋系统被分成若干个区域，应该标识出水泵接合器供水的区域。

对于消防部门来说，使用和维护喷淋系统至关重要。对于有喷淋系统的建筑物，每个消防部门都应有标准操作指南。

9.2.1 湿式喷水灭火系统

湿式喷水灭火系统内始终充满着压力水，以保证喷头启动时水立即流出，从而启动水流报警，控制火灾。

> **提示**
>
> 湿式喷水灭火系统内始终有水。相比而言，干式喷水灭火系统止回阀后的管道内没有水。

9.2.2 干式喷水灭火系统

干式喷水灭火系统止回阀后的管道内没有水，系统内充满了带压气体，用来保证喷头没有启动之前水流不会进入系统。很小的气压就可以关闭止回阀。干式喷水灭火系统主要用于加热能力不足或一些由于管道暴露在室外、可能导致管道内水流结冰的建筑物内。一旦干式喷水灭火系统的开式喷头启动，首先喷出的是气体，气体压力下降后止回阀打开，水流进入系统，从开式喷头喷出。显而易见，干式系统出水需要一定的时间。因此，许多干式喷水灭火系统，尤其是较大的系统，利用加速器或者排风机加速喷气过程缩短出水时间。尽管有些加速器和排风机很复杂，但是它们能快速地将水喷射到着火区域。

9.2.3 预作用喷水灭火系统

预作用喷水灭火系统的组成与干式喷水灭火系统相同，但是它有附加的独立报警器。该系统用于不允许有水渍损失的场所。系统管道是干的，当报警探测器启动后，系统管道内才充满水，但是喷头需要受热后才能启动，水才能流向着火区域。预作用系统的预作用是指水开始在系统管道内流动时，报警器会在喷头启动之前启动，并发出声音报警。

> **提示**
>
> 预作用喷水灭火系统和雨淋系统都类似于干式喷水灭火系统，但是有独立的报警器。

9.2.4 雨淋喷水灭火系统

除了具有独立的探测器外，雨淋喷水灭火系统基本类似于预作用系统，一般用于极其危险的场所。喷头是开式的，当火灾或者烟气探测器启动后，水就开始流动，所有的开式喷头立即洒水。这和装有独立探测器的报警系统一样，当水开始流动时，报警启动。

9.2.5　住宅建筑的喷淋系统

住宅建筑内的喷淋系统越来越普遍，有时要强制安装。这些系统应符合 NFPA 13D《独栋和联排住宅及预制房屋喷淋系统安装标准》的要求。这些系统的大部分部件和其他系统的设计方式相同。不同之处有如下几点：第一，尽管有些住宅建筑内有水泵接合器，但是住宅建筑喷淋系统不需要有供消防部门使用的水泵接合器。如果有水泵接合器，很可能有一个单独的2.5in 的进水口。用水泵接合器为喷淋系统供水，必须提供标准的室内压力。第二，系统管道材料应该是铜或者聚氯乙烯，而不能是用于非住宅建筑的钢材。因此，系统部件的设计是不耐高压的，这也是系统仅在室内标准压力输送水的原因。虽然消防部门不能改变这些系统，但是消防员要利用它们灭火就必须知道这些系统的位置，并掌握操作方法。

9.3　室内消火栓系统

图 9-8　第一类室内消火栓系统主要适用于消防部门或者受过集水射流训练的人员

室内消火栓系统是固定灭火设施的另一个重要的组成部分。室内消火栓系统在建筑物的不同位置有连接水带的接口，供消防部门及建筑物内的人员使用。每一层或者同一层的不同位置都有连接接口，接口可能位于屋顶或者建筑物的外部。消火栓接口基本上是消防车出水口的外延。除了手动的干式竖管系统外，室内消火栓系统和喷淋系统一样，必须有可靠的水源，充足的水流量和充足的压力。室内消火栓系统分为三类，每类有不同的用途。第一类适用于消防部门或者受过集水射流训练的人员，如图 9-8 所示。第二类主要适用于建筑物内人员，如图 9-9 所示。第三类适用于消防部门和受过集水射流训练的人员或者建筑物内人员，如图 9-10 所示。

图 9-9　第二类室内消火栓系统主要适用于建筑物内人员

图 9-10　第三类室内消火栓系统的消火栓箱配置，消防员应该使用自己的水带，而不能用消火栓箱内的水带

9.3.1 不同类型的特点

9.3.1.1 第一类室内消火栓系统

第一类室内消火栓系统必须为消防部门提供火灾进攻阶段所需的有效射流。此类室内消火栓系统必须能提供足够的水量，500gal/min 的流量至少维持 30min。当供水量为 500gal/min 时，该系统必须在最不利处提供至少 65psi 的压力。如果有多个竖管，第一个竖管需提供至少 30min，500gal/min 的流量。其他室内消火栓系统必须满足至少 30min，250gal/min 的流量。

9.3.1.2 第二类室内消火栓系统

建筑物内人员应使用第二类室内消火栓系统快速地控制处于初期阶段的火灾。第二类室内消火栓系统必须能提供至少 30min，100gal/min 的流量。当供水量为 100gal/min 时，该系统能为最高或最远出口处提供至少 65psi 的压力。

9.3.1.3 第三类室内消火栓系统

第三类室内消火栓系统仅供消防部门和建筑物内人员使用，其必须能够提供消防部门在进攻阶段需要的有效射流，也必须满足建筑物内人员快速控制仍处于初期阶段火灾的需要。第三类室内消火栓系统和第一类系统一样，有最低流量要求。在许多情况下，建筑物内人员从第二类和第三类室内消火栓箱中拿走水带，只用合适的标准灭火器替代。

9.3.2 共同特点

消防员必须要明确室内消火栓系统可能有减压设备，尤其是第三类室内消火栓系统。减压设备的形式不同，有的类似于垫圈，能降低出口流量，便于建筑物内人员控制水带；有的是手动控制阀，能提高或者降低压力。图 9-11 显示了阀杆处的减压设备。该手动阀还可能有一个销或一个套环，用于限制阀门，消防部门使用时必须移走阀门限位销或找到另一个接口。任何系统中有 150psi 或者以上压力时应标记以显示高压。

室内消火栓系统可以是湿式或者干式，主要分为如下四种类型：

① 湿式室内消火栓系统内始终有水，当打开出口时，水立即开始流动。

② 没有带压气体的干式室内消火栓系统类似于雨淋喷水灭火系统，必须在系统开始时通过手动操作阀门或通过位于消火栓出口的遥控阀门来启动系统。

③ 充满了带压气体的干式室内消火栓系统类似于干式喷水灭火系统。当打开消火栓接口时，空气释放出来，水进入系统。

④ 干式消火栓系统没有水源，必须由消防部门供水。

室内消火栓系统的安装、维护及最低要求见 NFPA14。该标准规定，室内消火栓系统最高 275ft。当建筑物超过 275ft 时，必须分区安装多个室内消火栓系统。但是，两个系统的总高度不能超过 550ft，如图 9-12 所示。

> **提示**
>
> 室内消火栓系统的安装、维护及最低要求见 NFPA14《室内消火栓系统的安装标准》。然而，不同的辖区可能有高于或者低于标准的要求。消防人员应该知道本辖区的规范要求。

图 9-11　阀门限位销。消防部门
拔出阀门限位销后才能使用

图 9-12　室内消火栓系统限定高度为 275ft，
如图所示的多层建筑物有多个分区，消防部门
必须正确连接和使用每个分区的水泵接合器

　　与喷淋系统一样，消防部门必须了解室内消火栓系统的供水方式。必须研究每栋建筑物及其火灾风险，以制定最佳的供水方式。水源供应除了来自生活用水系统、高位水箱或者两者的组合外，还需要消防泵供水。第一类和第三类室内消火栓系统有水泵接合器，因此消防部门能为系统供水。当建筑物比较高或者面积较大时，建筑物可能分为几个区，设计时每个区都应有一个水泵接合器。正如喷淋系统的水泵接合器一样，室内消火栓系统的水泵接合器可能固定在墙上，或者安装在消防车容易取水的位置，如图 9-13 所示。水泵接合器必须是母口类型的（尽管许多市要求接口必须是 5in 的德式接口），而且接合器上面要有字母，或者用某种金属板或者圆盘显示单词"standpipe"，以表示室内消火栓系统的水泵接合器。

　　许多建筑物或者设施的喷淋系统和室内消火栓系统联用，且由同一个水泵接合器供水，如图 9-14 所示，这再次说明了事故预案的重要性。

图 9-13　水泵接合器应该明显标有
"standpipe"或"sprinkler"字样

图 9-14　多分区的喷淋和室内消火栓
系统共用一个水泵接合器

　　如果系统有多个分区，除了要标识水泵接合器用于室内消火栓系统外，还必须显示其供水的区域。一些辖区强制要求水泵接合器必须用颜色编码，便于消防部门识别，如表 9-1 所示。标准规定绝不能关闭水泵接合器和室内消火栓系统之间的水源。在配备室内消火栓系统的建筑物内需要制定和使用标准操作指南。

表 9-1 水泵接合器的颜色编码

盖子的颜色	编码
红色	室内消火栓系统
绿色	自动喷淋系统
银色	非自动喷淋系统
黄色	喷淋和室内消火栓联用系统

9.4 特殊灭火系统

目前还有许多特殊的灭火系统。本节要讨论的是消防员常见的一些灭火系统，包括二氧化碳灭火系统、卤代烷灭火系统、干粉灭火系统和湿式化学灭火系统。这些系统在消防部门到达火场前就会启动并且释放灭火剂。

二氧化碳灭火系统和卤代烷灭火系统一般用于计算机房、喷漆柜、复杂的电气设备区域或者易燃液体存储区等场所。这些灭火剂在下列两类场所中十分有用：一类是控制火势和灭火时不能留下水渍损失，以免对设备组件或产品造成损害的场所；另一类是在没有受到火势威胁的贵重设备上留下残余的灭火剂可能比火灾本身危害更严重的场所。

一些系统比较先进，其在房间内或者某些区域安装有探测器，能探测人员并且发出某种类型的报警信号，告知建筑物内人员在系统启动前离开建筑物，防止建筑物内人员受伤，如图 9-15 所示，有些系统的灭火剂可能存储在建筑物的外面。

二氧化碳灭火系统通过稀释房间内的空气，取代氧气窒息灭火。二氧化碳灭火系统灭火时，一旦二氧化碳耗尽，并且开始从着火房间向外排出，火灾仍有复燃的可能性。不能使用二氧化碳灭火系统扑灭阴燃火灾。因此，消防部门必须快速找到起火点，用水或者其他合适的灭火剂扑灭残余火。该系统对消防员的主要危害是它稀释了氧气，因此，消防员进入这些环境中时，必须穿戴自给式空气呼吸器等防护装备，监测空气含量，从而确定安全返回的时间。

图 9-15 二氧化碳灭火系统的外部组件

提示

二氧化碳灭火系统和卤代烷灭火系统一般用于计算机房、喷漆柜、复杂的电气设备区域或者易燃液体存储室等场所。

卤代烷灭火剂应用的场所和二氧化碳系统相同，其工作原理是干扰和破坏燃烧的化学链式反应。卤代烷灭火剂常称为哈龙，是含有碳原子和一个或多个卤素（溴、氯、氟、碘）原子的卤代烃化合物。低浓度的卤代烷灭火剂常用于扑救 A 类火灾。哈龙的主要危害是卤化剂具有毒性，能对建筑物内的人员和消防员造成潜在危害。随着哈龙灭火剂浓度的增加，其毒性也增大，这里的毒性不是指二氧化碳取代氧气的可能性。基于上述原因，当消防员进入这些环境时，应当佩戴防护装备和自给式空气呼吸器，并进行空气监测。

干粉灭火系统和湿式化学灭火系统常用于公共场所。干粉灭火系统用于控制易燃液体、易燃气体、油脂和电气设备火灾。商业建筑厨房的油煎锅上方常安装这些灭火系统，如图 9-16 所示。干粉灭火系统的工作原理是破坏火灾的链式化学反应，灭火后有粉末状的残留物，通过擦拭或者抽真空即能清理干净。系统启动时的主要危害是能见度有限，刺激呼吸系统。系统排出的气体会大大降低能见度，并导致人员吸入高浓度粉末（尽管该药剂被认为是无毒的）刺激呼吸系统，引发人员咳嗽。消防员需要穿戴所有的防护装备，包括自给式空气呼吸器，以降低潜在的副作用。

图 9-16　保护烹饪区的干式或湿式化学灭火系统

湿式化学灭火系统或 K 类灭火系统应用的场所和干粉灭火化学系统相同，但是湿式化学灭火系统可以覆盖或转移可燃物，冷却能力更强。基于冷却和覆盖特性，湿式化学灭火剂灭 A 类火灾，甚至深层的 A 类火灾是非常有效的。当系统释放灭火剂后，这些灭火剂和油脂发生反应后会形成类似于泡沫的物质，这个过程称为皂化，反应后生成的物质很容易清洗。这类灭火剂的主要危害是吸入，与干粉灭火剂类似，并且接触表面非常滑。K 类灭火系统已经成为 NFPA 新标准中规定的烹饪区的主要灭火系统。请注意，K 类是 B 类的一个分支，详见第 6 章"火灾动力学"。

目前正在研究一些新型灭火剂或者清洁灭火剂。正如它们的名字一样，这类灭火剂没有残留物，不会对计算机或者电子设备造成损害，如 FE-36 或者 Centrimax ABC 40。这些灭火剂对于 A、B、C 类火灾都是有效的，且无毒，不导电，生态环保。

9.5　消防部门对固定灭火设施的保障功能

只要消防部门正确设计、安装、维护和保障固定灭火设施，通常它们能有效地控制火灾和灭火。每种固定设施启动时，都需要消防部门以不同的形式进行保障，如消防部门要为喷淋系统或者室内消火栓系统供水，要控制启动喷头的水流量，要搜索建筑物内的被困人员，要对建筑物通风和灭火等。

> **提示**
>
> 只要正确地设计和安装固定灭火设施，消防部门定期维护和保障，它们通常能有效地控制火势甚至灭火。

固定灭火设施启动后重新恢复使用不是消防部门的职责。但是，消防部门应尽可能地保证有资质的人员来正确地重置这些设施。

每个消防部门都有必要为有固定灭火设施的建筑物制定标准操作规程，可以参考 NF-PA 13E《有喷淋和室内消火栓系统的建筑物灭火操作规程》，其中包括了根据当地的灭火要求规定的内容。标准操作规程的指导方针如下：

① 命令首批到场或者第二批到场的水罐消防队直接连接水泵接合器为系统供水。

② 保证供水，这里的水源不是固定设施内的水源。

③ 与建筑物内部的工作人员保持联系，命令他们监测系统供水的情况。

④ 保持泵压力在 150psi。如果是雨淋喷水灭火系统或高层建筑多区的室内消火栓系统，泵压力需要增加至 175～200psi 之间。

⑤ 至少需要两条 2.5in 的消防水带为喷淋系统或者室内消火栓系统供水。超过两条水带供水时，泵的压力需要增加至 175～200psi 之间。

⑥ 指定一名消防员找到总水源控制阀，确保阀门保持开启。这名消防员必须待在水源控制阀处，确保没有人将阀门关闭，只有当接到现场指挥员的命令时方能关闭阀门。

⑦ 只有现场指挥员下命令才能关闭水源控制阀。

对于有喷淋系统或室内消火栓系统的建筑物，消防部门的供水操作大体上是相同的，但是需要考虑特殊情况。

在有喷淋系统的建筑物内，系统启动后会破坏热平衡，使能见度降到非常低，几乎为零，但是仍需要进行初步搜索。环境温度越低，被困人员幸存的可能性越大，但是不利于消防员找到起火点，此时需要使用热成像仪。每名消防员或者至少每个消防队需要携带洒水喷头木塞或者钳子，当火熄灭时控制启动喷头的水流量。

对于有室内消火栓系统保护的建筑物，也需要考虑特殊的操作事项。如消防部门不应该使用室内消火栓箱内的水带，这种水带的质量比消防部门的水带质量差，并且没有每年针对薄弱点进行测试。此外，还要考虑消火栓连接出口处可能有减压设备。每个消防队应该携带高层建筑灭火装备包，如图 9-17 所示。

一般来说，高层建筑灭火装备包至少能够提供 250gal/min 的流量，并包括下列装备。这些装备必须完好可靠。

① 至少 100ft 长的 1.75in 或者 2in 的水带（如果走廊长，水带需要更长）（请注意，2.5in 的水带更好，因为流速更大）。

② 根据使用水带的规格选择分水器，从 2.5in 转换到 1.5in，或 2in。

③ 正确尺寸的水带扳手。

④ 管钳。

⑤ 消火栓出口的手轮。

⑥ 水枪（压力小、流量大时最好用直流水枪，并且降低喷嘴堵塞的可能）。

⑦ 门楔。

⑧ 手动工具、手电筒和破拆工具等。

上述这些装备是灭火初期使用的大部分装备，它们比较轻，便于携带。

室内消火栓连接处应设置在着火层的下层，水带应放置在楼梯间。通过楼梯间向火场推进水带是最容易的方式，将水带从楼梯铺设到着火层的上层，此时依靠的是水带的重力，而不是消防员的体力，如图 9-18 所示。

主体火灾控制后，使用特殊灭火系统释放灭火剂灭火。消防部门必须确保完成整体火灾扑救、搜索和通风后，系统恢复到事故前的状态。

图 9-17　高层建筑灭火装备包

图 9-18　从竖管连接处到着火层铺设水带

本章小结

- 建筑物内可燃物数量和建筑物高度的日益增加，建筑面积越来越大，火灾荷载密度越来越高，使得火灾控制变得更加耗时费力和更加危险。
- 主要有四种类型的喷淋系统：湿式喷水灭火系统，干式喷水灭火系统，雨淋喷水灭火系统和预作用喷水灭火系统。
- 湿式喷水灭火系统内始终充满着压力水。
- 干式喷水灭火系统止回阀后的管道内没有水。
- 预作用喷水灭火系统类似于干式喷水灭火系统，但是需要有附加的独立报警器。
- 雨淋喷水灭火系统类似于预作用喷水灭火系统，需要有附加的独立报警器，常用于极其危险的场所。
- 住宅建筑的喷淋系统越来越普遍，有时属强制安装。
- 室内消火栓系统为消防部门和建筑物内不同位置的人员提供了水带接口。
- 根据室内消火栓系统的用途可将其分为三类。第一类是供消防部门或者受过集水射流训练的人员使用。第二类主要供建筑物内人员使用，第三类供消防部门和受过集水射流训练的人员或者建筑物内人员使用。
- 所有消防员都必须注意室内消火栓系统上的减压设备。
- 特殊的灭火系统包括二氧化碳灭火系统、卤代烷灭火系统、干粉灭火系统和湿式化学灭火系统。
- 只要消防部门正确设计、安装、维护和保障固定灭火设施，它们就能有效地控制火灾和灭火。

主要术语

加速器（accelerator）：加快干式报警阀开启的装置。

排风机（exhauster）：通过排出压力加快干式报警阀开启速度的装置。

水泵接合器［Fire department connection（FDC）］：连接喷淋或者室内消火栓系统，增加消防部门水流量或者压力的集水器。

消防泵（fire pump）：提高喷淋或者室内消火栓系统水流量或者压力的固定泵。

哈龙（halon）：通过破坏化学反应实现灭火的一种灭火剂。

总排水管（main drain）：把喷淋系统内的水全部排出的排水管。

总控水阀（main water control valve）：喷淋或室内消火栓系统的供水总阀。

外螺旋阀［Outside screw and yoke（OS&Y）］：能看见螺纹的控水总阀。

示位阀［Post indicator valve（PIV）］：通过窗口显示阀门位置的一种控水总阀。

竖管（riser）：喷淋或者室内消火栓系统的垂直管道。

皂化（saponification）：采用K类灭火剂将烹饪油或油脂中的脂肪酸转变成肥皂或泡沫的过程。

测试用集水器（test header）：测试建筑物消防泵系统能力的一组排水口。

壁式示位阀［wall post indicator valve（WPIV）］：安装在墙上，通过窗口显示阀门位置的一种总控水阀。

水流报警器（water flow alarm）：连接在喷淋系统上，通过水流发出报警的机械或电气设备，又称为水力警铃。

案例研究

你和你的水罐消防队人员正在对一栋六层的建筑进行检查，建筑物是刚建成的，满足目前所有的规范要求。有喷淋和室内消火栓系统，也有实时监控的消防报警系统。

1.建筑物内的消防泵有一个集水器，看起来像有多个2.5in排水口的墙壁消火栓，这个集水器的作用是：

A.给水带供水　　　　　　　　　　B.系统泄压

C.消防部门测试消防泵的流量和压力　　D.为消防车供水

2.在建筑物四周巡视时，发现室内消火栓位于南部敞开的楼梯井内，易受外界天气的影响，这使你很惊讶，因为该地区温度经常在零摄氏度以下，基于这个信息，你预测这是一个：

A.干式室内消火栓系统　　　　　　　B.湿式室内消火栓系统

C.湿式喷淋和室内消火栓联用系统　　D.预作用室内消火栓系统

3.当你走进厨房时，发现了煎锅和烧烤架。在这个区域会有：

A.雨淋喷淋系统　　　　　　　　　　B.预作用喷淋系统

C.湿式化学灭火系统　　　　　　　　D.D类干粉灭火系统

4.北侧楼梯的竖管位于建筑物内，不受天气的影响。当你检查室内消火栓箱时，看到了一个减压设备。这说明这个室内消火栓可能是：

A.一类室内消火栓　　　　　　　　　B.二类室内消火栓

C.三类室内消火栓　　　　　　　　　D.四类室内消火栓

复习题

1. 为什么固定灭火设施不断在增加，而且是消防部门的主要灭火手段？
2. 简述四种主要的喷淋系统。
3. 定义三种主要的总控水阀，解释如何确定阀门是否打开。
4. 除了喷淋系统的总控水阀外，列举三种常见的阀门及它们的作用。
5. 预作用系统关键的外部组件是什么？
6. 除了消防部门供水外，简述喷淋系统和室内消火栓系统供水的三种方式。
7. 有喷淋和室内消火栓系统的建筑物，消防部门灭火战斗时应遵循哪些 NFPA 标准？
8. 解释三类室内消火栓系统及它们的作用。
9. 启动二氧化碳灭火系统时对建筑物内人员和消防员的危害是什么？
10. 谁有权利下令关闭喷淋系统的总供水阀？

讨论题

1. 检查你所在部门的灭火作战指南，该指南中对于有固定灭火设施的建筑物的灭火作战行动做了怎样的规定？如果没有规定，应做如何修改以使用固定灭火设施灭火。

2. 针对你所在辖区有固定灭火设施的建筑物，制定火灾事故预案，包括水泵结合器的位置，水源和利用固定灭火设施进行初战的具体行动。

3. 检查你所在消防部门的高层建筑物灭火装备包，检查水带、装备和其他物品是否满足高层灭火的最低要求。

参考文献

Hall, J. R., Jr. (2010). *U.S. experience with sprinklers and other automatic fire extinguishing equipment.* Quincy, MA: National Fire Protection Association Fire Analysis and Research Division. Retrieved from http://www.firesprinklerinitiative.org/~/media/fire%20sprinkler%20initiative/files/reports/ossprinklers.pdf.

National Fire Protection Association. (2010). *NFPA 13E: Recommended practice for fire department operations in properties protected by sprinkler and standpipe systems.* Quincy, MA: Author.

National Fire Protection Association. (2013). *NFPA 13D: Standard for the installation of sprinkler systems in one and two-family dwellings and manufactured homes.* Quincy, MA: Author.

National Fire Protection Association. (2013). *NFPA 14: Standard for the installation of standpipe and hose systems.* Quincy, MA: Author.

National Institute for Occupational Safety and Health. (January 18, 2011). *Fire fighter fatality investigation report F2010-13: Career fire fighter dies while conducting a search in a residential house fire—Kansas.* Atlanta, GA: CDC/NIOSH. Retrieved from http://www.cdc.gov/niosh/fire/reports/face201013.html.

第 **10** 章　消防队灭火战斗行动

学习目标　通过本章的学习，应该了解和掌握以下内容：

- 水罐消防队的职责。
- 现场供水的三种方式。
- 云梯消防队的基本职能。
- 云梯消防队的保障职能。
- 部署消防车需要考虑的因素。

案例研究

　　2010年7月3日深夜，一个禽蛋加工厂起火，一名消防队长在加工厂内部寻找起火点和灭火时不幸牺牲。起火点位于工厂后面的干燥存储区，那里存储着大量的纸张和包装禽蛋的泡沫聚苯乙烯制品。消防部门到场时，在干燥存储区的屋顶能看到火焰。消防队长和队员初步判断起火点后开始破拆墙体，但是墙体处堆满了大量的木托盘无法进入。于是，两名志愿消防队长从前门进入加工厂寻找起火点，并且携带水带灭火，但是水带内没有水。工厂内充满了浓浓的黑烟，温度非常高，浓烟使他们迷失了方向，找不到水带，虽然他们发出了求救信息，但是外面的队友没有听到。当这两名队长找到水带时，空气呼吸器内的空气已经用光，这使他们更加难以辨别方向，两人最终走散。一名队长开始敲击墙体，幸运的是，敲击声被外面破拆墙体的队员听见，他被成功营救。由于火势非常猛烈，直至火灾扑灭后才开始进一步救援工作，在第二天早上找到另一名队长。

　　主要原因如下：

① 缺乏现场管理和风险分析；

② 供水不足；

③ 车辆规格和装备问题；

④ 战术不当；

⑤ 通讯不畅；

⑥ 缺乏足够的训练，没有成立快速干预小组；

⑦ 建筑内几乎没有控制火势发展的措施。

　　主要建议如下：

① 在内攻灭火前，现场指挥员要对事故现场进行初步的火情估计和风险评估，并且不断评估火灾形势，从而确定是否要采取防御战术；

②　训练培养消防员尽快将火场内部和外部的情况汇报给事故指挥员的能力，并且定期更新火场情况；

③　确保火场供水不间断；

④　制定预案时应针对建筑物认真开展实地勘察走访，确保制定的火场行动策略和战术安全有效。

提出的问题：

①　在你所在的辖区选择一个类似的建筑物，思考如何根据火灾荷载和建筑物的防火特点，判断火灾蔓延的途径和方式。

②　为改进火场通信问题，你所在的消防部门应该进行哪些训练？

10.1　引言

本章讨论水罐消防队和云梯消防队的灭火战斗行动。这些是消防队能够成功灭火的必要职能。无论出警的消防部门是职业消防员还是志愿消防员，是水罐消防队还是云梯消防队，都不能影响火灾的发展、火灾增长、火焰传播和烟气运动。了解水罐消防队和云梯消防队的概念及其在火场的作用，有利于正确运用有关灭火战术和策略。

职业和志愿消防部门的人员配置模式可能有所不同。战斗初期，灭火战术易受许多因素的影响，如现场是否需要紧急救援、为保证安全有效灭火所需的人力资源和物质资源是否充足、供水情况如何及进入着火建筑物的可能性或者车辆种类等。

所谓的水罐车和云梯车的任务，实际上指的就是中队任务。这里的水罐消防队和云梯消防队并不是特指水罐车和云梯车上的人员，而是指其主要的功能，如车上携带的消防设备和工具等，最重要的是人员的数量。

> **提示**
>
> 了解水罐消防队和云梯消防队的概念及其在火场的作用，更有利于正确应用灭火战术和策略。

10.2　水罐消防队的灭火战斗行动

水罐消防队是每一个消防部门开展建筑火灾扑救的基本力量如图 10-1 所示，水罐消防队的主要作用是为火场供水。如果没有这个基本的战斗单元，消防部门就不能被称为消防部门。在北美各地区，水罐消防队可能还包括水泵或水带中队。本书中的水罐消防队是指携带消防装备、工具、水带和 NFPA 中规定的 A 类水罐及人员的消防队。NFPA1901《消防车标准》规定了水罐车应满足的最低要求，如下：

①　水罐最小容量为 300gal。

②　水带箱至少 30ft^3，存放 2.5in 或者更大口径的供水水带。两个分隔间至少 3.5ft^3，存放

图 10-1　水罐消防队的消防车、装备和人员是消防部门扑救建筑火灾的基本力量

2.5in 或者更大口径的灭火水带，如图 10-2 所示。

③ 泵的最低流量是 750gal/min，如图 10-3 所示。

图 10-2 兼容的水带箱

图 10-3 消防泵

10.2.1 消防车

消防员应该熟悉消防车、理解泵的基本原理、明确车上所有装备的存放位置及操作方法，也应该知道水带的负荷量、水带及水枪的类型和规格。这听起来像常识，但是有时消防员可能被派到几乎不出警的另一个水罐消防队，装备标准化具有重要意义。

通常，许多消防部门都是根据资历或者考试确定消防车的驾驶员或者操作员人选。一般来说是先指定驾驶员，然后再进行驾驶训练和泵操作的训练。无论消防部门如何选择驾驶员，所有消防员都必须熟练掌握消防车及装备的操作。

> **提示**
> 消防员应该熟练掌握水带的负荷量，水带及水枪的类型及规格。

10.2.2 水罐消防队的职责

水罐消防队是建筑物火灾的基本灭火力量。作为首批到场力量，其最主要的作用是评估火情。评估火情从接到报警时开始，有时甚至在报警前，消防员就要根据预案和地图进行火情评估。当消防人员在赶往火场的途中时，计算机程序如信息调派系统（CIDS）可以将预先存储的建筑物的信息发送到移动数据计算机（MDC）上，这些信息可能是在消防车内手写的书面信息，如事故预案或者地图，也可能是调度中心或者救援人员对辖区了解的个人信息（详见第 7 章 "事故预案"），如图 10-4 所示。

指挥员到场后必须利用感官观察现场。必须全面查明情况。通过手台和走访目击者获取信息。

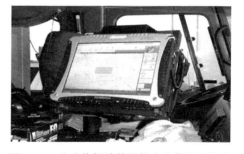

图 10-4 移动数据计算机能为出警的消防员提供各种信息，也能和调度中心保持通信联络

辨识空气中有什么味道？燃烧的物质有不同的味道，如木材可能是建筑物火灾，燃油可能是燃油炉火灾，橡胶可能是汽车火灾。指挥员应该寻找危险源，确定所需的资源，找到水源，确定火灾的范围，是否需要增援或者医疗急救部门（EMS）以及警察、公共设施等部门的援助。熟悉辖区便于寻找水源。水罐消防队必须保证供水充足，不间断，确保能有效灭火。

10. 2. 2. 1　供水

灭火战斗必须保证不间断供水。尽管所有的水罐车上都有水，但是一般情况下，车载水量不足以完成灭火任务。对于某些交通工具火灾，小的灌木丛火灾和其他小的室外火灾，水罐是非常实用的。然而，建筑物灭火行动所需的水量大大超过了水罐车上的载水量，所以，需要尽快使用消火栓、湖泊、水塘等水源，保证灭火干线供水不间断。

> **提示** 🕹
>
> 尽管所有的水罐车都有水，但是水量一般不能完全灭火，必须掌握辖区的水源情况。

水罐消防队通过铺设水带向火场供水，主要有三种方式：

第一种是正铺设。在水罐消防队前往火场途中时，将车停在消火栓或其他水源处，如图 10-5 所示。然后将水带连接到消火栓上，再向火场铺设水带。当水罐车停在火场时，先用水带连接消防车，然后再连接消火栓，通过消火栓加压供水。也可以将第二辆消防车和消火栓采用全容量连接的方式连接，以提高压力。

第二种是反铺设。水罐消防队到达火场，取出水带和需要的其他装备，然后向水源处铺设水带，如图 10-6 所示。如果水源是消火栓，要根据消火栓的压力和水流量确定消防车是否连接消火栓。如果供水的消防车连接了消火栓，会增加水量。

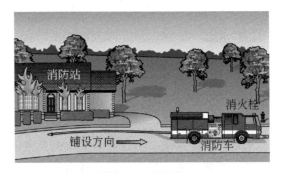

图 10-5　正铺设　　　　　　　　　图 10-6　反铺设

第三种是分段铺设，也称沿车道铺设，如图 10-7 所示。一种方法是第一辆车将水带放在拐角或者车辆的入口处，第二辆车从水源或者其他预设的地点向第一辆车铺设水带。此时，第二辆车通过串联供水。如果消火栓压力充足，直接连接第一辆车的水带。另一种方法是第二辆车把水带放在第一辆车的后面，连接水带后连接水源。水罐车是否连接消火栓取决于事故现场和供水系统的需要。

没有消火栓的地区要利用天然水源，因此，必须选择最有效的供水方式，如从湖泊、河流、池塘等抽水，水罐车往返接力供水，或者消防车随车携带水罐，如图 10-8 所示。此外，许多城市使用的是开发商预先安装的干式消火栓，以满足不同流量的需要。干式消火栓是安装在天然的静态水源附近的坚硬的吸水管。当水罐消防队到场时，必须把坚硬的水带连接在干式消火栓上，抽真空供水。在干枯季节时应谨慎使用此方法。

图 10-7　分段铺设或沿车道铺设

图 10-8　消防车吸水

水罐车往返接力供水是指固定水源较少的地区采用移动消防车供水。水罐载水量为1000～8000gal。取决于现场灭火的需要和可利用的水源，采用接力供水时，需要几辆移动水罐车往返于事故现场和固定的供水地点之间。水罐直接向灭火车辆供水或者灭火车辆从水罐内吸水，如图10-9所示。选择接力供水方式时，水源要满足现场供水的需要。

利用消防车排水速度（TDR）公式可以计算事故现场需要的水量。水罐一个循环需要的时间包括将水输送给战斗车，返回到水源，蓄水，再返回到现场的总时间。消防车排水速度公式能帮助指挥员确定供水所需的同类型的水罐车数量。例如，假设水罐容量为2500gal，再充满的循环时间需要20min，则消防车的排水速度是125gal/min。如果火场需要水流量是750gal/min，那么需要同型号的水罐车6辆（750÷125）连续供水。注意的是，不同能力的水罐车影响再蓄水和卸水的时间。

图 10-9　便携式储水槽可以
作为接力供水的装备

水罐车连续不断地吸水，将水存储在便携式水槽内，水罐车往返运水向灭火车辆供水，这两种方式的组合能保证火场供水不间断。因此，训练和事故预案尤为重要。

10.2.2.2　灭火进攻路线

除了将水带铺设到正确的位置外，正确选择水带规格和长度，对于成功灭火也是至关重要的。到达火场时必须考虑铺设水带的类型、长度和尺寸等因素。例如，是使用1.5in、1.75in还是2.5in的水带？选择水带时需要考虑的因素包括：水带是用于救援、紧急灭火、通风还是保护邻近物，起火点位置在哪，是否燃料泄漏的火灾，建筑物的结构类型如何，建筑物的用途如何，燃烧的物质是塑料还是天然可燃物，火灾荷载多大，是什么存储形式，火灾蔓延到了哪里，水带应铺设到哪里，哪些地区需要立即关注（如建筑物的出口），可利用的资源有哪些，建筑物的规模如何等。

私人住宅或多层住宅的建筑火灾中，使用1.5in或者1.75in的水带就可以产生充足的流量。使用1.5in或者1.75in的水带灭火时间较短，两个消防员就能很容易地操作水带。

理解不同尺寸的水带和水枪之间形成的流量差别也很关键。1.75in 水带，连着直流水枪的流量大约为 180gal/min，水枪出口处压力为 50psi，而 2.5in 的水带在相同水枪压力下的流量大约为 320gal/min，几乎是前者的 2 倍。不同的水枪有不同的流量。很明显，水带口径越大，流量越大，如图 10-10 所示，此时水带移动困难，需要多人操作。当确定灭火所需的水带尺寸和水枪时，必须评估火场的面积。

有效和安全的灭火战斗行动，取决于是否正确选择了合适的水带。到场的水罐消防队指挥员必须基于前述的因素，迅速地确定铺设水带的类型和尺寸。

> **战术提示**
>
> 除了把水带铺设到正确的位置外，选择正确的水带规格和长度对于成功灭火也是必要的。如灭火需要 2.5in 的水带，而铺设 1.75in 的水带是不能有效灭火的。

10.2.2.3 寻找火点，控制火势和灭火

为实现控制火灾和扑灭火灾的目标，必须定位起火点位置。有时起火点很明显，但是有时不容易找到，如图 10-11 所示。

图 10-10　2.5in 的水带水流量大，但是移动困难

图 10-11　有时起火点很明显，但是有时不容易找到

根据接警时提供的信息，调度时提供的地点和位置来确定起火点。到达火场时，观察建筑物的外部，通过外部观察寻找烟气或者火灾的迹象。火灾分为通风控制的火灾和燃料控制的火灾两种。通风控制的火灾特点是烟浓，量大，压力大，不完全燃烧。燃料控制的火灾特点是火灾增长受到可燃物的限制。全面过火是一种燃料控制的火灾。

> **提示**
>
> 灭火的三个基本步骤：寻找火点，控制火势，灭火。

建筑物内人员可能掌握重要的信息，如火灾的位置、是否有实施救援的需要，及烟气的特征等。如果已知起火公寓地点，那么应该检查该地点。如果不了解公寓或者建筑物，应尽可能进行全面的检查。查看窗户是否发烫、是否有烟气和水蒸气的冷凝物质。晃动门看看其周围是否有烟气逸出。

充分利用感官进行火情侦查。不同燃烧物质会释放出特定的气味。人们做饭时离开家

是很常见的。铝锅燃烧的刺激性气味可能表明有食物在炉子上燃烧。燃料油味道可能显示燃油炉故障。电气气味表示可能有照明镇流器的故障。木材或者塑料燃烧的气味可能显示建筑物火灾。听火灾的噼里啪啦的声音，感觉热量的积聚，也有助于确定火灾的位置。一些消防部门用热成像仪确定火灾的位置或者火灾蔓延的位置。

　　当确定火灾的主要位置时，现场指挥员应该通知所有人员。如果没有确定起火点位置，要重点考虑火灾的发展趋势，是否要推进水带等。从调度中心接到信息并确认后，要使用水罐车向建筑物的前门推进水带，但是有时人员报警的地址不是着火地址，实际起火点可能是另一个地点，如街道对面或者另一层。

　　控制火势是灭火的第二步，即防止火灾从一个房间蔓延到另一个房间，或从一个建筑物蔓延到另一个公寓或建筑物。简单地说，控制火势是将火灾控制在建筑物内或者起火房间内，如图 10-12 所示。关上公寓或者房间的门可以暂时控制火势，直到采取灭火行动。有时，使用灭火器、铺设一条水带等就可能达到延缓火灾发展的目的。如公寓楼的地下室火灾，可用一条水带控制火势，第二条水带灭火。垂直通风能将火灾热量和烟气向上排出建筑物，通常能减慢和防止火

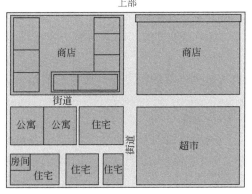

图 10-12　可将建筑物看成是一连串的盒子，必须努力限制火灾从一个盒子蔓延到另一个盒子

灾水平蔓延。与水平通风一样，垂直通风必须在全面判断现场火灾形势后进行。

　　灭火是最后一个步骤，包括熄灭所有的可见火焰和任何隐藏的火点。搜索隐蔽的火点和最终灭火称为清理火场。在灭火前需要铺设水带，并正确地出水。水罐消防队的两项重要的基本职能就是铺设水带线路和保证水源充足。中队每个人不仅应该掌握救援技术，还应该掌握正确地铺设水带和出水灭火挽救生命的方法。因为水罐消防队的职责是阻止火势蔓延和灭火。

　　水带出水灭火是水罐消防队的职责。正确地使用水带灭火是指挥员的职责。有时，消防员数量不足，可能需要指挥员协助铺设水带。有时，消防员铺设水带后指挥员才能进入建筑物。理想情况下，指挥员应该保证中队每个人的安全，直接指挥灭火行动，更新战斗命令，和其他消防队通信。除了消防部门的标准操作规程要求的内容，所有的消防员都应该能执行如下行动：

　　① 从消火栓向水罐车铺设水带；
　　② 停放消防车或者重新调整消防车的位置；
　　③ 确定到达起火点所需的水带数量；
　　④ 铺设水带；
　　⑤ 当等待消火栓供水时，能使用水罐车供水；
　　⑥ 连接消火栓；
　　⑦ 连接水带；
　　⑧ 使用水泵维持水带充足的压力；

图 10-13 水罐消防队指挥员必须保证
人员已做好内攻灭火的准备工作

⑨ 会使用车载消防炮和（或）集水射流；

⑩ 供泡沫；

⑪ 向辅助系统供水。

铺设完水带采用消防车供水时，水罐消防队指挥员必须进行火情评估，并确保所有人员做好了充足准备，如图 10-13 所示。在进入着火建筑物或者着火房间前，消防员应该辨识建筑物结构类型，明确建筑物的用途，明确所需的资源，判断火灾属通风控制还是燃料控制，处理好灭火和通风的关系。水枪手应该排干净水带内的空气后才能推进水带进入着火区域。在进入着火区域的门之前，所有的消防员应该保持低伏的姿势，水带和开门方向一致。

提示

消防员应该注意每个开口，尤其是建筑物内导致火灾增长的通风口。通风口会改变建筑物内或防火分区间的空气流动，不考虑开口对火灾增长的影响而随意开窗或开门是十分危险和不负责任的。

房间内火势稍微衰退后，消防员才能进入房间。进入房间后，指挥员必须监测房间内火灾的状况，确保消防员的安全。包括用水枪扫射地面，防止消防员腿部和膝盖烧伤。如果消防员在入口处没有遇到火情，消防员要保持低姿势前进。在烟气达到地面前指挥员能判断出火灾的起火点。在公寓内灭火时，快速浏览着火层下层公寓的布局，有助于消防员移动到火点灭火。垂直排列的公寓一般布局相同。

消防员一定要携带水枪，供水工作准备好后才可以进入着火公寓。当室内温度越来越高时，表明消防员正在靠近起火点。大多数情况下，消防员不能用水枪喷向烟气，水枪的主要作用是冷却天花板，防止发生轰燃。当找到起火点后，打开水枪以顺时针方向或者以 Z 字形扫射，即依次扫射天花板、房间中部空间和地面。

提示

在公寓内灭火时，快速浏览着火层下层公寓的布局，有助于消防员找到火点灭火。

局部火灾可以将水枪对准火点，否则应该在水枪手的头顶上方和前面使用水枪扫射。消防射流应该远离顶棚，以驱散和冷却火灾中产生的气体。消防员应该最大限度地利用消防射流的射程和覆盖的面积。例如，当公寓一个房间或两个房间发生火灾时，通常站在房间的门口处，就足以快速地压制火势，不用进入房间内部。如果火焰没有熄灭，可以再向前推进几英尺，或者加大水的流量。墙体和顶棚内的火灾通常会产生大量的热，只有破拆这些区域后才能灭火。当火焰开始变暗时，水枪要降低，直接射向燃烧的物质。火灾熄灭后应该关闭水枪，对着火区域通风。此时，消防员应该检查该区域，看有无残余的火点。当确定火灾完全被扑灭后，最后一步就是清理火场，抢救财物。

10.2.2.4　火灾的阶段和火灾扑救

正如"第6章火灾动力学"讨论的一样，了解火灾所处的阶段很重要。在初期阶段，烟气、热量和火势都是最小的，此时能直接进攻火点。在自由燃烧阶段，火灾产生了大量的热量，火灾形势严峻。

在自由燃烧阶段，临近着火区域的房间可能发生轰燃，这时进入第三个阶段。在最后一个阶段，阴燃或者衰减阶段，消防员必须更加警惕。在阴燃阶段，火灾经历了初起、自由燃烧和轰燃阶段，由于缺氧，火焰熄灭，然而仍存在很高的热量和可燃气体，此时可以使用水枪射向烟气以降低烟气的热量。火灾猛烈燃烧时需要的是氧气，破拆前必须先进行垂直通风。通风后高温气体开始燃烧，并且从垂直开口排出，这样就消除了回燃发生的可能，然后就可以进行破拆灭火。

10.3　云梯消防队的灭火战斗行动

云梯消防队的灭火战斗和水罐消防队的灭火战斗一样重要，云梯消防队的人员必须明确他们在火场的职责和作用。有些消防部门没有云梯消防队，如图10-14所示。许多消防部门要求水罐消防队和抢险救援中队配备合适的装备，以执行云梯消防队的职能，如图10-15所示。无论消防部门如何分配资源，都要能够执行云梯消防队最基本的职能。本书中云梯消防队的基本职能是指其在火场进行的特定活动。无论消防部门是否有云梯消防队，在每个火场必须要执行这些活动，以实现灭火作战目标。

图10-14　即使消防部门在火场上不使用云梯等装备，但是仍有必要调集云梯消防队

为使云梯消防队满足其在火场上的职能，需要不同类型的云梯中队，需要特殊的工具和装备，如手动破拆工具，切割木材、金属和混凝土的锯，车辆救援装备，安全气囊，焰割器，移动照明和发电机，及各种规格的便携梯等装备，如图10-16所示。这些工具可放置在水罐车、抢险救援车或者其他车内，便于有效地实现云梯消防队的功能。

图 10-15 一些消防部门的抢险救援中
队执行云梯消防队的职能

图 10-16 各种规格的落地梯

> **提示**
>
> 火场上云梯消防队的主要作用是破拆、搜救、通风，此外，还有一些支援功能，如在着火建筑物处架设梯子，火场清理和挽救财产，必要时关闭着火建筑物的公共设施。

10.3.1 通风

通风是消防员为排出建筑物内的烟气和热量而采取的一项技术。当消防员推进水带灭火时，正确地通风有助于搜索和营救行动。大多数情况下，通风决定了火灾的后果，如图10-17 所示。事实上，喷雾稀释和通风等灭火战术方法尤为重要。灭火必须和通风同时进行，便于排出建筑物内产生的蒸汽，避免灭火人员被困在蒸汽中。

消防员对建筑物通风主要采取两种基本的形式，垂直通风和水平通风。每种方法适用于火灾的不同阶段，有不同的适用条件。建筑物通风也可以采用自然通风和机械通风等方法。

10.3.1.1 垂直通风

垂直通风的目的是将建筑物内的火灾、热量和烟气通过垂直开口向上排出。建筑物的类型和用途不同，开口的形式也有所不同，主要有隔板和天窗，如图10-18 所示。

图 10-17 正确地通风能降低火灾后果

图 10-18 屋顶的垂直开口有隔板和天窗

屋顶操作人员的主要职责就是通过这些开口进行通风。垂直通风的优点如下：防止火灾中产生的气体和热量从上层沉降到地面；将气体和热量排出，以增加被困人员的幸存时间；排出走廊和楼梯间的烟气和热量，帮助建筑物内的人员逃生；协助其他消防员进入着火层上层搜救；协助水罐消防队队员推进水带，快速内攻。

要考虑屋顶操作人员到达屋顶的方法，必须尽可能保证在屋顶操作的消防员的安全。主要有三种方式到达屋顶，要根据建筑物的类型确定到达屋顶的最好方法。对于大型的多层住宅建筑或者公寓，可通过毗邻的建筑物，利用云梯或者带云梯的登高平台消防车及建筑物后面的安全出口到达屋顶。大多数情况下，出于安全的考虑，建筑物前方的安全出口或者朝向街道的安全出口能够通向顶层，但不能到达屋顶，如图 10-19 所示。

此时，更好的选择是利用毗邻建筑物，如图 10-20 所示。

图 10-19 安全出口不能到达屋顶，不能作为进出屋顶的方法

图 10-20 利用毗邻的建筑物到达屋顶是更好的方法

将云梯车或者带云梯的登高平台消防车停在窗口，然后进入屋顶，这是最容易，也是速度最快的方法。如果着火建筑物是独立的，利用云梯车或者带云梯的登高平台消防车是最好的方法，如图 10-21 所示。

到达这些大型建筑物的后面、利用逃生梯到达屋顶通常既困难又耗时，这是最后要考虑的方法。如果是小型建筑物起火，首先要考虑利用云梯车或者带云梯的登高平台消防车到达屋顶。小型建筑物周围的毗邻建筑可能有封闭的天窗，因此，进入这些小型的私人住宅建筑既困难又耗时。利用云梯车能确保到达屋顶操作区，并且有一个安全的逃生通道。不能利用起火建筑物的内部楼梯进入屋顶。但是，对于一些云梯车无法到达的高层建筑或者独立的建筑物，不得不利用内部楼梯到达屋顶。

图 10-21 有时利用云梯车到达屋顶

提示

不能利用起火建筑物的内部楼梯进入屋顶，因为楼梯井内有烟气和热量，可能导致人员被困。

图 10-22　为确保消防员的安全，
必须有离开屋顶的备用方法

操作人员到达屋顶后必须要考虑离开屋顶的方法，必须要有备用的方法，防止火灾切断消防员的主要出口，如图 10-22 所示。屋顶的消防员是现场指挥员的眼睛，必须将在屋顶看到的火场情况，如火灾和烟气的颜色和数量，通风井的位置，火灾蔓延的路径，需要急救的人员等汇报给指挥员。

在屋顶操作的人员必须立即强行打开屋顶上已有的开口，如隔板和天窗，进行通风。强行打开隔板或者通过其他方法进入屋顶的内部入口后，消防员应使用 6in 消防钩的平头在隔板和楼梯处探测，看看是否有人员晕倒，尤其要看隔板是否在里边锁着。如果隔板上方有天窗，可以打碎天窗上的玻璃进行通风。使用常见的手动工具就可以移走天窗的盖板。但是，如果盖板涂了焦油，则可能需要带有硬质合金刀片的锯。打破天窗通风后，屋顶操作人员应该利用手台告知在下面灭火的消防员。拆除玻璃后，应该使用 6in 消防钩检查是否有隔火板，尤其当开口处烟气较少或者几乎没有烟气时。所有的这些程序都是屋顶操作人员的主要战术目标。

屋顶操作的第二步是使用动力工具切割破拆屋顶。顶楼着火，阁楼着火或者单层建筑物着火时必须切割破拆屋顶。强行打开屋顶上已有的开口后才能切割屋顶。切割屋顶时，开口大小至少要 4in×4in，这样切割时容易操作。开口不能过大，否则不容易打开。开口应该尽可能选择在起火点上方，要确保安全，不要切割屋顶的承重构件。在确定开口的位置时，消防员应该借助融雪、潮湿的屋顶上的蒸汽、鼓泡的沥青、屋顶上松软的地方、用手触摸、仔细看屋顶的边缘、可见的火点等方法来确定起火点的位置。

> **提示** 🪝
>
> 　切割屋顶时，孔洞至少要 4in×4in，这样切割时容易操作。开口不能过大，否则不容易打开。

切开屋顶的部分截面后，用消防钩或者其他工具向下推或者自下向上打开顶层的天花板后再切割。正如垂直通风在灭火作战中的重要性一样，有时指挥员也不希望屋顶上有消防队员。空置的建筑物或者火势严峻等不利情况时，消防员不应该在屋顶操作。

了解辖区内建筑物屋顶的结构和建造方式同样重要。对于消防员来说，薄膜屋顶和灌注的石膏板屋顶是极其危险的。薄膜屋顶燃烧后能导致火灾快速地在整个屋顶蔓延，而石膏板屋顶容易吸收水分，在火灾状况下会快速失效。如果消防员切割屋顶，在锯片处看到白浆，就表明石膏比较潮湿，此时应该立即向现场指挥员汇报，然后离开屋顶。在大部分乡下地区，大型商店采用重量较轻的桁架来支撑屋顶，此时不能切割。

10.3.1.2　水平通风

水平通风是指移走着火建筑物或者着火区域的外门和窗户。目的和垂直通风一样，通过门和窗户排出着火建筑物内的火灾烟气和热量，便于消防队进攻火点，降低火灾对灭火队员的威胁。排出燃烧产物和热量，利于消防员搜索着火层和着火层的上层，增加被困人员生存的时间。通常，水罐消防队铺设水带、供水、进攻火点之后进行水平通风。水平通风需要内外灭火队员间的协调配合。如果水平通风过早，会导致火灾快速蔓延，甚至可能通过窗户向上逐层蔓延造成审火的现象。目前消防部门面临的另一个问题是聚苯乙烯泡沫和热窗格的窗户等隔热建筑材料的使用。消防员经常能发现处于阴燃阶段的火灾，此时有大量的热，看不见火，这是发生回燃的征兆。很明显，这是由于在垂直通风前没有正确地进行水平通风而导致的。这种情况下，为降低发生回燃的概率，内外消防队员间的通信尤为重要。此时，灭火队员不应该使用水枪直接对着烟气喷射，冷却该区域，将气体的温度降到可燃范围以下是明智之举。

> **战术提示**
>
> 通常水罐消防队铺设水带、供水、进攻火点后才应该进行水平通风。

10.3.1.3 通风的目的是救人还是灭火

消防部门使用的两个关于通风的术语是：为了挽救人员生命而实施的通风和为了灭火而开展的通风。当消防员通风的目的是灭火时，采用水平通风的方法有助于水罐消防队向着火区域推进，同时能排出建筑物内燃烧产生的热量和烟气，从而快速地灭火，这需要建筑物内外队员的协调配合。当消防员通风的目的是救人时，他们需要进入有人员被困或者可能有人员被困，立即威胁生命和健康的区域，此时任务十分艰巨。开窗通风危险性很大，会导致火灾扩大。最好是猛地一下打开窗户，而不要打破玻璃。用手触摸玻璃，如果热量很高，不能进入房间搜索时，要保持窗户关闭。准备好水带，内部的消防员要求通风时才可以打开窗户。进入房间搜索前必须完全拆除窗户。现场指挥员和内部灭火人员必须要明确此时有消防员正在通风，并且从窗户进入建筑物内搜索被困的或者无意识的人员。必要时开窗通风，有利于建筑物内部消防员营救被困人员，但是必须要保证在建筑物外面、窗户下方的队员知道在他们上方正在发生的事情。与烟气导致的建筑物及其内部物品损毁的损失相比，窗户比较容易更换，而且较便宜。不能随意拆除窗户，这可能导致不必要的损失和破坏，但必要时，要毫不犹豫地予以拆除。

> **提示**
>
> 消防员通风的目的是灭火时，他们会利用水罐车向着火区域推进。当消防员通风的目的是救人时，他们需要进入有人员被困或者可能有人员被困的立即威胁生命和健康的区域。

10.3.1.4 流动路径

近年来，通过实体燃烧和模拟试验来研究热量和烟气运动的研究层出不穷。在通风时必须要考虑开门或者开窗时烟气和热量运动的路线。流动路径是指着火建筑物内高压的热量和烟气向建筑物内部和外部的其他低压地区的运动。在密闭性较好的建筑物内，开门或开窗会导致带压的烟气向阻碍最小的地区运动，如低压地区。如果着火建筑物受风影响比较大并且窗户被风吹开，如高层和多层住宅建筑火灾，如果防火门被打开，着火的公寓和公共大厅会成为火灾、热量和烟气运动的通道。许多消防员由于被困在火灾和烟气运动的路径上而严重受伤甚至牺牲。因此，许多消防部门改变了灭火战术，以保证消防员的安全。如在受风影响较大的火灾中，在向着火层推进水带前，先在着火层的上层部署隔热毯，或者在着火层下层部署一支水枪。

> **提示**
>
> 关于烟热流动路径的一些事实：
> - 开门、开窗、打开屋顶的天窗或隔板等通风能使新鲜空气进入，也能排出燃烧的产物。
> - 通过开口的上部排出火灾中的热量和烟气，空气从开口的下部进入。
> - 着火建筑物的布局不同，烟气运动的路线也有所不同。
> - 研究表明：灭火时每个打开的开口不仅会形成烟气流动的新路径，而且也会改变建筑物内原有的烟气流动路径。

10.3.1.5 自然通风还是机械通风

自然通风是打开门、窗户、天窗、隔板和其他开口，排出建筑物内的烟气、热量和火焰的过程。除了打开开口外，自然通风几乎不需要消防员进行任何操作。机械通风是借助机械设备，如烟气喷射器、正压排风机、排风扇、排气扇、建筑物暖通空调系统和消防水带的雾状射流排出建筑物内的烟气。

一般来说，雾状射流是消防员用于火灾已被扑灭但是烟雾无法排出的建筑物中排除烟气的方法。为达到排烟目的，水枪组站在距离窗户6～8ft的位置，直接向窗外喷射大约窗户开口大小的喷雾水。实践证明这是一种快速实现对着火房间或者着火地区通风的有效方式。使用排气扇，能将烟气从建筑物内排到外面。风扇架设在窗口或者门廊，有助于排烟。然而风扇不是最有效的方法。使用风扇排烟需要的准备时间长，并且如果在门附近使用风扇，可能会阻碍消防员进出火场。排气扇排烟过程中不一定能达到最大功率，且易将外部的物体抽入建筑物内。

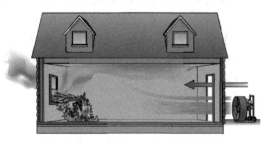

图10-23 正压通风的原理

当建筑物内被困人员位置已知，大多数消防部门刚开始灭火时，要采取正压通风。正压通风的原理如图10-23所示。利用风扇使洁净的空气进入着火房间或者着火建筑物内，同时打开风扇对面房间的门和窗，实现水平通风。这种有效的通风方式能使灭火的消防队员远离高温和浓烟，便于移动和灭火。正压通风的缺点是可能会将烟气和火灾带入到建筑物内未着火的地区，造成火势扩大，危及被困人员。所以，正确的火情评估和开辟逃生出口，排出烟气和热量是十分必要的。水平通风需要内外人员的协同，目的是降低伤亡，最大效率地从着火建筑物内排出烟气、热量和火焰。

> **提示**
>
> 正压通风的缺点是可能会将烟气和火焰带入到建筑物内没有着火的地区，造成火势扩大，危及被困人员。

10.3.2 搜索

搜索被困人员，搜索起火点，搜索火灾蔓延的范围是云梯消防队的主要职责。完善的搜索计划和正确部署水带能有效地完成搜索任务。作为一个行动计划，搜索涵盖了建筑物的所有区域，目的是寻找起火点或者被困人员。当寻找火灾中可能的被困人员时，搜索分为两个阶段：初步搜索和二次搜索。初步搜索是指紧急搜索被困人员。搜索速度要快，但是不彻底。二次搜索是指仔细彻底的搜索，把消防员分成不同的小组，确保搜索期间不遗漏受害者。一般来说，初步搜索的消防员不能进行二次搜索行动。

搜索包括建筑物外围区域，如通风竖井、地下室和地窖。消防部门要根据现场可用的人员数量和装备情况制定搜索计划。在许多大城市，建筑物火灾时，消防部门首批至少要出动两个云梯消防队。第一个云梯消防队负责着火层，第二个云梯消防队负责着火层上层。抢险救援中队在火场也作为搜索力量。现场指挥员会给每个中队分配任务，确保任何一个消防队都不能擅自行动。现场指挥员也应确保在组织人员进行二次搜索之前，执行初步搜索的消防员要离开建筑物，初步搜索仍在进行时，不能进行二次搜索。

必须确保执行搜索任务的消防员的安全。现场指挥员让消防员进入建筑物搜索被困人员之前必须进行风险分析。这种风险分析是火情评估的一部分。要考虑事故发生的时间、建筑物的用途、可利用的信息等。如果着火建筑物内有人居住，搜索过程中可能会有较大的风险。然而，如果建筑物内没有人居住，风险会小些。如果建筑物是空的或废弃的，根本不需要冒任何风险。不管事故发生在什么时间，消防员必须意识到在建筑物内可能会有生命正在面临威胁。如晚上在办公建筑物内有清扫和维修人员。有时，晚上商业建筑物的业主把清扫人员或者保安人员锁在里面。

提示

执行初步搜索任务的消防员不应参与二次搜索行动。

搜索人员应尽可能沿人员的逃生路线搜索，如窗户或者安全出口。当搜索着火区域时，消防员应从起火点开始搜索，然后沿返回路线搜索。当搜索着火层上层时，一进入楼层消防员就应立即展开搜索。这两种情况下，消防员应该首先搜索前门附近的区域，寻找被困的人员。大多数情况下，在进入房间的门后面或者窗户下面会发现逃生过程中昏迷的人员。开门前，应感受一下房间内的温度。如果门摸起来很热，很有可能火灾在门的另一侧。当强行开门搜索时，应用一根绳子拴在门把手处，以便火焰冲出房间时消防员能用绳子关上门，保护走廊内的消防员。

打破窗户进入房间搜索时一定要小心。仔细搜索窗户下面的区域，看看是否有被困人员。通过窗户进入房间后，消防员要沿着墙前进，使用工具试探未知区域，走向房间的中心。消防员应利用墙作为参考点，如果搜索过程中发现了房间门，消防员要关上门，使房间只通过窗户通风，这样当烟气上升时，能提高房间内的能见度，而且可以避免消防员受高温烟气的影响。记住：如果房间内的火焰和热量迫使人员不得不离开时，一定要完全打开窗户。

如果通过前门进入公寓，要沿着墙搜索，向前移动的同时要通风，否则会使火势扩大。搜索时不要离开墙，也不要跨到另一面墙处，否则会分辨不清方向。

搜索的技巧如下：

① 制定搜索计划。

② 首先检查门后面和窗户下面。

③ 如果门很容易打开，停下来看看门后面是否有人员被困。

④ 使用工具搜索时要小心，避免伤及被困人员。

⑤ 进入房间后用木楔塞住门，或者让一名消防员守在门口，防止门被锁住。

⑥ 关上门以限制火灾发展蔓延，然后继续搜索。

⑦ 沿着墙向房间中心位置搜索。

⑧ 使用工具搜索，以增加搜索的范围。

⑨ 只要不造成火灾蔓延，搜索时要进行通风。

⑩ 仔细听是否有哭声、呻吟声或咳嗽声。

⑪ 检查所有的衣柜和橱柜。

⑫ 不要认为锁着的房间就没有人。

⑬ 看看床的下面。

⑭ 把家具看成是墙的外面，不要移动家具。

⑮ 必须检查双层床的上层。

⑯ 检查双层床、婴儿床和婴儿餐椅的下面。

⑰ 彻底搜索成堆的衣服。

⑱ 检查冰箱、玩具箱和儿童的衣柜。

⑲ 如果在床上找到了一个被困人员，应仔细搜索是否还有其他人员。

⑳ 向外打开的门可能显示房间是公用厕所或电梯井。

㉑ 分不清方向时要寻找窗户。

㉒ 出去的路就是进入的路线。

㉓ 制定个人的逃生路线。

大部分实践和实际操作培训的科目内容都是关于搜索程序和搜索计划的。消防站内有双层床的房间和办公室，可以进行模拟搜索训练。

10.3.3 破拆

在搜索着火建筑物之前，消防员必须能成功地进入建筑物内部。进入建筑物内也是云梯消防队必须要履行的一项重要的职能。必要时必须立即破拆。门和锁的类型决定了使用的工具和技术，破拆时要尽量保持门的完整，把损失降到最小。门能挡住火焰和热量，是消防员最好的朋友。门被破坏或失去完整性会对着火层的消防员，尤其是着火层上层的消防员造成严重的伤害。对于火灾和其他紧急情况，不破拆门而是通过安全出口或者用便携式移动梯子进入建筑物内是一种更可取的方式。本节不是讲解破拆的所有方面，而是让读者了解一些关于破拆小组的知识。

提示

破拆锁或者窗户之前，应该先检查门或者窗户是否能打开。

10.3.3.1　破拆门

破拆门时，消防员可能发现他们能向里或者向外打开门。快速地查看铰链部位就可以知道门打开的方式。铰链在外面显示门是向外开的。记住：破拆门之前的第一件事是试一下门把手。如果门能打开，则无需破拆。

破拆内开门的快速方法是将6in的哈利根铁铤置于门锁的上方或者下面，使铁铤略与门形成一个角度，然后用消防斧敲击铁铤，使其通过门框。此时将铁铤推向门的方向，就可以打开门。记住在门把手上拴根绳子，让一个消防员拿着绳子，必要时可以迅速将门拉住并关上。如果此方法很难打开门，把铁铤的斜面放在门框上，向门施加压力。如果有多个锁，将铁铤放在锁之间。另一种方法是用斧子或者大锤的背面敲击与锁相对的另一侧门，撞击门的铰链使其和墙分离。记住要先敲击上面的铰链。许多云梯消防队配备有便于一个人操作的液压支撑工具，如图10-24所示。4~6个液压支撑泵就能打开内开门。

商业建筑、电梯升降机和橱柜通常是外开门。一般不作为进入建筑物或者房间的门。当消防员遇到这类门时，先将铁铤的扁口端插入门锁的上方或者下面，然后用力下压铁铤，打开门。在商业建筑物的门上经常看到U形钉、钩环或其他挂锁，可以使用氧乙炔切割锯和手动工具敲击打开最弱的连接处。鸭嘴钳和斧子联用，扳手、管钳等都可以打开。

10.3.3.2　破拆窗户

根据火灾现场所需的通风量，可以选择完全移走窗户或者仅仅打开窗户。上下推拉窗应该从上面打开三分之二，或者从下面打开三分之一，在如炉子或床垫火灾等较小火灾中就能充分的通风。如果烟气比较浓，需要完全移走窗户，如图10-25所示。可以将铁铤的叉端插到窗户下部，然后向下用力打开窗户口。如果窗户比较新，容易拆卸，可以在不破坏整个窗口的情况下移除。当破拆双层或者隔热窗户时，两层玻璃都必须移走。了解辖区内建筑安装的窗户类型很重要，包括耐热玻璃窗户、抗飓风窗户或者高强度玻璃窗户。消防员必须随时准备通过打碎玻璃或者破坏窗户框进行通风。大多数情况下，消防员可能需要利用这些窗户逃离危险环境。大多情况下，将整个窗户及窗户框移走实际上就相当于打开了一个门。

图10-24　破拆门的液压顶杆

图10-25　大多情况下，将窗户及窗户框移走实际上就相当于打开了一个门

10.4　云梯消防队的保障职能

10.4.1　云梯车的部署

在火场，云梯消防队应正确地部署云梯车。根据现场环境，应该尽可能地发挥便携式

梯子、云梯和登高平台车上梯子的作用。没有比消防员或市民在窗口看不见梯子更糟糕的了。便携式梯子应部署在着火建筑物的多个侧面，尽可能在多个窗口架设梯子。消防员灭火的每一层都应至少有一个梯子，在内部灭火的消防员应该知道梯子的位置。不管是直梯还是拉梯，消防员都应使用合适尺寸的梯子，优先选择拉梯，因为拉梯能调整到需要的精确高度，这是直梯所不能替代的。云梯和登高平台车上的梯子应确保覆盖面积最大。登高平台车上的梯子为消防员提供了通风、搜救和射水的平台。水罐消防队和云梯消防队的消防员必须精通云梯的操作和知道最佳停放的位置。

> **战术提示** 📢
>
> 　　便携式梯子应尽可能部署在着火建筑物的多个侧面和多个窗口。 消防员进行灭火的每一层至少架设一个梯子。

10.4.2　火场清理

火场清理的目的是找到和扑灭隐蔽的火点，防止复燃。火场清理贯穿在灭火的整个过程，分为两个阶段：预先控制和事后控制。预先控制阶段包括打开天花板、检查地板、竖井等，以确定火灾蔓延的路径和起火点的位置。了解不同类型建筑物结构特点的相关知识有助于消防员清理火场。大多数情况下，预先控制阶段会有许多不利条件，如热量很高，烟气比较浓，能见度比较低。如果只有一个房间过火，清理火场通常只需要检查暴露的踢脚线，必要时拉下天花板，检查墙体。目的是从烧焦的地区向没有起火的地区检查，确定火灾蔓延的范围，如图 10-26 所示。如果过火面积较大，必须大范围清理，确保没有隐藏起火点。

图 10-26　清理火场必须要打开天花板和墙体，
直至在这些地方没有发现起火点

火场清理的事后控制阶段是指火灾控制后的清理，此时要比事前控制条件要好。在确定火灾是否完全扑灭时要千万小心。过火区域及其燃烧物如家具、床垫或者成堆的衣服等必须彻底检查。必要时，事后控制清理应该由没有执行灭火任务的中队完成。无秩序的清理可能导致不必要的损失，并给建筑物居住人员造成困难。但是，不管什么时间和地点，需要的时候就应该毫不犹豫开始火场清理。使用热成像仪有助于消防员完成清理任务。

> **提示** 📢
>
> 　　无秩序的清理火场可能导致不必要的损失，并对建筑物的居住人员造成困难。 然而，不管什么时间和地点，需要的时候就应该毫不犹豫开始火场清理。 使用热成像仪有助于消防员完成清理任务。 尽可能将所有物品堆积在房间中间，用一块大的防水布盖住。 保护物品，防止清理火场阶段进一步造成损失。

10.4.3 挽救财物/控制损失

挽救财物包括挽救处于火灾、烟气和水威胁中的财物。消防员到达火场时就要开始挽救财物,并且要持续至灭火战斗行动结束。挽救财物通常是云梯消防队的职责。发生火灾造成损失是不可避免的,但是消防人员应该尽力保护财物,就像保护自己的财物一样。尽管有些物品可能经济价值不大,但是对于他们的主人来说是无价的。消防员有责任保护,并且尽可能挽救这些财物,其原因如表 10-1 所示。应该尽量保护家具及其物品,包括将贵重物品、影像资料和照片放在柜子里,这样水和烟气不至于损坏它们。门、窗和屋顶的开口应该盖住,这样可以保护建筑物及内部物品。消防员灭火时挽救财物的一些微小行为可能被建筑物内的人员终生记住。

表 10-1 挽救财物的原因

经济方面的原因	职业原因
降低保险费率	防止住户受到不必要的麻烦
建筑物可以用于居住	体现消防部门的专业化
避免住户重新安置	满足社区的道德义务
降低修理费用	创造一种满足感

10.5 水罐消防队和云梯消防队的车辆部署

理解中队职能后,应该考虑车辆部署的位置。中队的职能决定车辆部署的位置。车辆部署时应考虑如下方面:

① 车辆的能力,如选 100ft 的云梯还是 75ft 的云梯车。

② 标准操作指南,如第一辆水罐车在前面,第二辆在后面。

③ 预设的集结停车的标准操作指南,如没有看到第一到场的水罐车,所有的其他车辆集结不受行驶方向的限制。

④ 现场指挥员的命令,如 1 号水罐车连接在第 3 面的水泵接合器。

⑤ 根据事故预案预设部署,如 1 号云梯车停在建筑物的东北角,云梯停在屋顶处。

⑥ 火灾的位置和范围,如防御战术可能需要使用车载炮,然而必须考虑可能发生倒塌的区域。

⑦ 车辆上人员的分配情况。

⑧ 停车位置上方的危险。

水罐消防队部署水罐车时应该给云梯车留有空间,使其到达建筑物的前面。云梯消防队部署时应该满足云梯展开所需要的空间。部署云梯车的目的是获得最大的覆盖面,如图 10-27 所示。经验做法是消防员能拉伸水带,但是不能拉伸云梯。车辆的部署方式取决于即将执行

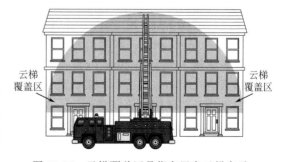

图 10-27 云梯覆盖区是指布置完云梯车后,
云梯能接触到的建筑物的区域

的行动。保持云梯有举升的射流来控制火势。在可能发生倒塌的建筑物附近，注意使车辆尽可能部署在建筑的拐角处，以远离可能发生的倒塌区域。

> ### 提示
>
> 　　中队的职能决定了车辆部署的位置，水罐车应该给云梯车留有空间，使其到达建筑物的前面。部署云梯车时应该满足云梯展开所需要的空间。 云梯车的位置应该使建筑覆盖的区域最大。

本章小结

- 无论出警的消防部门是职业消防队还是志愿消防队，水罐消防队还是云梯消防队，都不影响火灾的发展、火灾增长、火焰传播和烟气运动。
- 水罐消防队的主要作用是为火场供水，因此如果没有这个基本的战斗单元，消防部门就不能被称为消防部门。
- 消防员应该熟悉自己所在的消防车，了解泵的基本原理，车上所有装备的位置及操作方法，也应该知道水带的负荷量，水带及水枪的类型及规格。
- 作为首批到场力量，水罐消防队最主要的作用是火情侦察。火情侦察从接到报警时开始，有时甚至在报警前，消防员要根据预案和地图进行火情评估。
- 为使云梯消防队满足其在火场上的职能，需要不同类型的云梯中队，需要特殊的工具和装备，如手动破拆工具，切割木材、金属和混凝土的锯，车辆救援装备，安全气囊，焰割器，移动照明和发电机，及各种规格的便携梯等装备。
- 消防员推进水带灭火时，正确地通风有助于搜索和营救行动。
- 完善的搜索计划和正确的消防水带部署能有效地完成搜索任务。
- 便携式梯子应部署在着火建筑物的多个侧面，尽可能在多个窗口架设。消防员灭火的每一层至少有一个梯子。
- 火场清理贯穿于灭火的整个过程，分为两个阶段：预先控制和事后控制。
- 挽救财物通常是云梯消防队的职责。火灾发生时造成损失是不可避免的，但是消防人员应该把这些财物看作是自己的财物一样保护。
- 中队的职能决定车辆部署的位置。

主要术语

窜火（autoextension）：火灾通过窗户向上逐层蔓延。

水罐（booster tank）：水罐车上随车携带的罐体。

全容量连接（capacity hookup）：为消防泵提供最大容量的消火栓的一种连接方式。

倒塌区域（collapse zone）：着火建筑物周围设定的安全区，此区域可能倒塌，高度应该是建筑物最高墙体处的高度。

消防队（company）：在指定辖区执行特殊任务的消防车上的消防员。

泵浦消防车（engine）：为事故现场供水的消防车，也称为水罐车。

流动路径（flow path）：热量和烟气从着火建筑的高压区向建筑物内外低压区的运动。

立即威胁生命和健康 [Immediately dangerous to life or health（IDLH）]：职业安全和健康管理局的法规中使用的术语，救援人员暴露或在该环境中作业时可致命或造成严重伤害的过程或事件。

登高消防车（ladder）：有云梯或者落地梯子的消防车，有时也称云梯车，有的云梯车有输送能力或者抽吸能力。

火场清理（overhauling）：大部分火灾熄灭后，熄灭最后残余火的行动。

事后控制（postcontrol）：控制火势后，清理火场的阶段。

预先控制（precontrol）：清理火场的阶段，包括打开天花板，检查地板、护壁板、竖井等，确定火灾运动的路线和位置。

云梯覆盖区（scrub area）：部署完云梯车后，云梯能接触到的建筑物的区域。

抢险救援车（rescue truck）：配置消防员和特殊工具或者医疗急救人员的车辆。

天然水源（static supply）：在固定位置的水源，如湖泊或水池。

抑制（suppression）：把火灾控制在建筑物的起火点或者起火房间，或者建筑物起火部位内。

通风（ventilation）：通过自然或者机械方式改变起火房间内的气流。

供水车（water tender）：移动的消防车，某些地区可能称为水罐车。

案例研究

你正在对你所在中队人员进行训练。这个月的重点是水罐和云梯消防队的灭火战斗行动，训练目的是提高中队的灭火战斗能力。为实现这个目标，你将面临如下问题：

1. 你发现本辖区的几个地方没有理想的水源，所以需要长距离铺设水带，这需要在哪些方面进行训练：

A. 车载泵的操作　　　B. 正铺设　　　C. 分段铺设　　　D. 反铺设

2. 训练中，云梯消防队的支援作用包括：

A. 破拆　　　　　B. 搜索　　　　　C. 通风　　　　　D. 清理火场

3. 在进入起火建筑物或者起火室前，消防员应该：

A. 辨识建筑物的结构类型　　　　　B. 辨识建筑物的用途

C. 确认救援的需要　　　　　　　　D. 以上所有

4. 根据火灾的基本情况，到达火场时，消防队指挥员要做的第一件事是：

A. 找到起火点　　　B. 控制火势　　　C. 灭火　　　　D. 火情侦察

复习题

1. 选择水带口径时要考虑的三个方面是什么？

2. 部署消防车时要考虑的五个方面是什么？

3. 列举搜索的 10 个技巧。

4. 烟气流动路径的定义。

5. 列举影响制定初期灭火战术的四个因素。

6. 简述 NFPA1901《消防车标准》中规定的 A 类消防车的最低要求。

7. 列举水罐消防队向火场供水的三种方式。

8. 列举灭火的三个基本步骤。

9. 通风的定义。

10. 列举挽救财物经济方面的四个原因和职业方面的四个原因。

讨论题

1. 选择辖区内的某个目标危险源，讨论水罐消防队和云梯消防队的不同功能。

2. 根据你所在消防部门或其他消防部门的最近一次火灾事故分析，确定水罐和云梯消防队是如何协同灭火的？

3. 比较本章中水罐消防队和云梯消防队的灭火战斗行动，你认为应该如何提高消防部门的灭火能力？

参考文献

National Institute for Occupational Safety and Health. (2011). *Fire fighter fatality investigation report F2010-16: Volunteer captain runs low on air, becomes disoriented, and dies while attempting to exit a large commercial structure—* Texas Atlanta, GA: CDC/NIOSH. Retrieved from http://www.cdc.gov/niosh/fire/reports/face201016.html.

National Fire Protection Association. (2009). *NFPA 1901: Standard for automotive fire apparatus.* Quincy, MA: Author.

第11章 单户和双户住宅建筑火灾扑救

□ 学习目标　通过本章的学习，应该了解和掌握以下内容：
- 单户和双户住宅建筑结构的常见类型。
- 单户和双户住宅建筑火灾扑救中的危险。
- 适用于单户和双户住宅建筑火灾扑救的灭火策略和战术。
- 单户和双户住宅建筑的着火位置，并分析其具体危险、灭火策略和战术。
- 扑救住宅火灾时应考虑的其他因素。

案例研究

　　2008年4月4日，在扑救一起住宅火灾中，部分楼板倒塌致使一名队长和一名消防队员被困于地下室而牺牲。6时11分，消防局接到自动报警系统的火灾报警，9min后，确认建筑物发生火灾。6时30分，协作消防员所乘消防车第一个到达现场，房主向消防人员说明，起火点位于地下室，且所有人员均已逃出。由于烟不是很大，队长和一名消防队员佩戴自给式呼吸器具，携带1.75in的水带，通过打开的前门进入地下室。第二名消防队员从地下室楼梯口进入。队长多次要求供水之后，水带里充满了水，两名消防队员携带充水水带至楼梯底部，但此时发现还需要额外的水带向前推进。因此，第二名消防队员回到楼梯上将更多的水带拖拉至前门。当他回到地下室的楼梯时，看到队长在楼梯顶部，正尝试使用无线电台并告诉他出去。第二个到场的消防车的队长，看到烟气越来越浓，且烟气突破前门向外蔓延，请求现场指挥员撤出内部人员。第二名消防队员自己撤出了着火建筑。现场指挥员多次试图联系内部人员，没有得到回应。6时37分，现场指挥员请求增援，派遣快速干预人员，沿水带穿过前门，下到地下室。返回一楼时，他们发现了部分倒塌的楼板后，立刻去地下室的碎片掉落区搜救。7时08分，在地下室的一个角落附近发现了队长。7时29分，移除队长周围的倒塌物后，在队长和塌落物下面，发现另一名消防队员。两名消防人员均被宣告现场死亡。

　　本次调查中确定的主要原因，包括最初的360°现场评估不足，消防员现场逃生技能欠缺，无线通信问题，消防部门到达之前地下室火势已发展到猛烈阶段，以及由于天然气导致的火势扩大等。

　　国家职业安全和健康研究所调查员认为，为降低类似事件的风险，消防部门应做到以下几点：

① 遵守360°现场评估的标准操作规程；

② 确保消防员在生存技能方面训练有素；

③ 针对地下室火灾的具体危害（包括进出点、轰燃和建筑坍塌），制定标准操作规程，并进行培训；

④ 遵守无线电操作规程，遵循由国际消防长官协会推荐的最佳做法；

⑤ 确保使用热成像摄像仪，帮助评估室内条件和可能的建筑破坏情况；

⑥ 遵循进攻操作的标准操作规程，如使用消防切割工具。

虽然没有证据表明以下建议能完全防止这类死亡事故，但不失为一个好的安全提醒：

① 确保内部进攻人员携带充满水的水带前进；

② 详细分析电话报警信息，如火灾地点和建筑物内的住户是否已疏散。

此外，无线电制造商、研究/设计者、标准制定机构也应继续进行研究，以提高无线电系统的能力。

提出的问题：

① 如果你所在的辖区内有地下建筑，检查地下室出入口，扑救地下室火灾时需要采取什么预防措施？

② 思考本部门的评估程序和做法，是否需要360°实地熟悉？实施了吗？如果没有，不能实施的原因是什么？

11.1　引言

单户和双户住宅火灾是美国最常见的建筑火灾之一。美国消防协会将单户和双户住宅定义为不超过两个家庭居住的建筑。然而，某些情况下，实际上可能有两个以上的家庭住在这些建筑内。住宅单元可能是独立建筑，这在许多城市和郊区的住房中能见到；也可能是附属单元，如那些在市中心的联排住宅或郊区的城镇住宅，如图 11-1 所示。在很多较小的老旧乡镇，这种附属的单户和双户住宅非常普遍。单户和双户住宅也包括活动房屋。本章中，将这些建筑视为与附属单户住宅、双户住宅和城镇住宅同类的住宅建筑，如图 11-2 所示。

(a) 典型单户住宅　　　　　　　　(b) 附属单户住宅

图 11-1　单户住宅

单户和双户住宅有许多不同的设计，每种设计都有自身固有的建筑结构和安全隐患。有小到 $400ft^2$，大到 $25000ft^2$ 或更大的单层农场；有两到三层的殖民风格——安妮女王和维多利亚时代的房屋；有错层的单户别墅。这些住宅可能有附属或独立的车库和地下室，它们坐落在平地或有坡度的地方，这些都会增加房屋的火灾风险。这类建筑最常见的建筑风格是木结构和砖石结构，外壳使用木制材料、乙烯制品、石棉瓦、砖面、铝和其他材料。这些外墙壁板可能有助于控制火势，如砖制和石棉制壁板；也可能会助长火势蔓延，如乙烯制品和木制壁板。

图 11-2　双户住宅

> **提示**
>
> 单户和双户住宅火灾是美国最常见的建筑火灾之一。

根据 NFPA 关于美国 2010 年火灾损失的详细报告，2010 年美国消防部门共接火警 1331500 起，火灾造成 3120 人死亡，17720 人受伤，直接财产损失 11593 百万美元。平均每 169min 就有 1 人因火灾死亡，每 30min 有一人因火灾受伤。住宅火灾占建筑火灾总数的 80%，死亡人数占建筑火灾死亡人数的 85%（2640 人）以上。有些地方，消防部门每 65s 响应一次住宅火灾。在住宅火灾中，单户和双户住宅占火灾总数的 58%，死亡人数占总数的 71%，见表 11-1 所示。

表 11-1　2006～2008 年不同建筑类型火灾死亡人数比例

建筑类型	百分比/%
单户和双户住宅	80.2
多户住宅	16.1
其他住宅建筑	2.8
寄宿制公寓	0.4
旅馆和汽车旅馆	0.4
合计	100

注：1. 数据来源于 NFIRS 5.0。

2. 由于四舍五入，合计可能不是 100。

据美国消防局统计，住宅建筑火灾中，50% 的人员死亡时间为晚上 10：00 至早上 6：00，该时间段火灾也占亡人火灾的 49%。峰值时间是凌晨 1：00 到凌晨 5：00，正是人们熟睡的时间。烟气是导致住宅火灾人员死亡的主要原因，大多数居民在熟睡中受烟气和一氧化碳气体的影响而死亡。因此，烟气探测器非常重要。在居民建筑中，它能够提供早期报警，为人员疏散提供足够的时间。

> **提示**
>
> 2010 年，住宅火灾占建筑火灾总数的 80%，死亡人数占建筑火灾死亡人数的 85% 以上。

由于这类火灾多发，所以消防部门扑救过许多单户和双户住宅火灾，有时会使消防人员对训练效果过于自信。因为这些火灾是非常普遍的出警任务，消防队会理所当然地认为其很容易处理，这种期望是没有根据的。2010年，USFA关于消防员的死亡报告表明，住宅建筑火灾扑救中牺牲的消防员占火灾中牺牲消防员的10%。

2013年，保险商实验室消防员安全研究所（ULFSRI）发布了一份题为"单户别墅垂直通风与抑制策略有效性研究"的技术报告，针对几种场景进行了17项系列实验，有些情况与当前的消防知识（火灾动力学、通风和抑制）存在分歧，包括：

① 门控制方式的影响；
② 垂直通风孔尺寸的影响；
③ 垂直通风孔位置的影响；
④ 火灾位置和通风位置之间不同流动路径的影响；
⑤ 建筑中现代和传统燃料负荷的影响；
⑥ 各种流动路径组合对外部抑制的影响。

表11-2总结了消防部门纳入教育和火灾扑救中的12种战术措施，研究这份文件对消防员而言是必不可少的。

表 11-2　ULFSRI 研究中提出的战术措施

考虑	解释
当今消防员工作场所	新材料和家具与传统材料的影响
控制通道门	限制空气从消防员进入的门进入建筑的影响
协调垂直通风与火场进攻	垂直通风与射水的关系。综合考虑火场用水,确保通风后火势不发展
通风孔尺寸	实验表明,通风受限火灾中,4ft×8ft的通风孔能将烟和热排出
通风位置	协调通风与火场进攻非常重要。只要协调好,不管在哪里通风都可以,但距离火源越近,效率越高
火灾发展阶段和蔓延路径	由于火、热和烟气增加,所以在火灾蔓延路径上救援的消防员伤亡的风险增加
通风时机	通风并不总是导致冷却。垂直通风导致住宅内条件变化,必须考虑通风时机
根据烟气判断火灾	有火焰的是通风控制火势,没有火焰的是燃料控制火势
关门对遇难者状态和消防员生存的影响	位于紧闭房门后方的居民,生存机会较大
缓和目标	从任何可能的地方尽快向着火房间射水,能改善整个建筑的情况
不能推进火灾	水没有推进火灾,尽管消防队员经常这样描述。根据研究,这种表象可能是火灾蔓延路径发生变化的结果
建筑面积大的住宅,向着火物射水	在开放式大型住宅建筑内,可以远距离向燃烧房间射水,但着火空间越大,需要的水量越多

11.2　建筑结构

事故指挥员、消防队干部和消防队员必须掌握房屋建筑学的相关知识，以了解火灾对不同类型住宅和商业建筑的影响。建筑结构最终影响事故处置战术的选择。了解建筑等同于了解火灾动力学，现场人员可以对火灾蔓延方向、产生的热量、火灾条件下建筑物稳定的典型时间、消防队员疏散前在建筑内的停留时间进行专业的假设。

单户和双户住宅最常见的建筑构造方式是 V 型（木结构）和 Ⅲ 型（砖石结构）。木结构住宅通常分为三种：梁柱结构、轻质木框架结构和平台式框架结构。

11.2.1 梁柱结构

梁柱结构（有时称为厚木板梁框架）常用较大的构件，如图 11-3 所示。较大的木构件通常是 4in×4in 的柱，作主要结构构件；小一些的是 2in×4in 的壁骨，用于填补在较大的框架构件之间。这种施工方法在老的和新的住宅中均有应用，很多人将这种建造方法与小木屋联系在一起。在当今更大、更现代化的住宅里，为追求露天理念和"大房间"，设计师再次使用这种建筑方法。这样做并不意味着整个房子都是以这种方式建造，但在建筑内的一些房间、入口和局部地方，会有厚木板和梁。

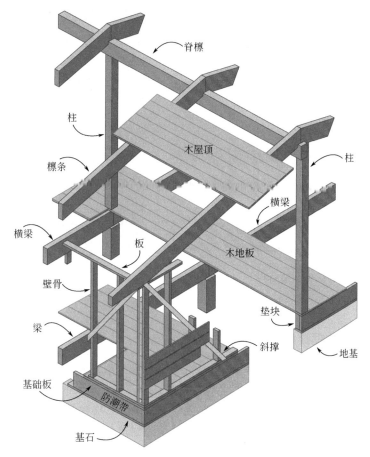

图 11-3 梁柱结构

11.2.2 轻质木框架结构

轻质木框架结构使用标准的 2in×4in 壁骨，如图 11-4 所示。这种建筑的独特之处在于，外部框架构件高达两层或两层以上，从地基开始直到檐线。1940 年以前建的房子，这些构件从地基开始直到檐线形成一个开放通道，容易使火灾从底部蔓延到房屋的顶部。地板的龙骨也可以从住宅的一端延伸到另一端，导致火灾通过各种通道蔓延至整个住宅。如果房屋有地下室，由于这些通道是畅通的，火灾很容易从地下室直接蔓延到阁楼。在扑救这种建筑类型的火灾时，事故指挥员必须考虑火灾从地下室或一层向阁楼蔓延的可能，这对火灾扑救非常重要。

1940 年以后建造的轻质木框架住宅，通常在墙上设置防火封堵，如图 11-5 所示。防火封堵由 2in×4in 的木材构件放置在龙骨上形成。这种处理方式限制了火灾沿这些通道向上蔓延，进而穿过地板。防火封堵在轻质木框架住宅中非常重要，为确保有效，所有的防火封堵必须设置准确。

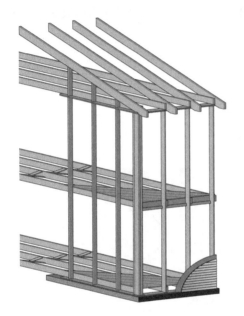

图 11-4　轻质木框架结构

图 11-5　防火封堵实例

木构件放置在龙骨之间以限制火灾沿这些通道向上蔓延

11.2.3　平台式框架结构

平台式框架结构，每一层都建得像一个盒子。该框架每层设置一个窗台板，向上盖到一层的高度，如图 11-6 所示。下层地板放在龙骨（托梁）上，其上砌承重墙和非承重墙，然后加盖 2in×4in 的水平壁骨，从而覆盖墙体部分，形成一个盒子。二层龙骨设置在承重墙的顶部，其上放置二层楼的楼板，楼板上砌墙。这种建造方法通过建造一个实质性的障碍，阻止火灾通过墙壁和楼板向垂直和水平方向蔓延。这种方法创建了独立的分隔，能够将火灾限制在着火空间内。平台式框架建筑，着火房间的火可以限制在一个隔间或是住宅的一部分。

大部分现代建设标准中都有平台式框架，有多种不同的建筑风格和方法，错层、双层、三层房屋都是平台式框架的变化形式。消防队必须研究辖区内的房屋类型和建造方法，研究老房子的风格和新的家居风格，并检查在建和改造建筑，这是了解这些建筑固有危险和安全特性的唯一方法。

> **提示**
>
> 为提高效率，必须研究辖区内的房屋类型和建造方法。

11.2.4 砖石结构

砖石结构和木结构房屋的区别在于承重墙之间的差异。砖石结构的承重墙是水泥、混凝土砖或其他砖石产品，如图 11-7 所示。内墙仍采用木制的龙骨、楼板梁和屋架建造。这种建筑风格在美国南部非常流行，那里飓风很普遍，多采用平台式和/或框架建造方式。

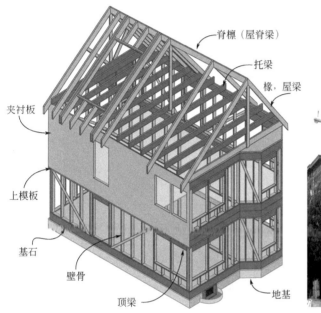

图 11-6 平台式框架结构（木制轻型框架结构）

图 11-7 砖石结构

11.3 危险

以上建造方法都有一定的火灾危险。由于其开放性，最常见的危险是烟和火在建筑内蔓延，热、烟和火沿着阻力最小的路径传播。在单户和双户住宅中，走廊和楼梯间是最常见的蔓延路径，且这部分区域通常是敞开的，没有设置防火保护措施。这些建筑火灾中，关门有助于控制火势。必须考虑火灾通过管道、多用井、通风井和空隙蔓延的情况。

房屋外部有助于火灾蔓延。外部的木材、塑料和沥青覆盖物有助于火灾向上传播至外沿，进入吊顶和阁楼。在砖制、混凝土制、灰泥制和石棉制护墙板或封檐板处，火势不能蔓延，从而限制火灾从此处蔓延到阁楼。如果火势突破窗口，

图 11-8 烟和火蔓延至单户住宅

火灾依然会蔓延至吊顶或阁楼，如图 11-8 所示。

轻质木框架结构中，如果火势到达外墙，会一路畅通无阻地蔓延至阁楼。地下室火灾能迅速蔓延至这些通道。轻质木框架结构住宅发生火灾时，事故指挥员必须考虑着火楼层和阁楼，火势也有可能沿这些通道向下蔓延。二楼或阁楼发生火灾时，火势能通过燃烧的灰烬向下蔓延。消防人员必须时刻注意火灾烟气蔓延的迹象，如灼热或油漆起泡等。

平台式框架结构和砖石结构创建了独立的分隔，能够将火灾控制在房间和着火区域内。火灾蔓延的风险主要是开放的大厅和楼梯。在许多新式住宅中，大房间和拱形天花板越来越流行，这些结构会使火灾蔓延得更快。

这些结构也有危险性。轻型木桁架构件的顶、地板构件会在火灾中失效。单户和双户住宅的屋顶覆盖物多种多样，如重的筒形瓦、沥青瓦、木片瓦、石板和许多其他材料等，如图 11-9 所示。彩石金属瓦是市场上的一种新产品，由 $26^\#$ 结构钢涂覆重质树脂和其他保护层制成的。超厚涂层陶瓷烧制的土石料，以及不同形状的陶瓦、传统沥青瓦，乃至天然西洋杉木制屋顶都有使用，如图 11-10 所示。

图 11-9 瓦屋顶的屋面构件显著
增加重量，通风困难

图 11-10 西洋杉木制屋顶增加
火灾荷载和蔓延速度

然而，为了抵御冰雹、飓风和其他风暴的破坏，这些屋顶的强度等级极高，几乎坚不可摧。消防队员很难在这种屋顶实施通风。更糟糕的是，直到灾后调查的时候，他们可能都不知道自己要操作的是什么类型的屋顶覆盖物。许多情况下，在住宅中使用正压通风是正确的选择。将火灾中疲劳或受伤的消防员放置在屋顶上是不明智的。记住，许多屋顶由轻质构件组成，其设计强度只能承载雪、风和雨，当屋面结构受到火和消防队员重量的作用时，会发生倒塌。

考虑建筑的细节（建筑结构）有助于消防人员预估危险，消防人员还必须考虑建筑的内容物（建筑内有什么）。建筑的内容物增加了火灾荷载。家具的数量差别很大，有的客厅有沙发和椅子，有的可能有沙发、椅子和桌子。节假日期间，礼物或装饰能增加火灾荷载。卧室物品从单人床到多个双层床，再次增加了火灾荷载。无论火灾荷载如何，都必须考虑由天然纤维和合成材料制成的现代材料，它们比传统材料燃烧得更快，放热量更大。配有现代家具的住宅，发生轰燃所需时间，是配有传统家具住宅发生轰燃所需时间的一半。

单户和双户住宅建筑一般不需要进行防火检查，也不需要遵守防火守则中关于合理存储的要求。这导致在住宅内可能存储任何东西，包括易燃液体/气体、爆炸品和有毒化学品，如图11-11所示。建筑内几乎都有电和水，燃气设施可能会有所不同。如果有气体，需判断它是天然气还是液化石油气，如图11-12所示。

图11-11 住宅中的各种易燃物品

图11-12 评估时应注意房子后面的液化石油气钢瓶说明房子使用了液化石油气

对消防员而言，单户和双户住宅中的另一个危险是物品堆积。当人们在家中聚积贮存大量财物时，就会出现堆积。堆积物通常存储在家里不常用的地方，这些地方会变得混乱，以至于它们不能再发挥原来的作用，例如人们不可能再使用作为存储空间的卧室的床或厨房里的水槽。堆积会影响消防人员进出，且明显增加火灾荷载。许多社区已经认识到这个问题，已经建立了专门队伍来解决它，包括建筑检查员、动物控制官员和急救人员。消防人员需要认识到这种潜在危险，一旦进入现场，通知指挥员调整策略。

还需要关注住宅建筑被用作大麻种植屋和冰毒实验室，在单户和双户住宅火灾中必须考虑这种可能性。住宅建筑的内容物在最初的接警中可能是未知的，但在实施作战目标时，必须考虑所有的可能性。

提示

单户和双户住宅中可能储存任何物品。

11.4 灭火策略和战术

单户和双户住宅火灾扑救的策略和战术，包括第4章"协调和控制"中提出的内容，与其他火灾一样，需要考虑以下问题。

11.4.1 消防员安全

NFPA关于美国2010年消防员死亡的报告表明，21名消防员在火灾扑救中牺牲，其中单户和双户住宅火灾致使 6 名消防员牺牲。人们常将单户和双户住宅火灾称为"常规火灾",因此,此类事件中必须将消防员安全作为战术目的。这些战术目的包括人员管控制度、安全官的任务、启用快速干预小组(RIC)和启动事件管理系统。某些类型的建筑中,火灾传播速度很快,就轻质木框架结构而言,这一点可能会被忽略。因此,在这些建筑火灾扑救中,生命安全是重中之重,消防员安全是生命安全关注的内容之一。由于消防员经常从事搜救行动,所以,必须监测火灾发展和蔓延情况,以防消防人员因轰燃而受困。

11.4.2　搜索和救援

即使在进攻型灭火行动中,除非住户声明,否则必须实施内部初步搜索。尽管需要搜索整个建筑,但某些地区发现受害者的可能性更大。例如,走道或者过道、窗户下面、门后、走廊和卧室等区域。住宅火灾中导致死亡的最主要的地方是卧室(55%)。36%的受害者在逃离中死亡,另外 35%的人在睡眠中遇难。

内部搜索队和外部通风—进入—搜索(VES)队伍必须搜索这些地方。搜索和救援应该由第一批到达的力量实施。

> **提示**
>
> 尽管必须搜索整栋建筑,但某些区域发现受害者的可能性更高:走道或者过道;窗下;门后;走廊;卧室。

11.4.3　疏散

在单户和双户住宅中,有必要疏散人员。在双户住宅一侧的人可能不知道发生在另一侧的火灾,尤其是火灾向窗外蔓延,烟气未进入未着火一侧的情况下。在这种情况下,未着火一侧人员必须疏散。

11.4.4　保护未燃物

保护未燃物很重要,这取决于建筑之间的距离。当建筑着火,采取防御行动时,保护未燃物尤其重要,必须射水以阻止火灾向周围建筑或其他物体蔓延。此外,在双户住宅、附属单元或城镇住宅着火时,必须尽早做好保护未燃物的工作。

11.4.5　控制火势

火灾的控制也取决于作战行动类型。在进攻行动中,设置水带线路以控制火势向未燃区域蔓延。然而,根据保险商实验室消防员安全研究所(ULFSRI)的研究,可以从火灾的任何一侧射水。水带线路必须铺设在能够保护通向出口的内部路径和楼梯间等位置。在确定水带线路位置时,应考虑水的流动性。这不仅关系到火势控制效果,也关系到搜索和救援的方式,以及消防人员的安全。

防御行动的目标是射水,防止火势蔓延,如图 11-13 所示。同扑救联排住宅或城镇住宅火灾一样,防御性进攻中消防员通常追赶火势。指挥员必须记住,铺设水带和射水所需的时间要比火势在建筑物内部蔓延所需的时间长得多。如果不能将火势控制在着火建筑内，应尽力保护着火建筑。

11.4.6　灭火

一旦控制火势，则努力灭火。灭火需要根据火势大小和有效流量，来铺设供水线路和射水。直接扑灭燃烧物质意味着火灾未达到自由燃烧阶段或未发生轰燃。一旦室内火灾进入自由燃烧阶段或轰燃阶段，则需要迂回进攻。

图 11-13　单户住宅防御行动应致力于将火灾控制在着火建筑内

11.4.7　通风

建筑物内的火灾位置决定了必要的通风方式。许多情况下，不需要屋顶通风，除非火势已经蔓延到阁楼。通风必须配合灭火、搜索和救援行动实施。在这些火灾中，无论采用自然的还是机械的水平通风都是有效的。通风时间和停止通风的时间要与灭火小组协调。通风时，应设置水带进攻灭火。

11.4.8　火场清理

为确保彻底扑灭火灾，必须进行详细检查，特别是轻质木框架建筑，其地下室火灾很容易从地下室的墙壁蔓延到阁楼。根据设计，这些建筑中的许多家具增加了详细检查的必要性。软垫家具、床、地毯和衣服都需要进行适当的检查，以确保它们不发生阴燃。如果这些物质着火，最好是将其移到建筑外，但不要从起火区域中移出这些物质。火灾调查人员可能想从详细检查阶段开始调查。此外，许多火灾最后还要由家庭保险公司的调查员调查。不能再像以往一样，将房间内的物品投掷和铲出窗外。使用现代技术，如热成像摄像仪，可以找到并消灭任何剩余的热点，防止复燃。救援人员有责任调查原因，确定起火点，因此，不能破坏起火区域现场。

11.4.9　抢救财物

虽然抢救财务在所有火场行动中都很重要，但在住宅建筑火灾中，它是消防人员的最大挑战，也是机遇。家里有衣服、照片、遗物、家具、珠宝和保险文件，救援必须考虑救出这些物品或保护其不受火灾影响，可以采取覆盖、装箱和搬出等措施，有时只是将其从地板上拿起来，避免水浸损失。虽然大多数房主都有保险来弥补这些损失，但很多人没有保险。而且，住宅火灾中的一些损失是不可替代的带有感情的物品。想象一下你的房子发生火灾的情况。当你看到所有的财物和物品像垃圾一样被扔出窗外时，你会有什么感觉？因此，消防员有义务扑灭火灾、抢救财物，尊重并处理他人的财产。

提示 🔧

通过覆盖、装箱和搬出等措施抢救财物，或者只是将其从地板上拿起来，避免水浸损失。

11.5　常见火灾

以下是一些在单户和双户住宅中常见的火灾及其具体危害、灭火策略和战术。

11.5.1　地下室火灾

11.5.1.1　危险

地下室往往是家中许多不想要物品的最终归属地。这些物品可能是普通家用家具，也可能是储存的危险材料。伴随着这种危险，地下室里可能堆满了业主的物品。

图 11-14　地下室入口和出口可能带来战术和安全问题

在地下室火灾中遇到的第二个危险是缺少入口和出口。大多数地下室只有一个入口，如图 11-14 所示。这一个入口也是唯一的出口，如果它被切断，那么在地下室作业的消防人员就处于严重的危险之中。因此，预先找到可替代的入口和潜在的出口很重要，这些出入口可能是室内楼梯或一层的窗户。

11.5.1.2　灭火策略和战术

地下室火灾的灭火策略和战术与本章前面提出的一般思想密切相关，在这里仅介绍具体的差异。

（1）消防员安全　除了提出的其他安全问题外，在地下室火灾中，进入地下室的消防人员的安全是指挥员首先考虑的安全问题之一。许多安全问题与遇到的危险密切相关。例如，在许多情况下，如果环境恶化，地下室窗户不够大或不够低，消防人员无法逃生。快速干预人员必须注意地下室窗户的位置。它们是普通平板玻璃窗或玻璃砖窗户吗？一些住宅，为防止入室盗窃而在窗户上覆盖了胶合板或金属板，另一些窗户在住宅改建过程中被遮挡，有些地下室根本没有窗户。

（2）搜索和救援　虽然地下室可能是各种不需要的物品的堆放地，但也可能是人们居住的地方。许多房主装修了地下室，做成可以居住的隔间、娱乐室或工作室。因此，这种类型的地下室火灾中，必须尽快开始搜索和救援行动。良好的地下室火灾评估，包括获得房主或邻居的帮助，如果可能的话，还应包括地下室内的物品信息和人员在地下室的可能性。此外，随着消防行动的开始，消防员需要对上层进行初步搜索。建筑物的楼层数决定了相应的搜索方法。地下室火灾对建筑物的所有住户都是危险的，但应该首先搜索第一层。消防员必须控制楼梯以防止火势蔓延。在轻质木框架建筑内，必须将水带线路铺设到房屋的每一层。热量和烟气会沿楼梯蔓延至整栋房屋。这种水带布设方式使同伴能够搜索整栋房屋并保留安全出口。

如果听到无线电呼救，应迅速使用地面消防梯。一般先将消防梯从设备上卸下来，架设在建筑外墙上。因为虽然很多新的消防设备都有由液压系统升降的梯架，但收到求救信号时，消防人员并不愿意浪费时间，等放下梯架之后再爬上梯子去救人。

> **提示**
>
> 消防员必须控制楼梯以防止火势蔓延。

（3）疏散 地下室火灾的疏散通常包含在房屋疏散中。还必须决定是否需要疏散相邻的房屋。如果建筑物共用一堵墙或由于地下室火灾而使建筑物变得不稳定，有必要对相邻的房屋实施疏散。

（4）保护未燃物 地下室火灾中保护未燃物的方法通常与单户和双户住宅建筑火灾一样。

（5）控制火势 地下室火灾控制主要是找到起火点和实施快攻。确定起火点，并检查是否有外部入口。绕建筑一周有助于确定外部入口情况。判断地下室火灾火点的主要线索是建筑内从底部到顶部的烟，打开门开始通风的时候烟气不升高，通风后，如果烟不能升离地面，则需要通过寻找其他线索来判断起火点位置。

在一个未装修的地下室，由于该区域是敞开的，会更容易找到起火点。如果地下室装修过，由于内部分隔，找到起火点会更加困难。隔间会限制火灾，很难找到和扑灭火灾。必须控制火势，才能保护楼梯。

（6）灭火 地下室火灾本来就很难扑救，因其必须将水带线路铺设进着火区。驾驶员需要将水带送到地下室的楼梯处。在确保有足够的水带到楼梯底部时，应迅速向前铺设水带，并控制其进入地下室。如果起火的地下室可以用常规方法扑火，但通风不好，则应考虑使用直流水枪，这种水枪射程更远，对火灾热层的干扰不大。

（7）通风 地下室通风比较困难。外部通风可能会使地下室的状况更糟。如果外部窗户可以通风而不危及内部人员，则必须采取这种行动。如果需要垂直通风，将洞口尽可能靠近楼梯顶部，尤其是在两层结构中。楼梯上方的孔洞有助于排除二楼的烟气，否则烟会通过大厅和打开的卧室门迅速积聚。如果地下室通风不好，应先在一楼的一个窗户下，离墙大约1ft处切割出一个洞，然后拆除窗户。

（8）火场清理 地下室火灾的火场清理包括检查每一层和房屋阁楼。火场清理与建筑结构知识和一般建筑特性密切相关。例如，如果事故指挥员怀疑起火建筑是轻型框架结构住宅，则应首先检查阁楼区域。此外，火会通过墙壁和地板蔓延。火场清理必须彻底，但不要动起火点。

（9）抢救财物 地下室的许多物品对户主或居住者都具有情感价值，应保护这些物品免受不必要的损失。如果地下室因水带管线而被水淹，那么在确保安全的情况下，应将户主的财产移到上层。或者与主人面谈，以确定适合存放这些珍贵财产的地点。

11.5.2 一楼火灾

11.5.2.1 危险

一楼火灾的最大危险之一是火灾蔓延迅速。一楼火灾可能发生在厨房、客厅、活动

图 11-15　大型敞开空间内可燃物多

室、卧室和卫生间。房间的类型并不重要，重要的是房间位于房子的什么位置，以及房间外面火灾的蔓延情况。大多数卧室和浴室有门，住户可以关闭房门以遏制火灾。活动室、客厅和厨房通常与整个房子连通，使得烟、热和火迅速蔓延至整个房间，如图 11-15 所示。

危险之二是消防人员有可能不重视。许多消防员感到扑救一楼火灾很轻松，可能会不认真对待。这种自满情绪可能会害死消防员。记住！楼房火灾中，建筑物会有倒塌的可能。

消防队必须意识到建筑可能不稳定。确定建筑物的高度，它可能不像看上去那么明显。很多时候，建筑物建在山坡上，看起来像一个单层结构的建筑，但实际上它可能有一个完整的地下室。必须在事故发生早期确认是否有地下室，并将楼板坍塌的危险传达给内部人员。

提示

一楼火灾的最大危险之一是火灾蔓延迅速。

11.5.2.2　灭火策略和战术

在一楼火灾中，确定灭火策略和战术的关键因素之一是确定火灾的确切位置。事故指挥员可以绕建筑物一周来确定火势最集中的地方。通过门窗观察火灾情况，寻找火灾突破窗户情况，通过观察窗户和屋檐处的烟气浓度确定火灾蔓延情况和火势大小。烟气是从建筑中飘出的吗？它是被火焰锋推动的？还是在巨大的压力和旋风作用下涌出来的？火焰是通过一个窗口蔓延？还是在整栋建筑蔓延？确定火灾地点、蔓延速度和方向，有助于事故指挥员实施以下目标和目的。

（1）消防员安全　到目前为止，已经提出了一些有助于确保消防员安全的重要问题，然而，在一楼火灾中需要强调一些具体的安全问题。

通过良好的预评估确定现场危险，是确保消防员安全的最重要因素之一。如事故指挥员绕建筑一周观察时，注意到有地下室，或有架空层等，必须将这些信息传达给消防员，使其进入建筑之前检查一楼，如图 11-16 所示。如果消防员利用消防梯爬上屋顶或二楼，会很容易发现这些情况，但如果在一楼内却不容易发现。

（2）搜索和救援　如果建筑内可能有人，那么在一楼火灾中搜索和救援绝对是至关重要的。应该先搜索第一层，要考虑所有居住者，还必须部署一个小组来搜索二楼。理想情况下，这些任务将同时完成。如果不可能的话，先搜

图 11-16　注意房子下面的空间，是火势蔓延的途径和消防人员的安全隐患

索一楼，然后搜索二楼。

（3）疏散和保护未燃物 疏散和保护未燃物，是扑救单户和双户建筑一楼火灾的典型做法。

（4）控制火势和灭火 消防队员铺设水带线路时，事故指挥员应该已经完成了绕建筑行走一周的评估，能告诉队员火灾位置。灭火队员应携带第一盘水带，从前门直接进入火灾区域。而驾驶员将这条水带放置在火灾和未燃房屋之间，另一名队员应开始搜索和救援。第一条水带应该用来控制火势，以保障实施搜索和救援。第一条水带线总是有失效的可能。因此，应该部署一条备用水带，为第一条水带操作人员和搜索救援人员提供保护。

（5）通风 密闭的窗户有助于事故指挥员找到起火点。如果建筑密闭，烟的形成可能会掩盖实际的火灾区域，这使得烟和火沿着阻力最小的路径在整个建筑中扩散。烟和火沿一楼和楼上的任何楼梯、管道上升，影响到二楼和阁楼。通风是迅速有效的战术。在大多数小型一层牧场，没必要垂直通风。正确实施正压通风，拆掉窗户，排出烟气，为灭火和搜救人员创造了更好的工作条件。在有烟和火的两层建筑中，需要垂直通风，如果安全的话，通风孔应该开在着火区上方。如果出口有问题，应该将通风孔设在楼梯上方，使烟气被抽上楼梯，排出建筑。这种方法使二楼更适合进行搜救工作。

（6）火场清理和抢救财物 火场清理的目的是确定所有残火都已找到，且消除其复燃的可能性。热成像仪是火场清理期间使用的好工具。抢救财物是保存和保护不可替代的纪念品、衣物、家具和其他物品的过程。负责抢救财物任务的人员应与住户会面，确定物品的重要性，避免不小心将其扔到院子里。

在许多城市，疑似厨房火灾的火灾数量有所增加。对消防队而言，厨房火灾曾是容易快速扑灭，易于抢救财物、清理现场和快速归队的火灾，但现在出于顾及其可能是骗保而变得复杂，可能是业主想让保险公司负担装修的费用，或者想用没有价值的物品骗取保险赔偿。扑灭厨房火灾后，花时间检查损坏情况，记录下人们对所发生事情的描述，记录损害程度。曾经发生过一些案例，在消防队离开后，厨房火灾造成的损失明显增加。当火灾看起来像骗局的时候，会需要消防队返回火灾现场描述火灾发生时的损毁情况。

11.5.3 一楼以上楼层火灾

11.5.3.1 危险

二层或更高的楼层火灾与一层火灾的房间类型和房内物品相同。床垫、箱式弹簧和卧室家具会产生大量的烟和热。二楼的烟气没有办法排出，除非窗户破裂。这种类型的火灾对消防指挥员评估建筑情况更困难，因为绕建筑一周时不容易看到建筑物内部的情况，造成了这种结构类型的特殊危险。绕建筑一周侦察对于寻找处于危险中的居民、确定烟和火势情况以及其他结构特征等经常是必要的。与一楼火灾一样，事故指挥员必须特别注意海拔的变化。因为地势倾斜，前面看起来像两层楼的房子可能是一个四层楼的房子。

提示

　　因为地势倾斜，前面看起来像两层楼的房子可能是一个四层楼的房子。重要的是进行全面的外部侦察，而不是假设房子周围都是一样的。

图 11-17 消防员在上层作业时，
必须架设梯子作为第二个出口

11.5.3.2 灭火策略和战术

（1）消防员安全 在扑救一楼以上楼层火灾时，消防员安全方面最大的顾虑是出口不足。进入建筑的路线并不一定是最好的撤离路线。如果消防队员通过室内楼梯进入大楼，那么应在窗口放置一个梯子，且消防员知道梯子的位置，如图 11-17 所示。同样，如果消防队员通过梯子进入上层楼层，则应增加第二个梯子，并保护室内楼梯。

由于消防队员正在上一层作业，所以快速干预人员必须知道在两层以上的多层建筑中建筑结构的不同之处，并为此做好准备。在地下室或楼板倒塌的情况下，应做好在二楼搜索和营救消防人员的准备。必须基于救援的可能性来选择正确的工具，包括在上层楼层放置地面梯子。

提示

由于消防队员正在上一层作业，所以快速干预人员必须知道在两层以上的多层建筑中建筑结构的不同之处，并为此做好准备。

（2）搜索和救援 控制火势之前，沿走廊搜索很困难。消防队员必须记住，楼梯顶部和走廊是寻找受害者的地方。某些情况下，如在消防员安全一节讨论的，消防队员通过梯子或门廊的屋顶进入二楼的窗户进行搜救更容易，如图 11-18 所示。

进入窗户，直接在窗口的窗台下检查。如果需要时间彻底搜索，通风、进入和搜索的消防员应立即关闭卧室门，将其与大厅隔离。这为消防员赢得时间，可以在走廊上进行更彻底的搜索，减少了走廊轰燃的危险。

（3）疏散和保护未燃物 疏散和保护未燃物，是单户和双户建筑中一楼以上楼层火灾的常用做法。

（4）控制火势和灭火 进入前门的第一条水带延伸到楼梯上，开始控制火势和灭火。

图 11-18 或许能从门廊屋顶进入二楼

图 11-19 把水带铺设到上层时，
必须考虑到水带的长度

消防人员必须考虑到水带的长度，如图 11-19 所示。150ft 长的水带有时不能到达二楼的所有地方，应考虑所有的建筑特征。大部分信息来源于初始现场评估，建筑有多大？装备放置的距离有多远？这种预先连接可以穿过院子，通过楼梯，到达房子的后面吗？如果有问题，则应铺设更多水带。

第二条水带备用，用于保护楼梯，正如本章前面所讨论的。

（5）通风　如果实施正压通风，必须做好协调工作。如果在适当的窗口打开之前开启风扇，那么烟气、热量和火焰可能倒灌到水枪手。在美国的一些地区，常见的做法是消防队员用长的撬杆尽可能多地打开窗户，为内部消防人员减压。问题是如果窗帘和百叶窗没有完全拆除，窗户就不能排出大量的烟和热。更有用的通风方法是先打开窗户，然后开启正压通风。密切注意火灾被驱进阁楼、墙壁，或倒灌到内部作业人员区域的迹象。

> **战术提示**
>
> 如果在适当的窗口打开之前开启风扇，那么烟气、热量和火焰可能倒灌到水枪手。

（6）火场清理和抢救财物　与其他单户和双户住宅火灾一样，找到所有的余火，且消除其复燃的可能性。热成像仪是火场清理期间使用的良好工具。抢救财物是保存和保护不可替代的纪念品、衣物、家具和其他物品的过程。负责抢救财物的官员应与住户会面，确定物品的重要性，避免不小心将其扔到院子里。

11.5.4　阁楼火灾

11.5.4.1　危险

与地下室火灾很像，阁楼火灾中的未知因素是最大的危险。阁楼火灾既包括装修的阁楼，也包括未装修的阁楼。装修过的阁楼可能比未装修的阁楼更容易进入，通常与卧室有同样的火灾荷载。

如果一个阁楼没有装修，那么没人知道里面藏了什么。即使是主人，也没有意识到在阁楼里存储的垃圾数量。储存物和火灾荷载随房子的大小和房龄而变化。一般来说，住的时间越长，阁楼里的火灾荷载就越大。

阁楼中的其他危险包括低坡度的屋顶，不稳定的地板、电线，缺乏安全的出入口，极端的重量，以及快速坍塌的可能性等。

房屋的低坡度屋顶会导致消防人员无法定位，迷失方向，可能被引导到狭窄的角落。此外，带有玻璃纤维或沥青瓦的屋顶可能有突出的钉子暴露于阁楼空间。

大多数未装修的阁楼里没有地板，消防员被迫在桁架或横梁上保持平衡，很容易失足跌倒。

电线和其他公用设施，如管道和电缆通常贯穿阁楼空间，给消防员造成危险。有些建筑没有地下室，通常会在阁楼里安装空调设备和热水加热器，增加阁楼重量。阁楼没有安全的出入口，对消防员来说犹如一个噩梦般的陷阱。

11.5.4.2　灭火策略和战术

（1）消防员安全　当消防员不得不进入阁楼灭火时，火场上每个人都必须为消防员的安全而努力。通风必须快速、正确地进行，水带必须铺设到适当距离，并能整体移动，火灾现场的每个人都必须知道建筑不稳定的迹象。

事故指挥员应该毫不犹豫地通过拉开顶棚和架设梯子等方式，为消防员进入或撤出提供第二条途径。不要指望或使用一个小洞作为通往阁楼的唯一入口，把梯子放在阁楼上提供了第二条逃生途径。

（2）搜索和救援　如果阁楼还没有完工，那么可以设想阁楼里没有人。因此，在未装修的阁楼火灾中，不应让消防员采取威胁其生命安全的灭火行动。如果阁楼已经完工，应该采用与搜索单户和双户住宅建筑卧室同样的方法进行搜索。

（3）疏散　如果阁楼正在燃烧，那么建筑物内的疏散是绝对必要的。未装修阁楼火灾直接影响到结构，因此，倒塌的可能性大于用干饰面内墙的房间，干饰面内墙为房屋提供保护，减少火灾危害。

（4）保护未燃物　阁楼火灾的未燃物保护本质上与单户和双户住宅建筑火灾中采用的方法相同。

（5）控制火势　如果迅速发现并扑灭火灾，将火势控制在阁楼内并不困难。如果消防人员在适当的时间内无法找到起火点，那么事故指挥员应考虑疏散，因为此时屋顶塌落是不可避免的。

（6）灭火　灭火需要第一条水带穿过房子的最佳入口到阁楼入口。必须从下面进攻灭火。消防员需要进入阁楼区域，在高温和浓烟条件下推进水带线路。如果火势已突破屋顶，则从外部堵截，在确保安全的情况下主动进攻。从低的地面向屋顶上喷射水流进行灭火，通常是无效的，水不会进入火的底部。从屋顶上方用梯形管或塔梯进攻有助于扑灭大部分火灾。与以往一样，建筑施工和火灾行为的知识有助于消防人员做出正确的灭火决策。

另一种扑灭阁楼火灾的方法是使用穿刺水枪。这种水枪可以穿过天花板，进入阁楼空间，穿过屋顶，或者通过侧壁，产生有效的水流。这种水枪并不能完全扑灭火灾，但与适当的通风配合使用，它使消防人员更容易进入阁楼，大大提高了能见度。

（7）通风　为了使火势较大的阁楼充分通风，许多有经验的事故指挥员会选择垂直通风。但是，指挥员在实施垂直通风之前，必须考虑到屋顶的稳定性。如果认为屋顶是安全的，应尽快安全地把一名消防员送到屋顶，以打开一个足够大的洞来排出烟和热。某些情况下，阁楼会有一个小窗户，在屋顶上凿开孔洞之前，可以用它来通风。阁楼的大小和燃烧物的数量决定了使用的通风方法。

许多消防指挥员在阁楼火灾中不考虑正压通风，然而，这种战术方法实际上是可行的。容易争论的是，增加阁楼火灾重量导致屋顶不稳定。因此，如果受害者没有面临生命安全问题，那么事故指挥员无需将消防员置于不安全境地。在这些情况下，如果操作得当，正压通风无疑是最安全的选择，可以成功。然而，必须强调的是，正压通风要求在阁楼区域有烟气出口。如果消防人员不能到达屋顶，则可以通过地面梯子移除阁楼通风口来打开一个通道。

提示

如果受害者没有面临生命安全问题，那么事件指挥员无需将消防员置于不安全境地。

（8）火场清理和抢救财物　阁楼火灾的火场清理和抢救财物与地下室火灾类似。阁楼的开放性使火势蔓延更快，需要彻底清理，以确保扑灭火灾。存放在阁楼空间的物品往往对主人或居住者有感情价值，应尽可能地予以抢救。

11.5.5 附属车库火灾

11.5.5.1 结构

美国目前的住房至少有三种常见的附属车库。在大多数有地下室的单层或二层住宅中，车库是建筑的延伸，车库的屋顶也有同样的高度，与生活区屋顶融为一体，如图 11-20 所示。车库和房子的屋顶桁架系统是一样的，因此，整个房子和车库的阁楼空间是开放相通的，两个区域之间没有防火封堵。从车库内部入口门可以进入房屋的厨房或杂物间。

图 11-20 典型的单层住宅附属车库

图 11-21 二层住宅附属车库

第二种风格常见于大多数两层楼的附属车库。车库的屋顶与生活区的屋顶分开，与房屋的侧面相连，如图 11-21 所示。这种风格的车库，其阁楼与生活区阁楼之间没有连接。车库与房屋的侧面连接，在车库阁楼与生活区之间形成了固有的防火分隔。从车库内部入口门可以进入房屋的厨房或杂物间。

第三种风格可见于一/二层房子的车库。这些房子通常也有地下室，车库是房屋的一部分，如图 11-22 所示。车库的天花板是上面起居室的地板。许多情况下，车库上面的区域有卧室。车库的内部入口门可以进入房子的地下室。这种风格的车库也可以在错层住宅里见到，但通往房子的门不能进入地下室，可以进入厨房、走廊、洗衣房或杂物间。

不同地方采用不同的消防规范，紧邻生活区的附属车库的内墙，可能需要使用耐火的干饰面内墙。附属车库的天花板也应使用干饰面内墙，如果附属车库的天花板是生活区的地板，就像第三种风格一样，它也应该使用耐火的干

图 11-22 生活区下方的车库

饰面内墙。

11.5.5.2　危险

车库就像是地下储藏室。房主从房子里清出的许多东西最终可能都堆进了车库。车库火灾存在一定危险，主要来源于车库内存放的各种材料，例如汽油、庭院和水池化学品、

杀虫剂等，如图 11-23 所示。也可能是其内部的大量物品，有些车库可能装得太满，以至于消防员几乎不能使用水带和自给式空气呼吸器。

高架门也可能是危险的。车库门用木头、铝或轻钢制造，有两种常见类型。第一类是在门两侧的轨道上滑动的标准卷帘门，有 4～6 块铰链板在轨道上滑动。第二类是一扇坚实的门，向上抬起，沿着车库的天花板向后滑动。如果门关闭，里面的消防员就会有危险。在消防行动中，为防止这类门意

图 11-23　车库可能装得太满，
且存储各种材料和产品

外关闭并困住消防员，不论哪种门都必须始终处于打开状态。

> **提示**
>
> 　　车库的危险可能来自其内部的各种材料，例如汽油、庭院和水池化学品、杀虫剂等，也可能是其内部和屋顶桁架上大量的组件或原材料。

11.5.5.3　灭火策略和战术

（1）消防员安全　消防员在车库作业的安全问题包括门失效打不开被困的风险，灭火中车库存储物掉落砸伤的风险，以及存储于车库内的各种有害物质本身的危险，如汽油、润滑油和清洁剂等。

（2）搜索和救援　尽管车库不是典型的生活区，但仍需要搜索。在美国的许多地区，车库已经被改造成了家庭娱乐室或卧室。从外观上看，车库门完好无损，但实际上内部是房间。如果车库严重过火，那么扑灭火灾后需要对车库进行搜索，房屋搜索也有必要，尤其是房子内有烟时更要搜索。

（3）疏散　当车库发生火灾时，房屋疏散很重要。由于其建筑特点和薄弱的防火功能，车库火灾很容易蔓延到房子里。如果在车库中有危险物质，可能需要进一步疏散周围的住户。

（4）保护未燃物　保护未燃物最初的目的是保护房子免受车库火灾的影响，通常是通过及时控制火势和灭火来完成。

邻近的房屋也可能需要保护。在许多地区，房屋是紧密相连的。即使是郊区，封闭社区也很繁华，房屋间距在 5～10ft 之间。在这种情况下，车库火灾可能是一个威胁，而财产需要被适当地保护，直到扑灭车库火灾。如果风吹向未燃烧物质的方向，这种保护措施尤其重要。车道上的汽车也需要保护。

（5）控制火势　车库火灾的主要目标是把火控制在车库并阻止它蔓延到房子内部。使用适当的水带铺设和灭火战术是最好的方法。在曾经发生的火灾中，第一到场的消防队携

带水带管线进入了一个无烟的房子，他们穿过房子，然后打开了通向车库的内部门。这使得烟和热进入房子的受保护区域，造成严重的热、烟损害。建筑规范是为了保护住宅不受车库火灾的影响，打开室内门扑灭车库火灾，就破坏了这种保护。

（6）灭火　对于扑救车库火灾，有两种不同的方法。一种是像平常一样，从未燃烧的一侧进攻。这包括进入房子，并通过车库的内部门进行扑救。为保障进攻顺利，车库也必须通风。这一战术确保了火势不会蔓延到房子，但也存在一些缺点，例如，烟、热、火焰可能进入建筑内部，并破坏生活区域。

另一种是从车库一侧灭火。实施时，消防人员必须考虑并保证室内入口门的完整性。在此方法中，不采用从未燃侧进攻的传统火灾扑救思想。在扑救库门关闭的车库火灾时，消防人员必须升起或穿过车库门来展开进攻。如果必须用锯子切割门，从两边各割开约 6in，以避开硬件和滚筒。如果外面有一扇侧门，可以用那扇门，但最好的方法是打开头顶的车库门。

从车库一侧进行灭火是基于这样一种假设：附属车库一侧的生活区有防火的干饰面内墙。为了使用这种方法，室内的入口门必须耐火。应该派一个小组去生活区，检查内部入口门的结构完整性，必要时关上门。在第三种风格的附属车库中，也必须派人检查上方。

这种战术也有一些不足。由于单户和双户住宅通常不接受防火规范的检查，因此防火墙的完整性可能受到损害。例如，房主可以选择将干饰面内墙改为钉板。这可以很容易地完成，不需要申请改造许可，也不用经过消防审核。

（7）通风　在车库火灾中，很少用垂直通风，但水平通风很重要，打开主车库门是水平通风的最佳形式。车库在侧面或背面也可以有窗户或门，车库门本身也可能有窗户。如果不能打开车库门，这些窗户可以用于通风。

（8）清理火场　车库火灾的火场清理工作可能工作量很大，这取决于车库里存放的物品数量。在重型车库中，可能需要移除许多物品以确保完成清理。

火场清理应不留死角。如果火灾在蔓延到房屋之前完全扑灭，业主或居住者可能选择留在家中。如果是这种情况，也应彻底地清理现场，防止火灾复燃。

（9）抢救财物　俗话说，"一个人的垃圾是另一个人的财富"。消防员看到的垃圾实际上可能是房主或居住者不可替代的纪念品。指挥员应设法与住户会面，以确定哪些物品对房主来说是重要的，并尽可能小心地抢救这些物品。

11.5.6　活动住房火灾

活动住房（以前称为"移动住房"）是可移动的建筑，固定在底盘上，专门设计用来拖到住宅区。与预制房屋不一样，它由工厂建成并拖曳安装在固定的位置，如图 11-24 所示。

联邦政府严格控制活动住房建造。自 1976 年以来，要求活动住房遵守美国住房与城市发展部的住房建设和安全标准，这些标准涵盖了广泛的安全要求，包括防火安全。1976 年后的活动住房贴有证明符合规范的标签标识。

图 11-24　典型的单宽活动住房

11.5.6.1　危险

按比例计算，在活动住房中死亡的人数是单户和双户住宅火灾的三倍。每 1000 起火灾中，就有 21 名受害者死在活动住房中，而只有不到 7 人死于单户和双户住宅中。主要原因是火灾通过活动住房蔓延迅速，而建筑本身则加剧了热量和烟气的形成。此外，大多数活动住房的安全出口都比传统住房要少。

活动住房内的家具与大多数其他住宅一样。伴随现代家具，火灾热量更高，蔓延速度更快。活动住房内的现代家具会产生快速蔓延的火焰，很快就会把房子里的东西吞没。

过去，活动住房发生火灾几乎全部烧光。大多数情况下，看到烟气柱很久之后，第一辆消防车才到。有个例子，一个老式的活动住房公园（1950～1970 年的复古房车）就在一个消防站的街区，但即使是这样的距离，火势燃烧太迅速，以至于在消防队员到达之前，房车就被烧毁了。

11.5.6.2　灭火策略和战术

到达活动住房时，首先应关注人员生命安全。由于这些住房导致了许多人员死亡，指挥员希望迅速确定救援方案。根据火灾蔓延情况，从外部快速控制火势可能是首选的灭火战术。这一行动的目的是保护未燃物，允许消防人员进入活动住房控制火势。

一旦火灾突破窗户向外蔓延，就需要密切注意周边的活动住房。消防队员可能无法将他们的设备投入到现场，因为车辆要停在道路上，而且火灾可能会蔓延到暴露的地方。在某些情况下，活动住房只是彼此相距仅几英尺，造成了直接暴露的危险。

（1）消防员安全　在派遣人员进入建筑内部之前，应考虑火灾在整个活动住房中迅速蔓延的情况。第一到场的指挥员必须完成快速评估，并知道什么时候进入是安全的。屋顶塌落是活动住房中的一种危险，因为建筑物的稳定性会被火灾迅速破坏。

（2）搜索和救援　如果报告有人员被困或失踪，必须尽快进行初步搜索。在一些活动住房中，房屋背面有一扇门，大约在房屋中间或后三分之一处。根据火灾位置和受害者的位置，这扇门或许是一个搜索和救援的出入口。

（3）疏散和保护未燃物　如前所述，必须考虑活动住房和其他房屋附近迅速蔓延的火势。应考虑到燃烧建筑两侧居民的疏散，以及设置未燃烧物防线等问题。

（4）控制火势和灭火　初始评估用于决定是否需要外部快速控制火势，或者消防人员是否可以开始内攻。在许多活动住房停泊点，有丙烷气瓶连接到住房。事故指挥员在进行初始评估时应考虑到这种危险。如果存在丙烷气瓶，必须关闭阀门并防止过度加热。

（5）通风　通过拆卸窗户和门，实施水平通风是最简单的通风方法。任何时候都不应派人到屋顶去尝试垂直通风。如果活动住房被火灾破坏，其屋顶将无法支撑消防员。

（6）火场清理和抢救财物　在活动住房火灾中，火场清理和抢救财物行动与单户住宅火灾非常相似。请记住，大多数移动房屋都坐落在金属框架上，地板有被踩破的可能。

11.6　其他注意事项

由于秘密毒品实验室和大麻种植房屋越来越多，消防人员在救火过程中遇到这种情况的风险越来越大。秘密毒品实验室制造毒品，如甲基苯丙胺（兴奋剂）、PCP（天使粉）和毒品（合成）。一旦确定，这些事故应该被视为犯罪现场。

消防人员进入大麻种植房或秘密毒品实验室时，主要关注触电、丙烷/天然气/易燃液体爆炸、建筑倒塌、危险化学品、有毒和腐蚀性气体危害和陷阱等。

有许多关于住宅火灾的报告，结果是出租房屋改装成大麻种植设施，这是对消防员的新威胁。住宅结构用于室内种植，由于使用化肥、高强度照明、电气设备和重新配置的电气系统而出现火灾危险。居住在种植园的居民经常改变电气系统，利用电气公司一侧的高压电气系统绕过电表。电力系统持续存在，可以达到240 V的电压，除非在电线杆或横向入口处断开，否则无法关闭。不能以常规方式关闭的电流意味着给应急响应人员增加危险。一旦控制火势，应停止进一步行动，直到电力公司恢复电力。

本章小结

- 美国最常见的建筑火灾是单户和双户住宅火灾。
- 事故指挥员和消防人员必须具备建筑施工知识，以便了解火灾对不同类型房屋和商业建筑的影响。
- 梁柱结构（有时称为厚木板梁框架）住宅，用几个大的木制构件，代替许多小的木结构构件。
- 轻质木框架结构的住宅使用标准的 2in×4in 的壁骨。这种建筑的独特之处在于，外部框架构件高达两层或两层以上。
- 在平台式框架结构中，每一层都建得像一个盒子，该框架每层设置一个窗台板，向上盖到一层的高度。
- 在砖石结构中，承重墙是水泥、混凝土砖或其他砖石产品。
- 在所有建筑施工方法中，最常见的危险是由于其开放性，导致烟和火在这些建筑中蔓延。
- 在单户和双户住宅建筑火灾中，灭火策略和战术包括：消防员安全、搜索和救援、疏散、保护未燃物、控制、灭火、通风、清理火场和抢救财物。
- 单户和双户住宅的常见火灾可分为以下几类：地下室火灾、一楼火灾、一楼以上楼层火灾、阁楼火灾、附属车库火灾和活动住房火灾。
- 消防人员进入大麻种植房或秘密毒品实验室时，主要关注触电、丙烷/天然气/易燃液体爆炸、建筑倒塌、危险化学品、有毒和腐蚀性气体危害和陷阱等。

主要术语

轻质木框架（balloon frame）：一种较旧的木结构建筑，在这种结构中，墙壁的墙柱从地下室垂直延伸到屋顶，没有任何的防火封堵。

火灾荷载（fireload）：建筑物内所有可燃的部分。

防火封堵（firestop）：在壁骨或托梁通道内减缓火势蔓延的一种材料，通常为木材或砖石。

堆积（hoarding）：家庭中聚积贮存大量财产的行为。

砖石结构（masonry）：承重墙是水泥、混凝土砖或其他砖石产品的一种结构。

单户和双户住宅（one and two-family dwelling）：不超过两家人居住的住宅建筑。

平台式框架（platform frame）：每一层都建得像一个盒子的一种结构。该结构每层设置一个窗台板，向上盖到一层的高度。

梁柱结构（post and frame）：用几个大的木制构件代替许多小的木结构构件的一种结构，亦称为厚木板梁框架。

案例研究

作为消防队指挥员，你正在火炉旁的餐桌边进行日常讨论。讨论的主题是你所在部门的单户和双户住宅火灾扑救行动。还讨论了 ULFSRI 报告以及你所在部门使用的灭火策略和战术。

1. 考虑正常火灾荷载的住宅时，下列哪一个是正确的？
   A. 现代家具是用耐火材料制成的，因此不易着火。
   B. 传统材料一般会在 3～4min 内导致轰燃，而现代家具则是 6～8min。
   C. 现代家具比传统材料家具燃烧更快，放热更多。
   D. 现代家具产生的烟比传统家具少。
2. 下列哪一项不是木结构房屋的施工方法？
   A. 梁柱结构　　　　B. 轻质木框架结构　　　　C. 平台式框架结构　　　　D. 面板框架
3. 讨论单户家庭的搜索和救援时，值得注意的是，火灾造成死亡的主要地点是：
   A. 客厅　　　　B. 厨房　　　　C. 卧室　　　　D. 地下室
4. 在扑救一楼以上楼层火灾时，消防员安全方面最大的顾虑是：
   A. 缺乏出口　　　　B. 推进水带线路　　　　C. 缺少通风口　　　　D. 火势蔓延

复习题

1. 描述初始评估中绕建筑一周的必要性。
2. 初始评估中，怎样确定建筑中火灾的位置？
3. 列出住宅中三种主要的木结构建筑施工方法。
4. 住宅建筑中，大部分死亡发生在一天的什么时间？
5. 地下室火灾行动中，第一条水带线路应设置在哪里？
6. 在轻质木框架结构地下室火灾中，事故指挥员必须考虑的内在构造特征是什么？
7. 在普通建筑中，什么样的建筑材料用于承重墙？
8. 列出火灾在居民住宅中蔓延的 3 条路径。

讨论题

1. 回顾你的辖区，辖区内的主要建筑类型和特点是什么？
2. 回顾住宅建筑火灾后的事件分析。战略目标是如何实现的？为了更好地实现这些目标，可能做了什么？
3. 检查消防部门目前的住宅火灾标准操作指南。根据你从本章和其他章中了解到的关于战略目标的新信息，写出一份更新这些标准操作指南的建议清单。

参考文献

Karter, M. J., Jr. (2011, September 1). *Fire loss in the United States during 2010*. Quincy, MA: National Fire Protection Association.

Kerber, S. (2013, June 15). *Study of the effectiveness of fire service vertical ventilation and suppression tactics in single-family homes*. Northbrook, IL: Underwriters Laboratories, Inc. Retrieved from http://ulfirefightersafety. com/wp-content/uploads/2013/07/UL-FSRI-2010-DHS-Report_Comp.pdf.

National Institute of Occupational Safety and Health. (2009, July 29). *Fire fighter fatality investigation report F2008-09: A career captain and a part-time fire fighter die in a residential floor collapse—Ohio*. Atlanta, GA: CDC/NIOSH. Retrieved from http://www.cdc.gov/niosh/fire/reports/face200809.html.

第**12**章　多户住宅建筑火灾扑救

学习目标　通过本章的学习，应该了解和掌握以下内容：
- 适用于多户住宅事故的灭火策略和战术。
- 特定类型的多户住宅的灭火问题。

案例研究

　　2007 年 10 月 29 日，在一栋联排住宅火灾中，4 名年龄在 23～38 岁的消防队员在内部实施保护未燃物时受伤。他们铺设了一条 1.5in 的水带到相邻建筑的二楼，在建筑后面的一个房间里遇到了浓烟和火焰，随即展开灭火和搜索。此后不久，大火就从一楼的楼梯间蔓延到外墙，暂时困住了他们。4 名消防员从楼梯间撤退，离开建筑时遇到了其他人员，得到了他们的帮助。4 名消防员被烧伤。

　　国家职业安全和健康研究所调查员认为，为降低类似事件的风险，消防部门应做到以下几点：

　　① 充分检查和评估，包括相邻建筑，以降低消防人员被困的风险；

　　② 确保消防人员进行了相关训练，以应对没有充水水带时在着火区上方操作时存在的危险，并遵守相关标准操作规程；

　　③ 协调通风和内部进攻；

　　④ 向消防员提供符合 NFPA 1975 标准的工作制服（如：裤子和衬衫），并确保其正确使用和护理；

　　⑤ 确保消防队获得遇险时立即发送求救信号的训练，当他们遇到困难、迷路或被困时能够及时呼救。

　　尽管以下因素并不是此次事件造成伤害的因素，但根据实践经验，国家职业安全和健康研究所建议消防部门应做到确保所有的消防员个人防护装备符合 NFPA 1971，并根据 NFPA 1851 进行清洁和维护。

　　提出的问题：

　　① 什么情况下，你的部门允许消防员在没有水带时进入着火建筑？

　　② 分析协调火场进攻和通风之间的必要性。

12.1　引言

　　本章研究 3 个或更多家庭居住的多户住宅火灾扑救。这些住宅形状和大小各异，由于许多人居住在一栋建筑内，发生火灾后，随时可能出现重大人员伤亡。由于室内布局复杂，这些建筑对消防人员也存在严重的生命安全威胁。这些建筑可以在一幢大楼里容纳许多家庭，如案例研究所述，一个简单的 4 层多户住宅，每层有 7 套公寓，共有 28 套公寓，平均每套公寓里住 4 人，救援人员面对的是一栋超过 100 人居住的建筑。

在大城市，这类建筑十分常见。这些多户住宅的建造和使用通常决定了消防部门的行动。处置多户住宅火灾的消防队必须根据火灾类型和建筑结构实施标准操作指南。例如，褐砂石多户住宅通常是独栋建筑火灾，不需要过多考虑保护相邻建筑，而联排木质结构的多户住宅，不仅对建筑物的居住者构成严重的生命威胁，还会对临近和更远的建筑形成威胁。建筑中的着火点也是用于确定应如何行动的指标。上部楼层火灾需要快速对着火层上层展开搜索和救援，还可能需要破拆屋顶，而在着火楼层下方的居民通常不受伤害。较低楼层的火灾危及所有楼层的居住者。

建筑的建造时间对灭火作战也有影响，因为旧建筑可能没有新建筑所具备的消防安全特性。

> **提示**
> 在应用火场策略和战术时，有效的预案和对辖区的了解是关键。

多户住宅的扑救，无论哪种类型，都将对消防队伍和消防人员的知识提出挑战。本章稍后会详细探讨几类多户住宅。一般来说，多户住宅可分为几类：老式公寓楼、新型公寓楼、耐火多户住宅、联排多户住宅、褐砂石多户住宅和花园式公寓。然而，值得注意的是，这些只是宽泛的定义，而且每种建筑类型都有不同的定义。一个社区里可能有各种建筑类型，因此完善的预案和辖区信息是火场战略和战术应用的重要组成部分。

> **战术提示**
> 三户或更多家庭使用的多户住宅，有各种形状和大小，且布局复杂，给消防员带来严重的生命安全风险。

12.2　灭火策略和战术

本节将讨论消防队员在扑救一般家庭住宅火灾中可能使用的策略和战术。虽然本节中讨论的策略可应用于任何类型的多户住宅，但对消防人员来说，了解辖区内不同类型的多户住宅的建筑特点也很重要，消防员可能需要调整或增加相关策略和战术，以实现有效和成功扑救每种类型建筑的目的。因此，本章后半部分介绍了建筑特点、遇到的危险以及适用于各个建筑类型的灭火策略和战术。

12.2.1　消防员安全

消防员安全的许多基本要素适用于迄今为止提出的所有建筑火灾，例如人员管控、指派安全官员、使用快速干预人员（也称为快速干预组）、在事故指挥系统下运行等，这些原则也适用于多户住宅。然而，由于这些建筑的大小和建造特点，消防员安全尤为重要，因此消防部门必须采取专门针对多户住宅的安全措施和策略。例如，在上部楼层的消防员需要在合适的位置设置快速干预人员，他们可以迅速对有需要的消防员做出反应，这个位置应在起火建筑内，但要远离着火区的地方。

在人员登记方面，由于多户住宅可容纳住户多、出入口的数量多，必须清点建筑内的救援人员，以及他们在特定时间的位置，如图 12-1 所示。可以通过在出入口设立人员管控官来完成。

由于多户住宅的结构和规模复杂，在处置这些类型的事故时，需要考虑许多安全问题。安全、成功地扑灭这些类型的火灾，需要有效的预案，了解建筑结构和布局，以及充分的准备。除了大部分的多户住宅面积都

图 12-1　较大建筑应在入口处设立登记员

非常大之外，它们还可能进行了翻修，改变了建筑的布局，或者扩大了建筑的现有结构，对在其内行动的消防员来说，该建筑形同迷宫。没有沿水带线路实施搜索的人员，可能会使用绳子导向。消防部门需要确保为实施搜索行动的消防员提供不同规格的爬梯供其选择，因为他们可能需要把梯子提升到不同高度、不同地点的窗口，为消防员提供可选择的出口。

12.2.2　搜索和救援

由于面积和人数等因素的影响，多户住宅火灾中搜索和救援行动需要投入大量的资源（消防员、装备和器材）。如果需要，指挥员应准备好调派资源，并在事件早期调用尽可能多的资源。受困者通常需要地面或空中的梯子救援，这需要调用更多的资源。必须有系统地进行搜索，先关注那些面临最严重危险的人。然而，请记住，在三楼窗口尖叫的人的处境可能并不是最危险的。消防人员需要制定搜索计划，以帮助他们专注于优先处置目标，并以最安全、最有效的方式进行搜索。理想情况下，建筑内的所有区域应同时进行搜索。然而现实中，许多消防部门没有可用的人员或资源来执行这项任务。多楼层搜索的一般优先事项包括：

① 着火层；

② 着火层上一层；

③ 顶层；

④ 建筑内的其他地方。

战术提示

　　由于面积和人数等因素的影响，多户住宅火灾中搜索和救援需要投入大量的资源（消防员、装备和器材）。如果需要，事件指挥员应准备好调派资源，并在事件早期调用更多的资源。

12.2.3　疏散

从着火的多户住宅或其邻近建筑中疏散居民时，需要考虑许多因素。指挥员必须考虑疏散所需的资源，是疏散所有人员还是就地避难（居住在远离危险区域的居民停留在原

地）。例如，在一栋耐火多户住宅的 9 楼发生火灾，火势已得到控制时，一楼的住户应留在公寓内。相反，发生在花园式公寓一楼的火灾可能蔓延到阁楼，则需要疏散整栋建筑。

> **提示**
>
> 与就地避难相比，指挥员必须考虑疏散所有人员所需的资源。

12.2.4　保护未燃物

在多户住宅火灾中，保护未燃物需要考虑建筑的类型。处于全面发展阶段的建筑火灾中，需要保护附近建筑物的外部。在殃及数套公寓的火灾中，必须考虑保护内部未燃烧物质。例如，在 H 型公寓楼中，A 翼已经全面过火，保护未燃物的目标是防止火灾蔓延到 B 翼，如图 12-2 所示。同样地，在联排多户住宅和花园式公寓的阁楼火灾中，保护未燃物的目标是防止火灾通过阁楼蔓延到其他建筑物。

> **提示**
>
> 多户建筑火灾中保护未燃物的需求多种多样。在多户住宅实施保护防护时，消防员应该考虑着火建筑的其他区域和毗邻建筑物。

12.2.5　控制火势

在多户住宅火灾扑救中，水带应铺设在能将火灾控制在房间、公寓或着火楼层的地方。射水保护楼梯间和其他出口路线至关重要，如图 12-3 所示。有时，如果水带线路还没有到位，关闭公寓门可以减缓火势蔓延，帮助控制火势。要提前部署到楼上和邻近公寓的水带线路，以便控制火势。

图 12-2　典型的 H 型建筑

图 12-3　消防员沿楼梯铺设水带。如果不保护楼梯井，火灾可能沿楼梯垂直蔓延

战术提示 🔔

如果水带线路还没有到位，关闭公寓门可以减缓火势蔓延，帮助控制火势。

12.2.6 灭火

火势得到控制后应开始灭火。由于这些建筑，尤其是地下室储藏区的火灾荷载大，必须考虑所需消防水带的尺寸。用火场供水公式确定灭火所需用水量，据此确定所选水带的尺寸。此外，还必须考虑现有人员的能力和数量，以便将较大尺寸的水带转移到上层。

12.2.7 通风

建筑物中火灾的位置决定了通风位置。在带有室内楼梯间的多户住宅中，无论火势大小，很可能都需要在楼梯间通风。烟气不影响楼梯间的话，可能只需要在着火公寓或楼层通风。机械通风和自然通风都适用于这些建筑物。正压通气尤其适用于楼梯间通风。

12.2.8 火场清理

因为多户住宅通常在楼层和公寓之间有未设保护的垂直开口，进行火场清理时，应重点观察这些开口处以寻找隐藏的火点。与单户和双户住宅建筑火灾扑救一样，火灾后需要清理家具和床上用品，应将这些物品从建筑中转移出来。此外，与所有火灾一样，消防人员在清理火场时应考虑消防调查员的需要。

12.2.9 抢救财物

在这些住宅中发现的大部分物资都是私人的，消防队员应尽力保护。与单户住宅火灾不同，多户住宅中的火灾可能影响不止一个家庭。上层灭火产生的水可能沿阻力最小的路径向下层流淌，损坏公寓及其内部财产。指挥员应考虑水和烟气在整个建筑中的蔓延路径，如果力量充足，可安排消防人员到这些区域抢救财物。

12.3 特定类型多户住宅的火灾扑救

本节将关注一些特定类型的多户住宅——老式公寓楼、新型公寓楼、耐火多户住宅、联排多户住宅、褐砂石多户住宅和花园式公寓。讨论战术目的、安全问题和考虑，以及每一种类型住宅的灭火方法。虽然本章前面提出的许多战术目标可以应用于这些类型的建筑火灾扑救，但消防员了解每种类型住宅的独特问题和特殊考虑很重要。

为了成功地扑救多户住宅火灾，消防队员必须了解每种类型的结构以及窜火点的位置。消防人员应该能够预测每种建筑类型的火灾和烟气运动，并采取相应的行动。因此，本节将讨论每种建筑类型的结构和材料，以及与结构和材料相关的危害。

建筑特点和建筑类型不同，火场灭火策略和战术应用亦随之变化。因此，本节讨论每种建筑的灭火策略和战术。适当的水带铺设和通风措施是成功的关键。

12.3.1　老式公寓楼

12.3.1.1　结构

建于 20 世纪的公寓建筑采用的是一种耐火的砖砌外墙，内部用的是实木材料。一般而言，这些建筑的高度在 4~6 层之间，大约 30ft 宽，80ft 高，如图 12-4 所示。一栋典型的老式公寓楼每层有 2~4 套公寓。

这些建筑虽然不是很大，但对居民和消防人员构成了严重的生命威胁。由于这些建筑中使用的材料是耐火的，所以在这种多户住宅中灭火尤其具有挑战性。

12.3.1.2　危险

在老式公寓楼中，火灾很难控制。因为建筑的内容物和建筑特征会导致火场内部易出现高温和浓烟，火灾极有可能会蔓延到相邻公寓和上部楼层。图 12-5 显示出火灾蔓延的几种典型路径。其他可能的火灾蔓延途径有：

① 公用竖井（管道、电气等）；

② 通风/采光井；

③ 杂物电梯井；

④ 翻新/改建；

⑤ 楼层间窜火。

图 12-4　典型的老式公寓楼

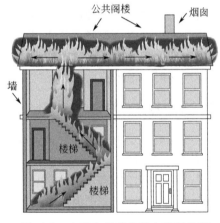

图 12-5　火灾在老式公寓中蔓延示例

除了建筑材料所带来的危害外，老式公寓建筑固有的一些建筑特点也对消防人员有不利的影响。楼层间出入口、出口方式，老式公寓楼的通风井、采光井等，对消防人员提出了各种挑战。发生在通风井、采光井或从公寓蔓延到竖井的火灾可以影响相邻公寓、着火公寓上方的楼层，以及与着火建筑相邻的建筑，如图 12-6 所示。这一特性提出了火灾控制问题，杂物电梯井和公用竖井也有同样的问题。

火灾扑救中，老式公寓楼的内部和外部楼梯对居民和消防人员都可能有危险。逃生通道用作建筑租户的第二种出口方式，但可能得不到良好的维护。这些建筑的内部楼梯和楼梯平台常是用木头做成，通常非常狭窄，这使铺设水带和消防员到达着火楼层上层很困难。如果居住者正在从内部楼梯上疏散，那么由于楼梯井狭小，居民和消防人员将面临生命危险。

在老式公寓楼里，火灾条件下进入地下室也是非常危险的。通常情况下，使用建筑物内主楼梯下的楼梯可以找到地下室出入口，如图 12-7 所示。火灾时上下地下室楼梯，消防队员必须特别小心，因为通往地下室的楼梯通常比较旧，没有任何防火性能，致使楼梯很容易在消防员的体重作用下倒塌，安全评估后才能使用。

图 12-6 建筑中的采光井等竖井
有助于火灾蔓延

图 12-7 公寓楼的地下室入口
可能造成出入或安全问题

安全提示

火灾时上下地下室楼梯，消防队员必须特别小心，因为通往地下室的楼梯通常都是旧的，没有任何防火性能，致使楼梯很容易在消防员的体重作用下倒塌。

12.3.1.3 灭火策略和战术

（1）消防员安全　除了以前所提到的关于消防安全的问题外，指挥员和消防员还需要记住一些老式公寓的具体危险，以确保火场的安全行动。一个是建筑的建造年代。老式公寓楼火灾通常危险较大，原因是缺乏针对隐蔽空间的防火处理，如防火封堵。另一个重要问题是火灾前建筑物可能因时间和使用情况而老化，造成火灾情况下更加不稳定。在这种类型的环境里行动时，指挥员必须意识到这些危险，并利用这些知识保护消防人员的安全。

战术提示

在建筑物的居住者和火灾之间铺设初始水带线路，可能比试图进行多次营救能挽救更多的生命。

（2）搜索和救援　老式公寓楼火灾中，不论人员数量多少，处置行动的基本原则是保

护生命、控制火势和灭火。有时候，受现场资源限制，可能无法同时执行这些任务。在这种情况下，指挥员必须决定是救助被困的居民，还是实施供水作业。注意，在建筑物的居住者和火场之间铺设初始水带线路，可能比试图进行多次营救能挽救更多的生命。记住，到达火场时一些可见的危险，如有人站在窗台上，或者是从火灾中逃生，可能意味着建筑内有在街道上看不到的更大的生命危险。执行救援行动但没有同时铺设水带线路的决定，可能会使消防人员和受害者面临火灾快速发展和逃生时间不足的危险。

> **提示**
>
> 　　到达火场时可见的危险，如：有人站在窗台上，或者是从火灾中逃生，可能意味着建筑内有在街道上看不到的更大的生命危险。

　　（3）疏散　老式公寓必须疏散。烟气和火可以蔓延到建筑的任何地方，那些以为他们远离火灾的居民的生命也会受到威胁。

　　（4）保护未燃物　一般多户住宅建筑火灾中的保护未燃物策略可应用于老式公寓楼。

　　（5）控制火势和灭火　建议通过内部楼梯铺设一条水带线路到着火公寓，以保护这个重要的楼梯。对于地下室火灾，至关重要的是第一条水带线路应穿过前门通往地下室楼梯，以保护供居民疏散用的内部大厅。如果可能的话，在居住者离开建筑后，可以尝试下楼灭火。

　　内部的消防人员也应该在他们的职责范围内进行通风、进入和搜索行动，并告知指挥员现场情况，以及所有初步搜索和二次搜索的状态。

> **战术提示**
>
> 　　对于地下室火灾，至关重要的是第一条水带线路应穿过前门通往地下室楼梯，以保护供居民疏散用的内部大厅。

　　（6）通风　在老式公寓火灾扑救中，消防员另一项重要任务是从着火建筑的屋顶对楼梯处通风排烟。通过打开楼梯隔板或天窗，燃烧颗粒被释放到外面的大气中，如图12-8所示。这种做法可以防止烟气从屋顶蔓延到上部楼层，使消防队更容易按进攻路线推进，在着火层及其上部楼层实施搜索。被分配到这个关键位置的消防队必须通过邻近建筑物，或使用云梯、塔梯到达屋顶，在这种类型的建筑中，通过着火建筑的内部楼梯永远无法到达屋顶。这幢楼只有一部楼梯，如果楼梯隔板/天窗从内部被锁上，消防员很容易受影响或被困住。

　　在打开屋顶隔板的门后，消防队员应进入并侦察通往屋顶的楼梯，寻找可能试图疏散到屋顶的受害者。检查楼梯后，消防队应通过打开天窗和通风盖，继续保持在屋顶的垂直通风。通风小组还应检查建筑的竖井、后部和侧面，

图12-8　楼梯隔板可用于楼梯间通风

有无遇险人员、火灾蔓延和安全出口。小组在此过程中收集的信息应尽快汇报给指挥员。对于在着火建筑内工作的消防队员而言，知道垂直通风已经完成也很重要，之后，屋顶人员可以进入安全出口，协助搜索着火层上方楼层。在顶楼火灾中，或者怀疑火灾蔓延到阁楼，如果建筑有天窗，应移开天窗，然后返回来检查这个阁楼。垂直通风的好处有：

① 减轻上部的热和烟；

② 允许彻底搜索着火层以上楼层；

③ 创建一个移除烟和热的垂直通道；

④ 限制水平方向的火灾蔓延；

⑤ 增加受害者的生存机会。

> **战术提示**
>
> 在顶楼火灾中，或者怀疑火灾蔓延到阁楼，如果建筑有天窗，应移开天窗，然后返回来检查这个阁楼。

在水带就位并准备好进攻后，可以开始水平通风。水平通风需要移除着火公寓里的窗户和玻璃。在浓烟和高温条件下，应破拆窗户，并将窗户作为一种疏散方式，并最大化通风以释放热量和气体。通过开口最大化，消耗燃烧产物，卷入新鲜空气，增加受害者的生存时间。如果火势小且发生在局部范围内，可以通过移除百叶窗和窗帘，打开窗户来完成水平通风。为了最大限度地通风，从顶部打开窗户的三分之二，从底部打开三分之一，如图12-9所示。

水平通风的好处有：

① 允许内部水带线路快速攻击火焰根部；

② 尽量减少热和火倒灌向战斗小组；

③ 允许对着火公寓进行彻底搜索；

④ 从火灾区域排出燃烧产物；

⑤ 向着火公寓引入新鲜空气；

⑥ 提高昏迷人员的生存时间。

图12-9 双悬窗可用于通风，
应在顶部开三分之二，底部开三分之一

水平通风必须与指挥员和内部行动小组协调一致，以便与铺设水带的进攻小组协调一致。记住，过早的通风可能会导致倒灌，从而使队友暴露在热、烟和火的流动路径中。

在老式公寓楼中，正压通风与水平通风结合使用也是一个可行的选择。进攻小组准备推进水带线路时，通常将这些通风机设置在着火公寓的门口。采用正压通风必须做好判断，以免把火推入未燃区域或受害者可能受困的地方。

> **战术提示**
>
> 实施水平通风时，最大限度地打开开口很重要。这样做可以排出燃烧产物并允许新鲜氧气进入，从而提高受害者的存活时间。此外，水平通风时，指挥员必须做好各方面的协调工作。

　　（7）火场清理　对老式公寓的火场清理必须集中在寻找隐藏的火点上。由于建筑特点不同，火灾可能发生在意想不到的地方。应经常检查阁楼是否有蔓延，也应彻底检查着火层上方的楼层。

　　如果有热成像摄像仪，应使用其检查火点。在清理火场阶段，热成像摄像仪不仅可以减少对建筑的损坏，而且还能彻底的清理，便于消防员通过干墙找到热和冷的地方。

　　（8）抢救财物　居住在老式公寓的家庭，会有一些经年的纪念品和值得纪念的物品。控制火势之后，指挥员应引导人员找出对受害者有价值的东西，并尽可能地为他们抢救出来。这种善意和额外的关心会给该部门带来许多好处。

12.3.2　新型公寓楼

12.3.2.1　结构

在 20 世纪晚期建造的新型公寓建筑往往比之前描述的老式公寓楼更高、更宽、更深，如图 12-10 所示。

图 12-10　建于 20 世纪晚期的新型公寓房

　　新型公寓楼最大的结构差异是无保护的钢梁。这些钢梁被用作垂直和水平构件，支撑这些建筑物。由于钢的性质，这些建筑可以采用不同的结构，如 E 型、U 型、H 型和双 H 型建筑。大多数情况下，这些建筑至少有两翼，一个叫做喉部的区域将两翼分开。公寓通常位于两翼，楼梯和电梯都位于喉部，但在喉部找到一套公寓也并不少见。由于这种结构，每翼的每一层都有许多公寓。有一些设计特征使得这些建筑比老式公寓更安全，但正如在本章开头的案例研究中所描述的那样，这类建筑仍有很大可能着火。

　　从灭火角度看，这类建筑的优势之一是没有通往地下室的内部楼梯，通往地下室的通道是外部的庭院和小巷。此外，地下室的天花板可能有耐火构造。外部通道和地下室天花板的耐火构造阻止地下室火灾通过室内楼梯向上蔓延，居民不会被困住。建筑物的内部楼梯是用耐火材料（例如，采用大理石台阶和楼梯平台的金属踏板）建造的，四周被耐火墙包围。通常，室内的公寓墙壁在每一层都有防火封堵。公寓门是耐火的，限制火灾从走廊蔓延进入公寓。与只有一层楼梯的老式公寓建筑不同，新型建筑可能有多种楼梯，这取决于设计。图 12-11 是新型公寓楼的楼层平面样图。

　　以下是楼梯布局类型，如图 12-12 所示。

　　●独立楼梯。这些楼梯是建筑的一部分，是单独的一组楼梯。许多情况下，耐火公寓建筑分成若干部分。每个部分都有自己的地址，有自己的入口，一个孤立的封闭楼梯为其服务。

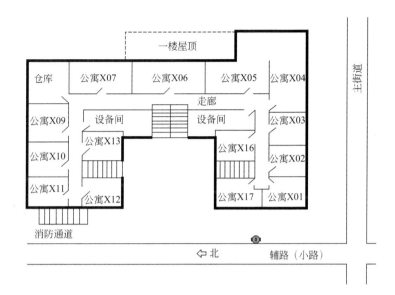

图 12-11 新型公寓楼的典型平面

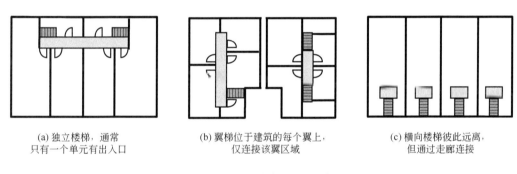

(a) 独立楼梯，通常　　　　(b) 翼梯位于建筑的每个翼上，　　　(c) 横向楼梯彼此远离，
只有一个单元有出入口　　　仅连接该翼区域　　　　　　　　　但通过走廊连接

图 12-12 不同楼梯布局实例

● 翼梯。翼梯位于建筑物的每个翼上，在每个翼上可能有不止一部楼梯（例如，前厅和后楼梯），但除非从大厅穿过，否则不能从一个翼走到另一个翼。

● 横向楼梯。横向楼梯位于有多个翼的建筑物的两侧。这些楼梯最大的特点是可以在每层楼的一个侧翼之间穿过。这些楼梯是灭火行动的重要资源。很多情况下，每层楼中间都有防烟门。这些楼梯可以帮助和缓解疏散，从任何楼梯上都可以到达建筑物的任何楼层。

> **提示**
>
> 新型公寓楼最大的结构特点是钢梁不受保护。此外，不同于老式公寓楼通常只有一个楼梯，新型建筑可能有多个楼梯，取决于建筑的设计与布局。

12.3.2.2 危险

尽管新型公寓的设计更有防火意识（如：楼层、公寓之间设置防火封堵，走廊和楼梯

图 12-13　公寓建筑中未保护的工字钢梁

采用不可燃材料），但这些建筑中有很多构件能够传播隐蔽火。在这些建筑中有许多竖井，包括电梯、垃圾道和杂物梯。广泛使用的工字钢梁能够传播火灾，因为金属可以传导热量，并使热量沿其轴向传播。虽然垂直梁可以用石膏或混凝土喷上防火材料包覆，但这种防火材料不能防止火灾垂直蔓延。进入垂直通道的火，需要打开横梁末端的墙壁和天花板检查。梁的底座也必须检查以防火灾向下蔓延。不受保护的工字钢梁也可以用来支撑木质地板托梁，有助于火灾的水平蔓延，如图 12-13 所示。与老式公寓建筑一样，管道凹槽、公用井和坑道施工也为垂直火灾的蔓延创造了机会。

提示

　　广泛使用的工字钢梁是火灾传播的途径之一。

12.3.2.3　灭火策略和战术

（1）消防员安全　在扑救新型公寓楼火灾时，很难从水源向着火区铺设水带，因此难以实施大规模的搜索和灭火行动。由于新型公寓建筑面积更大、范围更广，可能需要长时间搜索，工作量大，因此可能会导致消防人员过度疲劳。这些问题可以通过现场充足的资源和有效休整计划来解决。

（2）搜索和救援　搜索和救援技术对大多数公寓来说都是一样的，但如果是大公寓，受害者可能更多。应该对公寓进行标记，以确认已完成搜索，并且没有错过公寓单元。标记可以是任何风格，只要在现场的人都熟悉它的意义（例如，通过标准操作指南或训练）。

提示

　　搜索公寓时，消防人员应该进行标记，以确认已完成搜索，并且没有错过公寓单元。 只要在场的每个人都知道使用这个标记，消防队员可以使用任何样式的标记。

（3）疏散　大多数情况下，需要疏散整个建筑，特别是如果火势有可能从着火区向外蔓延的话。

（4）保护未燃物　一般多户住宅的保护未燃物策略和战术可应用于新型公寓楼。

（5）控制火势　在新型公寓楼里，控制火势的关键是找到火点，并在适当的时间内将水带铺设到建筑物的合适位置。在拥有多个翼和楼梯的多户住宅中，在铺设水带和人员行动之前，确定哪个楼梯可以直接进入着火公寓是关键，楼梯可能绕着电梯井旋转。水带可以从着火楼层下方楼层进入建筑，然后沿着内部楼梯铺设到着火层。

（6）灭火　灭火与控火紧密相连。一旦找到火点，水带就位，就可以采用正常的战术扑灭火灾。第二条水带线路应该作为第一条水带的备份时刻准备好，可能在着火楼层上方楼层或者在相邻公寓使用。许多情况下，这些水带的延长铺设是非常漫长和费力的，需要两到三个消防队来协助完成第一条水带的设置。当需要长水带线路时，消防队员应该在楼梯周围寻找一个良好的空间，以便延长水带，如图12-14所示。如果有楼梯井，应将水带放在楼梯井内。一条50ft长的水带可以从楼梯底部到达5层。

图12-14　水带可以放在楼梯井里，用较少的管线延伸到上层楼层

对地下室火灾，消防队员应该把第一条水带从水源延伸到建筑物的一个地下室入口，再到火源处。在城市的许多较大的公寓楼里，主层可能是商业区（如：零售、餐厅），店面可能位于一楼。第一条水带线路应用于扑灭商店里的火灾，同时铺设第二条备份水带线路。如果第一条水带线路可以扑灭商店的火灾，第二条水带线路可以推进到着火楼层上方楼层，扑灭蔓延火。

提示

　　需要较长的水带到达火源处时，消防员应寻找楼梯井，一条50ft长的水带可以从楼梯底部到达5层。

（7）通风　与老式公寓楼一样，新型公寓楼可能也需要屋顶通风。在新型建筑中，如果屋顶的通风小组与着火区隔离，则可以使用着火建筑内的相邻楼梯。然而，即使有相邻的建筑物，到屋顶的最好方法仍然是使用相邻的楼梯。屋顶的通风小组将执行他们在老式公寓里所做的同样的工作。顶层发生火灾时，可能需要检查阁楼内的火灾蔓延情况，消防员可以拆除顶层的天花板检查阁楼。如果火势已经蔓延到阁楼，应立即实施屋顶破拆作业。阁楼中的火灾很容易蔓延到相邻的翼，造成顶楼大范围的破坏。

应在火焰上方破拆出一个大的通风孔，以帮助控制火灾蔓延。必须拆除顶楼天花板，尽快将顶楼的水带线路投入战斗。在大范围的阁楼火灾中，应采取开沟作业，防止阁楼火灾蔓延到建筑的其他部分，但应在火焰主体上方破拆一个足够大的通风孔后实施。应在距离主通风孔20～30ft的位置开凿沟槽，消防队员必须保障屋顶小组人员有备用的撤退路线。应设置通往屋顶的水带线路，以保护消防队员实施这一困难作业。即使沟槽已切割完成，许多情况下，快速蔓延的阁楼火灾也会在开出沟槽之前通过切口，导致顶层完全燃烧。

如果公寓楼较大，且整个建筑需要通风，则重点保护楼梯间，然后进行屋顶通风。如果火势已被控制在二层楼的卧室，但过道或走廊有烟，则应选择正压通风。

（8）清理火场　必须检查着火楼层上方的所有楼层是否有火灾蔓延，并重点检查着火楼层正上方的楼层。

> **战术提示**
>
> 新型公寓楼通风时，消防员可以拆除顶楼的屋顶检查阁楼，如果火灾已蔓延到阁楼，应立即破拆屋顶。

（9）抢救财物　适用于多户住宅的灭火策略和战术也适用于新式公寓建筑火灾扑救，抢救财物的战术无特殊要求。

12.3.3 耐火多户住宅

12.3.3.1 结构

耐火多户住宅是结构良好的建筑，火灾通常被控制在公寓内，除非疏散住户打开了入口门。每套公寓通常有两个彼此独立的耐火封闭楼梯。因为建筑是用耐火材料建造的，所以这种建筑物的火灾中，生命损失通常是最低的。在这些类型的建筑中发生的火灾产生的热量很大，增加了消防队灭火的压力。内攻灭火对于控制这些建筑中的火灾至关重要。使用至少一条 2.5in 的水带推进到下一个走廊，走廊里的公寓门一直保持敞开状态，对这些类型的火灾，消防部门经常需要使用两条 2.5in 的水带。

12.3.3.2 危险

较高楼层火灾中，由于建筑物的自然通风效应，灭火极其困难。

两起导致 3 名消防队员和 4 名平民死亡的事件，说明了自然通风的窗户非常危险。1998 年 12 月 18 日，纽约市 3 名消防队员在一幢耐火公寓楼的 10 层走廊牺牲。一名疏散的居民打开了公寓门，当公寓窗户自然通风时，一个火球扫过走廊，造成 3 名消防员牺牲。5 天之后，也就是 1998 年 12 月 23 日，曼哈顿市中心的 4 名平民因一起较低楼层公寓火灾疏散，逃离公寓时遇难。受害者因吸入烟气死于楼梯内。这起案件的悲剧在于，如果他们仍然留在他们的公寓里，他们就不会受伤。这场悲剧的主要原因是缺乏公共教育。

12.3.3.3 灭火策略和战术

（1）消防员安全　由于这些耐火多户住宅很多都配备了室内消火栓系统，因此还有一些额外的消防员安全考虑。一些室内消火栓系统可以连接到城市的市政管网，而有些则可能有屋顶水箱。使用竖管时的一个安全问题是确保足够的消防战斗员和足够的水带进入到火灾下方的楼层，并确保所有必要的水带线路的连接。即使在封闭的耐火楼梯间内，在着火楼层也不要铺设水带。一般也不建议在着火楼层走廊上连接辅助的竖管，因为在连接过程中可能会接触到火灾产物。携带无线电台的消防队员应该留在阀门处，控制水带中的水压。需要几名消防队员将水带连接到走廊上的管道，然后进入着火的公寓，所有的行动都应朝着这个方向努力。任何情况下，管道系统需要由消防部门的消防车来增压，以确保足够的水压和流量。

这类建筑的另一个安全隐患是火灾蔓延迅速。这在所谓的阻燃建筑中似乎是不可能的，但有一些案例，火灾是在封闭的楼梯（如在垃圾或床垫中）内引起的，墙壁上的油漆引起火灾加速并吞没整个楼梯，几秒钟时间，大火焚毁从着火楼层到屋顶的楼梯。这些火灾的受害者是在着火楼层上方许多楼层的走廊里发现的。如果火灾发生在楼梯间内，消防人员不应进入火场上方的楼梯，直到火势得到控制。

最后要指出的是，乘坐电梯到消防楼层的小组，应至少要在着火楼层以下两层处停住，然后通过楼梯走完剩下的楼层，如图 12-15 所示。乘坐电梯到着火楼层会导致悲剧性的后果，应严格禁止。

图 12-15　消防员使用电梯时，必须在着火楼层下方两层楼的地方停住，然后通过楼梯到达上方的楼层

安全提示

消防员使用电梯到达着火楼层会导致悲剧性的后果，应严格禁止。 如果消防员选择使用电梯，至少应在着火楼层下方两层楼的地方停住，然后通过楼梯走完剩下的楼层。

（2）搜索和救援　在耐火多户住宅中，着火楼层上方的楼层通常不会有未燃保护问题；然而，这一层仍需搜索。搜索和救援重点应放在着火区、公共走廊和公共区域、楼梯和毗邻公寓，尤其是着火公寓的门被打开的情况下。

（3）疏散　在耐火多户住宅中行动时，至少指定一部楼梯为疏散楼梯，消防人员不使用疏散楼梯铺设水带线路或经此处连接到竖管。疏散楼梯应该清除任何消防设备和操作，以便消防人员在必要时能够快速安全地疏散建筑内人员。此外，在消防队将他们的线路推进到着火楼层之前，指挥员必须确保着火层和进攻楼梯上方楼层的所有人员已经疏散，在行动之前，这些地区不应有人员。

（4）保护未燃物　在耐火的多户民居中，保护未燃物应该集中在同一楼层的相邻公寓。如前所述，阻燃建筑使用的材料有助于将其控制在起火公寓。当然，如果火灾发生在很容易蔓延的楼梯上，情况就不一样了。在着火公寓的敞开或破碎的窗户上方的未燃物是另一个重要的考虑。如果火焰在上方楼层肆虐，那么就需要在上层公寓尽快设置水带线路，以防止火灾发展至多层。这些未燃保护的水带线路应该同时设置，或者在初始的水带线路被部署到着火楼层之后设置，这取决于人员配备水平。

（5）控制火势　必须采取有效的措施控制耐火多户住宅火灾。消防车应停在距离着火公寓连接点近的消火栓处，向建筑固定灭火系统供水。根据人员配备水平，第一批到达的消防队应该确保首批投入行动。当消防队连接水带进攻线路时，云梯消防队可以尝试进入着火公寓。

（6）灭火　在扑救耐火多户住宅火灾时，一旦水带铺设到着火公寓，公寓内火灾的实际灭火通常与任何一种住宅火灾一样。不过，有些事项是这些建筑独特的，消防队员应该注意到。

这些建筑的一个共同特征是它们通常有不止一部楼梯。如果是这样的话，应该从一部

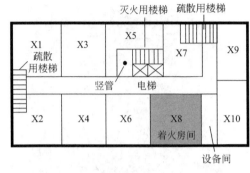

图 12-16　在公寓楼上层铺设水带，
用一个楼梯灭火，一个楼梯疏散

楼梯灭火，指定另一个为救援或疏散楼梯，如图 12-16 所示。铺设好最初的水带线路后，应该从与初始进攻线路在同一楼梯间的着火楼层下方至少两层展开备用水带。

耐火多户住宅另一个独有的特点是有垃圾焚烧炉或垃圾压缩机。焚烧炉与一个贯穿整个建筑高度的垂直竖井连接，每层楼都有开口，供居民使用。值得注意的是，垃圾焚烧炉是为燃烧而设计的，可以受热，但压缩机竖井不能受热。如果压缩机竖井发生较大的火灾，必须从水源铺设水带到燃烧材料上方的一层竖井开口处进行灭火。通常情况下，火灾会导致整个公共走廊浓烟弥漫，这样就很难确定起火点，因此必须彻底搜索所有楼层。

（7）通风　大多数情况下，垂直通风并不是耐火多户住宅的主要考虑因素，因为这些建筑往往有多个楼层和其他建筑构件。即使这样，指挥员也应确保打开屋顶隔板，以便进入楼梯的烟气排出建筑。这有助于防止烟气消耗现场急需的氧气，有利于消防人员更安全、更长久的行动。然而，有些情况下，着火楼层可能离屋顶很远，没有必要采用屋顶通风，这种情况下，使用正压水平通风将是最有效的通风方式。

（8）清理火场和抢救财物　在清理火场和抢救财物过程中，耐火多户住宅与其他建筑一样。适用于所有多户住宅的策略和战术也同样适用于此。

12.3.4　联排多户住宅

另一种检验灭火力量的多户住宅是联排建筑。这些建筑物都是用木头建造的，多个建筑物排成一排，并排建造。一排可多达 20 栋建筑，如图 12-17 所示。

12.3.4.1　结构

20 世纪初，建造了联排多户住宅。与在这个时代建造的许多其他建筑一样，它们是用实木建造的。联排多户住宅很长，可以有五层楼高，从前到后，每层楼有一到两套公寓。不幸的是，这些建筑没有使用耐火材料，这些建筑的建造和布局使得火势很容易向四面八方传播。例如，相邻的建筑之间没有设置可用于控制火势的砖墙。此外，大多数建筑都有通风/采光/杂物电梯井。公共阁楼也很流行，阁楼贯通整栋建筑，为火灾提供了另一条容易蔓延的通道，如图 12-18 所示。

12.3.4.2　危害

在联排多户住宅火灾中，常见问题有火灾蔓延速度快、火灾条件下建筑倒塌概率大，以及消防部门资源负担重等。在这些类型的事故救援中，时间就是一切。现场出水速度和操作速度很可能决定了是失去一栋建筑还是整片建筑。这种类型建筑的生命危险很大，因为多个建筑很快就会卷入其中。必须综合考虑资源和生命危险。

火灾在这些建筑中的蔓延方式如下：①公用竖井；②通风/采光井；③内墙；④建筑外部；⑤公共阁楼；⑥公共飞檐；⑦公共酒窖；⑧彼此连接的地下室梁。

图 12-17　联排多户住宅

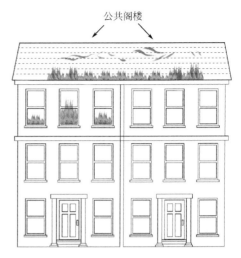

图 12-18　住宅间敞开的阁楼，桁架层
可以在每一层形成阁楼

战术提示

在联排多户住宅火灾中，常见问题有火灾蔓延速度快和火灾条件下建筑倒塌概率大等。 消防部门拥有相应的人员和资源很重要。 需要快速控制火势，以免蔓延到毗邻建筑和公寓。

12.3.4.3　灭火策略和战术

（1）消防员安全　除了已经提出的所有其他安全问题外，在多户家庭住宅中消防安全的最大威胁之一是低估了事故初期对足够人手的需求。一旦发生类似火灾，必须立即请求支援。

虽然消防队员开始进行屋顶操作时很谨慎，但这种类型的操作在联排建筑火灾中具有独特的消防员安全问题。通往屋顶可能很困难。消防队员在屋顶上进行操作时，应尽可能使用云梯，因为这是最安全地进入屋顶的方式。然而，如果必须从建筑内部到达屋顶，应使用远离着火建筑的建筑。使用这种方法时，消防人员应当谨慎，因为火灾可能在阁楼中蔓延，这会使相邻建筑物的屋顶不安全。

如果联排建筑装有消防梯，消防人员可以小心使用。严重火灾情况下，在消防梯上作业的消防人员应该始终意识到消防梯可能有脱离建筑发生倒塌的危险。

消防人员打开顶部天花板暴露火灾时必须谨慎。如果没有足够的屋顶通风，打开天花板会可能点燃积聚在阁楼内的气体，吞没在顶楼的消防人员。

在任何火灾事故中，保持与指挥员的良好沟通都是必不可少的，但在联排多户住宅中，火灾会迅速演变，因此，消防人员尽快将任何变化或事态发展情况报告给指挥员。沟通应及时、连续和彻底，行动小组必须尽快将以下信息通知指挥员：

① 火灾地点；

② 火势发展；

③ 建筑物内竖井的存在和位置；

④ 接触问题；

⑤ 额外水带线路的需求；

⑥ 屋顶行动的进展；

⑦ 搜索状态。

这些有关火灾发展和危险的信息有助于指挥员更好地掌握火灾运动和人员状况，这有利于指挥员有效地计划和作出决定，并帮助指挥员确保消防战斗员在这些事件中安全有效地作业。

（2）搜索和救援 在联排住宅火灾事故中，进入、通风和搜索所有楼层对控制火灾和烟气蔓延至关重要。搜索火灾上方楼层是极其危险和费力的。除了这些问题和本章前面提到的其他安全事项外，联排住宅中的搜索和救援过程一般与大多数家庭住宅一样。

（3）疏散 正如前面所讨论的，如果火在阁楼里，它可以很快地穿过着火建筑和毗邻建筑物。重要的是在火灾蔓延到来之前把人员疏散到安全的地方。指挥员不能等到火灾威胁到建筑内居民时再疏散，必须考虑到火势发展，以及它通过建筑会蔓延到哪里。那些可能在火灾蔓延路径上的人员必须尽快疏散。

（4）保护未燃物 为了保护未燃物，应采取与疏散行动相同的行动方式。找出火灾蔓延的地方，保护那些可以被保护的建筑物。

（5）控制火势 为了把火灾控制在起火的地方或公寓里，建议使用1.5in或1.75in的小口径水带，因为小口径水带灵活性好，可操作性强。此外，消防部门应尽快将水带线路延伸到着火建筑的顶楼和相邻建筑的顶楼，以防止火势蔓延到多个建筑。

> **提示**
>
> 任何铺设进联排多户住宅的水带线路必须有足够的长度，以覆盖整个建筑。

（6）灭火 在联排多户住宅中，火灾位置决定了第一条水带的位置。就像之前讨论过的一些多户住宅一样，如果火灾发生在地下室，第一条水带线路必须保护内部楼梯。如果第一条水带线路可以沿着内部楼梯延伸到地下室，那么就应该通过内部楼梯铺设第二条水带，以保护地下室上方的楼板。如果第一条水带线路不能沿着内部楼梯向下延伸到地下室，需要从水源通过外部的地下室入口铺设第二条水带线路。

当在上部楼层进攻灭火时，第一条水带线路会铺设到着火处，应铺设第二条备份水带，覆盖火源上一层，这是火灾很可能会蔓延的地方。第三条水带应延伸到火源上方的楼层，或者到暴露的B层或D层的顶层。任何铺设进联排多户住宅的水带线路必须有足够的长度，以覆盖整个建筑。在快速蔓延的阁楼火灾中，为了在火灾蔓延到来之前行动，消防队可能不得不在着火楼层下方几层处操作。将水带线路铺设进联排多户住宅顶层的消防队员，应同时携带可拉动天花板的工具。

> **提示**
>
> 在快速蔓延的阁楼火灾中，为了在火灾蔓延到来之前行动，消防队可能不得不在着火楼层下方几层处操作。

（7）通风 顶楼火灾是极其危险的，在这些情况下屋顶通风至关重要。如果通风行动足够快并且正确的话，它将阻止火势的发展。在这些情况下，通常需要挖沟，如图12-19所示。

（8）清理火场和抢救财物　联排多户住宅清理火场和抢救财物基本上与多户住宅相同。

12.3.5　褐砂石多户住宅

12.3.5.1　结构

如图 12-20 所示，用非耐火建筑材料建造的褐砂石多户住宅，外面是用石头和砖石砌成的，这就是为什么它们被命名为褐砂石住宅。这些建筑建于 19 世纪晚期和 20 世纪初，通常是 3～5 层楼高。

图 12-19　在公共阁楼火灾中，可能需要挖沟以
阻止火灾蔓延，这个过程需要大量人力

图 12-20　褐砂石多户住宅

褐砂石多户住宅最初建立时，通常是由一个经济富裕的家庭居住。现在，褐砂石公寓通常是由三个或更多的家庭居住，或用作单间居住（公寓的各个房间出租给个人，浴室和厨房共用）。

这些建筑最初是用高的门廊建造的，门廊通向二楼的客厅，这也是主楼层。一楼的入口在高门廊下，也被称为一楼或底层。一楼以下是地下室。现在，这些建筑的每一层都是一套独立的公寓。

> **提示**
>
> 单间居住是指公寓的各个房间出租给个人，浴室和厨房共用。

12.3.5.2　危害

褐砂石建筑与联排多户住宅一样，占据了整个街区，主要区别是建筑外部不燃，砖墙分隔每一栋建筑。这些墙延伸到阁楼，常将火灾限制在起火建筑内。有些情况下，隔离墙失效，火灾也会蔓延，但这种情况很少。在二楼或客厅的高天花板上，可能需要使用 10in 长的撑杆来拆除天花板。与联排建筑一样，火灾会通过几种途径垂直蔓延，包括：公用竖井、杂货电梯井、管槽、通风/采光井、强制热风供暖系统、内藏门。

内藏门是滑动到墙里的门，如图 12-21 所示。

图 12-21　内藏门

当这些门关闭时，会为火灾垂直蔓延创造空隙。火灾也可以通过阁楼、公共地下室横梁和公共飞檐进行水平蔓延。

> **提示**
>
> 当内藏门关闭时，会为火灾垂直蔓延创造空隙。

12.3.5.3 灭火策略和战术

（1）保护未燃物　正如前面所讨论的，褐砂石住宅在建筑物之间砌有砖墙，有助于将火灾控制在起火建筑内。因此，重点通常在着火建筑上，在相邻建筑的未燃防护中人员配置需求较少。

（2）控制火势和灭火　再一次强调，在进攻和扑救褐砂石多户住宅火灾时，行动速度至关重要。在规划进攻策略时，确定火灾位置也很重要。1.5in 或 1.75in 水带管线通常满足扑救行动要求。如果火灾发生在地窖，第一条水带从一楼（地下室）入口铺设到通往地下室的楼梯处。这条水带保护楼梯，如果可行的话，消防队员可以沿楼梯向下推进，扑灭地窖里的火灾。如果火灾发生在地上一层的地下室，位于地面一层，第一条水带延伸到二楼，以保护楼梯免受火势影响。这条水带可以沿着楼梯向下铺设，也可以将第二条水带延伸到第一层的入口进行灭火，后一种方法更佳。如果楼上发生火灾，沿前面的台阶将水带铺设到二楼，直接灭火。

（3）通风　在褐砂石公寓进行通风操作时，消防队必须特别注意顶层，火灾气体会在那里堆积。屋顶通风小组必须利用天窗通风，并检查后方和竖井。对于顶层火灾，屋顶通风小组需要打开回风口，并检查阁楼的火灾蔓延情况。如果有必要进行屋顶通风，屋顶通风小组也应准备好切割屋顶。

（4）清理火场和抢救财物　这些住宅的火场清理和抢救财物行动与其他类型的公寓建筑类似。

12.3.6 花园式公寓

12.3.6.1 结构

最后一种多户住宅是花园式公寓，如图 12-22 所示。这些多户住宅的建造始于 20 世纪 40 年代的婴儿潮一代。这些建筑通常由木地板、木钉和木屋顶构成。它们可能被嵌板或砖饰面覆盖，可能有 2~4 层楼高。这些建筑通常长达几百英尺。"花园式公寓"这个词源于这样一个事实：建筑被景观和绿化所包围，而不是混凝土。尽管建筑规范会有所不同，但根据当地和地区的法规，在防火墙之间的区域有一些限制。

图 12-22　花园式公寓。阳台可以储存危险材料，可以成为火灾蔓延的通道

> **提示**
>
> 一般地，花园式公寓是用木地板、木钉和木屋顶建造的。因此，所使用的材料有大量的火灾负荷。它们被称为花园式公寓，因为它们被花园所包围，而不是混凝土。

12.3.6.2 危险

除了建筑材料（木材）增加了火灾负荷和早期坍塌的可能性之外，在花园式公寓里还发现了其他的危险。这些建筑通常有带大玻璃开口的阳台。火灾可以通过这些阳台迅速向上蔓延到楼上和阁楼。一旦火势蔓延到阁楼，就会蔓延到整个建筑，或者至少在防火封堵间的区域蔓延。因此，火灾很快就会殃及整个建筑。这种建筑对消防员和居住者构成了极大的生命危险。

每层楼和每层的公寓都有内部楼梯。尽管每层楼都有走廊和楼梯门，可以限制火和烟的蔓延，但这些门经常被打开。地下室也可以使用内部楼梯。地下室通常会有额外的公寓或仓库。

花园式公寓的风格是从停车场开始，周围有景观。这为消防人员带来了进入的危险，如图 12-23 所示。水带必须延伸得更远。为此，消防车应携带更多的水带，以便穿过庭院，进入建筑内。此外，通常不能使用云梯，因为它们无法到达建筑物。因此，消防队员需要依靠便携式消防梯。

12.3.6.3 灭火策略和战术

（1）控制合适和灭火 花园式公寓火灾的战术目的，与其他公寓火灾一样，集中于将火灾控制在起火公寓内，保护内部楼梯。图 12-24 给出了典型花园式公寓里火灾蔓延的几条可能路径。第一条水带应通过内部楼梯延伸到着火公寓，或者在地下室火灾中进入地下室入口。备用水带线路应该用于控制火势和灭火，并且应该覆盖相邻公寓和火灾上方的公寓。如果有迹象表明火灾已经蔓延到阁楼，则需要在顶楼部署水带线路。可能还必须在建筑物的外面铺设水带，以保护人的阳台开口，火灾应该会向这些区域蔓延。然而，实施外部射水时，应考虑建筑物内灭火的消防人员的安全。将外部射水对准着火公寓可能会危及在公寓里工作的消防人员的生命。因此，外部射水应防止火灾在大楼外部的垂直蔓延。

图 12-23 设置在花园式公寓附近的入口会导致进入问题，需要铺设长的水带。

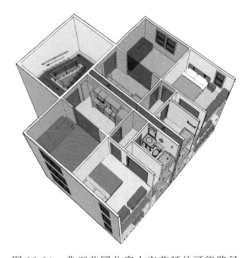

图 12-24 典型花园公寓火灾蔓延的可能路径

（2）通风 根据火灾位置，水平和垂直通风均可用于花园式公寓。着火公寓或受影响的走廊通风时，可以使用水平通风。楼梯间通风时，应在楼梯井上方使用垂直通风。如果火灾进入了阁楼，应找到防火墙，并铺设水带线路来保护防火墙，从而控制火势蔓延。可能有必要在屋顶切割沟槽，以控制火势在阁楼蔓延。

本章小结

- 三个或更多家庭居住的多户住宅，形状和大小各异，由于许多人居住在一栋建筑内，随时可能造成严重的生命财产损失。
- 消防人员了解不同类型的多户住宅的独特特征，并据此制定相应的策略，有效地扑灭每一种类型的火灾很重要。
- 消防员安全的许多基本要素适用于包括多户住宅的所有建筑火灾，主要有人员管控、指派安全官、使用快速干预人员，以及在事故指挥系统下行动。
- 由于面积和人数等因素的影响，多户住宅火灾中搜索和救援需要投入大量的资源（消防员、装备和器材）。
- 从着火的多户住宅或其邻近建筑中疏散居民时，需要考虑许多因素。是疏散居民还是让居民就地避难，指挥员必须评估其风险与效益。
- 在多户住宅火灾中，保护未燃物需要根据建筑类型不同而有所不同。
- 在多户住宅火灾扑救中，水带应铺设在能将火灾控制在房间、公寓或着火楼层的地方。射水保护楼梯间和其他出口路线至关重要。
- 多层建筑火灾中，一旦控制火势，就要开始灭火行动。
- 建筑物中火灾的位置决定了通风位置。在带有室内楼梯间的多户住宅中，很可能需要在楼梯间通风。
- 因为多户住宅通常在楼层和公寓之间有未设保护的垂直开口和水平开口，经常需要进行火场清理。
- 在这些住宅中发现的大部分物资都是私人的。与单户住宅火灾不同，多户住宅中的火灾可能影响不止一个家庭。
- 为了成功扑救多户住宅火灾，消防队员必须了解每一种类型的建筑是如何构造的，以及可能的窜火位置。消防人员应该能够预测每一建筑类型的火灾和烟气运动，并采取相应的行动。
- 老式公寓建筑建于20世纪和21世纪初，具有如下特点：典型的砖砌外墙；内部通常用木头建造；每层有2~4套公寓。
- 新型公寓建于20世纪晚期，比老式公寓楼更高、更宽、更深。最大的建筑差异是引入无保护的钢梁支撑建筑物，但也可能导致火灾向邻翼蔓延。
- 耐火多户住宅是结构良好的建筑，采用耐火材料和结构，限制了火灾蔓延，生命损失通常是最低的。但这些类型的建筑中发生的火灾容易产生大量热量，增加消防队灭火的风险。
- 联排住宅带来很多挑战，也给消防员和居民带来了很多生命危险。联排建筑长度可达整个街区，多个建筑排成一排，公共阁楼贯通整栋建筑。
- 褐砂石多户住宅，采用非耐火建筑结构和材料建造，与联排建筑一样，长度可达整个街区。外面采用石头和砖石砌成，砖墙将每个单元分隔开，通常将火灾限制在起火公寓内。然而，火灾可通过多种途径在建筑内蔓延。
- 花园式公寓最初是由木制材料（如木地板、木钉和木屋顶）建造。可能覆盖嵌板或砖饰面，可能有两到四层楼高。这些建筑周围有景观和绿化，给消防人员进入造成困难。

主要术语

天窗（bulkhead/scuttle）：从楼梯顶到屋顶的开口。

多户住宅（multiple-family dwellings）：三个或更多家庭居住的房子。

就地避难（shelter-in-place）：一种隔离形式，它提供了一定程度的保护，将人们留在适当的地方，通常是大型建筑物的住家或未受影响的区域。

喉部（throat）：连接两翼的建筑部件。

沟槽（trench cut）：用于受限火灾通风的一种切口，横贯整个屋顶，能有效控制水平蔓延的阁楼火灾。

案例研究

作为一个在城郊住宅区的消防队官员，在你18年的职业生涯中，你有机会参加灭火工作。你的辖区主要是多户住宅，因为它就在中心城区之外，大多数居民都是通勤者。你有机会指导一名被分配到你所在消防站的登高车中队指挥员，他从来没有在这个辖区工作过。你首先想要给他一些你多年来学到的重要知识。

1.你们正在讨论这个小区联排住宅的数目，需要告诉这名新任职指挥员的一件重要事情是：

A.一般来说，没必要疏散整个建筑物，因为火势蔓延是有限的。

B.联排多户住宅是结构良好的建筑。

C.在联排住宅火灾中普遍关心的是火灾蔓延迅速。

D.这些建筑往往比旧的公寓楼更高、更宽、更深。

2.搜索多层建筑时，哪个区域应第二次搜索？

A.火灾上方楼层　　　B.顶层　　　C.着火层　　　D.建筑的其他部分

3.在多户住宅火灾的快速干预小组方面，以下正确的是？

A.一般不派遣快速干预小组，因为现场人员多

B.为提供快速反应，建筑内可能需要快速干预小组

C.应该为每个内攻小组分配一个快速干预小组

D.由于行动的复杂性，应该派遣一个至少10人的快速干预小组

4.哪种楼梯是公寓建筑的一部分？

A.H型楼梯　　　　B.翼梯　　　C.孤立楼梯　　　D.横向楼梯

复习题

1.多户住宅的定义。

2.六种多户住宅分别是什么？

3.本章讨论的老式公寓和新型公寓有什么显著的区别？

4.老式公寓地窖火灾中，第一条水带铺设在哪里？

5.简述多户住宅火灾中屋顶通风小组的一般责任。

6.列出水平通风的三个好处。

7.列出垂直通风的三个好处。

8.列出联排多户住宅中，与火灾相关的战术问题。

9.简述就地避难的概念。

10.在老式公寓火灾扑救中，为什么要打开楼梯间的门？

讨论题

1.讨论本章出现的各种类型的多户住宅，并将它们与你所在地区的多户住宅进行比较。

2.回顾你部门的多户住宅火灾的标准操作指南。它们与本章中所述的相比如何？

3.回顾最近的一次多户住宅火灾事故后分析。行动与本章中所述的相比如何？有什么改进建议吗？

参考文献

National Institute for Occupational Safety and Health. (2008 November 17). *Fire fighter fatality investigation report F2007-35: Four career fire fighters injured while providing interior exposure protection at a row house fire—District of Columbia*. Atlanta, GA: CDC/NIOSH. Retrieved from http://www.cdc.gov/niosh/fire/reports/face200735 .html.

第**13**章　商业建筑火灾扑救

- 适用于一般商业建筑火灾的灭火策略和战术。
- 特定类型商业建筑火灾的扑救。

案例研究

　　2010年12月22日，在一个废弃的危险商业建筑中扑救一起垃圾火灾时，灭火后期，由于起火建筑的弓弦式桁架屋顶坍塌造成两名消防员牺牲，另有19名消防员受伤。受害者是首批到场人员，发生坍塌时，他们正在建筑内部作业。事故发生在首批消防队到场大约16min后，事件发生后几分钟内，指挥员报告火势已得到控制。这是一家商业洗衣店的旧址，这座建成84年的建筑已经废弃了5年之久。此前，市政府官员曾引用建筑业主的说法，称该建筑为危楼，并责令业主修复或拆除。

事故原因包括：

① 城市中缺乏对空置/危险建筑的标记；

② 空置/危险建筑信息未列入自动调度系统；

③ 建筑破旧不堪；

④ 调度发生在换班期间，导致人员分散；

⑤ 冬季的天气状况，包括屋顶上的积雪和消火栓冻结；

⑥ 并非所有消防队员都配备了无线电设备。

主要建议包括：

① 确定并标记危及消防员和公众的建筑物；

② 在所有建筑火灾中，尤其是在废弃或空置的不安全建筑中应用风险管理原则；

③ 训练消防员定时汇报个人情况，并尽快向指挥员通报内部情况；

④ 指派专人或队长助理协助信息管理和通信工作；

⑤ 向所有消防人员提供无线电，并对他们进行适当的培训；

⑥ 制定、培训并强制使用专门针对废弃和空置建筑的标准操作规程。

提出的问题：

① 人员变动时，你的工作思路是什么？每次换班1人？还是在上一班离开之前所有人员必须到场？

② 如果遇到换班的话，在处置废弃或空置建筑事故中，你如何调整行动？

13.1　引言

本章描述了消防员在职业生涯中可能遇到的几种不同类型的商业建筑：沿街购物中心、大型商业建筑、两层和三层商业建筑，以及独立商业场所。商业场所一般可分为商业、商务或工业场所，如图 13-1 所示。商业场所是为零售企业设计的建筑，如超市、百货商店、药店和沿街购物中心。商务场所经常被专业人士用来为公众提供各种服务，如法

图 13-1　商业、商务和工业场所是
商业建筑，图示是商务场所

院、理发店和医生、律师、牙医的办公室。工业场所可以是工厂或制造场所。

上述清单并非详尽无遗，商业场所还有许多其他类型。这些场所发生的火灾可能是最难控制和扑灭的。这些建筑中有各种各样的火灾荷载和未知物品，从普通可燃物到危险化学物质，导致处置行动更加危险。此外，商业企业，如写字楼和沿街购物中心经常设在一栋建筑内。这种组合使得消防员更难预测他们在商业场所可能遇到的危险类型。准备应对建筑危险的最好方法是制定预案。消防队员应花时间和精力彻底检查建筑及其内的所有组成部分，最好在

建筑建造时就开始。然而，由于商业建筑经常需要转租、装修等，需要消防人员进行例行检查。

提示

这些场所发生的火灾可能是最难控制和扑灭的。 由于建筑中有各种火灾荷载和未知物品，从普通可燃物到危险化学物质，因此增加了消防员的危险。

13.2　灭火策略和战术

对商业建筑（包括特定类型）的全面了解、制定预案、坚持标准操作指南和培训是成功和安全地扑灭这些建筑火灾的基本要素。本节讨论常见的建筑类型、潜在危险，以及扑救商业建筑火灾时可以使用的灭火策略和战术。

13.2.1　消防员安全

在案例研究建议中，扑灭商业建筑火灾时，人们对消防员的安全问题有一些关注。除此之外，其他与消防员安全有关的策略也必须应用于这种规模和类型的建筑。

到达商业建筑火灾现场时，可能不知道建筑物的大小和火灾位置，因此，第一到场

图 13-2　商业建筑火灾面积大，可能需要不止
一个快速干预小组。这张照片里有多个可能
的入口，每个入口都需要设人员登记点

的消防队关注的主要问题应是设备和人员部署。必须在建筑物的每个入口点和出口点设人员登记，必须在能够快速进入大楼的地方部署快速干预小组。例如，如果消防员正利用建筑后部进行进攻灭火，那么前方的快速干预人员可能毫无用处。当使用一个以上的入口时，考虑部署多个快速干预小组，如图 13-2 所示。

> **战术提示**
>
> 商业建筑往往有不止一个入口。 在有多个入口的建筑中灭火时，考虑部署多个快速干预小组，最好是每个入口一个。

在商业建筑火灾中，影响消防员安全的危险之一可能是疏散通道。商业建筑经常在其后部储存货物，阻塞消防通道和设施，因此应确定其他疏散方式。此外，这些建筑中增加的火灾荷载产生的热和烟会使消防员的行动非常危险。这些建筑物在火灾条件下也可能倒塌。因此，进入建筑物前必须有周密的疏散计划。

一旦进入建筑，消防员在商业建筑中灭火时应考虑几个安全问题。首先，可能会发生轰燃，而且几乎没有征兆。因为商业建筑往往有很高的天花板，很难正确判断火场上的热量和火灾的真实强度。另一个问题是建筑物和/或其内物品的布局。这些建筑，如一些公寓楼，里面犹如迷宫。商店的额外库存增加了迷路或被困的可能性。商业建筑越来越大，迫使消防人员在灭火战斗行动中需要更加深入地进入建筑内部，这对消防队员来说是危险的，尤其是在有烟和能见度低的情况下。搜索过程中，建议不能利用水带线路的消防员使用导向绳。一名消防员应站在建筑的入口处，而执行搜索任务的消防员则使用该导向绳在建筑周围移动。这样可以防止消防员在烟气弥漫、能见度低的建筑中迷失方向。

消防员还必须意识到，尽管可能违反建筑规范和防火规范，但一些使用者会增建一层，以便在储藏区内利用天花板高的特点增加储存空间。这会造成更高的火灾荷载，从而带来额外的安全风险。此外，这些临时加建楼层的施工方法和材料可能不满足要求，增加了坍塌的危险。一些商业建筑的外墙仅仅是一个外立面，而另一些建筑则使用大型预制混凝土墙。这些外墙往往不够坚固，抵挡不住大火的冲击，因此，它们更有可能倒塌。

> **提示**
>
> 高的天花板使消防员很难正确判断火场上的热量和火灾的真实强度。 商业建筑可能会发生轰燃，而且几乎没有征兆。

13.2.2 搜索和救援

在商业建筑中搜索和救援非常耗时、费力且困难。然而，与前几章所讨论的住宅建筑不同，商业建筑在夜间的生命危险通常会减少，因为一天营业结束后，商业建筑内可能没人。但值得注意的是，各商家的营业时间可能会有所不同。有些商家每天 24h 营业。一些商业建筑在商铺上方也有公寓，如图 13-3 所示。这增加了搜索和救援小组的困难，尤其是在燃烧产物垂直蔓延的火灾中。消防员必须熟悉其辖区内的商业场所类型、建筑布局，这些建筑中的商业场所类型及其运营时间。

搜救工作必须从受火灾和浓烟威胁最严重的地方开始，然后向外展开。如果同时进行其他操作，如通风，搜索和救援工作会受到很大影响，甚至会加速火灾蔓延进程。

实施搜索和救援的消防员也需要考虑受害者逃离商业建筑的方式。记住，大多数人都倾向于使用与进入时一样的方式离开。搜索和救援行动应确保迅速处理这些出口区域，并确保这些地区在受到火灾蔓延时得到保护，如图13-4所示。同样，正如前面消防安全部分提到的，商业建筑后部的疏散通道可能会被堵塞。应制定好搜索和救援行动计划，确保受害者不会被困在建筑物的后部。

图13-3　商店上方可能有公寓，大大增加了搜索和救援的需求

图13-4　疏散时，人们通常会沿原路离开

13.2.3　疏散

商业建筑火灾中，疏散应从建筑物受火灾和烟气威胁最严重的区域开始。通常，在这些建筑火灾的早期，首先疏散相邻的场所，然后消防队员从那里向外展开。例如，如果有5家商铺连在一起的商业街发生火灾，起火的是中间的商铺，那么应先从着火建筑开始疏散，然后疏散着火建筑两侧的商铺，最后疏散外侧的其他商铺。消防部门需要确保完全疏散整栋建筑的人员。因为在一幢建筑物内发生火灾，而邻近建筑物的人们可能不知道发生了火灾。大型商业建筑可以使用公共广播系统、建筑报警系统疏散，也可以利用消防员或使用人员和设备结合的方法进行疏散。根据情况的严重程度、疏散的人数和条件，就地避难可能是更好的选择，或者至少是一种选择。现在，自负和漠视很常见，这些性格在人们被问到是否会有危险和离开的时候，或者在建筑火灾警报响起的时候，会影响人们的决定。

> **战术提示**
>
> 商业建筑事故中，疏散应从建筑物受火灾和烟气威胁最严重的区域开始。

13.2.4　保护未燃物

商业建筑火灾中，保护未燃物适用于建筑的内部和外部。在沿街购物中心建筑中，未燃区是与着火建筑在同一建筑中没有蔓延到的场所。在大型、多层的商业建筑中，保护未燃物是防止火灾在整栋建筑中水平和垂直蔓延到未着火区域。在拥挤的市中心地区的小型商业建筑中，保护未燃物要求设置大口径水带线路或集水射流向临近的建筑射水，如图 13-5 所示。

13.2.5 控制火势

在商业建筑中控制火势可能很困难，消防员面临的挑战取决于建筑的类型。例如，在沿街购物中心，火灾可能会通过墙壁的水平裂缝和公用屋顶蔓延，如图 13-6 所示。应设置消防水带保护这些区域，如果有防火墙，保护防火墙。开阔区域控制火势困难，因为火灾可以通过对流扩散到建筑的未着火区域。

多层建筑中，火灾可能通过窜火在窗户间蔓延，必须设置水带线路阻止这种蔓延。控制火势还必须保护垂直开口（例如，敞开式楼梯间或竖井）。

图 13-5 如果这个商店发生火灾，那么建筑的其他内部区域就会出现严重的未燃保护问题

13.2.6 灭火

商业建筑火灾规模可能很大，需要调派大量的消防人员到现场。灭火行动需要大量的水。如果在到达火场时，火势已经非常大，那么较小口径的水枪就会失效，消防员应使用高架集水射流、地面监控器、大口径水枪和水炮。消防部门还应使用固定消防系统，如水喷淋灭火系统和防火门等。在一些大型建筑物中，如多层建筑中可利用竖管供水。

商业建筑灭火往往需要使用 2.5in 或更大口径的水带。初战灭火时，应确保供水充足，如图 13-7 所示。同一灭火区域铺设多条水带时，不能交叉铺设。记住，根据建筑的尺寸和内部布局，水带线路可能会很长。管径越大，摩擦损失越小，进攻点处的水就越多。

图 13-6 有公用屋顶的沿街购物中心

图 13-7 控制和扑灭商业建筑火灾必须确保水带流量充足

> **提示** 🔊
>
> 　　根据建筑的大小，水带线路可能会很长。 管径越大，摩擦损失越小，进攻点处的水就越多。

13.2.7　通风

通风方式和具体操作方法取决于火灾位置和建筑类型。例如，在沿街购物中心火灾中，如果火灾蔓延到屋顶可能需要垂直通风。可能有必要在屋顶切割出一些沟槽，但这些操作需要足够的人员、合适的工具和设备。被调派到商业建筑火灾现场的消防部门应当提前预见到所需的人力和物力，并携带必要的工具和设备。这些建筑很难进行垂直通风，特别是建筑物有金属屋顶或有其他很难切割的材料时。然而，有了适当的工具、设备、人员和培训，可以迅速实施垂直通风。采用正压风机辅助水平通风是最快的建筑通风方式，但一定要记住该行动可能会加剧火灾蔓延。水平通风作业时，必须采取行动监测和防止火势蔓延。

某些情况下，大型商业建筑可能有固定的屋顶区域，可以快速通风，比如天窗或屋顶通风口。但是，通风口需要尽可能靠近着火区。

13.2.8　清理火场

彻底清理和发现隐藏火灾隐患的所有可能区域非常重要。如果消防部门没有成功地发现和扑灭所有隐藏的火灾，他们可能会被召回现场扑灭更大的火灾。许多时候，这些建筑有多个高火灾荷载区或办公室，隐藏零星火。为了使建筑物看起来新颖而有吸引力，这些建筑也经常进行外观上的改造。因此，必须检查翻修造成的空隙和隐藏空间。定期更新预案有助于了解最新的建筑和用途。

有时必须移出建筑内的物品，以确保火灾完全熄灭。虽然在住宅建筑中这可以相对容易地完成，但在一些有大量库存的商业建筑中，这样做有时会很困难。可能需要向外部承包商或其他市政机构请求叉车、起重机或其他起重设备的援助。

> **战术提示** 🔊
>
> 　　必须彻底清理火场，搜索可能隐藏火点的所有可能区域。 为了使建筑物看起来新颖而有吸引力，这些建筑也经常进行外观上的改变，因此必须检查翻修造成的空隙和隐藏空间。

13.2.9　抢救财物

商业建筑中存放的大部分物品是日常经营活动中使用的物品或商品，或者是有意出售的产品，火灾后商家的经济损失可能很大。为了尽可能减少损失，指挥员需要安排必要的人力物力抢救财物。未受火灾影响的物质应遮盖或移走。毗邻火灾区域内的物品，应尽可能地予以保护，防止烟气和水的破坏。

13.3 特定商业建筑火灾扑救

上一节讨论了商业建筑火灾扑救的一般目标。本节将讨论商业建筑的具体类型——沿街购物中心（又称沿公路商业区）、大型商业建筑、两层或三层商业建筑以及单独商业建筑，以及每种类型建筑火灾的战术目的、安全问题、注意事项和灭火方法。

13.3.1 沿街购物中心

13.3.1.1 结构

在过去几十年里，沿街购物中心是一种常见的商业建筑类型，也称沿公路商业区。一般的，沿街购物中心是长而窄的单层建筑，分割成多个部分，形成满足不同需求的独立场所。它们通常用砖石外墙建造，但屋顶类型多种多样。有些沿街购物中心在各商家之间建有防火墙。沿街购物中心的年代、规模、类型和大小，以及在建筑施工时的建筑规范，都在是否建造防火墙的问题上发挥了作用。这些建筑的正面通常有很大的窗户和玻璃门，营业结束时，可以用卷闸门或百叶窗保护玻璃门，如图 13-8 所示。如果发生火灾的商店在沿街购物中心的中间，一般只能从前后进入。这些场所后部有门，通常是一个宽度不超过 32～36in 的标准单开门。然而，有些商家可能会有大的车库式高架门。

图 13-8 商家安全门实例，可能需要大量使用破拆工具

13.3.1.2 危险

最初，此类商业建筑开始发展并逐渐流行时，建筑规范并不完善，它又是一种相对较新的建筑类型，造成了很多隐患，使消防人员的工作更加危险和困难。

明白这些场所用途的多变性也很重要，昨天某个商铺可能是一个简单的营业厅，今天可能就变成一个小五金店。每种用途都有明显不同的火灾隐患和火灾特点。这种场所，良好的现场评估有助于作战行动。防火部门和灭火部门之间良好的沟通对于消除未知用途变化造成的影响至关重要。

> **提示**
>
> 阁楼空间不仅使火灾蔓延迅速，而且具有另一个消防员必须知道的重要危险——屋顶结构。几乎所有的沿街购物中心/沿公路商业区建筑都有轻质的木材或金属屋顶组件。这些类型的屋顶会给消防部门造成困难，因为在火灾条件下屋顶有可能迅速失效和倒塌。

沿街购物中心/沿公路商业区通常有开放的阁楼空间，水平贯通整栋建筑或几个商家，使火灾水平蔓延迅速。如果建筑有一堵防火墙，但没有穿过屋顶，防火墙可能有助于减缓火势蔓延，但可能不会阻止火势蔓延。此外，不应完全依赖这堵墙来阻止火势蔓延，因为几乎所有的屋顶都是金属。火灾能通过导热在金属屋顶板传播。焦油是金属屋顶板和木材屋顶板的主要组成部分，是易燃物质，能被点燃。

消防员必须认识到屋顶构造的危害。几乎所有的沿街购物中心/沿公路商业区建筑都有轻质的木材或金属屋顶组件，如图13-9所示。这类屋顶会给消防部门造成困难，因为在火灾条件下屋顶有可能迅速失效和倒塌。

因为当木桁架屋顶和连接点在火灾作用下时，桁架可能完全燃烧，因此，轻型木结构屋顶组件失效。金属扣板也可以加热到脱离木头。木材可能被烧焦以至于扣板不能再把连接点连接在一起，那么桁架可能失效。当一个桁架失效时，可以预料到多个桁架会相应失效。除了容易倒塌外，轻型木桁架屋顶组件也大大增加了火灾荷载，因为木结构或多或少相当于火柴杆，容易燃烧。

轻型金属屋顶组件也可能是危险的，容易发生倒塌，但这种材质的建筑结构本身并没有显著增加火灾荷载。虽然这些屋顶不会增加火灾荷载，但存储在阁楼内的物质可能会增加火灾荷载。钢桁架在火灾作用下，不仅加热建筑的其他区域，还吸收热量，使钢材伸长，从而增加了屋顶和墙壁坍塌的可能性，如图13-10所示。

图13-9 平屋面的典型屋面施工

图13-10 钢桁架在火灾作用下削弱和伸长

不管何种类型的屋顶组件，突然坍塌都是主要危险，消防员应制定相应的对策。消防员应预料到，当一个桁架或桁架截面失效时，整个屋顶有可能发生灾难性坍塌。如果消防员观察到桁架或桁架截面失效，应立即撤离。

另一个危险是位于主要入口上方的有顶的人行道，长度一般贯穿整栋建筑。通常，这些仅仅是装饰，对主楼本身并没有提供结构上的支撑。这些有顶的人行道可以是悬臂式的，如图13-11所示；也可以是在街道或停车场的一侧，由桩或柱子支撑，如图13-12所示。每种类型都有一定的危险性。

悬臂式有顶人行道由主结构的一端连接或支撑。悬臂式走道的屋顶组件基本上是主屋顶的延伸，在这种情况下，虽有装饰，但这个空间对阁楼和内部主体结构是开放的。商家经常将沉重的广告牌或其他广告物品固定于其上，这些广告物品可能会给这部分屋顶结构增加比原来的设计初衷更多的重量。这种额外的重量增加了坍塌的可能性。当横梁受到火灾条件的影响时，如果没有完全燃烧，就会被严重削弱，这可能导致屋顶坍塌或向外倾斜，就像跷跷板一样。无论有没有标志，都存在坍塌的可能。

图 13-11 悬臂式有顶人行道 图 13-12 有柱支撑的人行道

　　另一种有顶的走道是其屋顶一端在主体建筑的墙壁上，另一端用桩或柱子支撑。这种类型的屋顶组件，主要是装饰性的，只是主体建筑墙壁的附件。通常情况下，在走道与屋顶或内部主体建筑之间没有开口，但记住，由于放置或更改商业标志，以及其他类似的建筑物的修改或翻新，墙壁可能存在裂缝、通道或沟槽。人行道的火灾可能不会影响到主体建筑。然而，由于火灾能够蔓延，必须采取行动以确保火灾不会影响主体建筑。这些屋顶组件通常是用螺栓固定到主体建筑的墙壁上，但可能只用螺丝拧住或干脆钉上了事。一旦火灾削弱了连接点、螺栓或组件的桩或柱子，很可能发生倒塌。消防员使用大量的水也会增加坍塌的可能性。为此，必须考虑合理安置人员和设备。这种组件通常是由轻型木桁架建造的，但也可能是用钢桁架建造的。同样，一旦一个桁架失效，整体都会失效。

　　这些有顶的走道也可以用刚才讨论的两种方法结合起来建造。该组件看起来像一个悬臂式屋顶，因为它的一端连接到主体建筑，另一端自由伸展，没有桩或柱子支撑。虽然结构可能是悬臂式屋顶结构，但情况可能并非如此。由桩或柱子支撑的外端，由主结构的同一墙壁从有顶人行道上方支撑。上面的支撑通常由电缆、木梁或钢梁提供。然而，一定要记住，这个组件也仅仅是附着在主体建筑的墙壁上，并且与前面描述的附着方式相同，也容易坍塌。

　　沿街购物中心的危险也与使用建筑的商家类型直接相关。因为用途不断变化，因此，建筑的内部，有时包括外部，经常要改变结构。例如，如果一个小办公室空出一部分，而隔壁的餐厅想扩大自己的用餐区，想接管这块空出的地方，则需对其进行修改。很可能需要在墙上开凿大的开口，以便从一个区域进入另一个区域。此外，还可以做出其他不那么明显但同样重要的改变。这些变化可能包括：

　　① 管道施工对防火墙的破坏；

　　② 管线穿墙；

　　③ 为通行凿的开口；

　　④ 移动库存或商品的通道；

　　⑤ 适应机械操作的开口；

　　⑥ 注意这些开口和其他在建筑翻修之前可能已经存在的孔洞。新建建筑施工开始时可能会有类似开口或孔洞。

13.3.1.3　灭火策略和战术

（1）消防员安全　沿街购物中心火灾扑救中，消防员安全需要考虑建筑特点，可能发生早期屋顶坍塌，火灾可能迅速蔓延到整栋建筑。在扑救沿街购物中心火灾时，指挥员需要使用良好的风险管理和策略，以确保消防人员的安全。指挥员不应等待事件发生再做出反应。在扑救沿街购物中心火灾时，应考虑灭火作战行动是否取得了显著的进展。如果没有，那么指挥员应在屋顶或有顶的人行道坍塌并致使消防人员受伤之前，考虑将人员从建筑物内撤出。

（2）搜索和救援　沿街购物中心的搜救行动，首先应集中在正在燃烧的单元。然后，应移至着火单元相邻两侧的单元，最后向整栋建筑推进。当消防人员从火灾中撤离时，他们实际上可以做更多的工作，而不仅仅是搜索。

正如前面提到的，业主经常改变这些建筑的用途，因此建筑内部常被改动以满足新业务的需要。在烟气弥漫的情况下搜索时，这种改动可能导致容易被忽略的建筑区域，比如办公室和仓库的二层阁楼。如果搜救小组在一层建筑内找到了楼梯，应立即通知指挥部，然后小心地进行搜索。出于安全考虑，他们应考虑到阁楼可能不符合建筑规范，可能没有征兆地发生倒塌。

（3）疏散　即使沿街购物中心只有一个单元着火，也需要疏散整栋建筑。如果烟和热不直接影响他们的单元，使用者就不会看到危险。尽管可能听到外面有火警或骚乱声，但他们可能会犹豫是否离开商店。然而，所有人员必须撤离。因为火灾通过阁楼和公共阁楼蔓延到整栋建筑的可能性太大了。

图 13-13　相邻的未燃场所可能在同一屋檐下

（4）保护未燃物　当沿街购物中心火灾中有未燃物受到威胁时，控制火势的首要任务必须是保护未燃物。否则，火灾会继续发展并影响额外的财物。在沿街购物中心火灾中，未燃物可能在同一屋檐下，如图 13-13 所示。相邻的单元可能也有，消防员应采取适当的行动来保护他们。包括：

① 占领每个相邻单元的入口，并准备好消防水带；

② 打开与主要火场相邻的天花板区域，保护相邻的建筑物，使其免受通过阁楼水平蔓延的火灾的影响。

如果火灾已经蔓延到头顶上方，且尝试灭火无效，消防人员应退出并转移到下一个直接受火灾影响的地方，并重复同样的操作。

（5）控制火势　沿街购物中心的建筑特点使得控制火势很困难。消防人员采取的控制这些建筑的措施与前面的保护未燃物部分所描述的非常相似。消防人员应占领与着火建筑毗邻的场所的入口。从内部，消防员应拆掉天花板，破拆墙壁，并检查场所之间是否有任何形式的开口，对附近建筑实施通风，并注意火灾可能通过传导等易忽略的方式传播。

大多数情况下，屋顶小组可能需要切割沟槽来遏制火势蔓延。切割沟槽是资源密集型作业，可能需要很长时间，因此需要为其分配足够的资源。切割沟槽必须在火灾前面足够远的地方实施才能有效。

> **战术提示**
>
> 为了将火灾控制在起火建筑内，消防人员应占领邻近场所的入口，然后开始灭火和通风操作，拆除天花板，破拆墙壁，检查场所之间是否有任何形式的开口，对附近建筑实施通风，并注意火灾可能通过易忽略的方式传播。

（6）灭火　扑灭沿街购物中心的火灾需要快速内攻，但只有在安全的情况下才可以进行。只有通风和灭火同时进行，内攻小组才能在灭火的同时迅速前进。必须从建筑物未燃的一侧进行灭火，火势有可能被推回起火区域，向建筑外蔓延。

（7）通风　通风是在初始行动中必须进行的一项非常重要的作业。水平通风可以相对较快地进行，因为这些建筑的前面或主入口通常有大量的玻璃。为了配合水平通风，实施正压通风通常有效。要做到这一点，就要选择使用哪个开口来给建筑或其局部加压。然后决定用哪个开口作为热、烟和火灾燃烧产物的出口点，在室内或尽可能靠近着火房间或火场的地方打开。出口点的尺寸是给建筑加压的开口尺寸的至少1.5倍。打开排气口或排气点，然后打开风扇。选择这种通风方式时，必须在实施前考虑几个问题：

① 正压通风能安全完成吗？

② 风往哪个方向吹？

③ 着火点在哪里？

④ 这一努力会使火势蔓延和恶化吗？

⑤ 建筑是否可以加压，或者是否开口太多以致不能实施加压？

⑥ 烟的出口点是否会将火推向任何未燃物？

沿街购物中心火灾扑救中，正压通风的另一种应用是给毗邻的场所加压，而不是对着火的商店加压。这种方法有助于减缓烟的传播。

垂直通风可能非常困难，这取决于屋顶的构造。应使用任何有利的现有屋顶开口加速垂直通风，但一定要注意确保这不会导致火灾蔓延或造成不必要的伤害。

为了阻止或减少火灾蔓延，沿街购物中心建筑可能需要切割沟槽，便于通风。与其他典型的通风方式相比，切割沟槽费时、费力，还必须考虑建筑物的结构，倒塌的可能性，以及有效完成这项任务所需的具体工具。

（8）火场清理　在沿街购物中心，有很多空隙和小地方，里面可以隐藏火点。所有隐藏区域都需要搜索和打开，以便扑灭所有火点。还必须彻底搜索阁楼，找到任何阴燃的地方。沿街购物中心的布局和施工看起来可以形成无穷无尽的空间，可能有超过一个的天花板，商家之间有大量的开口，通往外部或内部的旧开口（例如，窗户）被覆盖，等等。这些区域需要按标准操作程序进行检查（例如，拆开墙板或墙壁覆盖物以检查热、烧焦和隐藏的火灾蔓延）。

（9）抢救财物　抢救财物可以并且应该在事故发生的早期阶段开始，它可以从一些简单的事情开始，比如如无必要就不要打破最后一个窗口。记住，沿街购物中心不止一个商家。通过实施经过深思熟虑和有效的抢救行动，受灾商家可以迅速重新开业。员工可以重返工作岗位，商家可以恢复盈利，社区也恢复了服务。社区对这些努力的认可对消防部门来说是不可估量的。

13.3.2 大型商业建筑

像沿街购物中心一样，在大多数社区中，大型商业建筑也是一种很常见的建筑类型，如图 13-14 所示。几乎每个社区都有一种大型商业建筑，例如杂货店或超市。对于这些建筑的结构和装配，每个消防员都必须有基本的了解。

图 13-14　大型商业建筑的实例

大型商业建筑已经存在了很长一段时间，随着时间的推移，它们的规模越来越大，也越来越普遍。这些建筑的吸引力在于，业主可以尽可能多地放置产品，充分利用空间来满足大量需求，以便尽可能多地容纳顾客和买家。

13.3.2.1　结构

首先，这些建筑最明显的共同特征是内部有大的开放空间，如图 13-15 所示。然而，20 世纪 70 年代之前建造的大型商业建筑，其空间往往更小。大型商业建筑中，用弓弦桁架或相对轻质的钢材跨越所需的距离，如图 13-16 所示。新的大型商业建筑得益于技术、建筑方法和建筑材料的改进。这些改进可能使建造者不断扩展和扩大建筑规模。在过去的几十年里，钢铁使建造者创造了大型的开放空间。钢可以挤压到任意长度和厚度，多个钢构件可以连接在一起形成开阔的空间。

图 13-15　大型商业建筑的内部

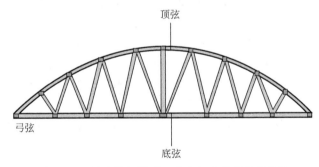

图 13-16　弓弦桁架屋顶，在火灾条件下非常危险

另一个共同特征是外部承重墙的构造。用于承重墙体的主要建筑材料是钢、混凝土或两者的组合。许多老建筑采用混凝土砌块和/或砖墙作为外墙，而在过去几十年建造的建筑外墙是大型混凝土板。这些混凝土板可能被预制在建筑工地上，并在建筑工地上运输或预制，也可能会制成墙壁，然后进行现场混凝土浇筑，如图 13-17 所示。

结构墙的预制，特别是在建筑工地外预制，使得建筑工程能够更快地完成，从而降低了建筑成本，使企业更快地开业。这些改进与生产和使用钢的改进结合起来，促进了建造更高、跨度更大的建筑。

许多建筑采用钢材作为主要建筑材料，贯穿于地板、墙壁和屋顶。基本上，它是建筑的骨架材料，就像木结构房屋的木材一样。根据设计强度，使用钢材支撑承重墙，形成大型的开放空间。

这些建筑的屋顶覆盖物是金属板或预应力混凝土。在这些建筑中，很少用木材来建造屋顶，如图 13-18 所示。

图 13-17 预制混凝土板可以用作墙体　　　　图 13-18 大面积的屋顶

虽然现在的大型商业建筑中很少使用重木结构作主要的建筑材料，但其在大型结构中曾非常流行，而且在很大程度上也和现在的钢材一样使用。虽然大型木材建筑并不常见，但至少对大多数地方来说，一些大型建筑（如厂房）是用重木结构建造的，而且几乎完全由木材构成。这种建筑可能有砖墙或其他类型的外墙，但主要结构由重木结构构成，它能够承载重物，并提供一定程度的开放性，但不像今天的钢材所能提供的程度。

13.3.2.2　危险

为了减少一些结构性问题和灾害的发生，已经增加和改变了很多大型商业建筑的建筑物和消防规范。

要解决的第一个危险是那些涉及屋顶的问题。无论建筑物是旧的还是新的，屋顶都有一些固有的危险，消防队员必须知道和掌握。在老式的大型商业建筑中，屋顶通常是弓弦桁架，尽管有些是由连接在混凝土砌块承重墙上的轻质钢梁组成，它可以满足所需的跨度。就像今天的预制轻质桁架一样，弓弦桁架屋顶组件是用木材做的，这大大增加了火灾荷载，并有可能迅速坍塌。此外，有了这种类型的屋顶，许多人使用开放的阁楼空间储存物品，增加了整体的荷载。这是一个问题，因为所有的屋顶被设计用于承载或支撑特定的荷载，使用开放的阁楼空间进行存储，其承载能力超出了设计荷载，增加了坍塌的可能性。这些屋顶通常覆盖某种类型的膜，钢梁屋顶通常用金属皮覆盖，顶部有一些坚硬的绝缘材料，如柏油和碎石。

另一个危险是装饰性的护墙或在屋顶上使用的绑带，这些是由具有物理强度和耐用性的材料，如聚苯乙烯泡沫塑料、刚性绝缘物质和混凝土建造的。根据不同的建筑材料，护墙可以导致火势蔓延和产生有毒烟气，尤其是那些由聚苯乙烯泡沫塑料和其他塑料建造的护墙。这些组件不是为支持建筑而设计的，只是用于装饰目的，所以在火灾条件下常常会失效。为了确定可能的危险，打开屋顶和暴露所用材料是很重要的。

近几十年来，人们逐渐有能力为大型开放空间安装空调。大多数老式大型商业建筑没有空调，也没有设计用于容纳大型暖通空调系统的额外屋顶荷载。因此，如果要为这些旧建筑加装空调，唯一可以安装的地方就是屋顶，所以不得不翻新建筑以供使用，如图 13-19 所示。

提示

　　暖通空调机组增加了老式大型商业建筑的屋顶重量，这些屋顶结构并未设计承载这些重量。当屋顶受到火灾影响时，钢会吸收热量，更容易坍塌。

　　在老式大型商业建筑的屋顶上加装暖通空调后，屋顶更容易在火灾条件下倒塌。钢吸收热量，由于屋顶结构无法承受额外的荷载，就会坍塌。即使没有额外的荷载，钢也能在受热和受火时弯曲变形，足以导致屋顶坍塌。钢可能会拉长几英寸，可以向外伸出支撑混凝土和/或砖墙，导致墙壁和屋顶倒塌，这种情况通常不被注意。

图 13-19　屋面荷载是屋顶失效的一个因素

　　用于新型大型商业建筑中的屋顶组件与老式的有同样的危险。然而，也出现一些不同的、新的危险。许多新建筑使用混凝土截面作为屋顶的基础。这些混凝土屋顶必须以某种方式强化，以防开裂和倒塌。通过在混凝土中加入钢材，并将其紧固在末端的伸缩螺丝上，大大增加了混凝土的抗拉强度，实现混凝土屋顶的强化。在火灾扑救行动中，消防人员会遇到许多与屋顶构造有关的危险。例如，切割操作是危险的。

　　如果消防人员通过屋顶通风时，切断屋顶的钢筋，结果可能是灾难性的。钢筋在受力情况下被切断时，它的反应就像一条拉伸的橡皮带突然断裂。钢筋会撕裂混凝土并摧毁沿途的一切。显然，消防队员或其他任何在这条钢筋所在路径上的人都会受到严重伤害，甚至死亡。这并不是这种屋顶组件的唯一危害。钢筋承受了压力，当连接在建筑墙外时还需保持张力。

如果火焰冲击这些钢筋或紧固件，它们将逐渐减弱，破坏张力，从而增加坍塌的可能性。火灾也会影响这些钢筋的内部结构，其中混凝土区域被侵蚀或破坏，或被剥落。这些破坏也可能会削弱钢材，并通过传导增加对其他地区的火灾蔓延的可能性。

　　混凝土墙也可能是一种危险，就像混凝土屋顶剥落一样。剥落可以使金属钢筋暴露在墙壁上，以增加热量，削弱墙体。混凝土还会对消防员造成伤害，如混凝土剥落，落下的碎块可能会撞击并伤害他们。以砖为中心的重木材通常被用作磨坊式结构墙体的主要建筑构件。砖块和金属条附着在不同区域，容易熔化或失效，从而致砖墙倒塌。

13.3.2.3　灭火策略和战术

　　(1) 消防员安全　墙壁会对消防员造成危害，原因与混凝土屋顶剥落一样。墙体的剥落可以使嵌入的钢筋暴露出来，从而使墙体变软。混凝土对消防员来说也是一种危险，因为剥落的混凝土可能会砸伤他们。

　　大型商业建筑的结构设计也可能对消防人员安全有影响。因为业主通常想要开阔的空间，所以这些建筑很少有防火墙来防止或限制火势蔓延。此外，这些建筑物的墙壁通常有孔洞、通风管道和其他允许火势蔓延的开口，因此必须努力寻找和控制这些开口。这些建筑的规模通常需要桩或柱子来支撑屋顶结构。这些柱子通常是用混凝土砌成的工字梁。如果混凝土被破坏或损坏，工字梁就会暴露在高温下，导致失效。如果桩或柱子由混凝土构成，那么就存在着剥落的危险。如果它们是钢材，则需要注意钢材的延伸、弯曲或扭转等危险。

另一个安全问题是有顶的走道。走道的顶是固定在墙上的，通常只是固定在主入口和出口的前墙上。这些建筑的墙通常非常高。因此，走道或入口顶棚通常只有一端连接到建筑的墙上，另一端由桩或柱子支撑，但也可以通过钢索或横梁从上面支撑，而钢索或梁则以高于屋顶的角度固定在墙上。这些走道仅仅是装饰性的立面，是建筑墙壁的附件。通常情况下，在走道顶部和内部结构之间不存在开口，但记住，由于放置商业标志或类似操作，可能存在钻孔、通道或沟槽。这些地方发生火灾不会影响到主体建筑，虽然对内部必须继续进行检查。这些屋顶组件通常是用螺栓连接到建筑的墙壁上，因此一旦火灾减弱连接点、螺栓、桩、柱子或钢索，就可能发生倒塌，消防员在制定计划时应考虑这一点。这种类型的屋顶通常是用轻型木桁架建造，但也可以用钢桁架来建造。

大型商业建筑中，不可能用重木结构建造大跨度。这些建筑在整个结构中有多个支撑木桩。术语"重木结构"的准确表述为，一块常见的12in×12in或外部尺寸更大的木料。虽然典型的定义被认为是8in×8in，但更大的尺寸是普遍的。有时候，为了满足某些荷载要求，例如仅仅为了支撑屋顶，木材可以小到6in×8in。重木结构建筑构件能承受长时间的火灾作用。炭化往往起到绝缘的作用，火焰对木材的烧焦或裂解，实际上有助于木支撑构件在火灾中坚持更长时间。当然，燃烧的时间也取决于诸如火灾产生的热量、木材中的易燃液体和风等因素。这些建筑通常用砖墙作为外墙，在多个地方连接到主体建筑。这些外部的砖墙很快就会失效而倒塌。

最后一个消防安全问题是桁架屋顶。在诸如哈肯萨克福特火灾之后，如果指挥员和现场安全官还不知道桁架是明显的安全隐患，这是不可原谅的。不要为了抢救财物让消防员置于这一风险中，这毫无必要。在灭火没有进展的情况下，将消防员置于桁架屋顶上方或下方，相当于让消防员在有火车接近的列车轨道上扑救汽车火灾，迟早有人员牺牲。

（2）搜索和救援　大型商业建筑的搜索和救援极其困难。第一步应该与店主或经理联系，并确定是否有人在建筑内。如果有，尝试确定人员可能的位置，并在该区域开始搜索。

搜索组应使用灯光、绳子或水带等。在大的建筑物中，即使能见度不差也很容易迷失方向。高高的天花板可以掩盖火灾蔓延和轰燃的典型迹象。使用所有可用的工具，特别是热成像设备。

安全提示

在诸如哈肯萨克福特火灾之后，指挥员和现场主管不知道桁架是明显的安全隐患是不可原谅的。

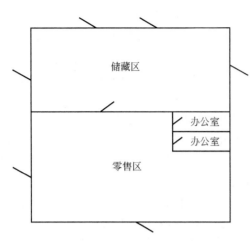

图 13-20　一种大型商业结构的内部配置

（3）疏散　大型商业建筑火灾，应疏散整栋建筑。很多人不会因为火灾警报离开建筑物，直到他们看到烟或火焰，然后恐慌随之而来。第一到场的消防队可能面临试图逃生的顾客堵塞道路和入口的情况。

（4）保护未燃物　这些大型建筑物内部可能有不同的功能分区，例如办公室、制造和生产区域，以及存储区域等，如图 13-20 所示。

从战术的角度看，应保护建筑内部未燃烧的毗邻区域。这些大型建筑物通常相对独立，除了飞火外，不需要保护毗邻的建筑物。记住，这类建筑火灾需要使用大量的灭火剂，以防止火势蔓延。如果可能，应设置大流量的集水射流和高架射流，以保护外部毗邻建筑。部署适当的装备实现这个目标至关重要。

（5）控制火势和灭火　对于内部进攻，必须铺设水带线路，将火灾控制在起火区域，且必须进行有计划的进攻。通常需要铺设大量的水带线路——必须小心铺设，以免产生相反的水流。第一条水带线路应该设在火灾和疏散设施之间，无论是走廊还是楼梯。备用线路是确保足够水流和进行保护未燃物的必要条件。

（6）通风　当大型商业建筑内有固定开口时，如果其位于火灾附近的区域，应迅速使用。如果可能，大多数情况下，垂直通风是这些大型建筑通风的最佳选择。正压或负压通风往往是无效的，因为通风井太多，天花板很高，而且开口数量众多。如果使用正压或负压通风，则必须有计划地实施。使用正压通风，需要一个大的开口，把多个大体积的风扇放置在开口前面。出口应该是高且远的。可以在建筑中使用额外的风扇，以保持空气沿指定的方向移动，但不要将它们放置在不同的方向或多个方向，因为这只会干扰气流，使风扇无效。

为了保持楼梯间无烟，也可以通过天窗和楼梯间挡板进行垂直通风。水平通风也可以提高建筑物内部的能见度和生存能力，但是在像商场这样的建筑中，很少有通向外部的开口，非常适合这个特殊的目标。

（7）火场清理　由于大型商业建筑中天花板高和库存多的特点，火场清理困难。必须使用梯子到达高处，并在吊顶上方查看火灾蔓延情况。

商品种类决定了如何清理库存。例如，家具店可能会有几套阴燃的沙发，必须彻底清理，而健身中心可能只有一些储物柜需要转移。

（8）抢救财物　如果在灭火行动中有足够多的人员在场，抢救财物可以从将需抢救的物资覆盖或者将财物从火灾中转移开始。此外，消防人员还可以通过开挖沟槽将水从敏感的商品中导出，从而减少水渍损失。在大型商业建筑中，抢救财物与事故稳定同时进行，一旦生命安全问题得到解决，就开始抢救财物。

13.3.3 两层或三层商业建筑

两层或三层商业建筑基本上是沿街购物中心和大型商业建筑的组合，如图 13-21 所示。它们有许多相同的构造特征和危险。这种商业建筑的实例是写字楼和商场等。

图 13-21 一栋典型的三层商业建筑

13.3.3.1 结构

首先，商业建筑中最明显的共同构造特征是其设计和施工。在过去几十年里，设计师和建筑师们一直在设计这些建筑，以吸引顾客和游客。在严格的建筑规范和消防法规颁布之前，许多建筑都建得很差。

随着建筑材料和方法不断改进，人们可以建造更大跨度的屋顶。通常，屋顶用钢材建造，但也可以用木桁架。虽然两层和三层商业建筑并不必要有很大的开放空间，但很多这样的建筑都有。同时，在这种类型的老式建筑中，可能有弓弦桁架或传统的木框架桁架跨度的屋顶。

在办公类建筑中，屋顶通常在许多地方有支撑，因此了解用于作支撑的材料很重要。钢、木和混凝土柱在 20 世纪和 21 世纪建造的建筑中很常见，而木头或铸铁可能被用于早期建筑的屋顶。这些建筑物的屋顶通常是平的，由金属板、隔热层、沥青和砾石构成，但在老式建筑中，木头是屋顶的主要组成部分。屋顶可以是先张法或后张法制成的预应力混凝土。采用木制大跨度屋顶的建筑，将用桁架、木制的工字梁或木桁架托梁来设计建造。

第二个共性是外承重墙的建造。大部分老式建筑通常使用混凝土砌块和/或砖作外墙的建造材料，而新建筑（最近几十年建成的建筑）的外墙用现浇或预制的大型混凝土板建造，用钢材把它们绑在一起并垂直支撑（该类型在大型商业建筑的章节中已描述）。由于钢材的多用途和改进，许多建筑使用钢材作为建筑物的框架，然后用钢皮、玻璃或其他建筑材料包裹框架，如图 13-22 所示。将老式的磨坊式建筑改造成这类用途的建筑，也越来越受欢迎。这些建筑是用重木结构制成的，后来经过改良或覆盖，以创造更现代的外观。

另一个常见的建筑特征是地板。最常见的地板是混凝土。地板可以现浇，由下面的桩或柱子支撑；也可以是预制或后浇的混凝土板，下面支撑，虽然通常需要较少的支撑。另一种是木地板，在纳税式和磨坊式的建筑中，主要的地板结构和表面是木制的，表面常覆盖更耐用和美观的材料，如地毯或薄板。

建筑结构的另一个共同特点是垂直开口。在多层结构中，楼层之间通常会有一些纵向的垂直沟、槽或通道，甚至可能贯穿整个垂直高度。可能的垂直开口包括：

① 自动扶梯和/或楼梯间；

② 客运和货运电梯；

图 13-22 外面包有玻璃的钢框架建筑

③ 通风竖井和/或管道；

④ 为铺设管道和电气线路开凿的沟槽；

⑤ 在楼层间运输货物的传送带。

这些建筑通常没有地下室，但可能会有一些机器，比如垃圾压缩机，在第一层下面（例如，在一个狭小的空间）。纳税型建筑有地下室，非常像阁楼，从建筑的一端到另一端都是敞开的。

地下室的天花板可以用木头、混凝土、钢材或几种材料的组合建造。地板也有许多地方用桩或柱子支撑，这些桩或柱子也是用木头、混凝土、钢材或铸铁建造的。

13.3.3.2　危险

无论建筑是旧的还是新的，因为建筑质量差、建筑改造、维护保养差等问题，屋顶可能有一定的危险。在两层和三层楼商业建筑的屋顶上，消防人员必须持续关注重型暖通空调机组、排气扇等。随着建造的建筑越来越多，空间的竞争和可用空间的完全利用意味着这种类型的建筑设备可能会出现在屋顶上。

纳税型建筑的危险与沿街购物中心的危险类似。这种类型建筑的一个大问题是水平方向上贯穿整栋建筑的开放式阁楼空间。这些建筑很少有防火墙，火灾能够水平蔓延。在纳税型建筑中，阁楼空间通常被居住者用做个人存储区，从而增加了火势快速蔓延的可能性。如果建筑有防火墙，防火墙会砌至屋顶，但不会穿过屋顶。由于屋顶组件和屋顶板大部分是木制的，所以火灾很容易通过热辐射或燃烧的木材蔓延到屋顶的其他区域。这些屋顶由承重墙支撑。纳税型建筑的屋顶通常采用传统的框架结构。这种类型建筑中，使用的木材尺寸通常比现在使用的 $2in \times 4in$ 木材要大，而且不用角牵板，而是使用钉子和尖状物加固，这样更加稳定。

这些年来对这些建筑的修改，比如在屋顶安装空调装置，可能会使荷载增加到大于其设计承载能力。许多较老的购物中心利用弓弦桁架屋顶，为卖家和买家提供了一个更开放的空间。虽然不是所有的建筑都是这样，但这些建筑中的弓弦桁架增加了建筑的火灾荷载，增加了快速坍塌的可能性。

钢屋顶通常有一层金属表层，上面覆盖一些坚硬的绝缘材料，如焦油和碎石。这类屋顶的危险性在前一节大型商业建筑中已阐述过，二、三层商业建筑也存在同样的危险。建筑工人还用一种类似自行车轮胎内胎的拉伸橡皮膜覆盖钢屋顶，以便给人柔软的感觉，但火灾中可能会失效。钢屋顶的屋面很难切割，因为可能会锯断锯片。

较新的二、三层建筑可能使用混凝土截面作为屋顶的建筑基础。消防员必须避开混凝土中的钢筋，因为在通风时切断钢筋可能会导致他们操作失败。火灾也会从建筑内部影响这些钢筋，混凝土区域被侵蚀或剥落，进而失效，火灾可能通过导热蔓延到其他区域。

由于建筑业主希望拥有开阔的空间，所以这些建筑很少使用防火墙来阻止或限制火势蔓延。火灾可以通过孔洞、通风管道和其他大量开口或隐蔽空间传播。

不要忘记，建筑物通常需要桩或柱子来支撑屋顶。如果屋顶是由混凝土构成的，同样也存在剥落问题，如果屋顶是钢材构成的，则火灾中钢材会出现伸长、弯曲或扭曲的问题。

如果有地下室，主要的危险是进出口有限。此外，地下室火灾蔓延迅速，会破坏地下室的主体建筑构件，如一楼的地板、桩或柱子。注意并检查地板的下凹部分，可以通过敲击地板的声音和其他视觉指标，例如查看文件柜的抽屉或垂直的踢脚线和门框的偏移来判断构建破坏情况。

大多数情况下，两层和三层建筑没有附加的有顶人行道的危险。这并不意味着它们不存在，所以前面描述的预防措施和危险仍须实行和考虑（在沿街购物中心部分讨论了常见的有顶人行道）。

13.3.3.3 灭火策略和战术

（1）消防员安全　当向某一区域同时部署多个进攻小组时，应确保水带干线彼此不交叉，严禁向内攻人员所在区域部署大流量射水。如果初战不利，应有备用计划。

（2）搜索和救援　大面积的两层和三层商业建筑中的搜索和救援很困难。指挥员必须确保现场有足够的资源能够进行有效的搜索和救援。这项任务应该根据建筑物的不同区域分解完成。例如，一栋三层的建筑可能有三个搜索组，每层一组。

（3）疏散　疏散两层或三层的商业建筑通常比疏散大型商业建筑更容易，因为大多数人员在建筑内工作或经常光顾这里。他们对建筑的布局有更好的了解，比杂货店数以百计的顾客更易疏散。

（4）保护未燃物　直接受火灾影响的地方通常是着火层上一层、相邻房间、起火建筑的门厅或过道，建筑物的类型决定了哪些地方受火灾影响最大。

（5）控制火势　这些建筑物的规模和人员数量往往需要大型停车场，许多情况下，这些问题可能导致消防人员的进入问题，并需要铺设长的水带线路。第一条水带线路用于阻止火势水平蔓延。必须在火势扩大之前打开墙壁和天花板，以控制火势。火灾荷载和材料，甚至上部的楼层，可能都需要大的水带线路和/或便携式灭火枪来控制火势。

（6）灭火　着火楼层的水带准备就绪后，应将水带向着火层上层推进，检查火灾是否在垂直方向蔓延。在考虑水带位置时要记住顶楼或阁楼空间。在这些区域应使用多条大口径水带，以快速控制火势。已知的垂直开口必须快速地进入和保护，特别是楼梯井，这是建筑内人员的逃生通道，也要为在楼上操作的消防人员保护出口。除了明显的垂直开口，也必须找到和控制隐蔽的开口，如沟槽。火灾可以垂直地在建筑物内部和外部蔓延。防止窜火的方法是向建筑物外部火灾垂直蔓延开口的上方射水。水会沿建筑物向下大量倾泻，大大减少或完全阻止火灾通过建筑外部垂直传播。幸运的是，消防法规是消防部门的重要盟友，因为消防法规在不断改进，比如要求防烟和受压的楼梯间、喷淋装置、竖管和自动警报器。

（7）通风　与大型商业结构一样，垂直通风应在楼梯间使用，以消除烟和燃烧产物。水平通风可用于着火楼层，正压通风也有用。像往常一样，注意不要把燃烧产物推到建筑的其他区域，不管使用何种组合通风方法，都应确保它们彼此协同，而不是互相抵消。有可能使用正压风扇给楼梯间增压，使其没有烟和其他燃烧产物，从而使建筑内人员有更好的逃生路线，消防员有更好的操作条件。

（8）火场清理　在两层和三层商业建筑中，施工类型将决定火场清理的方向。所有这些建筑物的共同点是竖井，必须仔细检查。

（9）抢救财物　这些建筑中抢救财物的战术与大多数其他商业建筑相同。

图 13-23 独立小商业建筑

13.3.4 独立商业建筑

与之前所述的商业场所相比，独立商业场所相对简单。这种类型的建筑是便利商店、街角的酒吧或酒馆，它们是独立的，不是另一栋建筑的一部分，如图 13-23 所示。这些商业建筑非常受欢迎，在全国各地都有。此外，在一些地区，预制装配式建筑正在成为热门的独立商业建筑，因为与传统建筑相比，它们相对便宜，而且能很快地投入使用。预制装配式建筑通常用作办公室，例如在建筑工地上，可以与固定的独栋或联排活动房相比。这些建筑通常很小，但这并不意味着它们的困难或危险小些（请参阅第 11 章"单户和双户住宅建筑火灾扑救"，以了解有关预制装配式建筑的更详细信息）。

提示

独立商业建筑的实例包括便利店、街角的酒吧、酒馆和生产场所的办公室。

13.3.4.1 结构

独立商业建筑通常是使用简单结构来建造。这些建筑最初是用木材建造的。近几十年来，尽管使用木材仍然很普遍，但也使用了混凝土、砖和钢材。

不管是旧的还是新的，许多这样的建筑用木材作为屋顶的主要结构组成部分。旧建筑使用的木材通常比现在使用的 2in×4in 的大。通常，这些建筑物的阁楼在整栋建筑中都是开放的，在商店的主体和办公室或仓库之间没有防火墙。大多数时候屋顶是平的，因为建筑物很小，所以外墙就是承重墙。这些外墙支撑着屋顶组件。

这些建筑物的墙通常是用混凝土块建造的，但也可以用砖墙来建造。它们也可以用预制混凝土来建造，这种做法正越来越流行。

地板通常是混凝土的，虽然它们也可能是木质，特别是如果有地下室的话。在新建的建筑中，主梁可能是钢材，然后地板表面可能是木质或浇注混凝土。

很多这样的建筑曾经是一个家庭住宅，后来被改造成一家冰激凌店、酒吧或餐馆。因此，它的建筑材料与单户住宅建筑一样。

13.3.4.2 危险

这些建筑物的屋顶通常是平的，有一个开放式的阁楼贯通整栋建筑。木质屋顶显然可以烧穿，钢屋顶可以下凹、扭曲或膨胀，从而增加了坍塌的可能性。这些建筑通常有重型设备，比如屋顶上的暖通空调，这也会导致潜在的坍塌。这些建筑通常也有一个大的悬臂或有顶的走道。还有一种可能是轻型木桁架屋顶，特别是如果建筑是由住宅建筑改造的。吊顶在这些建筑中也很常见，可能会隐藏火灾或其他危险。

墙壁通常是混凝土砌块，除了在建筑物的正面，几乎没有其他的开口。如果墙是用木材做的，有一些浮面，比如砖，那么就必须考虑浮面倒塌的可能性。钢墙可以膨胀、扭转或弯曲，并能通过热传导促进火势蔓延。

如果建筑有地下室或高于地面，地板可能会有与屋顶相同的危险。与屋顶不同的是，地板会有几根桩或柱子支撑着，因为它承载着沉重的荷载。

13.3.4.3 灭火策略和战术

（1）消防员安全 如果这些火灾被轻视，那么消防员的安全就会受到影响。小型独立建筑可能是消防员的死亡陷阱。许多便利店都堆满了存货，还有一些小型办公室和仓库，这些地方都能困住消防员。

（2）搜索和救援 通常，用于住宅火灾的搜索和救援技术在这些建筑中已经足够了。然而，建筑物的布局和用户的使用决定了搜索的类型。为了确保消防员不会迷失在有许多隔板、货架、冰箱和陈列柜的建筑内，可能需要安全绳或沿水带搜索。

（3）疏散 疏散是必要的，但通常并不困难。一般来说，这些建筑物的入住率很小，人们没有长时间逗留的倾向。根据高度、接近程度、风速和方向，可能需要疏散临近的未燃建筑物。

（4）保护未燃物 独立商业建筑通常坐落在闹市区，方便人们购物。因此，发生火灾时，经常有受火势威胁的区域或建筑。商业建筑火灾荷载大，热辐射强。所以，必须在着火区和未燃区之间铺设水带线路，努力限制火灾蔓延。必须进入受火灾威胁的建筑物，以确保火灾不会蔓延到它们。

（5）控制火势 因为这些建筑物通常是敞开的，里面只有几个隔墙，所以火势不可能仅限于一个房间。他们可能有小的房间，如办公室或休息室，但这些房间通常不用防火墙分隔。发生在一个房间内的火灾，可以通过打开房间周围的天花板来控制火灾蔓延。如果火灾低于地面，进入可能是困难和危险的。一定要保护楼梯间和其他垂直开口，如管槽。因为大多数建筑都是平屋顶，建筑内部的火灾可以加热金属板屋顶，使其能够燃烧。从下面检查屋顶的底部是否有火灾蔓延的迹象。通过在这些区域喷水，可以控制火势。

（6）灭火 除了偶尔的火灾警报外，这些建筑物很少有固定灭火设施，因此火灾迅速蔓延。迅速而积极的内攻往往能控制火灾蔓延，进攻灭火的水带流量至少 125gal/min。由于吊顶可能起火，打开部分天花板时可能发生回燃，因此，要注意任何可能的回燃迹象。

（7）通风 利用正压通风方法可以在这些小型建筑中快速完成通风。通风时，不要将火推入未燃区，在灭火小组组织快速灭火之前不要实施通风。通过实施正压通风，建筑内的烟气可以在短短几分钟内清除。通常，这些建筑物主要入口侧大部分是玻璃。移除这些玻璃可以迅速使建筑通风，但不能再选择正压通风。如果需要垂直通风，检查屋顶的稳定性，并使用任何现有的开口，如天窗。打开尽可能靠近火源的屋顶，有助于减缓火势发展。

（8）火场清理 只需从建筑物中移除受影响的物品就可以进行火场清理。如果涉及大面积区域或火灾是由纵火行为引起的，那么就无法完成。对这些建筑进行彻底清理应与之前的方法相同。

（9）抢救财物 抢救财物总是重要的。除了覆盖或移除产品或财产外，还要注意确保可能在内部的建筑、物品和资金的安全。可能有许多冰箱或其他自动售货机，抢救时只需要简单地保护它们免受水的影响即可，如地板上的水坑或清理时水带里的水。

本章小结

- 有几种不同类型的商业建筑：沿街购物中心、大型商业建筑、两层和三层商业建筑和独立商业场所。

●一般地，商业建筑中与消防员安全相关的问题有：

① 多个入口；

② 建筑物后部的疏散通道被堵；

③ 库存、商品等增加的火灾荷载；

④ 较高的天花板掩盖了真实的火焰强度；

⑤ 较高的火灾荷载；

⑥ 增建的第二层违反了建筑规范；

⑦ 建筑内迷宫样布局的物品；

⑧ 建筑材料和结构设计在火灾条件下失效，增加了屋顶和/或结构倒塌的可能性。

●在商业建筑中，根据建筑的用途、使用类型、运营时间和/或单一结构内（包括住宅）不同使用类型的组合，搜索和救援行动可能会有所不同。

●商业建筑火灾中，疏散应从建筑物受火灾和烟气威胁最严重的区域开始。在这些建筑火灾的早期，通常先疏散相邻场所，然后从那里向外展开疏散工作。

●商业建筑火灾中，保护未燃物适用于建筑的内部和外部。

●在商业建筑中控制火势可能是困难的，而消防员面临的挑战取决于建筑的类型。

●商业建筑火灾的规模可能很大，灭火行动需要大量的水。

●火灾位置和建筑类型将决定通风的需求和操作。

●彻底清理和发现隐藏火灾隐患的所有可能区域非常重要。为了适应不同场所的需要，商业建筑还常被改造。翻修所造成的孔洞和隐藏空间必须加以检查。

●由于商业建筑中的物品是日常经营所需，或者是有意出售的产品，因此，火灾后商家的经济损失可能很大。为了尽可能减少损失，需要抢救财物。

●沿街购物中心是长而窄的单层建筑，分割成多个部分，形成满足不同需求的独立场所。

●沿街购物中心火灾中，尤其令人担心的是：

① 不同场所之间缺防火墙；

② 这些场所的短暂性使消防人员难以预料和计划火灾行为和现场的危险；

③ 开放的阁楼空间贯通整栋建筑，没有防火墙，使火灾可以无阻碍地水平蔓延；

④ 金属屋顶板导热，且覆盖有可燃物质，如焦油；

⑤ 轻质的木材或金属屋顶组件在火灾条件下有可能失效和倒塌；

⑥ 有顶的人行道在火灾条件下有可能倒塌；

⑦ 为了适应不断变化的使用需求而进行的翻修，造成了各种火灾隐患，如防火墙上的裂缝和隐藏火势蔓延的开口。

●大型商业建筑在大多数社区都很常见，如超市和大型百货商店。

●大型商业建筑最明显的共同特征是内部有大的开放空间，可能使用钢材建造，然而老式的大型商业建筑是用重木结构建造的。

●与大型商业建筑相关的特殊危险可能是：

① 火灾条件下容易倒塌的屋顶组件，包括：老式大型商业建筑中的木制弓弦桁架屋顶；新的大型商业建筑中的钢筋加固混凝土屋顶；

② 额外的负荷，如暖通空调机组添加到屋顶上，增加了比屋顶设计负荷更多的重量；

③ 装饰性的护墙或在屋顶上使用的绑带，这些是由具有物理强度和耐用性的材料，如聚苯乙烯泡沫塑料、刚性绝缘物质和混凝土建造的；

④ 墙体剥落，导致墙体破坏和混凝土脱落。

●两层或三层商业建筑基本上是沿街购物中心和大型商业建筑的组合，它们有许多相同的构造特征和危险。这种类型建筑的特有危险包括：

①　使火灾蔓延的垂直开口，如：电梯、自动扶梯或楼梯井，通风井；

②　由于建筑需求的变化和空间限制，给屋顶增加了额外的荷载；

③　阁楼可能用于私人存储物品，增加了火灾负荷。

● 独立商业场所是单一建筑，经营单一业务。

● 独立商业建筑的危险包括木结构建筑的火灾荷载，能够导热或容易燃烧和坍塌的金属或木材平屋顶，隐藏火灾的吊顶，容易坍塌的有盖的人行道，用砖浮面建造的容易倒塌的墙壁

主要术语

窜火（autoextension）：火灾通过窗户向上逐层蔓延。

悬臂（cantilever）：仅在一侧有支撑的水平延伸。

裂解（pyrolyzing）：木材在热作用下产生的化学变化。

剥落（spalling）：混凝土受热或火灾作用时，其中的水分开始膨胀，导致表面混凝土损失。

案例研究

　　你单位的防火工作人员正努力适应最近几年的一些商业用房变化。为加速进程，并确保消防人员意识到这些变化，消防队将去参观一些商业场所。作为消防队领导，你将利用这个机会和你的队员讨论商业场所的危险性和灭火战术。

　　1.在一个车站，你会注意到有几个小商店的沿街购物中心，前面有一个很小的停车场，通向主入口。你知道这可能会影响你最初的战术，因为：

A.人们通常会以进入建筑的方式撤离，在前面的地段造成拥堵

B.紧急情况下，大楼里的人很可能会从侧面或后面离开

C.应从离着火建筑最远的建筑开始疏散

D.根据消防法规，最危险的用房将位于沿街购物中心的中部

　　2.零售企业，如超市、百货商店、药店和购物中心，会被认为：

A.商务场所　　　　B.商业场所　　　　C.工业场所　　　　D.住宅场所

　　3.商业建筑火灾中的保护未燃物

A.应适用于内部和外部

B.防止火灾垂直和水平蔓延

C.要求在靠近暴露建筑物处设置大型水带线路或集水射流

D.以上所有

　　4.商业建筑火灾中的最小尺寸水带线路应该是：

A.1.5in　　　　B.1.75in　　　　C.2in　　　　D.2.5in

复习题

　　1.描述小型商业建筑。

2. 列出商业建筑火灾中搜索和救援的两个考虑因素。

3. 列出大型商业建筑中可能出现的两种情况。

4. 列出沿街购物中心建筑中与火灾有关的 4 种危险。

5. 列举一些独立商业建筑的实例。

6. 列举一些有助于通风的固定屋顶的例子。

7. 即使只有一个商店起火，为什么沿街购物中心的所有住户都要疏散？

8. 沟槽切割时应注意什么问题？

9. 商业建筑中，高天花板对灭火战术有何影响？

10. 在商业场所疏散应从哪里开始？

讨论题

1. 走访与本章所述类似的建筑，制定事故预案，包括以下内容：

① 屋顶、墙壁、地板和内部的建筑类型；

② 楼层数量；

③ 楼梯井、电梯、通风井和公用设施开口的位置；

④ 固定消防设施的类型和位置；

⑤ 可能的居住者数量和每天的时间变化；

⑥ 可能有特殊需求的居住者人数；

⑦ 未燃物距离和类型；

⑧ 供水位置和距离；

⑨ 固定屋顶开口；

⑩ 公用设施和机房的位置；

⑪ 防火墙的位置。

2. 以商业建筑火灾为例，回顾你单位的标准操作指南。可能需要哪些改变？需要什么样的培训才能达到标准操作指南的目标？

参考文献

National Institute of Occupational Safety and Health. 2011. *Fire fighter fatality investigation report F2010-38: Two career fire fighters die and 19 injured in roof collapse during* *rubbish fire at an abandoned commercial structure – Illinois.* Atlanta, GA: CDC/NIOSH. http://www.cdc.gov/niosh/fire/reports/face201038.html.

第14章 人员密集场所火灾扑救

□ 学习目标　通过本章的学习，应该了解和掌握以下内容：

- 人员密集场所的一般危险。
- 适用于人员密集场所一般事故的灭火策略和战术。
- 特定类型的人员密集场所的消防注意事项。
- 现场应急人员和应急控制系统的影响。

案例研究

　　2007年8月29日，在扑救一起餐厅阁楼火灾中，一名55岁的消防队员（1号牺牲者）和一名52岁的消防队员（2号牺牲者），在内部实施搜索、控制火势和灭火时牺牲。消防队到达时，大火已突破屋顶，主用餐区里有轻微的烟和热。1号牺牲者在厨房里操作一支水枪，向炉灶排气罩上方的天花板射水，他的队长和第一到场的云梯消防队队长提供了一条1.75in的备用水带。2号牺牲者在主用餐区，搜索吊顶上方的火势蔓延情况。第一批救援人员到达现场约5min后，火灾快速蔓延。1号牺牲者与其队友分开，后在废墟下被发现，头部受到创伤。2号牺牲者佩有一个带紧急求救按钮的翻领麦克风，在火灾发生快速蔓延后1min发出求救信号，这个信号可能是受火灾的影响而发出的。2号牺牲者在餐厅里被找到，火灾快速蔓延前，他正在那里作业。本次事故主要原因包括：职业安全与健康项目发展不完善，事故中事件管理系统没有有效运行，事故管理培训不足，战术和训练不足，通信不畅，建立快速干预人员或小组延迟，违反建筑规范，战斗着装和个人防护装备不足。国家职业安全和健康研究所调查人员得出结论，为降低类似事件的风险，消防部门应做到以下几点：

　　① 根据NFPA 1500消防职业安全与健康，制定、实施和执行职业安全健康计划；

　　② 确保部门成员接受全面培训，并在所有突发事件中了解并使用突发事件管理系统；

　　③ 制定、实施和执行标准操作规程，以确定事件管理培训标准和成员发挥指挥作用的要求；

　　④ 确保事件指挥员在开始内部灭火行动之前，对事故现场进行初步的评估和风险评估，并不断评估现场条件，以确定行动是否应转为防御；

　　⑤ 确保指挥员建立一个固定的指挥部，履行火场指挥员职责，不参与灭火行动，按程序下达作战命令；

　　⑥ 制定、实施和执行标准操作规程，以应对危险，确定"纳税型建筑物"中的行动策略和战术；

　　⑦ 确保所有消防员和指挥员，按照NFPA1001《消防员职业资格标准》和NFPA 1021《消防官员专业资格标准》，进行基本训练和年度复训；

⑧ 确保初始进攻线路充水，能够控制火势；

⑨ 确保配备有人员的备份水带，以保护初期进攻和搜索人员的出口路线；

⑩ 一旦怀疑上方有火，确保消防队员立即打开天花板和其他隐蔽空间；

⑪ 在火灾的初始评估阶段和搜索阶段，使用热成像相机；

⑫ 确保消防人员了解通风对火灾行为的影响，协调好通风与室内灭火行动；

⑬ 培训消防队员定时汇报，尽快将内部和外部条件传达给指挥员；

⑭ 在灭火行动中保持团队协作；

⑮ 确保建立一个快速干预小组，可以立即对紧急救援事件做出响应；

⑯ 确保消防队员穿着由 NFPA 认证的全套的消防服和防护装备，并在参与灭火和清理活动时分配适当的任务。

此外，立法机构和市政当局应：

① 要求在商业建筑中使用自动通风系统，特别是那些有大量空隙和人员生命危险的建筑；

② 要求在商业建筑中安装火灾报警系统，在大的空间中安装热和烟气探测器，以提高生命安全；

③ 要求所有的商业烹饪单位应定期检查厨房的排气系统，并要求所有厨房排气系统的安装程序都符合国家认可的标准。

此外，国家消防协会应考虑在 NFPA 1001 和 NFPA 1021 中，对火灾行为制定更全面的培训要求。

提出的问题：

① 简述你所在部门对餐馆火灾风险管理的具体做法。

② 为什么有必要打开消防员救援区域上方的天花板？

14.1 引言

什么是人员密集场所？根据 NFPA 标准，它是一种有大量人员聚集的建筑，如图 14-1 所示。在这一章中，将密集场所划分为 5 类：宗教场所、展览馆、体育馆、夜总会和剧院。本章后半部分讨论有关这些类型建筑的安全危害与灭火策略和战术。

图 14-1 像这座教堂这样设计用于容纳大量人员的密集场所，通常建在大的开阔区域

定义人员密集场所，必须设置最小的人员数量。然而，最小人员数量受某些因素的影响而有变化，如建筑大小，座位是固定的还是可移动的，或者只有站着的地方，建筑是否有自动灭火系统保护等。

大多数建筑规范和 NFPA101 生命安全规范，采用 50 为最小占用负荷，相当于人口密度可能只有人均 $5ft^2$ 或更少。如果用途相同，但占用负荷少于 50 人，那么它就属于不同的占用类别，比如商业。

NFPA 将人员密集定义为有大量人员为了娱乐、信仰、会议或等待交通工具等聚集在一起的场所。根据定义，密集场所包括各种类型，如餐厅、夜总会、音乐厅、会议厅、剧院、会议中心、体育场馆和交通中心等。

> **安全提示**
>
> 与人员密集场所相关的生命危险是一个重要问题，因为这些建筑往往是人口密集的，同时容纳大量的人。这种危险还因顾客缺乏经验和对建筑不熟悉而加剧。美国历史上一些最严重的火灾发生在人员密集场所。

14.2　危险

生命安全是这些建筑中需要考虑的最重要因素。人员密集场所的生命安全问题特别重要，因为这些建筑往往聚集了大量的人员，如图 14-2 所示。参加过音乐会并观察过座位的人都能理解人口密度是如何产生重大影响的，尤其是在发生火灾等紧急情况时。许多夜总会和舞厅里挤满了人，人们不能在设施周围自由走动。建筑物中拥挤的人群可能有许多有害影响。想想看，最近一次去看体育赛事或戏剧，拥挤的人群，身体挤在一起，等着离开大楼。现在想象一下，有烟和热的紧急情况下试图疏散大楼内的人员，很快会出现恐慌和混乱，使疏散工作充满挑战和危险，对于身在其中的人员而言，结果往往是悲剧。

烟是影响人员密集场所生命安全的另一个重要因素。当有成百上千的人聚集在同一建筑中，烟气在整栋建筑中蔓延，这些人的行为会迅速改变。火焰产生的烟可以快速传播，比人跑得更快。这种环境下，会很快使人员丧失能力，导致他们昏倒并阻塞疏散人员。所有人员密集的场所火灾案例都有人员逃生时被卡住、被困住、受惊或被浓烟熏倒的情况。

人员密集场所的另一个危险是对建筑不熟悉。人们通常不熟悉建筑布局、出口路线、位置、消火栓或其他保护设施的位置。他们没有花时间观察张贴的火灾逃生计划，也没有考虑寻找替代出口，以防最近的逃生通道被堵塞。在紧急情况下，大多数人往往会做自己熟悉和舒服的事，所以他们倾向于使用与进入建筑时相同的路线，如图 14-3 所示。使用不熟悉的出口感觉不舒服，甚至可能不安全。因此，人们非得找到进入时的出口才会离开。1985 年 5 月 11 日，发生在英国布拉德福德城市体育场的火灾证明了这种行为，试图逃离火灾的观众

图 14-2　人员密集场所的人口密度
是一个重要的生命安全问题

图 14-3　在这张照片里，至少有三个
可能的出口。试图从与进入时相同的
路线撤离是人类本性之一

不会爬过围栏到赛场上。他们不愿意采用这种选择，因为他们被教导不适合进入这个地方。这场火灾发生在观众人数创纪录的一次联赛中，大火造成 56 人死亡，至少 265 人受伤。

由于这些危险，消防部门抵达现场之前，现场很可能已经出现了人员死亡情况。1942 年 11 月 28 日，马萨诸塞州的波士顿发生了一起这样的火灾——椰林歌舞会火灾。消防队距离建筑只有一个街区远，当他们扑救完附近的一起汽车火灾时，接到了扑救建筑火灾的口头通知。4 辆水罐车、2 辆云梯车、1 辆重型救援车、1 辆带云梯的登高平台消防车、1 个分队、1 名被派到汽车火灾的队长和一名副队长很快到场。扑灭车辆火灾后，消防队正在收拾器材装备，有人跑到街上大喊大叫，说椰林歌舞会也着火了。副队长跑到街上，发现建筑物冒着浓烟，立即要求三级火警调度，直接跳过了一级和二级火警。随着轰燃的发生，火焰包围了建筑，他请求四级火警调度。几分钟内，大部分火已扑灭，但是已经造成人员死亡，出口处和整个大楼里堆满了尸体。

其他悲剧性事件也证明了这些建筑中火灾会迅速地夺去建筑物内人员的生命。其中一个例子是发生在 1990 年 3 月 25 日的纽约布朗克斯区的幸福乐园俱乐部火灾。87 人在这场大火中丧生，成为该市历史上第二大伤亡火灾。大火很快被第一个到达的消防队控制并扑灭，但大火已经夺去了许多人的生命。发生在贝弗利山庄的超级俱乐部、车站夜总会和许多其他公共聚集场所的火灾也是如此。

14.3　灭火策略和战术

扑救人员密集场所火灾的策略取决于发生火灾的时间和建筑内进行的活动。当然，很多时候，这些建筑没有使用，没有任何生命危险问题。有时候，这些建筑中有五十、几百或几万人，对于第一个到达的消防队而言，了解该建筑的活动日程是非常重要的。

战术目标应该在预案阶段确定。例如，人员密集场所火灾扑救的一个主要问题是设备的接入能力，起火建筑的车道和停车场。出口可能会受到那些急于离开的人们的阻碍，他们可能不会考虑他们的逃离造成了多大的混乱或拥挤。这种行为妨碍了消防队的反应能力。消防部门可以沿道路部署器材装备，以避开正在逃离的人群。此外，消防部门可以预先分配人员到特定的出口区域，这些人员可以同时处理任何生命安全问题和控制固定系统。消防队必须预先设立一些区域，包括集结待命区、供水区、喷淋和竖管分配区、伤员检伤分类区、直升机停机坪，以及医疗单位进出的清晰路线等。

应根据具体救援标准确定和建立预先战术目标，使救援人员的工作更加有效和高效。

图 14-4　设备可能很难进入这座大楼

然而，这些行动必须经过学习和演练，不仅仅是在纸上，而是通过实际的现场演练了解完成每个目标需要多长时间。除了预设战术目标，事件的大小也可以决定目标，如图 14-4 所示。

14.3.1　消防员安全

人员清点是消防员安全的一个重要问题。带有奇怪楼层规划和多种用途的大型建筑物很容易导致消防人员迷失方向，任何不熟悉建筑的人都可能出现这样的情况。例如，在体育场参加活动的观众或许有过这样的经历：从体育场一侧走到自己的座位区坐下，观看一场比赛；从最近的出口离开时，他们发现不知怎么地从建筑的另一侧走了出来。即使在正常情况下，也会出现定向障碍。现在，再加上烟和火，可能还有一大群人，因此消防员清点是消防员安全的重要组成部分。

> **安全提示**
>
> 在人员密集场所火灾中，一个重要的消防安全问题是人员清点。人员密集场所可能很大，有不同的楼层平面图。消防人员很容易迷失在这些建筑物中，特别是在烟气环境下。

另一个重要的消防安全问题是在特定地点建立快速干预小组。当建筑较大，受害者可能较多时，指挥员应迅速派遣所有人员救人和控制火势。这样的场景应在每个入口处设置快速干预小组。在事件早期，指挥员必须迅速预见到对快速干预人员的需求，并请求额外的资源来保护救援人员。

> **战术提示**
>
> 在每个进入口都应设立消防人员的快速干预小组。指挥员必须迅速意识到保护救援人员所需要的资源。

14.3.2 搜索和救援

大多数人员密集场所都为提高人员疏散能力进行了设计。无论如何，仍须彻底搜索。搜救任务是一项复杂的工作，应按建筑布局划分区域，以确保高效和不遗漏。应分配搜索和救援任务，使所有相关人员清楚了解区域标识符。可以使用标志，但根据所搜索区域的情况，这种方法可能是无效或低效的。例如，如果搜索人员在烟气弥漫的环境下搜索大型运动场，可以使用建筑内的标志找到指定的区域。如果烟气使这些标志模糊不清，搜索人员可能错过指定的区域，或者搜错了地方。使用建筑物的地理标识而不是标志，可以帮助避免这个问题。根据情况可以采用任何搜索方法，只要所有人员都清楚，可以在预先规划阶段确定搜索方法，确保彻底地搜索建筑物。

14.3.3 疏散

建筑内人员可能很难到达出口，也可能不使用最近的出口。在许多有固定座位的公共聚集场所，人们必须向上或向下走一长段楼梯或好几排座位才能到达自己的座位。由于人们必须从小通道进入人流，因此很难快速逃生。

疏散的目标是尽可能迅速和安全地将人员从整栋建筑中移出，或者在某些情况下，将人员从建筑的特定区域移出。在一些大型建筑中，人们可能决定不疏散大楼里的人员，而是把他们转移到一个安全的地方。在事故预案中，必须明确人员疏散方法、安全避难区域、人员管控的方法以及其他生命安全问题。

消防员应控制电梯系统。这不仅可以使消防人员更快更有效地向上或向下移动，而且还可以防止建筑内人员使用电梯作为逃生手段。使用电梯逃生在火灾中是很危险的，因为电梯可能会把人员运送到火灾现场，将其置于极其危险的境地。

如果有的话，可以使用公共广播系统指挥建筑内人员和消防队伍。公共广播系统允许同时向所有人发出指示。然而，消防员不应假设每个人都按指示疏散。

> **战术提示**
>
> 　在第一个消防队到来之前，建筑内的人员很可能已经受浓烟和火灾影响。 制定了事故预案的消防队知道主要的出口在哪里，就能从尽可能多的出口中移出人员。 救援行动可能包括打开尽可能多的门，并将人们从建筑中救出。

14.3.4　保护未燃物

是否需要对邻近建筑物实施保护，取决于其距离远近。另一个可能的问题是临近建筑所用的材料。如果火势严重波及临近建筑，则周边建筑受火势的威胁可能很严重。

是否需要保护内部未燃物取决于建筑的布局，不同场所会不一样。在某些情况下，消防员需要保护不卷入火灾的部分，比如与火灾发生区域相邻的部分或内部未燃物。

14.3.5　控制火势

快速找到和控制火灾，减少生命安全隐患，是扑救人员密集场所火灾最主要的问题。在寻找火灾位置时，必须考虑所有可用的资源。使用探测报警系统很有帮助，此外，建筑管理者或疏散出来的人员可能知道火灾的位置。在许多情况下，烟气使人们很难找到火灾的确切位置。然而，有些情况下，烟气可能引导消防员找到火灾的源头。使用诸如热成像仪等技术也会很有帮助。

除了搜索遇难者外，搜救队还应寻找火点，并尽快向指挥员报告。消防队在找到火灾位置前不应该铺设水带。一旦找到火灾位置，目标就是把火灾控制在着火的房间或区域内。首先可以通过关闭门来减缓火势发展，然后通过布置水枪阵地进行灭火。

> **战术提示**
>
> 　使用固定灭火设施是人员密集场所灭火的关键，尤其是在大型建筑物中，这些建筑规模比可用的水带更长、更宽。

14.3.6　灭火

同样，如果可用，在人员密集建筑中必须使用固定灭火设施。如果建筑物有自动喷淋灭火系统，必须迅速启动系统。一般来说，将水带输送到火场的最实用的方法是使用室内消火栓系统。与所有大型建筑物一样，室内消火栓系统可以划分为不同的区域，消防队应事先了解各区域所覆盖的面积。

14.3.7　通风

消防队员可以通过暖通空调系统控制整栋建筑物的空气流动。有些系统能够清除所有内部空气，并将其用外部空气置换。其他系统可能能够将气流从火灾区域带走。暖通空调系统也可以完全关闭一些区域，以防止烟气进入未受影响的区域。此外，一些系统可以控制屋顶通风口，控制促进空气流动的大型升降门的开启和关闭。

暖通空调系统对灭火行动可能是有益的，也可能是有碍的，取决于其设计和类型。一些系统通过清除烟气提供帮助，而另一些系统则将烟气转移到未着火的区域，导致灭火行动更加困难。主管部门需要参与设计审核、建设期间的检查和模拟应急训练方案的实施。通过这些努力，可以为不同区域制定并实施事故预案。

暖通空调系统可以将烟气从着火点排出，使消防人员在初始评估时对火灾位置产生错觉。1980年11月21日，在拉斯维加斯的米高梅大酒店发生火灾时，浓烟从一个离实际火点很远的建筑上部升起。这种情况下，暖通空调系统将酒店内的烟气通过建筑的通风孔排出。

这些活动可以作为事故预案的一部分，但必须由熟悉系统操作的人员执行。重要的是让设备维修人员在指定地点接受命令。

战术提示

在火灾情况下必须尽早建立快速有效的通风。事故预案在通风操作中起着至关重要的作用。消防队员需要知道最快地从建筑内部和远离人群处排烟的方法。

14.3.8 火场清理

人员密集场所的建筑类型决定了火场清理操作。这些场所可能有独特的设计，如圆顶或教堂式屋顶。因此，火灾在这些类型建筑中的发展蔓延情况决定了适当的火场清理区域。

14.3.9 抢救财物

应根据人员密集场所的类型来确定抢救财物的策略，重点抢救建筑业主或使用者最重要的财物。下一节将进一步介绍具体的注意事项。

14.4 特定类型人员密集场所的火灾扑救

本节讨论特定类型的人员密集场所，包括宗教活动场所、展览馆、体育馆、夜总会和剧院，研究适用于每种类型建筑的灭火策略、灭火战术、安全问题和灭火方法。

14.4.1 宗教活动场所

14.4.1.1 结构

宗教活动场所的建筑类型很多，结构上有很大的差异。建筑可以用砖和重的木架建造，例如老式教堂和礼堂；也可以用木块和钢制桁架，如老式的带有大的附属家庭中心的礼拜场所；或者可以用基本的木框架建造。因为建筑类型差别太大，所以当地消防部门有义务和责任检查辖区内的所有宗教活动场所，并确定建筑方法和使用的材料，如图14-5所示。在检查过程中，消防人员应识别建筑特征，确定建筑物抵御火灾的能力，还应确定

图 14-5 宗教活动场所实例

建筑物使用的建造方法和建筑材料怎样限制或促进火灾增长和烟气蔓延。某些情况下，建筑采用混合类型建造。一些旧的礼拜场所进行了改建和扩建，导致建筑风格和材料是混合型的。消防人员应评估建筑通过天窗、通风井和烟气通道排烟的能力。

消防人员应评估建筑的出口情况，以确定最快、最安全的人员疏散路线，应确定出口是否会被恐慌状态中试图迅速逃离的人群堵塞。此外，消防员应考虑以下问题：

① 引导人员的出口在哪里？

② 人员疏散是否会干扰消防设备的放置或消防操作？

③ 离开停车场的车辆是否会破坏进入的设施？

消防人员还应评估建筑中不同类型的防火和灭火系统。在这个过程中应考虑的问题是：

① 这栋建筑安装喷淋系统是否覆盖了建筑物全部区域？

② 是否有大的不可分割的公共区域没有安装喷淋系统，火灾发展是否不受限制？

这些只是消防员在事故预案阶段应该知道的几个重要问题。对宗教活动场所制定预案很重要，将其添加到部门的危险列表中，因为它们可能需要比一般的一级火警调派更多的力量。

14.4.1.2 危险

如前所述，宗教活动场所的大小和建筑类型各不相同。在农村，宗教活动场所通常是小型木结构；而在郊区，通常是更大的独立结构，有些甚至可能位于购物中心；在旧式的大城市里，通常会发现大型的哥特式教堂。当然，任何风格都可以在任何地方找到。

在宗教活动场所，生命安全是一个普遍关注的问题。这些场所是社区的重要组成部分，任何时候都可能被用到，而不仅仅是在服务期间。人们在不同时间停留在宗教活动场所的原因有很多，如图 14-6 所示。日托中心、圣经学习小组、唱诗班练习、结婚典礼、童子军/女童子军集会、学校项目、筹款活动，以及公民团体举行会议等，这只是少数几个可能使用这些建筑的例子。因为人们随时可能使用这些建筑，所以需要快速评估停车场内的车辆和内部的人员数量。

在这些建筑中，第二种常见的危险是火灾能够快速蔓延。在消防员能感觉到之前，高温气体已聚集在天花板区域，达到轰燃条件发生轰燃。许多宗教活动场所都有地下室和阁楼。如果火势被控制，指挥员必须确定火灾的主体位置，并向该区域推进灭火。当建筑被划分为

图 14-6 可能每天都有人的带有日托中心的教堂

单独的教室、会议室、托儿所、更衣室、壁橱和其他区域时，火灾扑救特别困难。

> **提示**
>
> 宗教活动所不只是在服务期间被占用。这些建筑可以在一天的任何时候都有可能处于使用状态。

14.4.1.3　灭火策略和战术

（1）消防员安全　在有些地方，消防员可能需要铺设较长的水带线路。根据建筑的大小、烟和火的数量和能见度，可能需要高容量的进攻线路。1.75in 标准水带的水量可能不足以消除大火产生的热量。深入建筑物会严重影响消防人员安全撤离的能力，而且人员在这类建筑内移动比较困难。消防员处于烟气弥漫的建筑物中是极其危险的，很可能迷路。消防员应利用水带或导向绳撤离。

建筑施工一直是人们关注的问题。关于建筑施工的问题，如桁架的类型、火灾在敞开的桁架上燃烧多长时间、结构的通风能力、散热能力和排烟能力，以及屋顶坍塌是否会导致外墙倒塌等问题，必须询问清楚。构件的早期坍塌，如尖顶是值得关注的问题，即使是与主要火灾区域分离的构件，也应予以关注。此外，由于建筑的高度、形状和位置，早期坍塌的迹象可能无法探测到。

（2）搜索和救援　如果建筑物被使用，从逃出人员处询问信息将提高指挥员识别受害者位置的能力。疏散出来的人可能知道火灾发生前大楼里人员的位置、额外的或备用的出口。根据建筑的大小，来安排到底需要几个搜索队。

（3）疏散　整个场所，包括附属学校或其他建筑物，应及早评估，以确定疏散需求。如果着火建筑靠近其他建筑，也必须疏散毗邻建筑。一旦发现建筑不稳定，指挥员必须撤出所有消防人员并确定适当的坍塌区域，如图 14-7 所示。

（4）保护未燃物　在市中心的宗教活动场所，保护未燃物是非常重要的战斗行动，因为这些地区的建筑通常是紧密相连的，两边和后面的建筑经常被卷入。如果发生屋顶坍塌，大的着火广告牌可能落到附近建筑物的屋顶上。保护郊区教堂的未燃物与处理商业中心火灾一样。在农村地区，指挥员可能需要扑救由热辐射或掉落的广告牌所引起的荒地火灾。

（5）控制火势　对于较大的宗教活动场所，必须迅速展开灭火战斗行动，阻止火势蔓延。根据初始观察，消防员可能按照内攻战术的要求部署装备，如果转为防御战术，装备也能提供大流量射流。高架射流可以有效地扑灭建筑物内的大火。当火势已经发展到一定程度，无

图 14-7　坍塌区必须考虑保护未燃物

法实施内攻时，需要采取这种策略。高架射流是多功能的，可以通过窗户扑灭火灾，还可以射到热量聚集的建筑最高点。如果火势已经发展到必须使用大流量射流时，则不必考虑是否保护花窗玻璃。

（6）灭火　像其他场所一样，在宗教活动场所发生的火灾如果以快速和有序的方式开始灭火行动，可以有效地扑灭。根据建筑的大小、烟气和火灾情况，可能需要尽早求援。在二级火警消防队准备进行防御操作的时候，让一级火警消防队设置进攻操作是没错的。

图 14-8　有陡峭的屋顶，很难通风的典型的宗教活动场所

如果内部进攻行动无法维持，那么一旦完成人员清点，指挥员必须准备防御行动。大的宗教活动场所发生大火，要求许多消防员从多个阵地工作，以控制情况。在这些建筑中扑救火灾时，最好使用允许更大水流的大线路。同样，在操作早期，可能需要使用设备引导来自较高位置的大流量射流，以控制火势。

（7）通风　宗教活动场所通常有非常陡峭的、不规则的屋顶，使得垂直通风非常困难，尤其是在有雪或冰的情况下，如图 14-8 所示。许多现代风格的宗教活动场所都有巨大的屋顶结构，有着长长的斜面和金属覆盖物。在这些情况下，屋顶通风不容易完成。某些情况下，建筑物和屋顶的设计不能实施垂直通风。

（8）清理火场　这类建筑的火场清理可能是一个漫长的过程。有许多火灾蔓延的通道和开口必须检查。需要掌握建筑施工的知识及其特性。在进行火场清理之前，必须彻底检查建筑物的结构完整性。

（9）抢救财物　许多物品具有重要的情感和精神价值。建筑内可能有笔记、书籍和类似的物品。在开始抢救财物行动之前，确定一个安全的可以将物品转移的地点，处理的物品越少越好。

14.4.2　展览馆

14.4.2.1　结构

与宗教活动场所一样，展览馆的尺寸和建筑类型也有很大的不同。外墙通常是用砖石建造的，而屋顶是用钢材或木材建造的。建筑内部越开阔，屋顶就越有可能是钢结构。这种材料必须要跨越大面积，几乎没有垂直的支架。不过要记住，这些类型的建筑可以用各种材料来建造（例如，重的木材，基本的木框架结构等）。

1967 年 1 月，在伊利诺伊州的芝加哥市，大火烧毁了麦考密克宫后，展览馆的消防和建筑规范发生了变化。大多数展厅现在都有自动火灾报警系统或灭火系统，或者两者皆有。麦考密克宫火灾发生在凌晨 2 点之后，500 多名消防人员使用了 94 件消防器材投入战斗。尽管做出了这些努力，整座建筑及其内的物品还是完全烧毁了。事故发生后，发现的危险包括延长电线、缺乏分区、火灾负荷大、缺乏灭火系统、钢桁架无保护和没有灭火用水供应等。这些危险现在已经在火灾和建筑规范中得到了解决。

14.4.2.2 危险

由于展览馆是一种人员密集场所，火灾的首要问题是生命安全危险。这些场所能容纳成百上千的人，大多数人只熟悉一条进入路线和一条出口路线。因此，防火是关键。消防人员必须确保通道保持开启和畅通，出口不得堵塞或上锁。

展出的展品数量和类型，以及这些展品是如何陈列的，是展览馆的另一类危险。消防员应回答以下问题：

① 发现了什么样的火灾负荷？

② 这些展品有什么特别的危险？

③ 可能存在哪些特殊需求，例如疏散问题。

此外，展览馆往往有宽敞开阔的区域。这些都具有火灾危险，因为烟和火可以迅速蔓延，几乎没有阻碍它们前进的障碍。

14.4.2.3 灭火策略和战术

（1）消防员安全　扑救火灾时，消防人员可能需要铺设较长的水带线路，以便深入到建筑中，他们很容易在展品中迷失或被困。在这些类型的建筑火灾扑救中，人员管控一直是非常重要的问题。指挥员必须将火场划分为可管理的区域，并确立适当的坍塌区。这些行为的目的是增强消防员的安全。

> **战术提示**
>
> 消防人员应假定并非每个人都能逃生，因此必须尽快完成初步搜索。

（2）搜索和救援　某些情况下，火灾条件或荷载阻止消防员进行初步搜索，阻止消防员深入建筑进行彻底搜索。相反，初步搜索和救援行动主要集中在受害者疏散的出口附近。消防队员不应认为每个人都会撤离。因此，必须尽快完成初步搜索。如果搜索队在没有水带线的情况下搜索大范围的区域，则应使用绳子作引导。

（3）疏散　如果发生火灾时展览馆挤满了人，更有可能及早发现火灾，现代火灾报警系统可以指示游客通过最近的出口离开。这种情况下，最先到达的消防队很可能遇到的是一个完全或几乎完全疏散的建筑物。实际上，没办法确定人员数量，所以不能确定是否有人还在建筑内。邻近的建筑物通过大厅、走道和公共区域与着火建筑连接，可能也需要疏散。此外，连接展览厅、酒店、购物中心和停车场的走道和隧道是城市地区常见的建筑特色。这个特性可能会产生更多的疏散需求。

> **安全提示**
>
> 如果搜索队在没有水带线路的情况下搜索大范围的区域，则应使用绳子作引导。

（4）保护未燃物　如果建筑完全燃烧，展览馆火灾可以产生大量的热辐射。许多展览馆都有混凝土或钢制外壳，有助于减少热辐射向外扩散。制定辖区内的展览馆事故预案有助于确定未燃保护的需求。与其他人员密集场所一样，保护未燃物的需求也会因其与周围建筑的接近程度不同而有很大的不同。

（5）控制火势　在某些情况下，展览馆员工的消防培训程度与工业消防队一样。这些人员在火灾初期可以利用室内消火栓系统和消防水带控制火势。为了保障灭火行动，应使用消防部门的水带，不能使用建筑内的水带。

许多展览馆有水喷淋灭火系统或其他类型的消防系统。任何可用的灭火系统都必须迅速供水。关门也有助于控制火势发展。如果只靠消防部门，可能会延迟控制火势，控制火势时间取决于消防队员进入建筑扑灭火灾的地点。

（6）灭火 如果可以的话，可以使用室内消火栓系统灭火。如果标准管道系统不可用，后期到达的消防人员可以从外部水源铺设更大的后备线路，一定记住向室内消火栓系统供水，消防部门的标准操作指南必须要求使用这些系统。此外，使用大容量的水带线路和来自地面或高处的大流量射流将使灭火作业更容易。

（7）通风 通风在大型展览馆火灾中难度较大。如果必须使用垂直通风，应寻找现有的开口来加速这一过程的实现，可以打开天窗，打开屋顶的通风口，或者在屋顶上打开楼梯井来实现。如果使用得当，现代的暖通空调系统可以从外部带来清洁的空气，并从内部排出废气。然而，在使用这些系统之前，记住风和其他天气条件会影响它们的运作。因此，通风操作是否可行应询问展览馆内部人员。破拆展览馆屋顶有很多限制，或许并不能有效地使用。使用鼓风机进行正压通风也是一种选择。

（8）火场清理 展览馆里的可燃物大部分是展品本身。随着现代消防法规和建筑标准的建立，许多建筑已成为不可燃物，所以实际的建筑可能不需要大量的清理。至于建筑内部的清理，请使用设施内的设备，如叉车、机动车辆和其他节省劳力的设备。

（9）抢救财物 根据火灾的严重程度和安全情况，可以让业主和供应商进入建筑内抢救他们能抢救的物品。当他们检查完后，其余的物品应从建筑内搬到预定位置，所有的垃圾应堆放起来以便搬运。

14.4.3 体育场馆

14.4.3.1 结构

大多数现代体育场馆可以被视为建筑和工程奇迹，如图 14-9 所示。这些建筑的建筑类型和设计特点就像建筑名称和体育代表队一样变化多端。一般来说，特定设计用于特定用途。例如，曲棍球或篮球场馆将有一个覆盖整栋建筑的屋顶；冰场或球场在建筑的中心，周围是体育场风格的座椅；足球场可能是碗形的或马蹄形的。一些体育场馆可能是单侧的，也可能有屋顶。体育场馆的设计没有特定标准。通常，在设计体育场馆时，钱是唯一的限制因素。因此，体育场馆可以从容纳人数只有几百人的小型中学体育场馆变化到规模庞大的大学足球场，如田纳西州诺克斯维尔市的纽莱恩体育场，可以容纳超过 9.6 万名球迷。

体育场馆其他建筑施工变化包括使用各种建筑材料，使用不同类型的暖通空调系统，以及建筑防火功能。由于场馆的设计和布局各不相同，消防部门定期更新预案是至关重要的。此外，与那些经营这些设施的人保持联系，在

图 14-9 一个大型体育馆

发生火灾或其他紧急情况时也会有很大的帮助。

14.4.3.2　危险

体育场馆除了人群密集这一明显的生命安全隐患之外，建筑的布局和大小也存在问题。而且，人们倾向于认为大型体育场馆是室外场地，而不一定是建筑。当建筑是一个小的学校体育场时，这个评估是准确的。但是为职业和/或半职业运动建造的体育场馆类似于大型高层写字楼，有附加的场地和体育场座位，即使解决了生命安全危险，控制火势和灭火也很费力和困难。在高层写字楼一章中所描述的许多危险亦存在于这些类型的建筑物中。

> **提示**
>
> 　　人们倾向于认为大型体育场馆是室外场地，而不一定是建筑，他们不考虑火灾或疏散的可能。

体育场馆的多用途是另一个危险，如图 14-10 所示。体育场馆可以举办足球比赛、音乐会、马戏表演、竞技表演或极限运动赛事，每一项活动都有其自身的危险。另一个常出现的危险是饮酒，观众饮酒会给执行灭火策略（如疏散）的消防人员带来复杂问题。

14.4.3.3　灭火策略和战术

（1）消防员安全　体育场馆的消防员安全问题与其他人员密集场所很类似。建筑物的大小和结构是最大的安全问题。

即使扑灭体育场馆的小火也需要大量的资源，因为可能存在大范围的观众恐慌，需要铺设长的水带线路，搜救任务重，通风难以实现，如图 14-11 所示。在事故发生早期请求增援，指挥员可以确保调集足够的人员，以便战斗人员可以通过轮值进行适当的休整，从而减少灭火救援中的伤害和疾病发生的可能性。

（2）搜索和救援　由于建筑内的人员正在疏散，搜索工作也应该集中于寻找和控制火势。这有助于消防人员更快地达到最重要的目标——生命安全，还为消防人员提供一个起点，对那些无法立即撤离火灾现场的受害者进行初步搜救。

图 14-10　这个体育中心有一个停车场，如果出口被封，汽车火灾的烟气会影响比赛场地

图 14-11　当地的露天体育场的足球比赛证明了潜在的生命安全问题。即使是在露天看台下的小火，也会引起恐慌

（3）疏散 体育场疏散的灭火策略和战术与本章前面介绍的方法相似。最令人担忧的是，大量的人试图疏散，人们可能会惊慌失措，慌忙逃窜，导致受伤和死亡。任何参加过职业体育赛事的人都知道，在最好情况下疏散体育场人员所需的时间也是相当长的。在火灾或其他危险的威胁下，可能会爆发失控的恐慌，这是不可能克服的。一定要充分利用建筑通信系统，包括公共广播系统。

（4）保护未燃物 这种建筑通常与其他建筑间隔一定的距离，减少了保护未燃物的顾虑。然而，停车场、会议中心、甚至酒店都可能直接相连。在这些情况下，保护未燃物与其他类型的人员密集场所相同，如图 14-12 所示。

图 14-12 在地势较低地区发生的火灾将会影响其上方的商店

（5）控制火势 全面了解建筑的布局、早期响应、进入建筑的通道，以及确定响应单位角色的行动计划，对消防人员是否能将火势控制在着火区或房间内产生最大的影响。控制火势最好的办法是启动水喷淋灭火系统，并加强消防部门的灭火工作。至于相邻的建筑，通过关闭防火门，正确铺设水带和部署灭火力量有助于控制火势。

（6）灭火 正如前一节所讨论的，熟悉建筑及其特点的消防部门是最有能力扑灭火灾的。制定预案也有助于灭火工作。通过回答典型的预案问题，如需要铺设水带的长度、喷头、警报、竖管或其他系统的位置和类型，消防部门可以制定一个计划，使他们能够在到达现场时迅速行动。

（7）通风 根据建筑设计，通风策略有很大不同。需要使用暖通空调系统。没有暖通空调系统的帮助，像体育场这样的建筑物通风是非常困难的，因为体育场的天花板很高，即使使用鼓风机提供的正压通风也较困难。

（8）清理火场和抢救财物 体育场的清理和抢救财物操作与其他类型的人员密集建筑相似。操作将因建筑物类型和业主或使用者的需要而有所不同。

14.4.4 夜总会和剧院

14.4.4.1 结构

现在的夜总会和剧院使用的建造方法和材料使建筑物完全不燃。在新的现代会议和娱乐中心，没有任何裸露的未保护的结构钢，并且经审核的门保护所有垂直的开口。夜总会和剧院也可以用这种方式建造。然而，它们也可以使用各种各样的防火建筑材料。有时，它们是用不具备任何防火功能的材料建造的。与其他类型的人员密集场所一样，事故预案对于确定这些建筑的结构特征至关重要。

14.4.4.2 危险

除了在任何人员密集场所发现的巨大生命危险之外，夜总会和剧院的危险常与酒精饮料有关。此外，还可能出现高分贝的音乐、低亮度和烟雾环境。这些条件可能隐藏火灾，使其长时间不受控制地燃烧。

　　周末晚上，夜总会可能人满为患，增加了生命安全隐患。在节日派对或当地电台的促销活动中，夜总会也变得过于拥挤。当拥挤不堪时，通常会移动桌椅以增加容纳量，而出口不可避免地会被堵塞。陶醉的顾客、晚发现的火灾、拥挤不堪的人群和堵塞的出口等，都可能是造成人员死亡的因素。表 14-1 列出了美国俱乐部和舞厅中一些伤亡大的火灾。

表 14-1　美国伤亡大的俱乐部火灾

俱乐部	地点	日期	死亡人数	火灾原因
歌舞厅（Dance Hall）	密苏里西部平原（West Plains Missouri）	1928 年 4 月 13 日	40	未知
旋律夜总会（Rhythm Night Club）	密西西比州纳奇兹（Natchez, Mississippi）	1940 年 4 月 23 日	198	未知
椰林俱乐部（Cocoanut Grove Club）	马萨诸塞州波士顿（Boston Massachusetts）	1942 年 11 月 28 日	492	未知
楼上酒吧（Upstairs Bar）	路易斯安那州新奥尔良（New Orleans, Louisiana ）	1973 年 6 月 24 日	32	纵火
格列佛迪斯科舞厅（Gulliver's Discotheque）	纽约切斯特港（Port Chester New York ）	1974 年 6 月 30 日	24	在临近建筑纵火
波多黎各社交俱乐部（Puerto Rican Social Club）	纽约布朗克斯（Bronx, New York）	1976 年 10 月 24 日	25	纵火
贝弗利山超级俱乐部（Beverly Hills Supper Club）	肯塔基南门（Southgate，Kentucky）	1977 年 5 月 28 日	165	线路有缺陷
幸福乐园俱乐部（Happy Land Social Club）	纽约布朗克斯（Bronx, New York）	1990 年 3 月 25 日	87	纵火
车站夜总会（The Station Nightclub）	罗得岛西华威（West Warwick, Rhode Island）	2003 年 2 月 20 日	97	舞台烟火

安全提示

　　周末晚上，夜总会可能人满为患，增加了生命安全隐患。 定期检查可以减轻拥挤情况。

14.4.4.3　灭火策略和战术

　　（1）消防员安全　除了在其他人员密集场所出现的消防员安全问题之外，夜总会和剧院的另一个危险是建筑内的潜在荷载。有些可能会有烟火表演，这意味着物品很容易被点燃，而且可能会储存爆炸性物质。此外，夜总会和剧院内的装饰和设备可能缠绕或影响消防人员及其设备，也可能导致火势快速蔓延。

　　（2）搜索和救援　消防人员必须快速、有效、安全地应对，以拯救那些能够得救的人。许多情况下，在消防队到达之前已经有人员死亡。救援工作的重点是那些处境最危险的人。然后，消防队员应该从那个点向外搜索和救援。最初的搜索可能会延迟，因为需要首先移出门口、窗口和其他出口点的受害者。

　　（3）疏散　一旦人们意识到发生火灾，应该立即疏散。在过去的火灾中，员工需要协助疏散顾客。在贝弗利山"超级俱乐部"，员工们宣布火灾，然后带领人们从建筑里撤出来。在其他火灾中也发生过同样的情况。但是，不能因此认为这些场所的所有员工都受过相应的培训，会做出正确的应对。所有的初始资源可能需要投入到搜索和营救行动中。事故预案决定了第一批消防队应该在哪里和如何应对，以及采取什么行动。

（4）保护未燃物　与任何建筑火灾一样，保护未燃物也是一个问题。未燃物的保护需求取决于夜总会或剧院附近的其他建筑。夜总会通常不是独立的，因此，必须保护相邻的建筑。

（5）控制火势　根据夜总会和剧院的大小，消防队需要铺设长的水带线路，需要通过顾客用于逃生的门进入，以及缺乏初始资源等原因，可能会延缓控制火势。历史事件曾多次表明，即使火焰被迅速地扑灭和控制，人员伤亡通常也很严重。初始水带线路的目标应该设置为控制火势和保护出口。一旦满足这些目标，额外的线路将增加控制火势的可能性。

（6）灭火　当最初的救援人员救援时，火灾可能会蔓延到整栋建筑物，更多的水带线路必须迅速跟上，以保障救援工作。如果建筑内有烟或火，应请求和保留额外的资源，直到进一步调查清楚火场情况。

（7）通风　消防人员在这些类型的建筑内作业时，必须通风。通风人员应打开窗户、门、楼梯、竖井门。救援中，通风人员应尽一切努力减少烟气。因为烟气是造成这类建筑内人员死亡的主要原因，所以应尽可能将烟气从建筑内排放出去。人员在获救前，其生存机会可能取决于通风人员排烟的能力。这种类型的建筑可以实施垂直通风，可能会有效。一旦确定了火灾位置和设置好水带线路，正压通风是有用的。

（8）清理火场　建筑的类型和火灾蔓延的程度决定了需要完成多少清理工作。这些建筑可能包含可移动的家具，如桌椅等。

（9）抢救财物　抢救行动快慢程度，取决于火灾的严重程度和火灾调查的需要。

14.5　现场应急人员和应急控制系统

许多大型体育场馆或其他场馆将在现场雇用消防、紧急医疗服务和安全人员，以应对紧急情况。在紧急情况下，消防人员通常负责火灾报警控制面板、无声警报和闪光灯，然后监控任何类型的警报并相应地分配人员，确定警报的真实性。这样做是为了防止在音乐会或其他事件中警报误报警。许多音乐会和戏剧使用烟花，触发烟气探测器。一次假警报，导致演唱会上13000人疏散，会破坏活动赞助商、剧场和音乐会的顾客之间的良好客户关系。你见过一个室内足球场在比赛中因为假警报疏散60000人吗？可能不会，或许你永远也不会见到，因为这样做的弊端远大于好处。

在一些场所，火灾报警面板有一个内部对讲系统，火灾报警控制面板允许消防人员在内部对讲系统中提供信息和指示，并可通过控制面板来管理电梯、灯光和其他系统。

> **提示**
>
> 火灾报警控制面板允许消防人员在内部对讲系统中提供信息和指示，并可通过控制面板管理电梯、灯光和其他系统。

本章小结

- 根据NFPA标准，人员密集场所定义为有大量的人员为了娱乐、宗教活动、会议或等待交通等目的聚集在一起的建筑。大多数建筑规范和NFPA101生命安全规范，采用50人为最低标准。

● 生命危险是人员密集场所的重要问题，这些建筑往往密集地挤满了大量的人，使得疏散工作特别困难。吸入烟气造成的无行为能力以及人员缺乏经验，往往也会导致危险。

● 战术目的可以而且应该在预案阶段确定。在预案阶段，应设立疏散计划、集结待命区、供水、喷淋和竖管分配、伤员检伤分类区、直升机起降区和紧急车辆通行的道路。

● 在人员密集场所火灾中，人员清点是重要的消防员安全问题。人员密集场所可能很大，有多种用途，并且可能有奇怪的楼层布局。火灾情况下，消防人员很容易迷失方向。

● 人员密集场所的搜索和救援行动是一项复杂的工作，应按建筑布局划分区域，以确保高效和不遗漏。

● 建筑内人员可能很难到达出口，因为固定的座椅使人们很难自由移动。大批人群堵塞在出口，很难疏散。人们可能选择自己最熟悉的出口，而不是使用最近的出口。

● 保护未燃物的需要取决于建筑物与其他建筑物的距离，是否邻近或连接到其他建筑物。建筑物内的保护未燃物因建筑布局而变化，因为这些建筑在设计和布局方面会有很大的变化。

● 快速找到和控制火灾极大地减少了生命安全隐患。在寻找火灾位置时，必须考虑所有可用的资源——报警系统、疏散人员、建筑物管理人员和热成像仪等。

● 消防人员可以通过暖通空调系统控制整栋建筑的空气流动。根据设计和类型的不同，暖通空调系统对灭火行动可能是有益的，也可能是有碍的。有些系统通过清除烟气提供帮助，而另一些系统则将烟气转移到未着火区域，导致灭火行动更加困难。事故预案在通风操作中起着至关重要的作用。

● 人员密集场所可能有独特的设计，因此，其建造类型决定了火场清理作业。

● 抢救财物的策略应根据人员密集场所的类型来确定，重点抢救对建筑业主和使用者最重要的财物。

● 特定类型的人员密集场所包括宗教活动场所、展览馆、体育场馆、夜总会和剧院。

● 宗教活动场所的建筑类型多，结构上有很大的差异。使用的建筑材料包括砖和重的木架、木块、钢制的尖顶和基本的木框架。已进行翻新和扩建的旧的宗教活动场所可能使用混合施工方法。

● 宗教场所有许多危险，包括：

① 任何时候都可能被使用；

② 通常有火灾快速蔓延的开放途径；

③ 高温聚集在高的天花板区域，在被觉察之前达到轰燃条件；

④ 带有多个房间的不寻常建筑布局难以寻找起火位置。

● 展览馆的建筑尺寸和建造类型差别很大。外墙通常使用砖石建造，屋顶通常使用钢或木材建造。这些类型的建筑可以用各种材料建造。

● 由于展览馆可以容纳成千上万人，因此生命安全是主要问题。大多数人只熟悉一个入口/出口。展出的展品也可以引起火灾。这些建筑的内部通常是大的和开放的，而且火灾可以自由地蔓延。展览馆内部通常宽敞开阔，烟和火可以无阻碍地迅速蔓延。

● 体育场馆的建筑类型和设计特点各有不同。可能是中间有运动场或溜冰场，周围有体育场风格的座位，可能是碗状或马蹄形，可能有屋顶，也可能没有屋顶。可用各种建筑材料建造体育场馆。

● 体育场馆的危险包括：

① 人员多；

② 建筑面积大，布局复杂；

③ 人们倾向于认为体育场馆是室外场地，不一定是建筑；

④ 用途多，用于举办各种活动；

⑤ 饮酒。

● 新建的夜总会和剧院可能使用不燃材料建造，而旧的建筑则可能使用各种材料建造。这些建筑材料的防火程度不同。

● 夜总会和剧院危险包括：

① 人员多，可能过度拥挤；

② 音乐声音大；

③ 灯光亮度低；

④ 烟雾缭绕的环境；

⑤ 喝酒；

⑥ 烟花物质；

⑦ 座位被推开，并堵住了出口。

主要术语

人员密集场所（place of assembly）：容纳 50 人以上人员聚集，供商议、宗教活动、娱乐、餐饮、游乐、等候运输或类似用途的建筑，或者作为一种特殊的游乐建筑，不论人员多少。

案例研究

作为消防队本月培训的一部分，你将在辖区内走访各种类型的人员密集场所。你的辖区内有各种类型的人员密集场所，包括宗教活动场所、夜总会和一个高中足球体育场。

1.与人员密集场所火灾相关的最大问题是：

A.响应时间

B.铺设长的水带

C.生命安全

D.出口

2.在人员密集场所搜索开阔的地方，需要消防员：

A.使用水带线路作指引

B.如果不用水带线路，则用生命绳作引导

C.使用云梯

D.A 和 B

3.关于宗教活动场所，下列哪一项是正确的？

A.一般每周只用几天

B.高温聚集在高的天花板区域，在被觉察之前达到轰燃条件

C.布局很标准

D.总有消防喷头或竖管

4.在大型人员密集场所，下列哪一种方法是最有效的通风方式？

A.在屋顶上切一个洞

B.使用暖通空调系统

C.开天窗

D.使用正压通风

复习题

1. 关于生命安全，在人员密集场所火灾中，最大的危险是什么？
2. 按照 NFPA101 生命安全规范，人员密集场所的最小占用负荷是多少？
3. 占用负荷低于人员密集场所最小占用负荷的规定，属于什么类型的建筑？
4. 在火灾期间，所有人员都必须从人员密集场所完全撤离吗？为什么？
5. 如何使用暖通空调系统协助消防工作？
6. 哪些具体问题对灭火策略产生重大影响？
7. 事故预案对人员密集场所的应急响应有什么影响？

讨论题

1. 参观你所在辖区内的人员密集场所，选择公众通常看不到的区域，以确定最佳的入口。
2. 审查职责范围内人员密集场所的部门预案。它们是最新的吗？是否提供了足够的信息？
3. 回顾美国消防局提供的关于人员密集场所火灾的案例研究。

参考文献

National Fire Protection Association. 2011. *Large Loss Building Fires*. Volume 12, issue 4/June 2011. Quincy, MA: National Fire Protection Association.

National Fire Protection Association. 2012. NFPA 101, *Life Safety Code*. Quincy, MA: National Fire Protection Association.

National Institute of Occupational Safety and Health. *Fire Fighter Fatality Investigation Report F2007-32: Two Career Fire Fighters Die While Making Initial Attack on a Restaurant Fire – Massachusetts*. Atlanta, GA: CDC/NIOSH, 2009 November 13. http://www.cdc.gov/niosh/fire/reports/face200732.html.

第15章 高层建筑火灾扑救

□ **学习目标** 通过本章的学习，应该了解和掌握以下内容：
- 高层建筑特点。
- 高层建筑火灾危害。
- 高层建筑火灾的灭火策略与战术。

 案例研究

    2007年8月18日，一栋在拆高层建筑起火，其内部结构复杂，导致一名53岁的消防员和一名33岁的消防员被困在火场内部。施工方在拆除过程中关闭了建筑物的室内消火栓系统，且建筑物的内部采用石棉分隔区间，导致水枪不能有效灭火。消防队在建筑物的外部铺设水带，事故发生一小时后，才开始出水枪灭火。铺设水带出水之后没多久，两名消防员空气呼吸器内的空气就用完了。消防员吸入大量烟雾，送往医院后心脏骤停导致死亡。此次火灾扑救行动中有115名消防队员受到不同程度伤害。

    事故主要原因是建筑工人报警晚，室内消火栓系统和喷淋系统失效，供水不及时，室内消火栓信息有误，现场环境特殊（有拆的石棉墙体和建筑碎片）；燃烧猛烈，火势蔓延迅速，并向着火层下层蔓延，火势封堵楼梯间导致消防员无法进出；建筑内部结构复杂，高温浓烟导致消防员迷路；建筑内消防员未认真佩戴空气呼吸器，未携带备用气瓶，现场通信不畅，联络不及时。

    为了降低类似事故风险，国家职业安全和健康研究所认为消防部门应该做到以下几点：

① 遵守高层建筑火灾扑救规程，在危险区域内不能派消防员内攻；

② 当室内消火栓损坏时，使用消防车供水；

③ 制定高层建筑火灾风险管理政策和规范，并按要求执行；

④ 扑救高层建筑火灾时应确保消防员安全；

⑤ 针对消防员在着火高层建筑内被困或迷路等情况进行训练；

⑥ 扑救高层建筑火灾时，确保内攻消防员都佩戴空气呼吸器；

⑦ 训练消防员使用空气呼吸器技能，确保充分利用空气呼吸器；

⑧ 使用指示器或安全绳引导消防员撤离；

⑨ 利用高层建筑火灾扑救预案，快速制定灭火策略与战术；

⑩ 鼓励住户尽快报警，并向消防部门提供准确的信息；

⑪ 使用高层建筑消防模拟设施训练消防员。

制造商、装备设计师和研究人员应该做到以下几点：

① 研究消防员火场定位技术和设备；

② 发展和完善无线通信系统，提高佩戴空气呼吸器时的通话性能。

政府部门应做到以下几点：

① 确保建筑施工和/或拆除行动符合美国消防协会 NFPA 241《维护建设、标准化改造、拆除作业标准》。

② 制定信息上报系统，任何建筑施工改造（如拆除石棉等）都应告知消防部门。

③ 建立信息通知系统，当消防设施失效时，住户应利用该信息系统通知消防部门。

提出的问题：

① 如果高层建筑内没有室内消火栓或室内消火栓发生故障时，讨论消防队供水方法。

② 当拆除建筑物时，是否通知消防部门？如果已通知，消防部门会如何处理？

15.1 引言

图 15-1 默里迪恩广场
（费城，宾夕法尼亚州）

美国和世界各地都发生过高层建筑火灾——从米高梅电影制片公司（拉斯维加斯，内华达州），到默里迪恩广场（费城，宾夕法尼亚州），到纽约广场（纽约），再到圣保罗（巴西）。这些悲剧表明高层火灾并不罕见，如图 15-1 所示。第一起高层建筑火灾发生在 100 多年前，1882 年 1 月发生的高层建筑火灾，造成 12 人死亡；1912 年 1 月发生六起高层建筑火灾。虽然这些建筑物都不是很高，但其高度都超出了消防梯工作高度。本章定义高层建筑是指楼层高度超过消防梯（包括消防拉梯和消防云梯）工作高度的建筑物。扑救这类建筑物火灾需要应用高层建筑火灾扑救战术。

许多消防队辖区都有五层或六层的建筑。如果楼层高度超出辖区消防梯工作高度，那么该建筑就应视为高层建筑。为了扑救高层建筑火灾，应注重利用建筑内部设施和资源。利用高层建筑内的电梯、通信、室内消火栓和消防泵等设施，不需要从地面铺设梯子或者外攻就可以成功扑灭火灾。

扑救高层建筑火灾需要集中调集力量，并且行动准确迅速。高层建筑火灾扑救难度最大，消防员必须尽可能多地了解高层建筑特点。灭火演练和预案有助于灭火作战行动开展。

> **战术提示**
>
> 许多消防辖区都有五层或六层的建筑。如果楼层高度超出辖区消防梯工作高度，那么扑救此类建筑火灾时应按高层建筑扑救。

15.2　高层建筑结构

由于设计和建造的年代不同，高层建筑结构特征有很大区别，通常按照建造的时间来区分。20 世纪 60 年代之前的老式高层建筑普遍采用钢筋混凝土建造，年代久远，比现代高层建筑重，如图 15-2 所示。20 世纪 60 年代之前的老式高层建筑外墙通常由混凝土或砖石结构组成，地面用混凝土建造。影响扑救此类高层建筑火灾的主要建筑因素包括如下几点：

① 内开式窗户；

② 没有中央空调或送风系统；

③ 消防分区。

20 世纪 60 年代之后开始流行新型高层建筑，它比老式高层建筑轻，如图 15-3 所示。新型高层建筑表面光滑，由钢-玻璃材质建造。

图 15-2　早期高层建筑

图 15-3　新型高层建筑

新型高层建筑具有老式高层建筑不具备的功能。主要有暖通空调系统，可将建筑物内的气体排到室外，空气能在整个建筑和送风系统内循环。建筑内电气和通信设备也配有送风设施。新型高层建筑内办公场所面积大，布局开放。但是缺乏区间分割，一旦发生火灾，火势会向四周蔓延。

许多高层建筑都是核心筒结构。在这种结构中，电梯、楼梯和相关附属设施位于建筑中心，如图 15-4 所示。

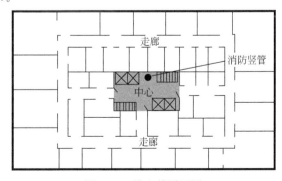

图 15-4　核心筒平面图

在新型高层建筑中，窗户无法打开。打开窗户的唯一办法是打破玻璃，会导致玻璃散落到街上。因此在扑救新型高层建筑火灾中一般不开窗户。

大城市一般都有高层办公楼，其建筑特点大致相同。在新型高层建筑中通常有暖通空调系统，这给事故指挥员提出了相当大的挑战。如果利用得当，暖通空调系统将有助于火灾扑救；但如果使用不当，也会导致火和烟雾四处蔓延，造成更大损失和伤害。高层建筑电梯也是如此。消防部门需要对电梯实施管控，在扑救过程中电梯使用不当，会造成消防员和被困人员伤亡。

> **提示**
> 新型高层建筑具有老式高层建筑不具备的新功能，主要有暖通空调系统，空气能在整个建筑和送风系统内循环。

扑救高层建筑火灾的关键是消防部门利用建筑内固定消防设施灭火。可以使用的固定消防设施包括：

① 室内消火栓；
② 喷淋系统；
③ 暖通空调系统；
④ 消防电梯；
⑤ 消防指挥站；
⑥ 通信系统；
⑦ 消防泵。

固定消防设施种类多，操作复杂。消防部门必须掌握它们的使用方法，才能成功地完成灭火工作。只有仔细研究高层建筑固定灭火设施，才能正确操作。

> **提示**
> 消防员必须了解哪些设施有助于灭火行动，哪些设施妨碍灭火行动。掌握建筑内的暖通空调系统、室内消火栓、消防电梯、通信等系统信息，有助于扑救高层建筑火灾。

15.2.1　室内消火栓

高层建筑防火规范要求高层建筑内应设室内消火栓。有些建筑物，虽然在从高度而言不是高层建筑，但按灭火策略及战术应定义为高层。如前文所述，超出消防梯工作高度的建筑物即可视作高层建筑。核实建筑内是否有室内消火栓的唯一方法是制作预案。即使扑救大厅或一、二层楼的火灾，仅靠消防员铺设水带供水扑救火灾难度较大，有时也需要利用室内消火栓出水枪灭火。

高层建筑内有水泵接合器。消防部门通过水泵接合器与建筑物内消防设施连接，送水加压。扑救高层建筑火灾时，消防车应连接水泵结合器附近的消火栓，就近供水。由于现场会有坠落的碎片和玻璃，消防车不应紧靠建筑物，避免掉落的碎片划破水带。水泵接合器应以颜色区分提示接口功能，例如，不同水泵接合器分别连接室内消火栓、喷淋或组合竖管，如图 15-5 所示。

根据建筑物面积，灭火时最少应同时用两
辆消防车连接两个水泵接合器供水。事故发生
前应掌握建筑内部情况，以便发生火灾时选择
合适的水泵接合器接口供水。如果建筑物的消
防泵能保证水喷淋系统用水量，指挥员应考虑
先给室内消火栓供水。即使管网内已充水，仅
依靠室内消火栓供水也不稳妥，需要考虑使用
水泵接合器供水。用水泵接合器向室内消火栓
供水十分重要。

图 15-5 救援人员必须注意水泵接合器位置

安全提示

消防员必须注意建筑物掉落的碎片和玻璃。消防车不应紧靠建筑物，需要保护水带。

有些城市要求高层建筑安装水喷淋灭火系统。然而，并不是所有的高层建筑在建造时都安装了水喷淋灭火系统。这些建筑物需经改造之后才能安装喷淋灭火系统。费城宾夕法尼亚的默里迪恩广场火灾就是一个典型例子，该广场曾经改造加装了喷淋灭火系统，广场发生火灾时加装的喷淋灭火系统及时扑灭起火楼层的大火。

战术提示

根据建筑物的面积，灭火时最少应同时用两辆消防车连接两个水泵接合器供水。

15.2.2 消防泵和液压系统

所有高层建筑必须安装消防泵，消防泵能给室内消火栓加压。这些泵通常单独或成对安装。如果泵是成对的，应该同时启动两个泵，泵压应保持一致。高层建筑发生火灾时，如果工作人员在场，可由他们启动消防泵。当报警系统启动时，消防泵一般会自动启动，但也会由于各种原因导致消防泵无法自动启动。此时消防员应到泵房启动消防泵或与指挥员通信联络。如果火灾现场没有工作人员，消防员应寻找消防安全责任人或与管理泵的工作人员联络，让他们去泵房。泵房通常设在地下室、地下二层或其他公用场所。消防员需要查看泵和泵系统示意图（附近应贴有示意图）。

消防员应掌握消防泵的基本知识，并能够操作消防泵。消防员必须检查泵进口和出口流量表。旁路阀只有处于关闭状态时，泵才能供水，这一点十分重要。有时测试泵之后忘记关闭旁路阀。如果旁路阀开启，会造成一半的泵流量损失。一般来说，泵是按照控制面板上的程序启动。消防员启动泵后，应留在泵房，以确保泵压稳定，待指挥员下达关泵命令后，才能关闭泵。

高层建筑内公用喷淋/室内消火栓系统的消防泵启动程序是相同的。一般泵都有自动启动方式，也有手动启动方式。应持续观测消防泵运行情况，以确保两个消防泵的流量压力相同。按照启动消防泵的相反顺序操作即可关闭泵。每个消防泵旁都应有一部电话，可

直接与大楼指挥部联络。消防泵供到最不利出水口的压力应至少达到 50 psi 的额定压力。

> **战术提示** 🧯
>
> 消防员启动泵后应留在泵房，以确保泵压稳定，待指挥员下达关泵命令后，才能关闭泵。

15.2.3 暖通空调系统

扑救现代高层建筑火灾最关键的一个因素是控制建筑物内的气体流动。扑救高层建筑火灾时事故指挥员要充分利用暖通空调系统。合理运用这些系统可以控制整个建筑物的火灾和烟气蔓延方向。然而老式高层建筑没有这种优势。老式高层建筑往往只在每层有空调系统，不像现代建筑中的暖通空调系统，可以控制多个楼层。

虽然暖通空调系统乍看起来很复杂，但实际上很简单。暖通空调系统由三个部分组成：空气处理系统、供气系统和回流系统。空气处理系统一般安装在机械设备室内，可能有多个设备间，包含空气处理设备和混合风门、排气风门和外部空气风门。风门是防止或允许空气进入暖通空调系统的装置。混合风门将回风与外界空气混合在一起。空气经处理系统处理后进入建筑物内部，再从回风竖井返回。空气混合后，经过过滤、加热或冷却后，通过供气系统传送。

指挥员应了解暖通空调系统，并制定作战行动。到达火场后，应确定所有暖通空调系统区域的模式，并确认火灾楼层和位置。一旦核实起火楼层位置，应关闭外部空气风门和混合风门，打开排气阀，以防止空气横向在送风和回风竖井流动。下一步是重新启动除火灾区域的其他所有楼层的风扇，打开风门，在同一时间向这些区域送风，向楼内人员提供新鲜空气。消防员必须密切监控建筑物的所有区域，观测恢复通风系统后可能引发的任何风险，并及时向指挥员汇报。每个高层建筑内都安装有防火阀和火灾感烟探测器，不同建筑之间会略有差别。消防员应大致了解暖通空调系统如何运作和在火灾中如何操作。

> **提示** 🧯
>
> 扑救高层建筑火灾关键是通风，事先掌握暖通空调系统有助于火场通风。

15.3 危险

高层建筑火灾的主要危害是楼层高和内部人员密集，这是高层建筑火灾扑救中两大难题。指挥员必须尽快掌握建筑相关信息。由于楼层较高，铺设水带困难，火势易蔓延扩大。

其他危险大多与高层建筑特点有关，例如无法打开窗户（尤其是新型高层建筑）、烟囱效应和高温气体分层等（本章稍后将详细讨论）。

15.4 灭火策略与战术

对指挥员和战斗员来说，扑救高层建筑火灾是一个重大的难题。指挥员必须从各个战斗小组收集信息，制定决策，部署战斗。不同战斗小组指挥员负责各自的战斗行动。中队指挥员在各种情况下都必须保持警惕。由于高层火灾情况复杂，消防员不能擅自行动，各战斗小组必须向事故指挥员报告，然后按照指示行动。

扑救高层建筑火灾需要大量人员协同作战，应分区域展开灭火行动，分区指挥员负责各着火区域。必须有序部署消防车、云梯车、消防梯，有序指挥消防员和增援中队展开战斗。必须针对着火层及以上楼层精心设计搜索方案，有策略地部署水枪阵地，并快速实施战斗。

指挥员应立即找到消防安全负责人、建筑维修人员或管理人员（如果第一到场指挥员还没开展这项工作），建立大厅指挥中心部。消防员确认着火楼层后，利用各种途径内攻。云梯车战斗员侦察着火点，水罐车战斗员携水带进入火场。明确专门用于疏散被困人员的楼梯。由于高层建筑楼层面积通常较大，至少派两个消防队搜索起火楼层，大型火场需要派更多的消防队搜索。

战术提示

2001年9·11事故夺去了343名消防队员的生命，有些人对当天的火灾扑救措施提出质疑。消防部门虽然从这场悲剧中吸取了很多教训，但必须坚持扑救高层建筑火灾的原则。有人建议应优先在大楼外设立指挥部，而不是优先在大厅内设立。消防部门不同意这个观点。消防指挥部设在大厅内，便于操控大楼内电梯、暖通空调系统和通信系统。当意识到火灾可能是恐怖袭击引起的，需要迅速调整火灾扑救策略。但是不能因9·11事故认为现有高层建筑火灾扑救标准操作规程是错的。

内攻之前，云梯车消防员都应先在火场外部待命，便于事故指挥员清点消防员人数。消防车必须坚守在水枪阵地上。只要不影响疏散，水带不交叉重叠，可在其他楼梯上部署水枪进行保护和疏散。

当其他指挥员到达现场后，他们应担任不同小组或不同战斗区域的指挥员，如搜索和救援、后勤、规划、医疗和康复等。事故指挥员应明确各楼层灭火任务，指挥着火层及以上楼层水枪阵地的推进和搜索行动。应在着火层下面两层楼设置一个集结区，从集结区派消防员搜救被困人员。当消防员进入火场后，必须考虑轮流休息的时间。记录火场内消防员空气呼吸器的使用时间，保证空气呼吸器内留有足够空气，便于消防员撤离火场。尤其是未携带水枪进入火场的消防员，尤其要注意这一点。

高层建筑火灾的接警反应时间比其他任何类型火灾都要长。从接到警报开始，到首批出动到达火场灭火，时间可达20min以上。由于交通拥挤，并且消防队距火场距离远，扑救高层建筑火灾难度较大。消防队到达现场后，战斗展开需要数分钟时间。最困难的任务之一是合理运用消防力量。如果火灾扑救中需要增援，必须调集足够的力量。如果不需要太多力量，没有承担任务的消防队可以撤回；但如果在扑救中力量不够，则需要再次调集力量，这样就会增大控制火势的难度。

15.4.1 消防员安全

除了建筑火灾中普遍存在的危险外，高层建筑自身还存在有一些影响消防员安全的因素。在扑救过程中，由于楼层较高，需要乘坐电梯上楼。消防员必须采取安全措施，并遵守程序才能乘坐电梯。其他危险因素还包括火场通信、体力透支和人员管控。

15.4.1.1　电梯的使用

根据建筑物的高度和火灾位置，决定是否需要使用电梯。消防员通过楼梯运送消防器材，会消耗大量体力，就没有体力扑救火灾，使用电梯能节约体力。使用电梯之前，消防员需要了解电梯如何操作，电梯内是否具备消防功能，如图15-6 所示。

高层建筑消防法规各不相同，但大多数高层建筑都配备了消防电梯，有应急迫降、保持按钮等功能。在较小的建筑物中也可以找到这些功能按钮。对消防部门而言，高层建筑内有消防电梯是很幸运的事，所有消防员都应熟悉电梯使用操作程序。

电梯消防功能有两个组成部分：应急迫降和安全使用。一旦消防员登上电梯，他们点击"取消"按钮清除楼层选择器面板，可以防止意外停止，然后点击要去的楼层。指挥员必须确保所有

图 15-6　具有消防功能的电梯控制面板

使用电梯的消防员均穿着全套个人防护设备。使用电梯时，还必须携带破拆工具和无线通信设备。消防员通过"你在这里"的标志，查看楼层示意图。此外，应了解电梯附近的楼梯位置。消防员应知道距离其最近的楼梯位置，便于在紧急情况下迅速从电梯撤离。此外，如果电梯能在着火楼层运行，使用电梯的基本原则是不要停在着火层上方。大多数高层建筑发生火灾时消防员可以使用电梯，但必须小心使用。高温和火灾对电梯影响很严重。

图 15-7　建筑楼梯井内的信息

另一个关于电梯的安全提示是：电梯门向外开，办公室门向内开。当搜索浓烟区域时，发现向外开的门时应判断其有可能是没有轿厢的电梯门。消防员应注意打开的电梯井的危险，在搜索过程中应用工具探查所有的开口，防止坠落。

15.4.1.2　通信顺畅

扑救高层建筑火灾时，对消防员来说，另一个问题是确保通信畅通。消防指挥部大多数设在建筑大厅内，指挥员通常应在此处建立通信和指挥系统，控制所有可用的通信系统，如图 15-7 所示。因此，熟悉高层建筑通信系统是至关重要的。

高层建筑内部通信系统包括：

① 室内消火栓电话；

② 内部电话；

③ 专用声力电话；

④ 公共广播系统；

⑤ 消防泵房电话；

⑥ 建筑内的无线通信；

⑦ 电梯内电话。

这些系统包括有能与消防调度员和火场战斗小组联络的无线通信手台。指挥员需要与现场所有分区指挥员通信顺畅。由于要使用多个无线手台，因此必须指定各小组的频道，例如指挥频道、初级频道和中级频道。

> **安全提示**
>
> 控制所有可用的通信系统。熟悉高层建筑通信系统是至关重要的。

15.4.1.3 体力透支

扑救高层建筑火灾中，消防员体力透支是另一个问题，消防员需要休息。休息区可以同集结区一样设置在着火层以下。该区域不能有高温烟雾，不能妨碍灭火或人员集结。战斗区和休息区域距离较近，消防员就可以不用乘坐电梯或攀爬楼梯，很容易从休息区域转移到集结区。

15.4.1.4 人员管控

与大型商业大厦火灾一样，扑救高层建筑火灾的一个主要问题是人员管控。建筑物内可能有多个入口。在大厅设立一个人员管控点，能在一定程度上对人员进行管控。大厅内的事故指挥员应了解大楼内有哪些消防队。根据事故的复杂性，每一层可能需要一个人员管控点。

当扑救难度较大时，人员需要撤退，以便重新集结力量进攻灭火。一定要注意不能从就近的窗口撤退，一般从室内楼梯撤退。

最后，指挥员和所有战斗小组都应记录建筑物内消防队及其战斗位置。

15.4.2 搜索和救援

搜救小组应由一名指挥员指挥，负责搜索和疏散着火层及以上楼层的被困人员。该搜索小组应配足够的人员，对大楼内部逐层搜索。每个搜索小组或搜索中队负责搜索多个楼层，并向小组指挥员报告搜索结果，然后小组指挥员向上级指挥员汇报。小组指挥员还应负责调集增援力量搜索，通过疏散楼梯疏散被困人员。各救援小组应尽可能多地携带空气呼吸器气瓶，延长工作时间，如图 15-8 所示。

在高层火灾中，应快速部署云梯车中队协助搜救工作。发生火灾后，须派出云梯消防车和救援人员进行搜索和疏散。第一到场消防队负责控制大楼电梯，侦察火灾位置和范围，并搜救着火层。消防队须确定到达着火层的最安全路线，仔细侦察现场，如楼层图、楼层划分、

图 15-8 消防员应多携带空气呼吸器气瓶进入着火建筑

图 15-9　大多数情况下，着火层与
下面楼层的布局相同。消防员可利用
着火层以下楼层熟悉着火层布局

图 15-10　没有水带时，消防员应使用绳索
作为安全导向绳，进入火场实施搜索

办公区域、通信情况、疏散情况、进入着火层的楼梯等，如图 15-9 所示。

第一到场消防队应利用电梯到达着火楼层下面两层或三层，然后走楼梯到达着火层。应在电梯内留一名消防员，控制电梯返回大厅，接其他消防员。该消防员可始终留在电梯内，也可以指定其他消防员控制电梯。电梯不能处于无人看管状态。第二到场消防队应继续搜索着火层。办公区域通常范围较大，至少应有两个消防队搜索。消防员应携带安全导向绳实施火场内部救援工作，如图 15-10 所示。

第二到场消防队应就搜索区域、起火点、被困人员以及其他情况与第一到场消防队进行沟通。第三到场消防队应乘坐电梯抵达着火层下两层或三层，走楼梯进入着火层实施搜救。第三到场消防队必须与前两个消防队保持联系，掌握火场信息。到达着火层上层时，战斗员应将着火层情况汇报给各分组指挥员，如热、烟、火和被困人员等信息。分组指挥员再将上述情况汇报给事故指挥员。应派多个消防队对着火区域及起火层以上所有楼层进行全面搜索，并将搜索情况报告给其他分组指挥员。

须调集足够的力量清理着火层及以上所有楼层和下面的着火区域，必须保证消防员安全，必要时可使用水枪保护消防员。

15.4.3　疏散

搜索和救援的同时可疏散被困人员。应首先疏散着火层及其以上楼层的被困人员。通常，消防队通过楼梯引导疏散。因此疏散楼梯间不能有烟雾。如果楼梯间内烟雾弥漫，被困人员无法疏散，可能会造成人员伤亡。

15.4.4　保护未燃物

保护暴露的未燃物，阻止燃烧区扩大。指挥员还必须注意建筑蹿火，即火焰从着火层窗口向上蔓延而引燃上层建筑的窗户或地板。高层建筑火灾中常出现蹿火（已在多户住宅建筑一章讨论）。由于建筑较高，在火灾中保护建筑外部难度较大。用消防车出水枪效果不明显。在毗邻建筑物铺设水带并射水防护，可以防止毗邻建筑物被引燃。

15.4.5 控制火势

将火势控制在起火点附近，需要大量消防员和器材装备，才能将水带向内推进到着火区控制火势，保护未燃烧区域。同时，还应预测火势蔓延的路径，并在着火层及上层铺设水带。

15.4.6 灭火

第一批力量的任务是向起火区域铺设水带干线，如图15-11所示。第一消防车中队负责铺设水带灭火，第二消防车中队辅助铺设水带后，留在楼梯间，储备气源，并准备和第一辆消防车人员轮换。第一消防车中队还负责向室内消火栓和喷淋系统供水。

扑救高层火灾的标准做法是消防车成组战斗。第一和第二消防车中队出一支水枪灭火，第三和第四消防车中队出第二支水枪灭火。第二支水枪必须能够支援和保护第一支水枪阵地，并随时准备协同进攻灭火。

扑救高层建筑火灾的消防员应携带备用水带以及空气呼吸器。高层建筑内的水带直径至少是2.5in。在扑救高层建筑火灾时不能使用小于2.5in口径的水带。2.5in水带供水流量较大。消防员扑救火灾时不能使用建筑内室内消火栓自带的水带，因为室内消火栓自带的水带通常孔径较小或质量不可靠。消防水带通常应每年或半年测试一次。

如果不能迅速调集足够力量到达火场，消防队扑灭高层建筑火灾的行动就难以展开。当现场没有足够力量可用时，在增援到来之前，消防部门的最佳策略是集中兵力控制火势。

图15-11 应在通往着火层的楼梯上铺设水带

如果实施防御性战术，消防员应停留在安全区域。有些辖区的消防队使用的是便携式的大水流设备，这时可以由一个或两个消防员在相对安全的位置控制操作设备，例如在楼梯间入口。大水流设备具有射程远、流量大等优点，是消防队力量薄弱时一个很好的选择。可通过云梯或拉梯从楼外向内射水灭火。但是这种方式也有可能将火焰推到未燃烧区域。扑救楼内着火层火灾时，也可使用便携式大流量设备。

提示

消防员必须了解烟气运动的理论，如分层和烟囱效应。高温有毒烟气会造成楼内消防员和被困人员死亡。需要注意有毒烟气无色、无味，通常被忽略。

15.4.7 通风

在高层建筑火灾中，要优先考虑通风。通风是指有计划地、系统地将火灾产生的烟、气和热排出建筑内部。通风的主要作用是清除有毒气体，消除其对被困人员和消防员的伤害。找到火点，并将浓烟排出。火灾中通风的传统方法是打开或打破窗户、破拆墙壁，或切割屋顶。在高层建筑中，通风是控制火势发展和扑灭火灾的重要任务之一。有些通风方法较简单易操作，有些则较为复杂。

只有熟悉烟气运动途径，才能全面了解高层建筑火灾中的通风情况。高层建筑火灾发生时，火灾发展和蔓延规律与其他类型的建筑火灾发展和蔓延规律基本相同。然而，由于高层建筑聚集燃烧产物，所以火灾的发展和蔓延速度增长很快。这种环境能限制火灾及其产物，也可以影响烟气和气体运动。

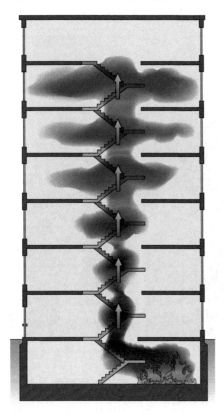

图 15-12 烟气分层示例

高层建筑火灾烟气有两种不同的现象：烟气分层和烟囱效应。高层建筑火灾气体分层，是指各种气体燃烧产物分别在不同位置分布，这与气体密度有关，如图 15-12 所示。首先，高温烟气在建筑物内上升；其次，在远离热源之后，高温烟气逐渐冷却，向上扩散速度逐渐减慢。当高温烟气上升到一定的水平位置时，就不会再受热量影响。此时，烟气开始分层。比空气轻的气体继续上升，比空气重的气体（有时是烟雾颗粒）向下沉淀。这些气体的各组分达到平衡后停止运动，此时它们在空气中的浓度逐渐增加，高浓度的有毒气体逐渐增多。因为一氧化碳、硫化氢、二氧化硫和氰化氢等气体可以积聚在火灾区域上、下方或邻近区域，使得这种分层效应具有一定的危害性。很多有毒气体无色，如果不通过一氧化碳等有害气体的检测仪检测，消防员很难察觉危险。消防员必须意识到楼内都可能已充满这类有害气体。因此，在扑救火灾时消防员必须佩戴空气呼吸器。

暖通空调系统也会影响烟气分层，在火灾扑救行动中会关闭这些系统。这些系统会造成气体和烟雾的快速冷却，致使其中一些烟气沉降。

另一种现象——烟囱效应则为高层火灾特有现象。热空气向上流动，气压差迫使空气从建筑下部流入，从建筑上部排出。

中性面位于建筑中间或在建筑中部附近，在中性面空气流入或流出的量可以忽略不计，如图 15-13 所示。烟囱效应影响烟气扩散。在较低楼层（低于中性面）发生火灾时，由于烟囱效应产生的压力，导致高温烟气进入竖井或楼梯口。在高层（中性面以上）发生火灾时，高温烟气从竖井或楼梯排出建筑物外部。在中性面发生的火灾中，烟囱效应对烟气运动的影响不大，因为这一位置上的空气流动很小。

15.4.8 火场清理

高层建筑火场清理需要大量消防员来完成。预案有助于快速确定需要清理的位置。消防员可以利用预案的信息，寻找隐蔽的竖井，彻底清理火场。此外，应打开吊顶，清理吊顶内部。在起火楼层应部署消防员，排查是否有烟气。此外消防员应清理起火层下部所有区域，确保火势完全熄灭。

15.4.9 抢救财物

大多数高层建筑都是商业办公楼。在这些建筑物火灾中，应根据居住者的要求抢救贵重物品，可能是纸质文件或计算机设备等。

如果是高层公寓起火，需要重点抢救居民的贵重物品。居民可将其需要取回的物品告知消防部门，如照片、装有重要文件的小保险箱和个人衣物等。

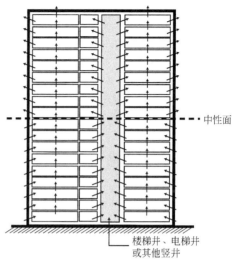

图15-13 中性面

高层建筑火灾中，改变楼内水流方向也可以抢救财物。灭火时楼内用水量达到数千加仑，水向下流到地面。如果消防员利用水槽引流、覆盖保护物资等方法，可使建筑内未着火区域避免水渍损失。事实上，拆卸马桶也可以在地板上制造出一条下水道。

本章小结

- 高层建筑是指楼层高度超出消防梯工作高度的建筑物。扑救这些建筑物火灾需要运用高层建筑火灾扑救策略。
- 老式高层建筑用重型建筑材料建造，如混凝土钢结构；而新型高层建筑则采用较轻的结构，如钢和玻璃。此外，老式高层建筑窗户可从室内打开，没有中央空调系统，楼内有分区。新型高层建筑配有中央空调系统，空气可在整个建筑内部循环，但通常缺乏分区，室内不能向外开启窗户。
- 在高层建筑中，可以利用室内消火栓、喷淋、暖通空调系统、电梯、消防指挥站、通信系统、消防泵等设施扑救火灾。
- 高层建筑火灾的特点包括楼层高、人员数量多、窗户封闭，烟囱效应和烟气分层。
- 扑救高层建筑火灾是一项艰巨的任务，所有人员必须相互协调和沟通。各战斗小组必须向事故指挥员报告，并按照指示行动。
- 扑救行动必须分小组实施。必须设立指挥部、人员集结区和休整区等，部署消防车中队、云梯车中队和救援队，协调搜救人员轮换。
- 高层火灾的响应时间比其他任何类型的火灾都要长，响应时间可达20min以上。
- 高层建筑火灾危险性主要有建筑楼层高、通信难度大、体力透支和人员管控。
- 搜救小组应由一名指挥员负责指挥。该指挥员负责组织开展人员搜索和疏散，协调搜救小组，并避免不必要的疏散。
- 疏散与搜救同时进行。先疏散着火层及以上楼层人员，疏散楼梯间时需要水枪掩护，驱散烟雾。
- 在控制火灾时，必须对内部未燃烧的区域实施保护，防止火势蔓延。此外，蹿火是高层火灾中的扑救难题，必须防止火焰从窗户蹿到上一层。

- 从未燃烧的一侧出水灭火，向着火区推进水枪阵地，可有效控制高层建筑火灾。
- 消防车组合战斗是扑救高层火灾的标准做法。第一消防车中队扑救火灾，而第二消防车中队留在楼梯里，储备气源，并准备替换第一辆消防车中队。
- 在高层建筑火灾扑救中，优先考虑通风。消防员必须了解高层建筑中的烟囱效应和烟气分层现象。
- 高层建筑火场清理需要大量消防员。预案有助于指导火场清理工作。
- 改变楼内积水流动方向可避免水渍损失。根据住户要求抢救贵重物品。

主要术语

内部楼梯（access stairs）：进入建筑物特定楼层或区域的楼梯。

核心筒［central（or center）core construction］：楼层公用部分（如电梯和浴室等）都集中在建筑物中心部位的楼层布局。

防火阀（damper）：防止烟气在暖通空调系统中蔓延的装置，通常由火警系统启动。

高层建筑（high-rise building）：楼层高度超出消防梯工作高度的建筑物。

风门（plenum）：暖通空调系统中促进空气循环流动的部件。

烟囱效应（stack effect）：高层建筑火灾中的一种现象，由于高层建筑火灾中热空气向上流动，气压差迫使空气从建筑下部流入，从建筑上部排出。

烟气分层（stratification）：高层火灾中特有的现象，烟气受热上升，直到热烟气与周围区域达到平衡后停止上升，然后水平扩散。

案例研究

辖区中队长带领消防队员检查辖区内一栋在建的新型高层办公楼。这是你所在辖区的第一栋高层建筑。检查这座大楼时，提出了如下问题：

1. 大楼里的暖通空调系统非常复杂。下面哪点是正确的？

A. 消防员应该掌握一些暖通空调系统的工作知识，以指导建筑内工作人员

B. 消防人员需要成为暖通空调系统的专家，以便在火灾中操作

C. 暖通空调系统对灭火战术的影响不大

D. 以上所有

2. 关于新型高层建筑，下列哪一项是正确的？

A. 建筑材料较轻

B. 没有暖通空调系统或送风系统

C. 建筑内部有分区

D. 窗户可从建筑内部打开

3. 在新型高层办公大楼火灾中，为实现灭火策略与战术，下列哪一项是正确的？

A. 疏散与搜救行动同时进行

B. 在高层建筑火灾中，优先考虑通风设备

C. 有效、及时地灭火，控制高层建筑火灾

D. 以上所有

4.建筑中心区域有电梯、楼梯和公用系统的高层建筑是：

A. H 型布局

B. O 型布局

C. 外部核心建筑

D. 核心筒建筑

复习题

1.举例说明老式高层建筑和新型高层建筑的区别。

2.配置消防泵的作用是什么？

3.消防泵附近应该贴些什么？

4.对于成对的消防泵，应该如何设置压力？

5.谁有权利关闭消防泵？

6.列出高层火灾中的通信方式。

7.描述烟气分层和烟囱效应。

8.高层建筑的通风方法有哪些？

讨论题

1.回顾一下辖区内最高的建筑。扑救上层火灾应采取什么策略？

2.回顾你所在消防队的高层火灾标准操作规程。对比分析本章和你的消防队标准操作指南的区别。

3.你所在消防队扑救高层火灾力量足够吗？如果没有，应如何调集增援力量？

参考文献

National Institute of Occupational Safety and Health. (2010). *Fire fighter fatality investigation report F2007-37: Two career fire fighters die following a seven-alarm fire in a high-rise building undergoing simultaneous deconstruction and asbestos abatement—New York*. Atlanta, GA: CDC/NIOSH. Retrieved from http://www.cdc.gov/niosh/fire/reports/face200737.html.

第 **16** 章 车辆火灾扑救

□ 学习目标 通过本章的学习，应该了解和掌握以下内容：
- 轿车、厢式货车和皮卡车火灾的灭火策略与战术和注意事项。
- 大型商用卡车和半挂车火灾的灭火策略与战术和注意事项。
- 休闲车火灾的灭火策略与战术和注意事项。
- 重型施工车辆火灾的灭火策略与战术和注意事项。
- 公交车火灾的灭火策略与战术和注意事项。

案例研究

2010 年 11 月 13 日，州际公路附近丛林发生火灾，两名消防队员在现场出车祸，其中 1 名年仅 23 岁的消防员死亡，另一名受重伤。

火灾现场单术发盖。一位路过的驾驶员发现丛林起火后报警，通知当地消防部门。有罐消防队和多功能消防车中队迅速赶赴现场。水罐消防队最先到场。水罐车横跨道路中心虚线进入超车道，用来防护消防员。1min 后多功能消防车中队到达现场，停在水罐车西侧，靠近护栏。

与此同时，一辆汽车和一辆货车向东朝停着的消防车驶来。两辆车在车道上行驶过程中，货车撞到汽车后部。撞车后，货车驶上路肩，在撞到多功能消防车之前停了下来。汽车则开到高速公路左侧路肩上，穿过消防车和护栏，撞上两名消防队员。受害者 2 在撞击中被抛到道路中间，受了重伤，但幸免于难。受害者 1 摔落在路肩上。现场的消防队员立即开始救助受伤人员。受害者 1 被送往当地的急救中心，尽管进行了抢救工作，最终还是牺牲了。

事故原因主要包括以下几点：

① 轿车和货车进入火灾现场附近区域，撞到正在救援的消防员；

② 由于轿车车速较快，受害者来不及反应。

主要建议如下所示：

① 与公共安全机构、交通管理部门和应急人员一起制订道路应急工作区的处置方案、现场安全和交通管制计划；

② 对消防辖区范围内所有可能发生的事故类型、位置，均制定标准操作规程，严格落实并开展训练；

③ 对所有人员进行道路交通事故响应的培训，并根据现场具体情况，保护应急救援人员免受伤害；

④ 在道路交通紧急救援时，消防员应有一定的危险防范意识。

提出的问题：

① 案例讨论了州际公路上普遍存在的安全问题。在该案例中，用消防车做防护，但造成严重后果。为了防止类似的事故，你会用什么方法来保护现场？

② 这个案例和汽车火灾有什么关系？

③ 这个案例的主要教训是什么？

16.1 引言

消防部门通常将车辆火灾当作普通事故处理，这种观点是错误的。由于汽车自身结构各不相同，火灾危险性也不相同。当轿车、小型货车和轻型卡车燃烧时，可视作是移动危险品火灾。车上所有的材料——塑料、泡沫、橡胶、气囊、传动轴、空调系统、保险杠、轮胎、刹车和燃料（如汽油、柴油、液化石油气、气-电混合）都会严重威胁消防员安全。此外，交通工具除了轿车、货车和皮卡车之外，还包括半挂车、休闲车（房车）、建筑施工车辆、运输车辆（如学校公交车和旅游公交车）等，这些车辆起火后，更难扑救。

> **安全提示**
>
> 车上所有的材料——塑料、泡沫、橡胶、气囊、传动轴、空调系统、保险杠、轮胎、刹车、和燃料（如汽油、柴油、液化石油气、气-电混合）都会严重威胁消防员安全。

图 16-1　轿车火灾通常由一个消防车中队扑救，消防员必须注意扑救过程中的危险

消防队携带一套破拆工具，出一支水枪，一般都能扑灭轿车火灾，如图 16-1 所示。由于通常只派一辆消防车处理车辆火灾，只要采用正确的灭火策略与战术都能取得较好效果，实现事故损失最小化。车辆起火时，消防队指挥员通常暂代事件指挥官。车辆火灾情况不复杂时不需要指定指挥员或增派消防车辆。中队指挥员须承担事故管理小组的责任，履行安全官、人员管控官、联络人、调查员和战斗员的职责。此外，因为大多数消防队人手不足，中队指挥员也经常参与灭火。如果媒体到现场，特别是当车辆火灾引起交通阻塞时，消防队指挥员也必须担任新闻发言人。

消防指挥员应该具有扑救车辆火灾的经验，并能够及时调集增援力量。一般情况下，出动一辆消防车中队基本就能扑救轿车火灾。消防员需要了解车辆火灾策略与战术的基本概念。

> **提示**
>
> 消防队携带一套破拆工具，出一支水枪，一般都能扑灭轿车火灾。

16.2 客运车辆火灾

客运车辆火灾一般是轿车、厢式货车和皮卡车等类型的火灾。虽然客运车辆很常见，但客运车辆火灾处置中不能掉以轻心。无论哪种类型的车辆，发生火灾后，处置不利都可能造成致命的后果。车辆起火时不要大意。消防员应掌握与车辆有关的知识，并能够操作车辆，如图 16-2 所示。

当扑救客运车辆火灾时，需要考虑车辆的特征，比如如何打开车门，如何打开发动

图 16-2　客运车辆尺寸和形状各不相同

机罩和行李箱盖，座位如何配置，电池位置在哪里，乘客保护装置（如安全气囊和安全带）是哪种类型，发动机的类型及其所在位置，使用燃料的种类，如图 16-3 所示。虽然消防员不可能熟悉每辆客运车辆原理，也不可能了解所有新车情况（即使是最有经验的消防员也可能会遇到新危险），但是灭火战略与战术基本原则适用于所有类型的客运车辆。

消防员无法掌握所有品牌和型号车辆的最新情况，但可以掌握所有车辆厂家的信息。走访当地的车辆经销商和维修店，可以了解灾害事故现场的车辆特征，可通过制作预案完成此项工作。此外，有的网站提供了车辆部件和危险性信息，这些信息也有助于制定车辆灭火预案。

图 16-3　消防员应该熟悉车辆部件及位置，
掌握打开发动机罩和行李箱的方法

提示

消防员不可能完全了解每辆车的原理，即使是经验丰富的消防员也会遇到新问题。因此，消防员有必要掌握车辆厂家信息。

16.2.1 危险

轿车、厢式货车和皮卡车火灾的危险性很多，主要分为三类：

① 车辆零部件；

② 替代燃料；

③ 危险货物。

16.2.1.1　车辆零部件

本部分所述车辆零部件包括车辆的机械部分和非机械部分。消防员必须牢记车辆燃烧时，车内有些设施会失灵，如制动系统失灵。车辆零部件及其对消防员的潜在危险包括：

① 传动轴　受热时可能爆炸并弹出碎片。

② 空调系统　燃烧时排放致命的光气。

③ 带有内置减震器的保险杠　会被爆炸压力弹射出去。

④ 客车部件　如车轮、一些车辆的发动机（例如，早期大众车）的气囊系统组件，由金属镁制造，用水灭火时，水与镁会发生强烈反应。

⑤ 催化式排气净化器　操作不当，会使温度达到 1500°F 以上。

⑥ 各种泡沫塑料和橡胶　产生有害燃烧副产物。

⑦ 轿车电池　可能会爆炸，喷溅电池酸液。

⑧ 轮胎　火灾时会爆炸。

⑨ 发动机或传动系的任何带压部件　火灾时可能会爆炸。

⑩ 引擎盖或活塞　起火后失效。

⑪ 未弹出的气囊和安全系统　火灾时可能会突然弹开。

安全提示

　　消防员必须牢记车辆燃烧时，制动系统或车内其他部件可能失灵。

（1）气囊系统　气囊、气囊组件和触发装置可安装在车辆的任何地方。例如，在新型宝马运动型多功能车里，在侧面安装碰撞气囊触发装置。通常情况下，新型车辆均配备司机和乘客侧前气囊，其他还包括侧冲击气囊、侧气帘、仪表盘膝气囊、后座气囊、安全带气囊和脚气囊。本田公司甚至为摩托车提供前气囊。正面保险杠罩气囊也正在开发中，在撞车事故中可保护人员的安全。

通常，安装气囊系统时不考虑座位是否有人，它们是根据安全气囊的类型，从前方、后部或侧面受撞击而设计的。然而，新型车辆在乘客侧装有智能气囊系统，当检测到乘客较少或无乘客时，车辆碰撞中不会触发气囊。消防人员应注意这个情况，在火灾条件下这些气囊可能会突然弹出。

由于气囊可安装在车辆的任何部分，在扑救车辆火灾期间随时触发，消防员必须将车内空间都视为气囊覆盖区，并避免这些区域内工作。除非需要抢救受害人员，否则最好远离气囊安装区。此外，制造商使用亮黄色电线来表示气囊系统。不要切割车辆上任何亮黄色线，以免触发气囊。

（2）其他安全系统　其他安全系统也存在一定的危害性。例如，在很多高端车有侧翻保护系统，如奔驰的敞篷车。当车辆到达预定的角度（如发生侧翻）时，翻车保护杆会启动。翻车保护杆启动时具有一定爆发力。正如前面所讨论的，在火灾条件下车辆零部件失去完整性和功能性。因此，消防员必须注意在火灾条件下，即使车辆没有翻，翻车保护杆也可能会启动，消防员必须远离这些位置。

16.2.1.2　替代燃料

车辆燃料（如汽油和柴油）在火灾条件下具有危害性。由于政府推行节能减排，使用替代燃料（如气电混合、纯电动、氢动力、生物柴油、液化石油气或压缩天然气）的车辆越来越流行。

（1）液化石油气和压缩天然气为动力的车辆　由于液化石油气和压缩天然气车辆的燃料充装设施特殊，一般只有执法部门等单位使用这类车辆。这类车辆的燃料较清洁，但在后备箱中有压缩钢瓶，在火灾条件下有爆炸危险。扑救车辆火灾时，消防人员应先确定车辆燃料种类。确定车辆是否使用液化石油气和压缩天然气唯一方法是观察车辆油箱口类型。

（2）混合动力轿车和电动轿车　由于燃料成本增加，越来越多的消费者希望车辆能够节省油耗。混合气体-电动轿车销量增长，促使制造商加大研发生产混合动力轿车的力度。混合动力轿车越来越受欢迎。消防人员应联系所在地区的轿车经销商，咨询有关车辆的最新信息，也要联系生产厂家获取紧急响应（处置）规程。也可通过因特网搜索混合动力轿车的在线应急规程。

通过外观很难确定车辆的动力来源。部分车型仅有气-电混合动力版，如丰田普锐斯。然而在大部分情况下，消费者可自行选择汽车动力系统。例如，福特翼虎和本田雅阁两款车，有汽油和混合两种动力系统供选择。区分这些车辆动力系统类型难度较大，有时可通过天线形状或车辆尾部标签来区分。检查轿车罩下是否有明亮的橙色部件，橙色部件表明有高电压。不要切割混合动力车的橙色部件。

混合动力轿车的供电系统与启动系统分开。启动系统是一个12V电系统，可安装在车辆任何位置。能量存储系统（电源系统）可能是一个锂离子电池组，安装于车辆的底板上面。

车辆制造商还设计了电动轿车。现有的两种电动轿车是插入式电动轿车（如雪佛兰"伏特"）和全电动轿车（如尼桑聆风）。插入式电动轿车在引擎罩下配有发电机，车辆行驶时可给电池充电。此功能增加了续航里程，但发电机使用汽油，要求轿车必须配备一个9.3gal的油箱，火灾发生后，必须评估油箱的危险性。

相反，尼桑聆风电动轿车完全不使用燃料。该车蓄电池在车辆底板下，充电后行程约100mile。由于这个限制，此车最好在市区使用。在大型城市中，随着充电站的增多，路上的电动轿车也逐渐增多。

油-电混合车和全电动轿车不需要传统意义上的"点火"。司机在车辆不远处就可用钥匙启动轿车（范围可能由于制造商不同而有变化）。灭火时必须确保关闭车辆电源。

2012年1月，美国国家公路交通安全管理局发布了一份名为"高电压电动轿车和混合动力电动轿车临时指南"，该文件对有关电动轿车和混合动力轿车车主、执法部门、医疗急救部门、消防部门、拖车部门和储存车辆的设施等都做了规定。文件中强调如下几点：

① 假定高压电池和相关部件能通电和充放电。
② 暴露的电气元件、电线和高压电池存在高压电击危险。
③ 高压电池蒸气有毒并且易燃。
④ 装有高压电池的车辆损坏时，可能会释放有毒气体或易燃气体，引发火灾。

该文件还特别提及了锂离子电池汽车火灾，指出可用水扑救这些类型火灾。此外，消防人员必须注意只要电池有电，车辆就会有复燃风险。关于这类车辆火灾的战术指南和安全提示可参见国家公路交通安全管理局网站。

> **安全提示** 🔧
>
> 　不要切割混合动力车上的橙色部件。 橙色部件表明有高电压，对消防人员和车内人员来说都有巨大的风险。

　　（3）新兴替代燃料车辆　除了液化石油气车辆、压缩天然气车辆、混合动力车辆和电动车辆外，还有其他几种替代燃料车辆。目前正在研制的是氢燃料电池动力车辆。虽然目前缺乏氢燃料充电设施，降低了氢燃料的可用性，但由于氢燃料的燃烧产物基本上是水，所以未来这种类型的车辆会普遍使用。另一个替代燃料轿车是三能源轿车。三能源轿车的运行与混合动力车差不多，但多了一个部件，该部件可以直接从环境中获得能量（如太阳能）。全太阳能轿车也正在研发中。

　　另一种受欢迎的替代燃料是E-85。这种燃料是汽油（15%）和乙醇（85%）的混合物。这种燃料在美国中西部地区已开始使用，主要是在伊利诺伊州和明尼苏达州。E-85燃料（或乙醇含量超过10%的汽油-乙醇混合物）是水溶性易燃液体。E-85燃料高度易燃，密度比空气大。扑救这类火灾时，必须使用抗溶性泡沫。汽油乙醇火焰不明显，在白天只隐约可见。确定车辆是否使用E-85燃料比较困难。这些车辆没有任何特殊标志，任何轿车都可以通过改装后使用E-85燃料。目前美国道路上有超过600万辆车使用E-85燃油，但无法快速辨识。消防人员应该注意到这种类型的车辆越来越普及。确定E-85燃料轿车的唯一可靠的方法是询问车辆驾驶员。

　　替代燃料车辆种类繁多，车辆组件将采用统一标准生产。但是随着车辆新能源的发展，车辆危险性也在增加。消防人员必须保持警惕，并关注车辆制造商的变化。

16.2.1.3　危险货物

　　扑救轿车、厢式货车和轻型卡车火灾难度较大，消防员无法侦察清楚车辆内部情况。在轿车后备箱、厢式货车后部或皮卡车后面会发现货物。如果车主在场，消防人员应先询问车主在货车后备箱、驾驶室或货车后面是否装有危险品。如果车主不在场，则需根据实际情况判断如何扑救。在这种情况下扑救火灾，必须用水枪保护消防员。当车辆燃烧不猛烈时，应迅速扑灭大火，并阻止火势蔓延到车厢和其他区域。

> **安全提示** 🔧
>
> 　消防人员扑救车辆火灾之前，需要侦察清楚车厢内是否有危险品。

　　如前所述，车内可以储存任何物品。危险品主要有如下几类：

① 油漆和稀释剂；

② 煤气罐；

③ 液化石油气储罐；

④ 焊接设备；

⑤ 生物危险废物（如糖尿病针）；

⑥ 任何无法识别的物资。

16.2.2　灭火策略与战术

由于车辆种类多且各不相同，一般性灭火策略与战术目标适用于所有的轿车、厢式货车和皮卡车火灾。

本节将讨论扑救车辆火灾中消防员安全、搜索和救援、疏散、保护未燃物、控制火势、灭火、通风、火场清理、抢救财物等灭火行动。

16.2.2.1　消防员安全

一般情况下，扑救建筑火灾的消防安全注意事项也适用于扑救车辆火灾。扑救建筑火灾和客运车辆火灾中，消防员都需佩戴个人防护设备（包括自给式空气呼吸器），并遵守人员管控制度和事故指挥程序。具体而言，扑救轿车火灾的第一任务是保证生命安全。可利用消防车进行交通管制，保护消防员安全。图 16-4 显示了两种交通管制方法。在封锁现场时，能见度低的情况下，在道路上铺设水带。如有必要，封锁道路以确保消防员的安全。在着火车辆的上坡处和上风向布置道路封锁设施。

(a) 执法部门封锁交通　　　　　　　　(b) 消防队占用车道

图 16-4　交通管制方法

注意水带应远离消防车，有时需要封锁两条车道

其次，消防员应确定乘客是否安全。如果车主在现场，消防员应该询问他车内是否有其他乘客。如果车中没有乘客，消防员可从远处操控水枪，冷却车辆扑灭火灾。以45°向车辆射水，避免水流直接喷射到车上。如果车主不在现场，则必须对车辆进行彻底搜索。搜索车辆时消防员需要靠近车辆，风险较大。应在车轮下塞木楔，防止车辆滑行。

16.2.2.2　搜索和救援

车辆搜救相对简单。先前讨论过的消防员安全注意事项也适用于此处。如果消防员确信车内没有人，那么就可以采取安全措施后再进行搜索，否则必须彻底搜索车辆。首先搜索前排座椅及座位下方，检查车辆底板，受害者可能会滑到座位下面。下一步检查后排座椅。若是客车发生火灾，应搜索所有座位。若是皮卡车发生火灾，还应检查车厢。如果车厢敞开，看看即可；如果车厢有盖，需要动手搜索。如果有犯罪或恐怖活动迹象，在强行打开行李箱之前，应请求拆弹小组提供援助。

在搜索车辆时，注意车辆温度，车内能见度可能为零。最安全的方法是搜索和救援的同时实施灭火。先扑救乘客区火灾，之后再进行搜索。此外，需要破除工具切割被困人员安全带。

> **战术提示**
>
> 最安全的方法是搜索、救援与灭火同时展开。

在燃烧车辆内可能会发现重伤人员。如果受伤者还有生命迹象，必须抢救受伤人员。在多数情况下，救援现场消防人员力量不足，无法照顾受伤人员。在这种情况下，指挥员必须判断先照顾受伤人员、等待增援力量到场后再实施灭火是否具有可行性。指挥员做决策时需要考虑车辆火灾危险性，例如液化石油气储罐的风险等。如果在现场只有两个或三个消防员，救治受伤人员和灭火工作无法同时进行。

> **提示**
>
> 消防员扑救车辆火灾时无法照顾伤员。在这种情况下，指挥员必须判断先照顾受伤人员，再等待增援力量灭火是否具有可行性。

特殊安全注意事项

在美国的一些地区，非法移民（偷渡）现象很普遍，尤其是在靠近美国和墨西哥边境的地区。由于这些活动违法，偷渡人员可能隐藏在车内，消防人员在搜救行动中难以发现。在轿车里，偷渡者通常藏在座位后面。座椅的弹簧被移除，偷渡人员藏在座位里，再把座位原样盖上。在卡车上，偷渡人员通常藏在箱子里。如果司机不在场，现场情况可疑，需要注意听隐藏位置是否有受伤者发出声音。

16.2.2.3　疏散

客车起火后，必须疏散车内人员。当火焰威胁附近建筑物时，应疏散建筑物内人员。如果在车辆中发现危险品，也必须考虑疏散周围人员。根据危险品的性质和数量判断是否实施疏散。

图 16-5　其他需要保护的车辆、建筑、植被和危险品储罐

16.2.2.4　保护未燃物

保护未燃物包括保护燃烧车辆附近建筑物或其他车辆，铺设水带防止火势蔓延。如果车辆停放在停车场，能找到车钥匙，消防员可以将这些车辆驶离火灾现场。还应包括保护附近的危险品，如液化石油气储罐。在处置车辆火灾时，可能需要调集增援力量保护未燃物，如图 16-5 所示。

16.2.2.5　控制火势

控制火势的策略与战术应着重于将燃烧控制在起火点附近。如果汽车发动机起火，目标应该是防止火势进一步蔓延至乘客区。

一般来说，直接灭火可阻止火势扩大。在乘客区铺设水枪，向仪表板上下空间射水，可阻止火势蔓延。

16.2.2.6 灭火

大多数轿车、厢式货车和皮卡车的火灾，都可用水扑救。液体燃料火灾需要用泡沫扑救。对于小型发动机火灾，干粉灭火器非常有效。然而，由于干粉没有冷却能力，必须小心复燃。通常一条 1.5in 或大口径的水带即可扑灭客运车辆火灾。避免使用高压水带，准备备用水带。

战术提示

通常一条 1.5in 或更大直径的水带即可扑灭客运车辆火灾。

16.2.2.7 通风

客运车辆火灾扑救行动中，不需要考虑通风。但是，如果车窗或车门敞开，更容易灭火。有时需要打破门窗。如果车辆已经完全燃烧，高温使前挡风玻璃熔化，侧窗和后窗玻璃破裂，车辆自动向外排烟气。

通风时避免车辆发生回燃。车辆火灾回燃的特征与建筑火灾回燃的特征相同。在这种情况下，需要保持一定安全距离，安全距离与车辆的类型、大小和载货种类有关。用一支直流水枪喷射车辆侧窗，热玻璃破裂，车辆通风排烟。此时可能会发生复燃，但只要消防员在安全距离外，就不会构成危险。

车辆通风时消防员需要考虑侧窗和后窗的玻璃类型。轿车制造商已经研发出一些新型材料，在车辆翻车时这些材料能降低车内人员被甩出去的风险。方法之一是在所有的车窗上安装抗冲击安全玻璃。这一特性增加了通风的难度。

在停车场内的客运车辆发生火灾时，需要使用排烟机和正压通风机。住宅车库内车辆火灾应作为建筑火灾，如图 16-6 所示。

16.2.2.8 清理火场

清理客运车辆，车辆内外都需要检查。

16.2.2.9 抢救财物

抢救财物是指转移车内或乘客随身物品。取出车辆的登记和保险证明，有助于业主保险理赔，如图 16-7 所示。

图 16-6 车库内轿车火灾蔓延到建筑物

图 16-7 在抢救财物时，注意气囊突然弹出伤人

> **提示**
>
> 取出车辆的登记和保险证明，有助于业主保险理赔。

16.3　半挂车和重型卡车火灾

　　大型商用卡车通常后面是一个挂车或一个货箱，这些商用卡车称为半挂车或重型卡车，如图 16-8 所示。这些车辆容积较大，可装载任何东西。虽然本章讨论的重点是车辆火灾，不是危险品火灾，但指挥员必须认识到车载危险品可能存在的风险，并采取适当的灭火策略与战术。例如，一辆重型卡车运输谷物，一辆卡车运输杀虫剂，二者扑救的灭火策略与战术完全不同。扑救商用卡车火灾战术的关键是确定车载物资的性质。

(a)　　　　　　　　　　　　　　　(b)

图 16-8　半挂车的牵引部分（a）
及底盘连接货物箱的载货卡车（b）

　　半挂车和重型卡车火灾不同于客运车辆火灾，必须根据实际情况处置。正如幼儿与成年人生病的紧急医疗救护手段各不相同。重型卡车的火灾和客运车辆火灾扑救方法也不一样。这两种情况可以采用相同的灭火策略与战术，但必须理解两者之间的关键差异，并按不同方案实施。

16.3.1　危险

　　半挂车和重型卡车具有一定风险。车载货物种类不同，危险也不相同。对于消防员和事故指挥员来说，熟悉车辆标识、容器形状等信息十分重要，确定车内装运物品是否属于危险货物。消防员和事故指挥员应受过危险品救援培训。本节集中讨论所有车型常见的危险，不讨论特定车型的特殊危险。

　　重型卡车和半挂车的驾驶室风险较大，如图 16-9 所示。驾驶室高于地面几英尺，消防员不易进入，移动水枪会造成安全问题。消防员应注意车把手或台阶松动。当消防员在卡车周围或车下作业时，必须注意空气悬架系统，如图 16-10 所示。火灾发生时这些系统可能会失效，导致车体下沉。在这些车辆下面作业时应该注意这些问题。

　　即使半挂车内没有可燃物，贸然进入半挂车内部也有风险。半挂车有侧门，后部有双

图 16-9 半挂车驾驶室不易进入

图 16-10 半挂车下空气悬架系统

开门，如图 16-11 所示。在进入半挂车之前，消防员应打开车门，通风后再进入。扑救这类火灾时，如果没有人员被困，消防员不必进入车内。不可为了保护物资，让消防员进入车内扑救。

鞍形油箱卡车的大油箱位于驾驶室两侧，通常在司机侧和乘客侧车门下方，如图 16-12 所示。油箱内通常装有柴油或汽油，油箱容量为 25～100gal。由于车祸等原因，油箱会损坏。油箱破损后，油品泄漏起火，必须快速堵漏，扑灭火灾。新型大半挂车外部看不到油箱。事先了解各种卡车有助于识别危险。此外，在本章前面讨论的客运车辆火灾危险性也适用于重型卡车和半挂车火灾。

图 16-11 卷帘门（左）和双开门（右）

图 16-12 鞍形油箱卡车驾驶室下的油箱

安全提示

中队消防员和事故指挥员应熟悉车辆标识、容器形状等信息，确定车内是否有危险品。 此外，当消防员在卡车底部作业时，必须注意空气悬架系统。 发生火灾时该系统可能会失效，导致车体下沉。 在这些车辆下面作业时应该注意这些问题。

16.3.2 灭火策略与战术

重型卡车和半挂车火灾的灭火策略与车辆大小和类型以及货物性质有关。扑救这些火灾时，目标是防止火势蔓延到车厢，或者是防止货物着火。如果半挂车发生火灾，尤其当驾驶室或发动机室起火时，控制火势蔓延极为重要。除了考虑驾驶室大小外，了解驾驶室类型也是很重要的。

有些半挂车发动机位于车前部，发动机离驾驶室较远。有些老式半挂车，例如福特汽车公司和国际卡车的车辆驾驶室，发动机是在驾驶室下。当发动机在驾驶室下时，如果司机在现场，可以让司机打开发动机盖。

有些车辆的驾驶室是由钢铁、玻璃、塑料制作而成。消防员掌握这些车辆大小和材质，有助于扑救火灾。

16.3.2.1　消防安全

重型卡车和半挂车火灾风险类似于客运车辆火灾风险。两者最大的区别是前者可能有大量危险品，而后者没有这一风险。此外，掌握如何降低商用卡车和半挂车火灾风险，可以保护消防员安全。

正确的响应等级有助于保护消防员安全。半挂车火灾的最低响应等级应大于客运车辆火灾响应等级。无论事故特性和消防队规模如何，至少需要出动两个消防车中队和一个事故指挥员。

16.3.2.2　搜索和救援

所有的卡车，尤其是有卧铺的半挂车，必须彻底搜索。如果司机不在现场，事故指挥员必须搜救驾驶室。驾驶室内通常有睡觉区和司机休息处，可能有人员被困。应设置水枪保护乘客区和卧铺区，消防员应尽量搜索驾驶室，也应检查车厢内部是否有人。

提示 🔧

　　所有的卡车，尤其是有卧铺的半挂车，必须彻底搜索。

16.3.2.3　疏散

疏散等级应根据火势蔓延趋势和周围人员危险程度而定。如果车上没有危险品，可能仅疏散卡车周围人员即可；反之，则疏散范围可能扩大到数十平方英里。

16.3.2.4　保护未燃物

重型卡车和半挂车的未燃物防护与客车未燃物防护相似，受火势威胁的毗邻建筑或车辆需要防护。半挂车发生火灾时，消防员需要保护挂车免受驾驶室火灾影响，或保护驾驶室免受挂车火灾影响。如果驾驶室未燃烧，则只需将驾驶室与挂车分开即可。咨询司机，分离驾驶室和挂车。另外，起火位置和火势蔓延范围决定着驾驶室是否能与挂车分开。如果驾驶室和挂车不能分开，需要部署水枪保护未燃物。

16.3.2.5　控制火势

控制半挂车火势是指将燃烧限制在车辆某一区域。例如，当驾驶室严重燃烧时，采用正确的灭火方法控制火势，防止火势蔓延到挂车。

16.3.2.6　灭火

车辆燃烧程度决定着灭火的方法。例如，如果一个大型半挂车燃烧，事故指挥员应根据第8章"灭火剂"中的公式确定用水量；相反，发动机起火时，只需连接一条 $1\frac{3}{4}$ in 水带，出水枪扑救即可。为了提高安全性，应铺设备用水带。

不同类型的燃料和货物必须使用不同的灭火剂，例如扑救汽油或柴油火灾需要使用干粉灭火器或泡沫灭火器。

16.3.2.7 通风

通常是打开车门或车窗，对卡车驾驶室和乘客区通风。打开半挂车车门或利用半挂车顶部或侧面的通风孔，实施通风。如果只有后门打开，通风较困难。在这种情况下，如果在车门顶部开口较大，可利用正压通风排出高温烟气。正压通风应与水枪一起使用，对车辆实施通风。

16.3.2.8 火场清理

扑救重型卡车和半挂车火灾时，必须清理车辆，确保余火熄灭。由于灭火后发动机会有蒸汽，消防员有时错将燃烧烟气错认为发动机的蒸汽。必须确保现场没有高温烟气，以防复燃。

清理重型卡车或半挂车时，消防员需要卸载车上物资，确保物资里没有残火。此时用热探测器和红外摄像机非常有效。火场清理需要大量人员，需要调集增援力量。

16.3.2.9 抢救财物

在许多情况下，卡车内可能有车主的全部家当，因此，必须尽量抢救车辆物品。许多卡车内都有电视、DVD播放机和其他电子设备，或者有衣服等个人物品。

通常，灭火策略与战术第一任务是抢救财物。与驾驶员一起工作有助于快速抢救财物。例如，第二消防车中队到现场卸载货物，需要叉车或人员，车主的参与有助于提高工作效率。

16.4 休闲车火灾

休闲车是一个车上建筑，形状和大小各不相同。主要包括 A 级房车、C 级房车、客运公交车改装的房车、露营面包车、旅行房车、露营卡车和野营帐篷车。

A 级房车就是大型房车，如图 16-13 所示。车辆内有空调、冰箱、浴室和发电机。

C 级房车与 A 级房车相似，除了底盘和车后部的野营装置之外，其他功能都具备，如图 16-14 所示。乘客可以从驾驶室进入房车内部。

图 16-13　A 级房车

图 16-14　C 级房车

客运公交车改装的房车非常舒适，甚至是豪华型配置。这种类型的休闲车通常是音乐家开音乐会使用，但是也有许多普通人购买这类房车。

　　B级房车是露营车改装而成。车内有小浴室和带冰箱的烹饪区等便利设施。旅行车、露营车内部装置都不固定，如图16-15所示。这些房车内部设施差别很大。

16.4.1　危险

　　本章前面各节所讨论的车辆风险也同样适用休闲车。此外，休闲车的一个特有危险是车上装有液化石油气储罐，如图16-16所示。储罐可安装在车辆的任何部位，大小不一。如果没有看见液化石油气罐，并且车主在现场，消防员应该询问储罐的位置。如果在火灾时安全阀打开，注意储罐内压力，需要冷却储罐。在极端的情况下，可能发生沸腾液体扩展蒸气爆炸，还必须考虑疏散附近居民。

图16-15　旅行车内部结构。这张桌子能变成一张床。在封闭车厢内搜索难度较大

图16-16　野营帐篷车。车内有空调、冰箱、水槽、炉灶，甚至还有浴室。打开的遮阳篷、椅子、自行车等都表明有人在此露营

　　一些休闲车的制冷系统中有无水氨。休闲车的生活污水储罐内储存洗澡、洗衣、刷牙用的废水。一旦发生火灾，储罐失效时生活污水可能会威胁附近生物安全。

16.4.2　灭火策略与战术

　　休闲车火灾的灭火策略与战术目标类似于客车和商用车、半挂车火灾。休闲车的大小和内部设施决定着如何扑救此类火灾。

16.4.2.1　消防员安全

　　培训消防员了解休闲车的类型以及工作原理，训练消防员在狭小密闭空间内搜索和救援，可以保护消防员安全，如图16-17所示。此外，消防员必须了解火灾动力学，掌握休闲车内火灾传播速度。

图16-17　旅行房车。注意侧面液化石油气罐的位置

16.4.2.2　搜索和救援

　　如果休闲车内有人，必须进行搜索和救援。通常情况下，通过休闲车的位置可分析出房车内是否有人。例如，如果休闲车在露营地，内部有人的可能性很大。如果休闲车在仓库里，内部可能没人。用单户和双户住宅建筑火灾的评估方法判断休闲车内是否有人。具体来说，消防员从一

开始就应该评估休闲车状态,分析是否有折叠椅和烧烤架,判断是否有人居住。

搜索休闲车的困难较大,因为空间狭窄,消防员行动困难。消防员通常也不熟悉车内布局。由于桌子可以转换成床,休息区可能位于驾驶室的上方,床可能在车后部。在休闲车的任何地方都可能有人。搜索休闲车时,必须彻底检查所有可能的区域。

消防员应尽快展开搜救行动。在休闲车火灾中开展搜救行动时应首先保证消防员安全,消防员进入燃烧的休闲车内,内部气体会危及其生命和健康。根据职业安全和健康管理局和其他机构的要求,此时应该设置一个快速干预小组随时待命。

可以先灭火再搜救,也可以边搜救边灭火。如果在现场只有三名消防员,发动机起火,先灭火再搜索是最好的策略。最谨慎的救人策略是立即扑灭火灾,将火势控制在发动机内,然后搜索车内人员。火势规模、休闲车类型、消防员数量等因素都影响救人的方法。

16.4.2.3 疏散

疏散包括疏散车上人员和周围受到火势威胁的人员。如果液化气罐被火焰包围或无水氨泄漏,则要扩大疏散范围。

提示

如果液化气罐被火焰包围或无水氨泄漏,则要扩大疏散范围。

16.4.2.4 保护未燃物

休闲车未燃物防护与客运车辆未燃物防护相似。如果休闲车是一辆旅行拖车,那么在事故发生的初期应该将其与挂车分离。如果是停放在车库中的休闲车起火,车库中其他车辆会受火势威胁,应将车库内着火休闲车周围的车辆驶离火场。如果不能移动休闲车,必须布置水枪保护。休闲车的窗户也有可能加大火势的蔓延,窗帘起火,会引燃车内的可燃物质。

为避免车库火势蔓延,消防员可以将相邻休闲车驶离起火的休闲车,运用水枪实施保护,形成隔离区。这个方法需要移动大型休闲车。

16.4.2.5 控制火势

控制客运车辆火灾和重型卡车、半挂车起火的方法同样适用于控制休闲车火灾。

16.4.2.6 灭火

起火车辆的大小和火势程度决定了扑救休闲车火灾的战术方法和灭火用水量。在灭火剂一章提出的消防水流量公式可应用于计算扑救房车火灾用水量。使用这些公式时,消防员需要记住车上火灾荷载。扑救重型卡车、半挂车和客运车辆火灾战术方法也可以用来扑救休闲车火灾。消防员应考虑燃烧速度及其危险性。

16.4.2.7 通风

可以打开休闲车车窗和车顶窗进行通风,一般不在休闲车屋顶上钻孔通风。此外,正压通风效果非常好。

16.4.2.8 火场清理

火场清理休闲车的灭火策略与战术方法类似于客运车辆和重型卡车火灾方法。所有部位都需要清理。

16.4.2.9 抢救财物

在美国许多城市，人们喜欢休闲度假，休闲车承载着旅行的回忆。休闲车可能是家庭住宅，因此，应该谨慎小心抢救休闲车火灾。就像自己的家人住在里面或度假一样，应该尽可能保护休闲车。这种态度将能使消防员认真、仔细地工作。

16.5 重型施工车辆火灾

与大多数轿车、卡车和休闲车相比，重型施工车辆的类型较多。主要有前端装载机、挖掘机、起重机、拖拉机、平地机、摊铺机等，如图 16-18 所示。

(a)   (b)

图 16-18 典型施工现场前端装载机（a）及大型起重机（b），
这种车内有大量的燃料和润滑液

16.5.1 危险

前面各节讨论的车辆的危险，重型施工车辆都具有。除此之外，重型施工车辆还有以下危险：

① 大轮胎，燃烧时可能爆炸；
② 大量液压油（有时超过 100gal）；
③ 操作位置高；
④ 大型设备，如起重机，燃烧时可能倒塌。

16.5.2 灭火策略与战术

前面各节讨论的车辆灭火策略与战术目标都适用于扑救重型施工车辆火灾。本节将着重讨论与重型施工车辆相关的灭火战术。

16.5.2.1 消防员安全

重型施工车辆的轮胎都较大，这些轮胎在火灾条件下可能会爆炸，导致消防员受伤。此外，重型施工车辆的设备安全隐患，如液压操纵的吊杆和铲斗等。火灾中热液压油对消防员来说非常危险，需要在消防作业中加以注意。

16.5.2.2 搜索和救援

搜索和救援不是扑救重型施工车辆火灾的主要工作，因为车辆操作人员坐在外面，搜救方便。然而，有案例表明，当车辆燃烧时，操作员被卡在车上方的驾驶室内。此外，大型固定起重机的操作员驾驶舱可能位于起重机顶部。佐治亚州亚特兰大的一场仓库火灾中，起重机驾驶员被困在起重机内，消防员利用直升机才成功营救驾驶员。

16.5.2.3 疏散

重型施工车辆发生火灾后，疏散不是主要任务。但是，如果大型设备不稳定，有可能倒塌，砸到建筑物或街道，必须考虑疏散周围地区人员。

16.5.2.4 保护未燃物、控制、灭火、通风、搜索、抢救财物

本章前几节讨论的车辆火灾灭火策略与战术都适用于重型施工车辆火灾。

16.6 公交车火灾

用于扑救重型卡车、半挂车火灾的扑救策略与战术，均适用于扑救公交车火灾。公交车的特殊性在于易造成大规模伤亡。公交车的类型非常多，主要有校车、公共巴士、专用巴士，如图 16-19 所示。公交车的共性是载人数量较多。因此公交车发生火灾后，搜索和救援、控制火势、灭火尤为重要。

图 16-19　除了运送乘客外，公交车可能还有其他用途。图中这辆车用来作为一个露营车

16.6.1 危险

公交车具有重型卡车和休闲车的典型危险性。公交车危险包括：

① 公交车有生活垃圾；

② 操作不当时，无法打开紧急逃生窗；

③ 有多个大型电池组；

④ 适用替代燃料，如混合动力公交车；

⑤ 燃烧时轮胎可能爆炸。

16.6.2 灭火策略与战术

除了有大量人员伤亡之外，前面各节讨论的灭火策略与战术也可适用于扑救公交车火灾。

当有大量人员伤亡时，需要调集大量消防救援人员和医疗急救人员到达事故现场处置。

16.6.2.1 搜索和救援

公交车发生火灾时，大多数人一般都会自救，逃出公交车。然而，如果车内有特殊乘客，消防员需要在公交车内搜救这些乘客。当车辆发生碰撞后起火，浓烟导致人们迷失方向，无法找到紧急出口，必须尽快展开搜索。消防员和医疗急救人员必须在现场处理，避

免造成大量人员伤亡事故。应该打开公交车的所有门窗，例如紧急逃生门、车门和车窗。必须有水枪掩护，以免把火引到其他区域。

16.6.2.2 控制火势

消防员必须将火势限制在起火点附近，以免烧伤乘客。公交车发动机一般位于车后部，车门位于前部。老式公交车后部和两侧有紧急出口。新型公交车上所有的窗户都设计为紧急出口。与公共巴士不同的是，校车发动机和车门通常位于前面，紧急出口位于后窗和侧窗。无论哪种类型公交车，都必须保护逃生路线的安全。

16.6.2.3 灭火

公交车火灾扑救方法与其他车辆火灾扑救方法一样。根据公交车发动机的位置采用相应灭火措施和消防用水。在扑救过程中，询问驾驶员，了解内攻的途径。

本章小结

- 通常，扑救客车火灾需要派一个水罐车中队。中队负责人担任事故指挥员，负责扑救火灾。
- 消防员必须充分了解轿车、厢式货车和皮卡车的操作方式。扑救汽车火灾时需要考虑车辆的特点。
- 轿车、厢式货车和皮卡车的危害主要有如下三类：
① 车辆零部件；
② 替代燃料；
③ 危险货物。
- 虽然轿车、厢式货车和皮卡车类型不同，但一般的灭火策略与战术都适用于扑救这些车辆火灾。
- 大型商用卡车后面有一个挂车或货箱。这类车辆容积较大，主要用于运输货物。
- 半挂车或重型卡车除了具有轿车、厢式货车和皮卡车的风险之外，车载货物也有一定危险性，驾驶室较高不易进入，火灾情况下空气悬架系统易失效。
- 车辆大小、车辆类型、车辆特征、受威胁程度和装载货物等因素影响灭火策略与战术。
- 休闲车是一个车上建筑，形状和大小各不相同。主要包括 A 级房车、C 级房车、客运公交车改装的房车、露营面包车、旅行房车、露营卡车和野营帐篷车。
- 休闲车的火灾危险与客运车辆和商用卡车的火灾危险相似，也具有可移动建筑的火灾危险性。房车有液化石油气储罐、无水氨、废水箱。
- 休闲车火灾的灭火策略与战术与客运车辆和半挂车或重型卡车的相似。休闲车的大小和配置决定着灭火策略与方法。
- 重型施工车辆类型很多，有前端装载机、挖掘机、起重机、拖拉机、平地机、摊铺机等。
- 各种轻型车辆的危险，重型施工车辆都具有。重型施工车辆发生火灾时，还需要特别关注大轮胎、加压液压油等带来的危险。固定的大型起重机火灾时，驾驶员也会有危险。
- 公交车的危害与其他车辆的相同。由于公交车运送的乘客较多，人员伤亡性更高。

主要术语

替代燃料车辆（alternativefuel vehicles）：不用汽油或柴油燃料，使用气电混合、全电动、氢动力、生物柴油、液化石油气或压缩天然气为动力的车辆。

电动轿车 [electric vehicle（EV）]：只使用电池作动力的车辆。

重型卡车（heavy-duty truck）：可用于商业运输或私用的大型卡车。

混合动力车（hybrid vehicles）：使用电（电池）和汽油为组合动力的车辆。

客运车辆（passenger vehicles）：通常指私人使用的车辆，包括轿车、厢式货车和皮卡车。

鞍形油箱卡车（saddle tanks）：驾驶室两侧有大型油箱的半挂车和重型载货车。

智能气囊系统（smart air bag systems）：当车上坐着小乘客或没有乘客时，车辆碰撞中气囊不会弹开，这种气囊系统称为智能气囊系统。

半挂车（semitrailer）：后面有一个挂车的大型商业卡车，有时也被称为18轮。

三能源轿车（tribrid vehicle）：与混合动力车大致相同，但有一个利用环境能量（例如，太阳能）发电的组件。

车辆零部件（vehicle components）：车辆的机械和非机械零件，起火后具有危险性。

案例研究

　　某个水罐车消防队有一名消防员、一名驾驶员和一名中队指挥员。辖区一个十字路口一辆厢式货车起火，该消防队到达后，侦察发现这辆货车车型较大，侧面写着"鲍伯的水管"。驾驶室燃烧猛烈，司机已经逃出，周围停滞大量车辆。消防员穿上战斗服，佩戴自给式空气呼吸器和预连接1.75in水带，驾驶员开始加压供水。他们从上风向地势较高处接近货车，发现火焰正通过仪表板向乘客室蔓延。

　　1.在这种情况下，应该采取以下哪一项措施保护现场？

　　A.利用消防车进行交通管制

　　B.请求交通管制

　　C.继续注意交通风险，并请求第二个消防车中队协助阻断交通

　　D.以上所有

　　2.如何快速确定车辆信息？

　　A.司机，货车上、标语牌上的信息

　　B.提货单

　　C.运输部应急规程

　　D.以上都不是

　　3.案例中是货车发生火灾，要注意下列哪些车辆部件？

　　A.传动轴，弹片加热时可能爆炸弹出

　　B.空调系统燃烧时排放致命的光气

　　C.带有内置减震器的保险杠，受压会弹射

　　D.以上所有

　　4.在这种情况下，如何控制火势？

　　A.发动机起火后，防止火势蔓延到乘客区

　　B.要在乘客区布置水枪，在指示仪表板下方和上方设置水枪控制火势

　　C.第一支水枪应放在货车后方以保护货物

　　D.A和B是正确的

复习题

1. 列出客运车辆的三个危险性。
2. 油箱位于驾驶室和乘客两侧的半挂车、大卡车的称为什么车？
3. 简述客运车辆的可替代燃料。
4. 如果用干粉灭火器扑救一个小型发动机火灾，消防员必须注意什么？
5. 侦察有卧铺的卡车驾驶室，能发现什么？
6. 列出三种休闲车类型。
7. 扑救公交车火灾时，消防员应该首先考虑什么？

讨论题

1. 回顾你的消防队应对车辆火灾的标准操作规程。如何处置客运车辆、重型卡车、休闲车以及重型施工车辆火灾？需要做出哪些改变？

2. 与你辖区的学校或交通管理局联系，参观校车或巴士，注意车上的组件和系统。发动机是怎样工作的？车辆的载客能力有多大？急救疏散通道畅通吗？油箱在哪里？使用什么类型的燃料？

参考文献

Cal Fire Office of the State Fire Marshal. (2013). *Alternative fuel vehicles*. Sacramento, CA: State of California. Retrieved from http://osfm.fire.ca.gov/training/alternativefuelvehicles.php.

National Highway Traffic Safety Administration (NHTSA). (2012). *Interim guidance for electric and hybrid electric vehicles equipped with high voltage batteries*. Washington, DC: U.S. Department of Transportation.

National Institute of Occupational Safety and Health. (2012). *Fire fighter fatality investigation report F2010-36: One career fire fighter killed, another seriously injured when struck by a vehicle while working at a grass fire along an interstate highway—South Carolina*. Atlanta, GA: CDC/NIOSH. Retrieved from http://www.cdc.gov/niosh/fire/reports/face201036.html.

United States Fire Administration. (2013). *New guide on best practices for emergency vehicle visibility*. Emmittsburg, MD: United States Fire Administration. Retrieved from http://www.usfa.fema.gov/media/press/2013releases/011713a.shtm.

第17章 林野火灾扑救

□ 学习目标 通过本章的学习，应该了解和掌握以下内容：
- 林野-城市交界区的概念。
- 林野火灾的三种基本类型及危险性。
- 林野火灾的灭火策略。
- 林野火灾的灭火战术。

案例研究

　　2011年4月15日，在一起扑救林野-城市交界区火灾中，有一个50岁的消防员被车辆撞死。当时四周烟雾弥漫、能见度有限，该消防员试图驾车离开火场，但由于消防车燃烧猛烈，使其弃车撤离。事发时，另外五辆灌盐消防车和五辆水罐车也试图撤离。由于火势、烟雾和风力的影响，现场能见度较差，火灾结束后才找到死者。相邻辖区中队长在一条水沟里发现了这名牺牲消防员的遗体。

　　造成这一悲剧的原因如下：

① 事故管理无效；

② 没有人员管控制度；

③ 缺乏安全意识；

④ 缺乏无线通信；

⑤ 消防人员的撤离路线和安全区之间缺乏有效通信；

⑥ 未能使用火场防护设施；

⑦ 天气恶劣。

　　主要建议如下：

① 使用突发事件管理系统管理林野-城市交界区事故；

② 设置部门/组主管，确保战斗行动效益；

③ 对所有消防员采用人员管控制度；

④ 确保通信系统满足日常工作和事故应急处置的要求；

⑤ 在林野事故中建立瞭望、通信、逃生路线和安全区域；

⑥ 给消防队员提供防护装备，并进行培训；

⑦ 在扑救林野火灾时，确保消防员佩戴的个人防护设备符合NFPA 1977《野外灭火防护服和防护设备》；

⑧ 培训消防员，确保他们达到国家林野火灾协调组训练要求或 NFPA 1051《林野消防员职业资格》要求；

⑨ 确保消防员遵守"10条标准火灾命令"，注意"重大火灾中18种火灾特征和共同特点"。

此外，州、市和主管机关应对消防员进行扑救林野火灾的培训。

提出的问题：

① 你们消防队有扑救林野火灾的培训吗？

② 有扑救林野火灾的个人防护装备吗？与扑救建筑火灾的个人防护装备有什么不同？

17.1　引言

林野火灾发生的次数逐渐增多。美国越来越多的人搬到林野地区生活，如图 17-1 所示。消防部门也越来越关注林野火灾。此外，在林野-城市交界区住宅增多，也使得林野火灾数目增多。住在这里的人们通常用木材建造房屋，易引发火灾。

图 17-1　大多房屋都不考虑防火

林野火灾是美国西海岸的一个重要问题，消防员必须了解如何扑救林野火灾。在城区工作的消防员可能随时需要去增援，因此也要了解如何扑救林野火灾。

本章主要为消防员介绍一些最重要的知识。本章将讨论林野-城市交界区的火灾风险，以及为减少林野火灾应采取的预防措施，介绍扑救林野火灾的灭火策略与战术和注意事项。

> **提示**
>
> 越来越多的人搬到林野地区生活。 住在这里的人们通常用木材建造房屋，易引发火灾。

17.2　林野-城市交界区

城市和市郊的人们开始搬到林野地区生活，该区域称为"林野-城市交界区"，人们在这里享受和平与安宁。这里逐渐发展为一个城市，所以现在林野与城市通常交织在一起。

17.2.1　林野城市交界区的火灾原因

林野火灾的主要原因是闪电。然而，随着偏远地区人口增长，粗心和纵火也是引发火灾的原因之一。人们经常忽视初期林野火灾，使得火灾逐渐发展蔓延。随着火势的增长，火灾迅速蔓延，引燃周围易燃物。一旦火势发展猛烈，则需要迅速调集本地消防力量扑救，如图 17-2 所示。

被大风吹落的飞火会影响火势规模、火灾蔓延速度和火灾强度。如果不清理这些飞火，会使火势增大。

17.2.2 林野火灾蔓延速度和火灾强度

火灾蔓延速度和火灾强度影响林野火灾的蔓延。二者虽然相关，但也有明显不同。火灾蔓延的速度是动态的、复杂的。火灾蔓延受可燃物类型、起火点位置以及天气影响，每一个因素都影响火势蔓延速度。火灾强度描述了燃烧的程度。火灾强度虽然受火灾蔓延速度的影响，但它与火灾蔓延速度的意义完全不同。例如，一个巨大的燃烧的碎石堆可以产生大量的热量，但火势不会蔓延。

图 17-2 1998 年夏天，扑救佛罗里达州林野火调集了全美国的消防力量。沃卢西亚县是受灾最严重的地区之一

17.2.3 林野-城市交界区火灾预防

在林野-城市交界区，教育居民了解林野火灾风险，强调他们的帮助和合作对于扑救火灾而言是至关重要的。如果居民有一定的预防措施，可大大减少林野火灾的发生。消防部门要说服交界区居民遵循防火指南：清除建筑周围和下面枯死的树叶、树枝，包括屋顶和门廊上的树叶、树枝，半径为 30～50ft。

图 17-3 居民必须注意林野火灾的危险。靠近房子的植物阻碍消防员扑救火灾

① 保持屋顶和排水沟内清洁。
② 砍掉距地面 15ft 内的树枝、树冠。
③ 清除屋顶枯树枝，清除距离烟囱 15ft 内的植物。
④ 去除墙上的植物。
⑤ 定期割草。
⑥ 清理液体丙烷储罐周围 10ft 内的树木。
⑦ 易燃材料（如润滑油和汽油）应储存在建筑物地下室内。
⑧ 柴火堆至少距离建筑 100ft。
⑨ 创建隔离区，如图 17-3 所示。

> **提示**
>
> 在交界区任何地方都可能发生林野火灾。

17.3 林野火灾的类型和危险

根据植被类型划分，林野火灾有三种类型。第一种，通常称为森林火灾；第二种，俗称灌木火灾；第三种是地被植物火灾，主要是草等可燃物发生火灾。如果火灾发生在交界区，可能涉及上述所有类型。

17.3.1　森林火灾

发生在树木高大繁茂地区的火灾称为森林火灾，如图 17-4 所示。新闻媒体曾报道了

黄石国家公园发生森林火灾。火灾起火点通常在偏远、树木繁茂的地区，只有步行或乘坐飞机才能到达。由于国家森林位置偏远，这些火灾对城市不构成重大威胁，至少火灾初期是如此。然而，随着火势的不断发展，火灾蔓延扩大，可能会危及建筑物和市民。通常，这些火灾不会达到林野-城市火灾的规模，因为森林周围人员和建筑较少，如 1991 年奥克兰山的森林火灾就是如此。森林防火是非常重要的，因为随着森林树木的生长和发展，它们将跨越自然

图 17-4　森林火灾

和/或人为的边界，最终威胁到整个城镇。

虽然森林火灾燃烧缓慢，但它产生的热量比其他两种林野火灾更大。森林火灾释放的热量点燃其他可燃物，会导致消防员烧伤。

消防员需要注意，除了热和烟外，另一个最重要的危险因素是天气。灭火时，每个消防员都应了解当天和次日的风速、风向、气温、湿度。

例如，佛罗里达州夏季下午往往会有暴雨天气，暴雨过后风速、温度和湿度等都会发生变化。消防员还应注意避开闪电。此外，天气条件影响火灾蔓延方向、速度。因此，每一个消防员都必须注意观测天气变化，保持警觉，及时调整灭火策略与战术。

发生森林火灾时，火灾会沿着树梢迅速蔓延，这种类型的火被称为树冠火。一旦火灾蔓延到树梢，风会加快火灾水平蔓延扩散速度。树冠火会越过消防员设置的隔离带。树冠火甚至能朝相反的方向蔓延，返回已被烧毁的地区，在那里还有大量可燃物。

森林火灾的蔓延方式也有危险性。火灾不受重力影响，会迅速沿着斜坡向上蔓延。因此，必须预先指定逃生路线和避难区。火灾向上坡蔓延时被困人员很难生还。

林野火灾会通过燃烧的枝条蔓延，如燃烧的树枝被风刮走，落在另一个地区，形成新的火点。不仅要注意前面的火灾，还要留意周围的情况。燃烧的枝条四处飘落，会阻断逃生路线并困住消防员。森林火灾与常规火灾不同，只要风向、地形或可燃物类型有轻微变化，火势都会迅速变化。

森林火灾中树干也具有一定危险。森林发生大火时，会破坏树根。一棵树可能会毫无预兆地倒塌，从而危及周围人员。树枝也容易突然坠落。救援人员清理火场时需要注意这些问题。

飞机上的水或灭火剂也有危险，如图 17-5 所示。消防飞机在森林或偏远地区灭火中起着

图 17-5　直升机灭火

不可或缺的作用，但大量投放的灭火剂可能砸落树枝，甚至会导致一些树木折断。消防员要留意这些坠落的树木。此外，飞机把水吸进水桶时，常会卷起树枝或碎石。当喷洒灭火剂时，坠落的树枝或碎石会造成消防员受伤。

森林火灾面积通常较大，可能覆盖几百英亩或几千英亩的土地，可能造成人员迷路。在一个数百英尺空间内覆盖报警装置是非常困难的，更不用说在上千亩林野内跟踪数百甚至上千消防员。必须有一个强有力的突发事件管理系统负责管控所有消防员。

消防员体力透支是另一个风险。扑救林野火灾时，消防员长途奔波，设置隔离带，消耗体能较大。森林火灾可持续数天、数周甚至数月。消防员必须注意自己的体能，并关注其他队员。此外，吸入烟雾也会危害消防员。

安全提示

燃烧的枝条四处飘落，会阻断逃生路线并困住消防员。

17.3.2 灌木火灾

灌木火灾指以灌木为主的中层植被火灾。例如，2008年初夏在佛罗里达州布里瓦德县的林野火灾，就是灌木火灾。像森林火灾一样，灌木火灾发生在较偏远和难以进入的地区，如图17-6所示。灌木火灾通常用灌木火灾消防车扑救。

灌木火灾发展蔓延迅速，但火灾温度没有森林火灾高。灌木火灾温度不高，但产生的热量依然超出人员承受极限，也易引燃周边可燃物。

灌木火灾一般在林野-城市交界区附近发生，这主要是因为人们都在灌木地区建筑房屋，逐渐形成了林野-城市交界区。

灌木火灾危害同森林火灾危害相同。主要危害是天气。每一个消防员都必须了解火灾扑救行动受天气影响。每个消防员都必须知道该地区的气象情况，如风速和风向、温度、湿度、未来的天气。

图17-6 灌木火灾

火灾蔓延是另一个危害。灌木较轻，易燃烧，飞落的树枝也易导致火灾蔓延。了解周围的环境，注意燃烧状态。四处飘落的飞火会增加危险。一定要有逃生计划和避难区，以防火灾迅速蔓延，人员无法逃生。记住，林野火灾没有规律可循。

倒塌的灌木危险性极大。许多火灾场所土质松散或沙质化，火能烧毁、破坏灌木的根系。虽然灌木通常没有太多枝干，但灌木倒塌也会伤人。

飞机扑救灌木火灾时，消防员还必须注意飞机喷洒的水或灭火剂。由于消防装备能够扑救灌木火灾，一般不用飞机扑救，只有在距离较远时或森林火灾时才使用飞机扑救。

灌木火灾通常不会形成树冠火。但是当灌木区的植被较高时，也会形成树冠火。一旦形成树冠火，灌木火灾更难扑救。

扑救灌木火灾的另一个危险是无法管控消防员位置。灌木火灾蔓延面积很大，需要多家消防队和消防机构参与，需要关注消防员的安全。人员管控是消防工作中一个非常重要的工作。当火场内部署多个机构时，人员管控尤为重要。

扑救灌木火灾时需要关注消防员是否体力透支。与扑救森林火灾一样，扑救灌木火灾也是高强度体力工作。扑救灌木火灾时间没有扑救森林火灾时间长，但也会持续几天或几周。每个消防员都必须注意自己身体状态，并时刻关注其他队员。消防员体力透支会导致受伤。

17.3.3　地被植物火灾

地被植物火灾主要指贴近地面生长的植物，如草等，如图 17-7 所示。地被植物火灾蔓延最快，但产生的热量最少。常见的消防设备都能够扑救火灾。消防队容易到达这些地区，控制火势也较容易。不像灌木火灾和森林火灾跨越数百亩，地被植物火灾通常更容易控制，因为它们通常只蔓延几百平方英尺至几英亩。通常，这些火灾发生在农田和郊区。如果不迅速加以控制，可能也会威胁建筑物和其他财产。

图 17-7　地被植物火灾

在大多数情况下，地被植物火灾的危害与其他两类林野火灾相同，但危害较小。消防员必须考虑该地区的天气情况、火灾蔓延情况、灭火方法和灭火剂、人员管控、人员自身状况。

综合考虑这些因素就可以成功扑救火灾。

17.4　林野火灾的灭火策略

前文已讨论了林野火灾类型、发生频率、发生地点、危害。扑救建筑物火灾的灭火策略，也可用来扑救林野火灾。在制定林野火灾灭火策略时，需要考虑林野火灾的特点。

17.4.1　消防员安全

扑救林野火灾时，必须保证消防员安全，因为这些火灾与典型的城市火灾完全不同。扑救林野火灾时保护消防员安全的 10 条标准火灾命令：

① 熟悉当天和未来几天天气；

② 随时了解火灾状态；

③ 火灾现状和发展趋势；

④ 制定撤退路线；

⑤ 设安全官；

⑥ 保持警觉，果断行动；

⑦ 保持与队员、主管和邻近部队的通信顺畅；

⑧ 指令清晰，易理解；

⑨ 时刻掌握队员动向；

⑩ 在确保安全前提下扑救火灾。

林野火灾扑救方法与建筑火灾扑救方法不相同。每个消防员必须知道林野火灾扑救方法的危险性。

扑救林野火灾时需要的特殊防护装备如图17-8所示。由于火灾持续时间较长，消防队员不能配备庞大笨重的防护服装，否则会造成体力透支脱水。在扑救火灾时，消防员应穿轻便、易呼吸的防护装备，包括耐用的工作靴、长袖衬衫和裤子（或连身式服装）。穿衬衫和裤子时，衬衫必须塞进裤子里。个人防护服上有头盔，还有眼睛保护装置。消防队必须给每个消防员提供防护装置，消防员应知道如何佩戴和使用。

图17-8 林野火灾消防员防护服装

17.4.2 搜索和救援

大多数情况下，搜索和救援不是扑救林野火灾的主要工作。一般来说，市民已经被疏散，但有时可能也需要实施搜救。

火灾时有的房主不想撤离，想留下来保护自己的财产，这些人员可能会需要消防队搜救。除非你看到房子内有人，否则很难知道建筑物内是否有被困人员。随着火势发展，当居民知道周围危险情况，此时才寻求消防队帮助。有时也需要搜索和救援被困在车内的人员。

> **提示**
>
> 通常，林野火灾不需要搜索和救援，但当房主拒绝撤离或有人被困在车内时，可能需要救援。

失踪或被困的消防员也需要搜救，但大家都不希望看到这一幕。这种情况下需要建立一个强有力的突发事件管理系统，实施人员管控。

17.4.3 疏散

疏散任务艰巨。即使是小规模疏散也需要大量时间和工作人员。根据事故严重程度，确定疏散范围，消防部门和其他部门协同疏散被困人员。疏散时需要考虑的问题很多，包括疏散方式，负责疏散的部门和疏散安置地。

必须选择最快、最安全的疏散方法。人们是开车还是步行疏散？是否提供交通工具？如果人员开车或步行疏散，必须指引疏散方向。此外，有关部门要确保疏散路线清晰、正确。如果选择交通工具疏散人员，必须明确交通工具的种类。例如，疏散疗养院人员，需要救护车；疏散公寓楼内人员，需要公交车。想象辖区内各种疏散情景。无论什么情况，运输都是一项庞大的工作，需要其他部门参与，这也使得疏散时间很长。

必须确定由谁负责疏散。是由消防部门挨家挨户地通知居民疏散，还是由警察负责疏散？不管由谁进行疏散，都需要大量工作人员。交界区林野火灾威胁的区域通常较大，区域越大，需要的工作人员就越多。常常根据火灾规模确定谁组织疏散。如果火势很大，蔓延较快，消防部门可能没有足够的人员进行疏散。在大多数情况下，疏散是由消防和警察部门协同实施。当多个部门合作时，参与工作人员数量增多，可以覆盖更大的区域。所有参与疏散的工作人员必须清楚疏散计划，知道各自任务分工，避免现场混乱和重复疏散。

疏散时需要考虑的另一个问题是避难所。被疏散人员需要一个安全避难所。学校通常是较好的选择。在避难所，有工作人员管理被疏散人员。即使从不同方向疏散被困人员，消防员也不必派人护送他们。

疏散的最重要问题是下达疏散命令的时机。如果下达命令较早，被疏散的人员可能会变得不耐烦、沮丧，会试图返回家园，他们认为火势威胁较小，觉得不必疏散。如果疏散时间太晚，人们无法及时疏散，可能发生人员死亡或受伤事件。考虑火势发展趋势，以便及时做出疏散的决定。

> **战术提示**
>
> 关于疏散的最重要的问题是下达疏散命令的时机。 如果下达命令较早，被疏散人员可能会变得不耐烦、沮丧，会试图返回家园，他们认为火势威胁较小，觉得不必疏散。 如果疏散时间太晚，人们无法及时疏散，可能发生人员死亡或受伤事件。

17.4.4 保护未燃物

在林野火灾中受威胁区域包括未燃烧的林野、相邻建筑，及它们之间所有可燃物。扑救林野-城市交界区火灾时，要知道应保护哪些区域和如何保护。本章稍后介绍更详细的方法，如图 17-9 所示。

图 17-9 使用泡沫覆盖保护

随着林野火灾发生的次数和损失不断增多，针对此类火灾的消防技术也在不断发展。越来越多的灭火剂和防火剂已研制成功。

A 类泡沫是一种有效的灭火剂。与水联用后，使水渗透普通可燃物，提高灭火效率。A 类泡沫也适用于保护未燃的材料，使其免受火灾或延缓火势。已研发出压缩空气泡沫系统，消防泵喷射出空气泡沫，能提高水的灭火效果。

因为林野区域水源较少，在扑救林野火灾时压缩空气泡沫系统灭火效率更高。A 类泡沫和压缩空气泡沫系统都可使水渗透可燃物。还可将二者喷射在可燃物外面，保护可燃物，提高灭火效率。基于蛋白质的泡沫和凝胶也可用于保护可燃物。

17.4.5 控制火势

控制林野火灾是指将火控制在一定区域，可能有几百平方英尺，也可能有几千英亩。林野火灾与建筑火灾不同，建筑火灾需要集中部署消防力量。相反，控制林野火灾通常需要将灭火力量遍布在整个着火区域。

控制林野火灾有许多方法。一种方法是消防员围控火灾。另一种方法是消防员站在外围，等火蔓延过来后灭火。或者，联用这两种方法。控制林野火灾的其他方法有：

① 利用推土机，创建隔离带，如图 17-10 所示；

② 利用直升飞机灭火，如图 17-11 所示；

③ 将火引向天然水源，如河流或湖泊；

④ 将火引到人造边界，如街道和高速公路；

⑤ 扑灭燃烧物；

⑥ 在火势蔓延前使其反向燃烧。

图 17-10 林业推土机建隔离带灭火

图 17-11 直升飞机灭火

17.4.6 灭火

火三角包括可燃物、热量和氧气，破坏其中的一个因素均可灭火。消防员可以通过手动挖掘或反向燃烧等方法灭火。在林野火灾中释放的热量比较难控制。在火蔓延过来之前，热辐射能引燃周边植被。如果不控制火势，燃烧就会不断发展蔓延。挖隔离带能清除可燃物，避免热辐射引燃植被。当然，用水或水-泡沫混合物也能降温。林野火灾中无法隔绝氧气，因此，灭火战斗行动主要集中在破坏前两个因素。

扑灭林野火灾的最有效的方法是直击火点，但这种方法可行性不高。灭火行动应先扑救火场侧面，然后朝着火头进攻。林野火灾的火头蔓延最快，如图 17-12 所示。一旦控制了火场侧面，就可以控制和扑救火区头部，然后就可以扑灭其他区域火灾。切记，供水是个重要问题，应集中精力，尽量节约用水和优化用水，以确保合理用水。例如，如果使用可调节喷嘴，最优的方法是降低喷嘴流速；如果使用自动喷

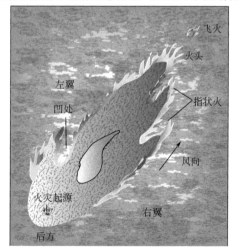

图 17-12 林野火灾

嘴，降低出水压力以减少流量。

17.4.7 火场清理

火场清理通常被称为扫荡，是扑救林野火灾的重要行动。需要彻底搜索林野，不能忽视隐藏的阴燃树枝或小火。天气能瞬间改变林野火灾的发展方向。例如，如果一阵风把余火吹到其它未着火区域，就会引发另一场大火。

当水源供应充足时，可铺设水带，全面搜索火灾区域。至少清理火场周边 50ft 范围，查看灌木、树桩等所有可能隐藏余火的区域。另一种运水方式是消防部门利用背包式水囊。由于这些背包携带的水量有限，应尽量将水喷射在火焰根部。

通常需要用手动工具（如耙、铁锹、斧头）清理，以阻止火势复燃。

无论使用什么方法，都必须仔细搜索。林野火灾受风速、风向、湿度等不同因素的影响，必须确保完全扑灭火灾。清理火场要注意干燥的植被，火灾易复燃。消防员必须对整个火区彻底清理，确保火势熄灭。

17.4.8 抢救财物

通常抢救财物不是林野火灾扑救的主要工作。林野火灾蔓延，可能需要疏散建筑内的物资。有时建筑已被烧毁，需要疏散的物资很少。通常居民们已经带走他们的贵重物品，消防员只需设法保护受火势威胁的建筑物。

17.5 林野火灾灭火战术

扑救林野火灾时首要关注的问题是消防员安全，其次再考虑扑救效益。林野火灾造成的损失巨大，必须明确保护哪些领域，放弃哪些地区。

无论可燃物类型，扑救林野火灾的方法基本相同：找到起火点，控制火势，扑灭火灾。如果你的任务是灭火，尽量接近燃烧区域。还有一种更易接近火头的方法，扑救最活跃的火区侧面，然后再扑救火区头部火灾。

17.5.1 使用标准操作指南

不同类型的林野火灾的扑救方法较相似，林野火灾标准操作规程建立了一个安全、系统的程序。图 17-13 显示了针对林野火灾的标准操作指南。

17.5.2 保护建筑

在扑救林野火灾时，如果火势威胁建筑，采取的行动就会有所不同。因为每个火场的可燃物荷载和类型、地形、火灾强度、可用的人员和水源都会不同，所以保护策略也不同，无法硬性规定要求保护哪些建筑或放弃哪些建筑。综合考虑如下因素，决定是保护建筑还是撤离：

① 逃生路线不可用；

② 水源缺乏；

③ 火灾已经失控；

④ 建筑物的材质（是木材或混凝土块）；

标准操作指南示例

主题：林野火灾管理

扑救林野火灾的优先顺序：

1.保护生命

a.居民

b.消防员

2.保护财产

3.控制火灾

战术目标：

1.第一到场力量

a.火情侦察（火灾规模、可燃物类型、毗邻未燃物、蔓延方向、灌木消防车停靠位置）

b.启动指挥程序

c.保护毗邻未燃物

d.寻找水源

e.灭火

2.第一到场灌木消防车

a.保护毗邻未燃物。

b.靠近着火区域的迎风面，部署装备和人员，避免危险

c.向燃烧区域射水灭火，从火势最活跃的侧面实施扑救

d.灭火，保护隔离带

3.第一到场水罐车

a.协助保护未燃物

b.停靠水源，负责供水

指挥员的考虑：

1.指挥员应考虑地理位置和不同部门的功能。重点是建立恢复部门。

2.应收集和考虑天气信息，随时调整灭火行动。

3.仅在燃烧区域内部署战斗力量。注意飞火。只有当生命或财产受威胁时才采取防御战术。消防员应有逃生路线。

4.在火场扑救和后勤保障中，森林部门作用非常大。如果需要，请求森林部门协助。

5.当多个部门合作时，应采用小组作战方法：一个小组灭火，一个小组保护隔离带，二者互相支持。设替补小组，防备车辆损坏或其他未知情况。

6.如果林野火灾未对人员和财产造成威胁，就让它直接烧至天然或人工边界即可，在边界处灭火较容易。

7.应给参加火灾扑救的人员提供个人安全防护设备。

图 17-13 林野火灾标准操作指南示例

⑤ 建筑物位于危险区域（例如，在斜坡上或有大量可燃物）；

⑥ 建筑物被火包围；

⑦ 窗户受火势威胁，没有防护；

⑧ 建筑物内部起火；

⑨ 火场附近有危险品。

扑救林野-城市交界区火灾的关键是合理利用消防力量，尽最大努力扑救。换句话说，如果烧毁一座建筑但保存了十座建筑，那么消防队的扑救措施就是最好的。指挥员和消防员必须对建筑受火势威胁的程度进行分类，然后合理运用消防力量扑救。这是组织扑救行

动的关键。林野火灾区域可能蔓延数英里，消防队不可擅自行动。

> **战术提示**
>
> 对于应保护哪些建筑，应放弃哪些建筑，并没有硬性规定。每种情况的可燃物负荷和类型、地形和海拔、火灾程度、资源、水源都有差异。

17.5.3 保障措施

首要任务是保障消防员及其设备安全。要做到这一点，必须明确如下几个问题：

① 消防员和器材装备的安全区是什么？在何处？如果火势严重，消防员至少应有两个安全区可以避难。通常，建筑背风面和内部是安全区，消防员可以利用建筑物来保护自己。也可以把开阔的空间作为安全区。如果沿着山脊扑救，山体一侧起火，可将车辆停在另一侧。请记住，必须指定逃往安全区的路线。安全区要远离火势和被保护建筑物。

② 入口和出口周边情况如何？车辆能通过吗？道路是否有大量植被？植被会被引燃吗？道路会有风险吗？

③ 建筑位于哪里？如果建筑位于烟囱区或箱形峡谷区，需要特别注意消防员安全。如果建筑位于斜坡上，这些建筑的风险也较大。如果建筑靠近山脊，山脊另一侧较安全，可依据该建筑设置防御。

④ 火灾从何处蔓延到建筑物？从建筑物上面向上蔓延或沿斜坡向下蔓延时，火势发展较慢（除非风影响火势），火势容易控制。相反地，从建筑下方向上延伸或沿斜坡向上蔓延时，火势传播较快，火焰长度较大，能加快火灾蔓延速度。由于火焰长度较大，在其周围至少30ft内都有危险。如果一个建筑周围空地小于火焰长度的两倍，建筑可能会起火燃烧。火灾沿平坦地面的蔓延速度较慢，火势容易控制。

⑤ 建筑外部装饰是什么？建筑物是否有木板、栅栏或其他易燃结构（如棚屋）？建筑是否有木墙或木顶？这些建筑材料都易燃烧，应选择耐火性能好的材料。

⑥ 可燃物有哪些？可燃物类型和高度会影响指挥员决策。根据可燃物负荷（例如，树木繁茂的地区或草地）和火灾强度制定决策。侦察建筑物周围的环境，如果植被接近建筑，院子里堆满易燃杂物，或树枝在建筑四周，保护建筑物难度较大。

⑦ 建筑周围存在其他危险吗？寻找液化石油气或其他燃料罐。还要检查其他危险，例如烧坏的架空电线。由于消防车辆较重，还需要考虑地下化粪池是否会倒塌。

⑧ 环境如何？不仅考虑天气，还要考虑到白天各时间段的变化。例如，下午太阳照射，温度上升，此时温度最接近着火温度。天气变化无法控制。在扑救火灾时，必须考虑风、湿度、温度等因素。

⑨ 有水源吗？水源会影响指挥决策。要备有足够的水，以备消防员逃生。无论是游泳池、水池还是消火栓，均可保护人员逃生。

所有这些因素需要不断重新考虑，以做出正确的决策。火场情况会因地点不同而有所差异。对房屋业主进行公共安全教育，减少林野火灾威胁。

本章小结

- 森林吸引了大量人类来此居住，导致林野火灾的数量持续上升。
- 由于在林野-城市交界区涌入大量人员，交界区逐渐发展起来。
- 林野-城市交界区的火灾的主要原因是闪电。然而，随着偏远地区人口增长，粗心和纵火也是引发火灾的原因之一。
- 火焰蔓延速度和火灾强度影响林野火灾。火焰蔓延速度描述了火势移动的速度，取决于可燃物燃烧的类型、坡度和天气状况。火灾强度描述燃烧强度。
- 对住在林野城市交界区的居民进行林野火灾预防教育，可以减少林野火灾发生。
- 林野火灾的三种基本类型：森林火灾、灌木火灾和地被植物火灾，每类火灾都有一定危害。
- 森林火灾是指发生在茂密的森林、高层植被地区（如国家公园）的火灾。这类火灾产生的热量最大。
- 灌木火灾是指灌木等中等植被的火灾，这里植被不像森林那样茂密。灌木火灾在林野城市交界区发生的概率较大。
- 地被植物火灾主要是草等可燃物起火燃烧。该类火灾蔓延最快，但产生的热量最少。
- 许多适用于扑救建筑火灾的灭火策略也适用于扑救林野火灾。
- 消防员安全是最重要的。有10条标准火灾命令能提高林野火灾消防员安全。
- 在大多数情况下，搜索和救援不是扑救林野火灾的主要任务。火灾中大多数人已经疏散。
- 在林野火灾中疏散任务艰巨。需要考虑的因素很多，如撤到哪里，在哪里建立避难所，有哪些机构协同工作。
- 在林野火灾中受火势威胁的区域包括未燃烧的林野和毗邻建筑，以及二者之间所有可燃物。
- 控制林野火灾是指将火控制在指定区域。该区域面积可能有几百平方英尺，也可能有几个英亩。
- 扑灭林野火灾又脏又累。影响灭火策略的因素很多，包括可燃物的种类、天气以及消防力量。
- 清理火场是扑救林野火灾的重要任务。不能留下阴燃火点，在干燥和多风的情况下特别注意这点。
- 抢救财物通常不是扑救林野火灾的主要任务。房屋内部一般没有贵重物品。
- 扑救林野火灾中，首要关注消防员安全，再考虑扑救效益。
- 扑救林野火灾的方式一般为：找到着火点，控制火势，扑灭火灾。
- 扑救林野火灾的一般战术包括使用标准操作指南，确定需要保存的建筑，保护消防员和装备。

主要术语

燃烧的枝条（brands）：被气流卷起并顺风飘散的燃烧或阴燃的枝条。

灌木火灾（brush fire）：发生在灌木等中等植被区域的火灾。

灌木火灾消防车（brush truck）：扑救林野火灾的消防车。

树冠火（crown fire）：迅速蔓延到树冠的高层植被火灾。

火场侧面（flanks）：火势的侧面。

森林火灾（forest fire）：发生在有大量树木区域的火灾。

地被植物火灾（groundcover fire）：发生在草地等区域的火灾。

火头（head）：林野火灾的最前端。

林野-城市交界区（wildland-urban interface）：是指未开发的荒野与人工建筑相结合的区域。

案例研究

　　因为你的辖区有林野-城市交界区域，消防队需要参与林野火灾扑救培训。作为消防队指挥员，你见过不少林野火灾，但因为过去几年林野火灾不那么频繁发生，你的队员没有经验。当你培训他们时，可以把个人经验和培训材料互相结合。

　　1.树冠火的最准确的描述是：

　　A.主要是草地火灾

　　B.主要是灌木火灾

　　C.迅速蔓延到树冠的火灾

　　D.大量可燃物和树木火灾

　　2.火焰燃烧的热度如何表示？

　　A.火灾强度

　　B.火灾蔓延速度

　　C.燃烧速率

　　D.火灾危险

　　3.树倒后挂在其他树木上，被称为：

　　A.倾斜的树

　　B.树干

　　C.突出物

　　D.燃烧的枝条

　　4.下列哪一条是林野火灾疏散时需要考虑的内容？

　　A.疏散到哪里

　　B.在何处设立避难所

　　C.谁进行疏散

　　D.以上所有

复习题

　　1.为什么林野火灾成为目前最严峻的火灾？

　　2.列举灌木火灾的危险。

　　3.扑救林野火灾时最关心的问题是什么？

　　4.在扑救林野火灾中，疏散如何影响灭火行动？

　　5.除水以外，还有哪些灭火剂能够有效控制林野火灾？

　　6.如果已经决定要保护一些受火势威胁的建筑，什么情况会使你重新决策？

　　7.列出 10 条标准火灾命令。

　　8.描述树冠火。

9. 定义林野火灾的火头。

10. 简述扑救林野火灾中的个人防护装备。

讨论题

1. 回顾你所在部门的林野火灾标准操作指南。与本文进行对比，还需要哪些改进？

2. 注意你所在辖区的林野-城市交界区的火灾风险。有预案吗？扑救火灾时需要考虑哪些因素？

参考文献

National Institute of Occupational Safety and Health. (2009). *Fire fighter fatality investigation report F2008-07: Two career fire fighters die and captain is burned when trapped during* *fire suppression operations at a millwork facility—North Carolina.* Atlanta, GA: CDC/NIOSH. Retrieved from http://www.cdc.gov/niosh/fire/reports/face200807.html.

第18章 特殊火灾扑救

□ **学习目标** 通过本章的学习，应该了解和掌握以下内容：

- 危险品事故灭火策略与战术及注意事项。
- 船舶火灾灭火策略与战术及注意事项。
- 列车火灾灭火策略与战术及注意事项。
- 飞机火灾灭火策略与战术及注意事项。
- 储罐火灾灭火策略与战术及注意事项。
- 古建筑火灾灭火策略与战术及注意事项。

案例研究

　　2009年5月7日，马里兰州的一个购物中心发生天然气爆炸，两名中队长、一名副中队长和五名消防员在救援中受伤。12时54分调度中心接到报警，一个商业区的建筑内发生天然气泄漏。5min后，首批出动的消防员和事故指挥员赶到现场，发现煤气公司员工正在寻找天然气泄漏源。约6min后，在该建筑外部后面角落附近发现泄漏点。23min后，约45名市民被疏散。

　　一名中队长从发生泄漏的建筑后门撤出，发现火势沿着房顶蔓延。在大楼前、后方的消防员正在铺设水带。另一名中队长从一栋无人的建筑后门侦察发现外墙电表着火，预判可能会发生爆炸，试图撤离。与此同时，另一名消防员进入该建筑前门，闻到天然气气味，此时建筑物发生爆炸。那名试图从后门撤离的中队长被爆炸力推到后面的停车场，进入大楼前门的消防员被埋压。许多其他靠近建筑物前部的消防员也都被推倒受伤。

　　未受伤的中队长请求增援，随后事故指挥员下令疏散现场并清点人数，向指挥员汇报位置。消防员开始搜索被埋压在后门的中队长。消防员将受伤人员搬到救护车上。八名消防人员和一名煤气公司的员工受伤。

　　调查确定的主要原因包括：

① 消防部门对易燃气体事故标准操作规程执行力度不够；

② 天然气在建筑物内积聚；

③ 无法消除点火源；

④ 可燃气体监测设备使用和培训不足；

⑤ 没有通风。

国家职业安全和健康研究所认为，为了减少类似事故发生的风险，消防部门应该做到以下几点：

① 确保人员都掌握并遵守天然气泄漏事故标准操作指南；

② 怀疑有气体泄漏时，应联系天然气和电力公司，立即切断外部天然气和电源；

③ 确保气体监测设备正常工作，并对消防队员进行日常培训，确保其能正确操作；

④ 清除火源后一定进行通风；

⑤ 在事故发生时要确保快速干预人员到位；

⑥ 有爆炸危险时建立坍塌/爆炸控制区。

虽然没有证据表明以下建议能避免伤害，但可将这些措施作为安全注意事项：

① 当自给式空气呼吸器不能正常使用时，应配备手动个人安全报警系统或跟踪装置来定位消防员；

② 确保指挥中心理解通信标准操作指南术语；

③ 确保急救医疗和快速干预人员到场；

④ 确保对相关部门人员都进行技术培训。

提出的问题：

① 天然气泄漏处理程序是什么？

② 是否经常与当地公共场所互动或进行培训？

18.1 引言

前面章节对特定的场所、车辆火灾和林野火灾进行了研究。这些是消防员最常遇见的

图 18-1 消防员处置飞机火灾

事故类型，但是首批出动消防员可能还会遇到本章涉及的特殊火灾，如图 18-1 所示，主要有危险品、船舶、列车、飞机、储罐或变电站等特殊火灾。消防员必须能够对每一种情况进行评估，请求增援力量，扑救火灾，并确保消防员个人防护安全。

如本章案例所示，特殊火灾可能发生在任何地方，通常要求当地消防部门作出响应，并处置。靠近机场、列车站或港口的消防部门，一般会进行针对性培训，以便成功处置此类火灾。

本章不介绍专业知识，仅讨论危险品、船舶、列车、飞机、储罐和变电站事故的灭火策略与战术，并简要讨论古建筑的特点和危险性。

> **提示**
>
> 作为首批出动的人员，都可能遇到特殊火灾。事故指挥员和消防员应对特殊火灾有一个基本认识和了解。如果某个消防队对特殊火灾的出警率高于平均数，那么该消防队应该进行针对性培训。

18.2 危险品火灾

每个社区都可能遇到危险品火灾。在处理危险品火灾时，消防员通常都要扑救建筑或车辆火灾。有时，火灾只涉及危险品（例如，汽油着火）。然而，在大多数情况下，车辆

或建筑物内有危险品，火灾也会引燃车辆或建筑物。例如，翻车事故中的汽油罐车就属于涉及危险品的车辆火灾。消防员必须谨慎地扑救这些火灾，常规灭火剂可能无效，而且随着火场温度升高，危险品特性会发生改变。

消防员和事故指挥员必须谨慎扑救此类火灾。职业安全卫生管理局和环境保护局有危险品应急处置的规定，美国消防协会也有相关标准。在扑救危险品火灾时，必须考虑这些规章和标准。危险品培训等级如表 18-1 所示。

表 18-1 危险品培训等级

等级	描述
意识层面	发现有害物质可能泄漏
	经训练后可启动紧急响应程序,但不会进一步采取行动
	紧急医疗救护人员和执法人员通常属于这一类
救援层面	作为首批出动力量,对危险品事故作出响应,保护附近人员、财产和环境免受危险品泄漏的影响
	受过防御性战术训练(保持安全距离,保持危险品不扩散),不采取措施阻止泄漏
	需要至少 8h 的培训
技术层面	接近泄漏点,用堵塞、修补等方式阻止物质泄漏
	需要至少 24h 的培训,具有救援层面的业务水平,并在其他领域表现出技术能力
	处理危险品现场
危险品专家	掌握各种危险品特性,比技术层面人员的知识更丰富
	可作为与联邦、州、地方和其他政府当局的现场联络人
	需要至少 24h 的培训,等同于技术层面人员水平,还要具有标准中所规定的其他能力
现场指挥员	认为具有超越第一反应人的认识水平的控制事故能力
	需要至少 24h 的训练,与救援层面人员的操作水平相等,具备指挥、决策能力,掌握危险品特性

安全提示

处置危险品火灾时，消防员必须小心谨慎，常规灭火剂可能无效，而且在温度升高时危险品特性会发生改变。

18.2.1 危险

交通运输部（DOT）将危险品分为九大类、两个级别，并明显标识，如图 18-2 所示。危险品种类及危害性如下所示。

安全提示

在任何地方都可能有危险品。

18.2.1.1 第 1 类——爆炸品

第 1 类有六个小类：

① 具有整体爆炸危险的物质；

② 具有抛射危险，但无整体爆炸危害的物质；

③ 具有燃烧危险的物质；

④ 具有轻微爆炸危险的物质；

⑤ 不敏感的物质；

⑥ 非常危险但极不敏感的物质。

由于运输爆炸物需要使用卡车，因此在交通事故中也会发现爆炸物。爆炸性物品仓库发生火灾的一个因素。在任何地方都能找到这些材料：建筑工地、弹药库，甚至在家中也会储存火药。通过危险源辨识，能明确危险品存储位置或运输路线。一些爆炸物发生爆炸，另一些则发生爆燃。爆炸的特征是产生冲击波，造成人员伤亡或财产损伤。爆燃品则是燃烧迅速，增加火灾荷载和燃烧强度。

18.2.1.2　第 2 类——气体

第 2 类危险品分为三小类：①易燃气体；②不燃气体；③有毒气体。

在运输、储藏或在生产过程中气体储存场所，如图 18-3 所示。气体化学性质不同，储存形式多样。气体或轻或重于空气。消防员应了解危险气体的性质和相对空气的密度。

图 18-2　危险品标记可以说明危险性

图 18-3　液化石油气、易燃气体储存场所

> **提示**
>
> 空气密度设为 1，其他气体的密度以此为参照。气体或轻或重于空气。消防员应了解危险气体的性质和相对空气的密度。

图 18-4　汽油和柴油

18.2.1.3　第 3 类——易燃液体

第 3 类危险品的危险性主要是易燃。这一类液体包括汽油，在任何社区都会使用到汽油，如图 18-4 所示。

18.2.1.4　第 4 类——易燃固体、自燃固体和遇湿易燃固体

第 4 类物品被分为 3 小类：①易燃固体；②自燃固体；③遇湿易燃固体。

该类中一些物品与水发生反应，如电石。处置这类物品火灾时需要使用专门的灭火剂。

18.2.1.5 第 5 类——氧化剂和有机过氧化物

第 5 类物品被分为 2 小类：①氧化剂；②有机过氧化物。

氧化物质为燃烧过程提供氧。过氧化物在加热或储存不当时易分解。

18.2.1.6 第 6 类——有毒有害物品和感染性物品

第 6 类物品被分为 2 小类：①有毒有害物品；②感染性物品。

这些物质威胁健康或生命。形态可能是固体、液体或气体。

18.2.1.7 第 7 类——放射性物品

根据释放的辐射量，第 7 类被划分为三个级别。许多工序都会使用放射性物质。对于使用放射性物品诊断的医疗设施，需要特别警惕。

18.2.1.8 第 8 类——腐蚀品

腐蚀性材料是酸或碱材料的 pH 值高于或低于人体组织。因此，当腐蚀品泄漏时，会破坏人体组织。

18.2.1.9 第 9 类——杂类

第 9 类是性质危险但又不属于前 8 类的物质。

18.2.1.10 ORM-D——消费商品

这种分类是用于其他特定材料。

安全提示

为确保消防安全，辨识危险品性质后务必通知危险品处置小组。

18.2.2 灭火策略与战术

危险品事故比较特殊，因此需要专门的灭火策略。记住，采取的任何行动都必须遵守危险品操作规定。必须训练消防员的操作能力，能够正确使用装备实施扑救。

18.2.2.1 消防员安全

采取防御行动或远离化学品都可以保护消防员安全，如图 18-5 所示。然而，为了最大程度确保消防员安全，必须进行危险品辨识，通知危险品处置小组。此外，对可能受污染的消防员进行洗消。即使消防员采取防御行动，也应佩戴个人防护装备和实施人员管控。危险品事故持续时间较长，应考虑人员轮休。

18.2.2.2 搜索和救援

在危险物品事故中，搜索和救援较为复杂。虽然可以采用一般的搜索和救援技术，但由于环境受到有害物质影响，需要全面考虑再做出决策。

决策的第一步是确定消防员处置的风险等级，分别是：

（1）低风险 低风险的类别是基于四个假设：

① 危险已知，并不会增加。

② 个人防护装备适用于当前任务。

图 18-5 辨识危险品类别和处置力量到场之后消防员才可处置

③ 救援人员受过训练。

④ 成功的可能性很大。

（2）预计风险　预计风险与低风险所做的假设相同，只有一个例外，即危险等级可能会增加（假设①）。也就是说，虽然可能性不大，但事故的危险性可能会进一步升级，行动计划中应考虑到这一点，并有应急计划。

（3）不可接受的风险　不可接受的风险表示没有机会成功。假设②和③是成立的，但是①和④不成立，这有很大的区别。在这种情况下，消防员不应进入危险区，搜索和救援的风险过大。

如果事故指挥员认为风险低，可尝试救援，通常需要采用一定战术方法。消防员必须穿戴合适的个人防护服，使用事故处置程序。注意，被污染的人员必须洗消。此外，应优先抢救生还机会大的人员。

18.2.2.3　疏散

疏散必须考虑两个目的。第一个目的是通知需要疏散的人员。通过公共地址系统、媒体、当地急救网络广播通知，也可上门劝说。第二个目的是保护不能移动的人员。由于时间紧急，或人数多或人的自身状况等原因，人员无法疏散，应就地隐蔽。

如果无法移动受害者，或者移动会使他们遭受二次伤害，应就地隐蔽。关闭空气通风系统，密封开口。事故指挥员应考虑：

①泄漏持续时间。在许多情况下，当消防员到达时，最糟的阶段已经过去了。

②需要疏散的人数和疏散地点。

③现有消防力量。

④受害者是否得到保护。

值得思考的是：事故研究表明避难所一般比疏散更安全。疏散可能会导致恐慌、伤害，甚至造成意外死亡。即使非常小心，疏散中也会发生意外。

18.2.2.4　保护未燃物

当火灾中涉及有害物质时，必须进行防护。将水枪布置在火焰和泄漏物之间，保护未燃物。例如，易燃气体泄漏，如液化石油气，它比空气重，可以用水枪驱散气体远离火源。只有在确保安全的情况下才能采用这些战术。此外，一些有害物质能与水反应，如果用水实施防护时，注意水不能与危险物质直接接触。

18.2.2.5　控制火势

受过训练的首批出动人员可以采取措施控制火势，阻止危险品蔓延，这些措施常被称为防御。战术包括潜坝、筑堤拦坝、围控堵截，如图18-6所示。应用这些战术时，需先对安全性进行评估，避免将人员暴露在危险之中。

18.2.2.6　灭火

如果危险品不与水反应，那么就可用常规方法灭火。一般使用大量水冷却、灭火。记住，有害物质往往比普通可燃物热值高，因此可能需要水量较大。切断物料来源可实现灭火，适用于易燃气体火灾。如果燃料切断阀未起火燃烧，消防员关阀灭火，天然气停止泄漏后燃烧就会停止。

18.2.2.7　通风

通风是指对现场通风防止可燃气体积聚。记住，比空气轻的天然气泄漏应在上层进行

上游
污染物
水
管道
下游

(a)

(b)

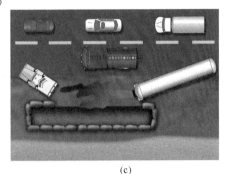

(c)

图 18-6　潜坝（a）、筑堤拦坝（b）和围控堵截（c）

通风，比空气重的气体泄漏应在低洼位置通风。

18.2.2.8　火场清理

从第一响应人员的角度来看，其清理危险品事故的能力有限。根据规定，清理需要进入现场内部，并应由危险品团队处理。

18.2.2.9　抢救财物

由于需要人员接近泄漏物质，因此应让危险品小组处置。在某些情况下，消防员也可以抢救财务。主要通过覆盖或搬离物资抢救财物，也可以将危险品搬离。

18.3　船舶火灾

船舶火灾存在特殊的危险，需要特殊培训。发生在海上的船舶火灾必须由船员自行扑救。然而发生在港口的船舶火灾可能会需要当地消防部门救援，所以消防员应掌握一些基本操作知识，如图 18-7 所示。船舶情况非常复杂，很少有船只一模一样，但危害是相似的。

18.3.1　危险

船舶火灾会给消防员带来危险，如旅客携带的物品，货船运输的危险品等都会导致消防员伤

图 18-7　港口货船

亡。消防员扑救船舶火灾时会遇到各种危险，如船舶情况不熟悉。消防员经常从火焰上方进入狭小空间侦察火源，忍受酷热和浓烟。由于船舶分区多、走廊狭窄、楼梯陡峭，消防员在船舶内行动难度大。船舶内部形同迷宫，不熟悉内部结构的人容易迷路。烟雾加大了船舶火灾扑救难度。扑救船舶火灾需要导向绳、个人防护装备、空气呼吸器、指挥程序和人员管控。用水扑救火灾时会出现另一个问题，水会留在船内，这给船舶稳定带来新的问题。所有船舶，包括客轮，都会携带大量的燃料，通常有数十万加仑，这可能造成严重的后果。

船舶火灾预案可以帮助消防员灭火，称为灭火作战预案。扑救船舶火灾的消防员应找到灭火作战预案，预案基本包含了事故指挥员需要的信息。灭火作战预案中包含：

① 船舶总体布置；

② 船舶尺寸；

③ 船舶消防设施，包括消防水带，泡沫、干粉、卤代烷、二氧化碳系统，消防总控室，泡沫系统，主竖管和由船到岸的管道；

④ 通信系统位置；

⑤ 各层平面图。

到达事故现场后，事故指挥员应尽快找到灭火作战预案。灭火作战预案一般放在甲板上便于看到的位置，设有指示牌。

> **安全提示**
>
> 船舶内部形同迷宫，不熟悉内部结构的人容易迷路。烟雾加大了船舶火灾扑救难度。

18.3.2　灭火策略与战术

在扑救船舶火灾的灭火策略与战术中，消防员应佩戴装备齐全，并都进行过培训。

18.3.2.1　消防员安全

保证消防员安全应该先回答如下问题：战斗员是否经过训练，是否配备装备。船舶火灾需要消防员从狭小的入口进入内部狭窄空间。必须采用两人同行制，有后援人员。应使用引导绳指引疏散出口。采用人员管控制，统计船上和危险区的人员数目。因为船舶内部构造复杂，距火灾地点距离可能较远，人员需要多次休整。

> **安全提示**
>
> 应使用引导绳指引撤离路线。

18.3.2.2　搜索和救援

船上有乘客，必须进行搜救。与公寓楼火灾一样，船舶火灾的灭火战术是将船分成若干区域，并让消防员搜索各个区域。应首先搜索最易找到伤者的地方。搜救小组需要掌握一些船舶术语。表 18-2 列出船舶方面术语，并与建筑术语进行对比。消防员搜救前应查看灭火作战预案。

表 18-2　建筑构件和船舶术语比较

建筑术语	船舶术语	建筑术语	船舶术语
墙	船舱壁	窗户	舷窗
楼层	平台或甲板	门	舱门
天花板	船舱的顶板		

18.3.2.3　疏散

船舶在海上发生火灾时，唯一方法是使用救生艇疏散人员。船舶在港口发生火灾时，疏散人员方法与疏散建筑物人员方法相同。当货船着火时，货物燃烧产生的烟雾对健康有害或可能发生爆炸时，还需要疏散港口的人员。

18.3.2.4 保护未燃物

最常见的防护问题是保护港口的建筑物或临近的船只。应在这些风险区域铺设足够的水枪防止危险蔓延。在某些情况下，可能需要转移这些船只。

18.3.2.5 控制火势

控制是指防止火势扩大。通过关闭舱门可减慢火和烟的蔓延速度。将水枪铺到邻近区域，可以防止火势垂直和水平蔓延。操控通风系统便于控制火势。

18.3.2.6 灭火

燃烧的材料性质决定灭火方法。如果有危险化学品，需要专门处置小组；大部分物品可用水扑救。充分利用船内消防系统，一定要使用灭火作战预案。

18.3.2.7 通风

由于船舶自身结构，内部设有管道、槽、电缆等设施，船舶通风困难。灭火战术包括打开舱门盖和通风机。一旦火势被控制，就可用采用正压通风。

18.3.2.8 火场清理

需要清理着火区域及相邻区域，主要清理垂直和水平方向的空隙。因为船舶内部有多层构造，应重点检查着火点上方区域。

18.3.2.9 抢救财物

要尽力保护船上货物和财产。将货物转移到安全区域后遮盖保护，或将贵重物品从水路转移到安全地方。咨询船员，询问船内货物的信息。

18.4 列车火灾

铁路穿过许多消防辖区。只要辖区内有火车、有轨车，就可能发生列车事故。列车与船舶一样，可以运送大量的乘客或大量的货物。货物中通常会有危险化学品。

18.4.1 危险

列车可能遇到的危险取决于车辆的类型。列车可以分为八种基本类型（机车、货车、平板车、联合运输设备、敞车、底卸式车、旅客列车、槽车）。不同车辆的危险如下所述。

18.4.1.1 机车

机车是列车的主力。不仅体积和重量大，而且内燃机车还携带大量的柴油和润滑油，还可利用发电机产生大量电能。柴油机车基本上是铁路上的发电机，柴油发动机产生的电就是其最大的危害。除了柴油电力机车外，还有电力机车，这些电力机车的动力来自架空电线，这些电线能携带 25000～50000V 的电流。

18.4.1.2 货车

货车车厢名字来自于它的外形：带轮子的货车厢。货车运输各类商品，有些商品有危险性。车厢可以保护货物和避免货物受到污染。有些车厢是木制的，具有可燃性。有些货车可能包含制冷系统。压缩机的电是由柴油发电机连接到车厢供电，有燃料罐（通常是1号或2号柴油）。图18-8所示为货车车厢。

18.4.1.3 平板车

平板车如图 18-9 所示，车厢没有外壳，不保护货物。平板车厢尺寸和容量大小根据运输货物的不同而不同。平板车厢如果不运输木材，就没有任何火灾风险。

图 18-8　货车车厢

图 18-9　平板车厢

18.4.1.4 联合运输设备

联合运输设备基本都是运输集装箱。使用集装箱转运货物方便，如图 18-10 所示。例如，一个低温集装箱可以用船运到港口，由吊车吊到卡车上，由卡车运到铁路，再装上平板车，运到全国各地的铁路货场，并装上卡车运送到终点，途中无需装卸货物。运输的货物是联合运输设备的唯一危险源。货物可能是易燃气体、液体、低温物品等。

18.4.1.5 敞盖车

敞盖车有底板和护栏，一般没有盖子。敞盖车可能是木制的，钢材的最多。运输的货物可能会导致火灾。

18.4.1.6 底卸式车

底卸式车两端固定，底板有一个或多个倾斜铰链门。主要用于运输干散货，如化肥、化学品、盐、面粉和谷物。可能有被埋压的风险，运输的货物也可能有危险。

18.4.1.7 旅客列车

旅客列车用来运送乘客，有行李寄存或餐厅功能。危险主要与人有关。货运列车，除工作人员一般没有其他人，但是旅客列车可运送数百人。旅客列车内装饰具有可燃性。车上还配备了烹饪系统、空调系统、电气系统，消防员需要考虑所有这些设施带来的灭火困难。

18.4.1.8 槽车

槽车之间的差别很大，如图 18-11 所示。虽然槽车内可能是没有危险的货物，比如牛

图 18-10　联合运输设备可以用
船运，途中无须装卸货物

图 18-11　油槽车

奶，但当消防员一想到列车出轨和重大紧急事故时，就容易想到燃烧的油槽车。油槽车容量可以从几百加仑超过 30000gal。油槽车可能有一个或多个舱室。车内携带的货物可能是常压危险品（如汽油）或带压危险品（如液化石油气）。油槽车之间有连接的管道，可以形成一列油罐车。

此外，多个槽车通常由平板车运输，称为复合槽车。槽车内物质和槽车类型影响灭火策略与战术。例如，液化石油气槽车受火势的烘烤，扑救过程中需要用大量水冷却，如果没有足够水源，则应疏散周围人员。

18.4.2 灭火策略与战术

列车起火后可能会引发重大事故，需要消防员参与行动。如果是旅客列车起火，可能造成大量人员伤亡。如果是载有危险品的货车发生事故，可能会影响到成百上千的人。

18.4.2.1 消防员安全

消防员安全同其它事故中的安全问题是一样的。最重要的是，应通过铁路调度员联系交通部门。如果列车事故发生在辖区内，消防调度员应有铁路调度员联系方式。

因为列车事故涉及区域较大，进入现场应首先清点人员。必须先确认装运的货物种类，避免消防员受伤。必须评估油罐车火灾的爆炸和沸腾液体扩展蒸气爆炸的危险性。如果槽车受火势烘烤，冷却力量又不足时，应该疏散危险区域内的人员。

如果是电车，周围会有架空线或第三轨。无论哪种情况，消防部门都应有应急预案，避免触电。

18.4.2.2 搜索和救援

扑救非旅客列车火灾通常两个到四个消防员即可。当非旅客列车在运输途中发生火灾时，消防员应到列车车头找到列车员。如果列车员没有受伤，他们能提供货物信息。也可在车厢底部或尾部找车辆铭牌。当旅客列车发生事故时，需要搜索与救援，根据火灾发生时间和火势确定优先搜救区域。在夜间，大多数乘客可能在睡觉，而白天可能在看风景或在餐车。应分区间搜救火场，如果条件允许，应搜救所有车厢。

18.4.2.3 疏散

如果列车上有危险品，或者燃烧产物危险，那么必须疏散人员。必须评估危险品的理化性质，合理确定疏散范围。

18.4.2.4 保护未燃物

如果条件允许，消防员应利用水枪保护未燃物。铁路一般距建筑物较近，有时会从社区穿过。使用前几章讨论过的一些防御方法也可以进行保护。如果火灾事故中涉及相邻旅客列车，应首先考虑防止火灾蔓延到旅客车厢。

18.4.2.5 控制火势

通过铺设水枪可以阻止火灾发展蔓延。如果事故指挥员选择让货物烧完自行熄灭的方法，必须控制燃烧。控制旅客列车火灾与处理建筑或公寓火灾类似，铺设水枪防止火灾蔓延到出口，并协助开展搜索和救援行动。

18.4.2.6 灭火

当可燃物燃烧时，可以用水灭火。这种方法需要铺设水带，并要供水量充足。因为列车事故有时发生在没有消火栓的地方，供水是个问题。灭火方法是破坏燃烧三角形的燃料，因此在这种情况下，让物资全部燃烧，火就能熄灭。

18.4.2.7 通风

如果列车脱轨，通风就比较困难。确定了火源位置后，如果入口不多，旅客列车火灾中可以通过正压通风辅助搜救和控制火势。记住，旅客列车车厢互相连通，乘客可能会在车厢内行走。在通风时应确保在每辆车的入口都能排放烟气。

18.4.2.8 火场清理

有必要大范围清理火场，确保火焰完全扑灭。应检查内部分隔，观察是否有火灾水平蔓延的迹象。应拆除或打开软垫座椅和家具进行排查。

18.4.2.9 抢救财物

抢救未损坏的物品或个人财物，将物资搬离火场或危险区域。如果车辆着火，但没有脱轨，铁路工作人员可以协助拖走未被引燃的车厢和财物。

18.5 飞机火灾

在任何地方都可能发生飞机事故。如果你的辖区或附近有机场，那么扑救飞机火灾的概率就会增大。飞机事故可能涉及小型私人飞机、商业客机、可能运载危险品的货机或军用飞机。

18.5.1 危险

固定翼飞机目前常见的几种危害包括大量的燃油、液压油，并且在某些情况下还备有氧气设备。飞机的发动机有三种不同的类型：往复式、喷气推进式或涡轮螺旋桨式。飞机燃油取决于发动机类型。往复式发动机使用高辛烷航空汽油，非常易燃；喷气发动机和涡轮螺旋桨发动机使用商业高档煤油燃料，具有较高的闪点，燃点比汽油低；军用喷气发动机使用煤油与汽油的混合物。燃料易引发火灾。

除了燃料危险，飞机本身还有一定危险。大型飞机有液压系统。液压管路可承受高达 $5000 lbf/in^2$ 的压力，含有液压油。大型飞机有机载制氧系统。飞机还有辅助动力装置，当飞机的引擎被关闭时，可用辅助动力装置供电。辅助动力装置通常用飞机燃料发电。

军用飞机的爆炸装置用于去除舱盖或弹射座椅，机上可能有弹药。作物喷粉飞机，可能会有残余的毒药或杀虫剂。发生事故后飞机前部雷达可以继续运行，除非关闭雷达，否则会有辐射。

飞机油管有文字、符号或颜色标记。颜色编码系统如表 18-3 所示。

直升机一般可以运送 1~50 人。飞机空间紧凑，所有的系统都紧密地结合在一起，给乘客带来危险。直升机可以携带 20~700gal 燃料。燃料电池通常在机身中心或在副油箱。

表 18-3　飞机油管颜色编码

油管内物质	颜色	油管内物质	颜色
燃料	红	压缩气体	橙色
润滑系统	黄色	空气	绿色
水	蓝色和黄色	消防设施	棕色

除了飞机燃料具有风险，响应人员必须注意旋转叶片的危险。大型直升机主旋翼桨叶直径达 60ft。尾旋翼的旋转速度比主转子旋转快，旋转时可能看不到。当接近旋转翼飞机时必须小心谨慎。

18.5.2 灭火策略与战术

在大型机场发生的飞机事故常常由机场消防部门处置，他们接受过针对这类事故的专门训练，如图 18-12 所示。然而，发生在其他地方或在小型通用航空机场的事故，一般由当地消防部门实施扑救。飞机事故灭火策略与战术及其应用如下节所述。

18.5.2.1 消防员安全

飞机事故中，飞机大小和燃料荷载对消防员安全的影响不同，应先确定货物和危险品的性质。由于飞机上有雷达，飞机上需要携带放射性材料。应采取预防措施防止放射性物质辐射。飞机事故的持续时间一般较长，因此需要安排休息和轮换。如果事故中很多人受伤或死亡，应进行危机事故压力管理。应对坠机地点进行警戒。在处置高压液压管路、氧气和燃料管火灾时，必须保护消防员，如图 18-13 所示。

图 18-12　处置机场事故或飞机坠毁
事故的部门均有特殊消防车

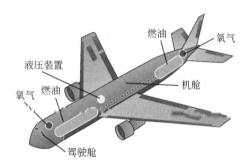

图 18-13　飞机结构

18.5.2.2 搜索和救援

搜索和救援坠机地点周围地区。引导可以行走的受伤人员到安全地区。搜索和救援工作实施水枪保护，破拆飞机机身或窗户后进入飞机内部。最简单的方法是从机舱门进入。在开门时消防员必须小心，因为开门过程中可能启动紧急降落伞，对附近人员造成伤害。

> **安全提示**
> 在开门时消防员必须小心，可能启动紧急降落伞，造成伤害。

18.5.2.3 疏散

消防部门到达之前飞机乘客基本已经疏散完毕。根据飞机事故的危险性，需要疏散附近的建筑物或其他飞机上的人员。

18.5.2.4 保护未燃物

由于燃油多，飞机火灾可能温度较高。必须可以喷射大流量水，保护未燃物。

18.5.2.5 控制火势

可以在火势和未燃区域之间铺设水枪控制火势。泡沫适用于扑救油料火灾,既可以控制火势,也可用于保护未燃的油料。

18.5.2.6 灭火

扑救燃料或其他液体燃料火灾时,需要使用泡沫灭火剂。有足够的泡沫就可以扑灭燃料火灾。其他可燃物火灾(如飞机的内部),可以用水来扑救。

18.5.2.7 通风

扑救机舱内火灾必须通风。消防员破拆飞机外壳时可能会切断燃料管线或液压管路,因此不应贸然破拆切割。如果开口不多时,可以通过门窗进行正压通风。

18.5.2.8 火场清理

人员已全部疏散并且火势熄灭之后,应该尽可能完好无损将飞机留给联邦调查人员。虽然需要清理才能确保完全熄灭,但清理过程中应尽量保护现场。

18.5.2.9 抢救财物

在抢救财物过程中,调查人员希望失事飞机尽可能接近事故发生前的情况。因此,尽量不破坏现场。

18.6 大型储罐火灾

图 18-14　液体储罐

大型储罐存储大量物品,容器尺寸和形状各不相同,如图 18-14 所示。这些储罐内物品通常具有易燃、易爆特点。储罐距离一般比较近,危险性极大。与列车、汽车和飞机等移动交通工具不同,大型储罐一般固定在一个地方,是消防部门的重点单位,消防员要制定预案和熟悉储存的产品。预案还应包括产品的体积、物理和化学性质、技术援助以及疏散等级等所有信息。

18.6.1 危险

危险品储罐的危险主要有产品性质、储罐类型、储罐结构和布局等几个方面。产品种类很多,主要是易燃液体、可燃气体、腐蚀性液体与重质燃料油。也可能储存面粉或其他粉尘,这些危险品具有爆炸性,十分危险。消防队员应在制定预案过程中熟悉危险品的特性。

储罐类型分低压罐、常压罐和高压罐等;有卧式罐、立式罐等;也可以地上或地下放置。低压储罐有不同类型的罐顶,包括锥顶、浮顶、带侧顶的浮顶和有盖浮顶。高压罐储存加压液化气体。储罐一般是钢制的,在罐区布局较紧密。但是,储罐区必须有固定消防设施。如设置喷淋或泡沫系统。罐区必须有防护堤,溢出的液体不会蔓延到其他地区。火场中如何处置相邻储罐是一个难题。高温下相邻罐内液体可能会溢出、燃烧或爆炸。

18.6.2 灭火策略与战术

18.6.2.1 消防员安全

消防员扑救储罐事故时很危险。没有人员被困时不必进入防护堤内救援。防护堤内的地上管道、阀门等因素会导致人员跌倒。在夜间或防护堤内有水时，会阻碍消防员视线。此外，如果储罐发生沸溢，消防员就会被困在堤内。战斗员也不应站在压力容器两端。应遵守安全程序，穿戴适用扑救该物品火灾的防护服装。与本章所述的其他事故一样，扑救此类事故时间可能较长，需要建立人员管控和休息机制。

> **安全提示**
>
> 没有人员被困时不必进入防护堤内救援。

18.6.2.2 搜索和救援

因为大部分储罐区域内人员较少，所以工作人员应该给事故指挥员提供一个关于失踪人数和最后工作地点的大致位置。如果消防员能安全进入该区域，首先要搜索这些位置。

18.6.2.3 疏散

除了疏散储罐区人员之外，由于火灾及其产生的大量有害烟气，必须对事故发生地周围的居民、建筑物进行疏散和交通管制。除了事故处置人员外，任何人不得进入该地区。一些储罐区可能设有警报器或其他警报装置，以便在储罐发生紧急情况时提醒当地居民。如果有必要疏散当地居民，则可以使用这些警报装置。

18.6.2.4 保护未燃物

在大型储罐事故中，最重要的任务是防护相邻罐。应向受烘烤的罐体喷射大流量消防水。利用预案可以了解现场固定消防设施情况，了解现场相关信息。压力容器的气相部位应喷射大量水进行冷却，液体或常压容器的液相线下方也应实施冷却。

18.6.2.5 控制火势

防护堤有助于控制火势。利用预案信息，听从工厂技术人员建议，通过阀门和管道可以进行倒罐处理。如果管道破裂，应关闭管道阀门，以减少可燃物。

18.6.2.6 灭火

根据燃烧物品的性质选择灭火方法。可以采用泡沫灭火剂或其他专门的灭火剂。也可利用固定设施喷射泡沫灭火剂，如液下喷射的泡沫管道或预设的特殊管道喷淋系统。

18.6.2.7 通风

罐体火灾中，通风不是主要任务。但其他附近建筑物或封闭结构需要通风。根据事故的范围，疏散这些地区，仍要考虑通风问题。

18.6.2.8 火场清理

和许多危险品事故一样，火场清理目的是确保火灾已经熄灭。进一步的清理工作应该留给专门的团队。

18.6.2.9 抢救财物

除了从危险区转移有价值的财产之外，抢救财物不是主要任务。

18.7　变电站火灾

图 18-15　对消防员而言，变电站有许多危险

变电站发生火灾有许多原因，如机械故障、雷击、过热等。断电后的变电站火灾通常是 B 级火灾。在许多情况下，消防部门将必须保证电力公司关闭电源、线路断电的情况下才能扑救火灾，如图 18-15 所示。

在田纳西州的一个变电站火灾中，断电后消防员才实施扑救行动。在这场大火中，变电站的一个变压器发生爆炸，溢出了 4000 多加仑的矿物燃料，形成地面流淌火。电力公司工作人员花费 45min 隔离和关闭电源，以便消防员灭火。消防员在灭火之前，疏散周围建筑内人员，并保护毗邻建筑。在待命的时候，准备泡沫液。当电源关闭后，消防员需要利用泡沫枪迅速将大火扑灭。

消防员扑救得克萨斯州的一场变电站火灾时，也推迟了行动。当时一个变压器爆炸，释放出超过 10000gal 的矿物油。由于高温和燃烧对高压输电线路和电线塔造成损害，在断电前，消防员不得不远离现场。上午 10 时发生大火，下午 1 时左右才用云梯车出水扑救。

对于这两起事故，指挥员必须明白，断电之前，只能进行疏散和防护周围建筑物和人员。断电后，消防人员才可以扑救易燃液体火灾。

此外，在许多市区发现，地下的电气室火灾中也涉及电力变压器。当发生火灾时，扑救方法与变电站火灾的方法相同。地下室变压器火灾中的一个非常重要的问题是爆炸压力可以将人孔盖弹射超过 100ft。在电力公司断电之前，消防员应远离这个区域。关闭电源通常会降低火势的强度，这样消防员就可以采取扑救行动。同时要确认该区域内其他人孔盖的位置，人或设备不要靠近人孔盖；封锁这些区域以保护无关人员。一旦断电，可以从远处喷射泡沫流入人孔盖灭火。

18.8　古建筑火灾

具有历史意义的古建筑火灾扑救方法可能与前面的章节中讨论的场所（独栋和联排住宅火灾）相似，本节也提供了扑救方法作为参考，如图 18-16 所示。

这些古老的建筑没有现代建筑内常用的固定防火设施。建筑物建造时间久远，内攻构件已经风化。由于这些问题，火势蔓延迅速，消防员可能很难快速完成灭火任务。在有游客参观的建筑物中，因为游客不熟悉地形，游客生命安全是一个重大问题。

建筑类型不同，控制火势的措施也不同。

图 18-16　古建筑是建筑类型之一，但还需要考虑其文物价值

在扑救这些古建筑火灾中需要积极采取措施保护财产。事故指挥员在火场清理和抢救财物过程中尽量与建筑管理人员和工作人员密切合作，抢救敏感或具有历史意义价值的物品。

与其他任何类型的火灾一样，预防火灾是最好的方法。当地消防官员应与设施业主和管理人员合作，确保按照现行防火规范和私人的消防措施进行设置。例如，附加一个带锁的盒子就可以防止无关人员强行进入。

本章小结

- 涉及特殊情况的火灾事故都比较特别，每种事故类型都有自己的灭火策略与战术。这些事故包括危险品、船舶、车辆、飞机、储罐或变电站火灾。古建筑火灾也比较特殊。
- 消防员处理危险品事故时必须极其小心。他们必须受过专门培训并掌握相关知识，行动中应遵守职业安全卫生管理局、环境保护局和美国消防协会的规定。五个公认的培训能力是：

①意识层面；
②救援层面；
③技术层面；
④危险品专家；
⑤现场指挥员。

- 交通部列出九类危险品：

第1类——爆炸品；
第2类——气体；
第3类——易燃液体；
第4类——易燃固体、自燃物品和遇湿易燃物品；
第5类——氧化剂和有机过氧化物；
第6类——有毒有害物品和感染性物品；
第7类——放射性物品；
第8类——腐蚀品；
第9类——杂类。

- 船舶火灾具有特殊危险，需要经过特殊训练的专业人员。在海上发生的船舶火灾由船上人员处理。当在港口发生船舶火灾时，可能会要求当地消防部门响应，所以消防员应该具备一些基本的操作知识。
- 消防员扑救船舶火灾时遇到的风险包括：危险货物、人员密集、环境陌生、小区域、空间狭窄、操作受限和大量的燃料。
- 适用于船舶火灾的灭火策略与战术，需要消防人员已经配备相应装备，并接受相关训练。
- 许多消防辖区都会发生列车火灾，应对消防员开展针对性培训，当遇到列车火灾时他们可以参与扑救。列车可能携带许多乘客和（或）大量货物。
- 扑救列车火灾中遇到的危险取决于列车类型。列车有八种基本类型：机车、货车、平板车、联合运输设备、敞盖车、底卸式车、旅客列车、槽车。
- 任何类型的飞机都可能出现事故。飞机类型主要包括少量载客的小型私人飞机、载有数百人的大型商业航空飞机、载有危险品的飞机、军用飞机和直升机。
- 飞机遇到的危险通常是相似的。它们都会携带大量的燃料和液压油，还有氧气设备。发动机类型有三种类型，需要的燃料各不相同，每种燃料产生的危害也不相同。

●通常，发生在大型商业机场内的飞机事故由机场和消防部门处理。其他地方或较小的一般机场发生的事故由当地消防部门处理。

●储罐容器尺寸和形状各不相同。这些储罐内物品通常易燃、易爆，储罐都靠得很近，这带来极大风险。大型储罐一般固定在一个地方，消防员可以制定预案。

●储罐的危险包括储存物质性质、罐体的物理布局等。这类储罐火灾中给消防工作提出了许多挑战。

●变电站火灾发生的原因很多。消防员在操作前必须关闭电源。一旦电源关闭，这些火灾通常是 B 级火灾。

●在变电站火灾事故中，指挥员必须要在电源关闭之前进行疏散和防护。此外，必须注意地下的电气室也会发生火灾。

●扑救具有历史意义的古建筑火灾方法可能与前面的章节中讨论的场所相似（例如，多个家庭住所），但它们也对消防员提出新的挑战。在火场清理时需要保存古建筑的完整性。

主要术语

沸腾液体扩展蒸气爆炸（bleve）：是指容器壁出现裂口，使容器内压力急剧下降，造成容器内的液体骤然汽化和体积膨胀，造成了容器爆炸。

沸溢（boilover）：当用水扑救液体燃料火灾时，由于水的密度较大，沉入容器底部，无法扑灭火焰。但水吸热迅速汽化，体积膨胀。迅速膨胀的蒸汽使油品溢出，导致燃烧油品流到罐外形成流淌火。

爆燃（deflagrate）：燃烧迅速，以亚音速传播的爆炸，比爆轰速度慢。

爆炸（detonate）：在极短时间内，释放出大量能量，产生高温。

灭火作战预案［fire control plan（FCP）］：预先制定的方案，包含船上所有信息，如危险品船舶布置、危险品特性。

案例研究

你的辖区可能会遇到一些特殊火灾，消防员需要进行培训。考虑以下问题：

1.变电站发生电气起火后，燃烧的物质一般是：

A. A 类　　　　　　B. B 类　　　　　　C. C 类　　　　　　D. D 类

2.大型储罐火灾的危险性包括：

A.储存物质的危害　　B.布局　　　　　　C.储罐结构　　　　D.以上所有

3.当地一家工厂的经理告诉消防员他们使用第 7 类危险品。因此，您认为是下列哪一项？

A.放射性物质　　　　B.带压气体　　　　C.易燃或易燃液体　　D.氧化剂

4.作为危险品事故初战力量，为了保护附近人、财产和环境免受影响，消防队员必须接受哪一级培训？

A.意识层面　　　　　B.救援层面　　　　C.技术层面　　　　D.危险品专家

复习题

1.列出并简述九种危险品类别。

2. 举例说出每类危险品。

3. 列出应对危险品火灾事故的五个培训级别。

4. 列出与危险品火灾事故救援有关的三级风险。

5. 危险品泄漏后通知人员疏散有四种方法，分别列出。

6. 列出船舶灭火预案应该涵盖的五个主题。

7. 列出飞机上存在的危险。

8. 列出旅客列车脱轨时可能发现的三种有害物质。

9. 列出扑救古建筑物火灾的两个战术。

10. 列出变电站火灾危险。

讨论题

1. 回顾你的部门应对飞机、船、列车或储罐火灾事故的标准操作规程。哪些需要改变？人才培养和专业设备是否符合标准操作规程要求？

2. 回顾你所在部门的目标风险预案。有多少预案内涉及有害物质？需要专门的灭火剂吗？如果有的话，有效吗？

参考文献

Federal Emergency Management Agency. (April 2003). *Guidelines for HazMat/WMD response, planning and prevention training: Guidance for Hazardous Materials Emergency Preparedness (HMEP) grant program.* Washington, DC: FEMA. Retrieved from http://www.usfa.fema.gov/downloads/pdf/publications/hmep9-1801.pdf.

National Institute of Occupational Safety and Health. (2010). *Fire fighter fatality investigation report F2009-13: Eight fire fighters from a combination department injured in a natural gas explosion at a strip mall—Maryland.* Atlanta, GA: CDC/NIOSH. Retrieved from http://www.cdc.gov/niosh/fire/reports/face200913.html.

U.S. Department of Transportation Pipeline and Hazardous Materials Safety Administration. (2012). *Emergency Response Guidebook.* Washington, DC: U.S. Department of Transportation. http://phmsa.dot.gov/staticfiles/PHMSA/DownloadableFiles/Files/Hazmat/ERG2012.pdf.

第19章 事故收尾阶段

学习目标　通过本章的学习，应该了解和掌握以下内容：
- 事故收尾阶段工作计划。
- 正式和非正式事故收尾阶段分析的目的。
- 危机事故压力处理系统。

案例研究

　　2006年2月21日，一栋商业大厦发生火灾，在火场清理过程中一名消防队长（牺牲者1）和23岁的消防员（牺牲者2）被倒塌的外墙击中。这座建筑大约有50年历史，历经多次翻修，外墙覆盖多层墙板。消防队在17时28分接到报警，在扑救火灾过程中建筑倒塌。坍塌前有消防员注意到建筑两侧的外墙开始向外倾斜，他们拆掉了凸出的部分。约21时30分时，墙体坍塌。当时有三名消防员正在门口用1.75in水枪射水，其中两名消防员死亡，第二名消防员受伤。

　　国家职业安全和健康研究所的研究人员认为，为了尽量减少类似事故发生，消防部门应采取以下措施：

　　① 评估可能会坍塌的区域，并不断观察；

　　② 制定灭火预案；

　　③ 制定并实施灭火救援指南；

　　④ 针对所有消防员开展专门培训，确保其掌握结构倒塌方面的危险等知识；

　　⑤ 确保消防员在参加灭火清理行动时，佩戴全套防护服装和个人防护装备。

　　调查人员认为制造商、设备设计者和研究人员应深入研究消防新技术，评估和监测火灾条件下着火建筑物的稳定性。

　　提出的问题：

　　① 你所在部门的标准操作程序中有哪些注意事项？控制火灾之后有哪些安全注意事项？

　　② 讨论建立倒塌区的程序。

19.1 引言

　　短时间内调动多个消防队，需要一个良好的协同管理模式，有效地使用突发事件管理系统。当消防员赶到现场时，需要在集结区待命或进入火场。消防员需要在现场铺设水带、搭设梯子或供水等工作。

一个大型事故需要很多部门共同协助处置，辖区消防队应制定一个撤离方案，具体说明如何撤离，如图 19-1 所示。无论事故大小，一旦事态被控制，应立即执行撤离方案，确保撤离行动安全有效。撤离方案应与国家突发事件管理系统准则一致，使用 ICS 221 检查撤离效果。此外，各部门人员在离开事故现场之前进行医疗检查。

图 19-1　如果事故指挥员没有制定撤离
方案，可能会导致出现危险

本章讨论了事故收尾阶段中需要考虑的问题。事故收尾阶段活动包括战斗结束、事故收尾阶段分析和危机事故压力管理。无论事故大小，必须有计划地结束事故。

19. 2　战斗结束

战斗结束需要有组织地撤离。消防队有序返回驻地，同时恢复备战。战斗结束至少包括三个阶段：撤离、返回中队和事故收尾阶段分析。事故收尾阶段分析必须回顾和更新政策及程序，以确保今后行动中可以改进。

> **提示**
>
> 无论事故规模大小，必须有计划地结束事故。

19. 2. 1　撤离

撤离是指事故指挥员组织消防队返回的阶段。在一起大型事故中，多部门负责人一起评估现场力量，确保体力透支的人员先行撤离。应基于优先性原则和实际需要，撤离现场设备和人员。

在许多事故的行动计划中往往忽略撤离计划。有时，消防车辆、装备在事故现场长时间工作导致辖区内力量空缺，或器材装备撤离现场太早，导致事故等级扩大。为了避免这些后果，撤离必须有组织地实施。

事故得到控制后，事故指挥员必须开始撤离消防队。应基于事故和人员需要，确定从现场撤出哪些消防队。制定总体撤离行动计划时，必须仔细斟酌，考虑何时可以撤离哪些人员、设备和装备。

除了事故现场的搜索、抢救财物和清理所需的力量之外，其他人员可有序撤离。许多部门按照"先入后出"的方法撤离人员。换句话说，第一个到达的单位，通常最后一个离开。然而，这种方法是不合逻辑的，因为战斗员体力透支易导致伤害。通常，第一批到达的消防员工作最辛苦，而且在现场时间最长，通常也最疲惫。撤离方案必须考虑消防员的体力损耗情况，如图19-2所示。

由于人们逐渐意识到消防员体力透支和伤害之间的联系，许多部门现在正在重新考虑这种撤离理念。他们认为应该以身体或情绪压力为依据，确定人员撤离的顺序。首先撤离第一批到达的消防员，特别是处置事故时间很长时更应如此。第一批到达的消防员通常是在最恶劣的条件下工作，他们是最累的。替换下体力透支的消防员，让新到场的力量实施搜索和清理行动，这样会更安全，能最大限度地提高消防员工作效率和人员安全。消防员体力透支时无法正确完成任务，导致在搜索中受伤。体力透支的消防员都希望尽快完成任务并返回中队，往往会忽视安全操作。

消防员先到后撤还有一个原因，第一个到达的消防队铺设水枪、梯子和工具，设备四处放置，梯子靠着建筑，水带连接到消火栓等。消防部门采用标准化装备可以解决这个问题，如图19-3所示。有了标准化装备，消防员可以把他们的设备留在现场，人员撤回休息。消防员休息后再返回现场，可以确保设备和器材都正确地返回各消防队。

图19-2　战斗结束阶段必须考虑
到消防员体力透支

图19-3　标准化消防车

优先确保人员安全。先到先撤的模式不仅具有可行性和必要性，而且在极端天气条件下使用这个策略也是很关键的（例如，极冷、极热、潮湿的天气）。事故指挥员也可考虑由增援消防队来开展搜索行动，而不是使用现有的消防员来清理火场和抢救财物。增援消防队接管这些工作是一个更好的方案。

> **安全提示**
>
> 优先确保人员安全。 在事故发生时，情绪和体力透支会导致消防员行动失误，造成伤害。事故指挥员必须在撤离方案中考虑消防员体力透支。

19.2.1.1 人员

人员在离开现场前，应当对身体进行医疗评估。撤离人员时，应先确定影响消防员体力透支因素，主要包括：消防员在事故现场多长时间了？他们在什么条件下工作？环境是潮湿、极冷和/或极热的吗？他们处于高度紧张的环境中吗？他们需要进行危机事故压力管理吗？

必须在战斗结束阶段考虑所有这些问题。消防员的健康对于灭火战斗行动能否成功来说至关重要。在火场清理阶段，撤离大部分消防员，留下少部分人员清理现场，如图19-4所示。或者调用增援消防队来完成工作，替换体力透支的消防员。

19.2.1.2 车辆

除了下达人员撤离的命令外，事故指挥员还需要考虑是否将车辆从事故现场开走。在某些情况下，车辆应与消防员一同撤离。然而，有时车辆不撤，消防员乘坐其他车辆返回，如图19-5所示。车辆留在现场原因是车辆上的工具、设备、梯子和水带已经被取走，车辆移动不方便。另一个原因可能是因为它处于清理火场的关键位置，可能被水带或其他必要的设备阻挡而无法撤离。在这种情况下，使用其他车辆撤离消防员，可能更容易。

图 19-4　火场清理需要体力

图 19-5　消防员利用另一中队的车辆撤离

图 19-6　颜色编码设备有助于确保器材正确地回到车内

有时，根本不能移动车辆。在较冷的地区，有时车辆已经冻结，需要使用蒸汽和丙烷加热器才能移走被冻住的车辆。

19.2.1.3 器材

仍在使用的器材可以留在现场。如果该部门有器材识别系统，器材很容易回到所属车辆中。图19-6显示的颜色编码系统就是为了达到这个目的。

当事故指挥员开始撤离人员和车辆时，有必要确定事故任务等级，确定撤离优先次序。根据火场情况，实施有序撤离。需要确定哪些人员已经完成了任务，哪些人员需要增援，哪些人员可以返回。这个过程越有效、越快，消防队返回中队就越迅速，恢复战备就越快。

在撤离过程中，事故指挥员还必须考虑如何缩小指挥部规模。

消防队长或副中队长可以将指挥权移交给大队长或其他指挥员。指挥部的规模和复杂性都逐渐减小。这种情况一直持续到所有中队撤回，或者只留下"残火监视"的消防队。此时，指挥终止，战斗结束。

战术提示

事故指挥员开始撤离时，有必要确定事故任务等级。

19.2.2 返回中队

事故处理中消防员沾染污染物，返回前必须洗消，如图 19-7 所示。在汽油、电池酸、油脂和其他污染物的事故中，也应采取洗消行动。如果工作人员不小心，会将污染物带入车辆，并带回消防队。

从事故现场返回中队，消防员应该快速恢复战备。需要补充空气瓶、水带、清洗工具和设备。链锯可能需要加油和更换锯片，斧子可能需要打磨，排气扇可能需要加油和清洗，需要清除器材上残余的杂质，必须检查所有工具

图 19-7 尽可能地在现场进行个人洗消

手柄和顶端是否有裂纹或其他损坏。消防员需要清洗和烘干个人防护装备，消防员个人也需要洗消。消防部门标准操作指南上有操作流程。图 19-8 是标准操作指南的实例。

有时消防员没有返回自己的中队，而是到另一个消防队待命。在这种情况下，消防员必须尽最大努力恢复战备状态。

有些事故，消防员不是回到消防队，而是去危机事故应激晤谈区（CISD）。当发生了严重事故，如列车、飞机失事现场有多人死亡时，消防员心理刺激较大，需要去危机事故应激晤谈区。在危机事故应激晤谈区，消防员有机会评估自己的感受，了解刚刚的经历并释放压力和紧张情绪。本章的后面部分将深入探讨危机事故压力管理。在扑救行动中，消防指挥员和战斗员都应注意彼此是否有应激压力影响的迹象。一旦有类似迹象或症状，应立即向上级汇报，开始应激疏导。

中队指挥员或主官必须明确消防员是否安全地返回。这是他们的责任，以确保消防员能参与下一个接警行动。清理火场过程中，指挥员必须观察消防员体力透支的迹象，评估消防员的健康状况，检查可能造成的伤害或疾病。战斗结束后，消防员返回消防队后死亡的事故也时有发生。指挥员必须确保装备、器材和人员都已恢复正常。

当车辆装备和消防员都恢复战备状态，消防部门负责人应该坐下来，就事故处置过程与消防员进行讨论。在这次非正式的讨论中，主要讨论下一次任务如何完成得更好。这是每个成员共同参与案例分析的机会，这种讨论也可以促进队员之间的非正式交流。讨论是事故收尾阶段分析的第一步。

359 号一般指令

个人防护装备

359.1 目的：根据 NFPA1500、NFPA1971、NFPA1973 和 NFPA1974 的规定，制定连续性和标准性措施，检查、试穿和维护个人防护装备。

359.2 讨论：

A. 个人防护装备的护理、问题上报、穿戴等最终责任由穿戴人员负责。

B. 训练员应每年 5 月份组织检查所有的个人防护装备一次，并向所有人公布结果。检查结果记录在个人防护装备记录表中。

C. 值班指挥员应在每年 11 月份对所有的个人防护装备组织一次检查，向所有人公布结果，并将检查结果记录在个人防护装备记录表中。

D. 副中队长每月组织检查个人防护装备一次。检查应根据"检查指南"一般规定中的要求和在部门检查指导下进行。检查应记录在中队检查日志中，并向安全办公室汇报。

E. 消防员应该每天检查自己的个人防护装备，并向直属主管汇报维修或返修的问题。

F. 需要维修或更换的个人防护装备将由安全办公室处理。

G. 更换下来的个人防护装备应予以销毁或者维修后再用。

H. 损坏的或不合适的个人防护装备不可使用。

359.3 试穿

A. 新入职消防员将由安全办公室和厂商代表一起组织试穿个人防护装备。

B. 需要维修或更换个人防护装备的消防员将由培训/安全办公室负责试穿。

359.4 清洗

A. 被污染的个人防护装备会使消防员暴露在毒素和致癌物之中，毒素和致癌物可以通过摄入、吸入和吸收进入人体。

B. 当衣物或设备沾染微粒和化学物质时，除了毒素，还会遇到其他问题。主要包括：

a. 被污染的消防战斗服反射辐射热能力降低。战斗服沾染烃类化合物，性能将由反射辐射热变成吸收。

b. 被碳氢化合物严重污染的消防战斗服更容易导电，当消防员进入可能带电的建筑物或车辆时，会增加危险。

c. 消防战斗服沾染油、脂和烃类化合物，这些物质会导致消防战斗服燃烧，使消防员严重烧伤和受伤（即使消防战斗服通常具有阻燃性）。

C. 每 6 个月清洗一次个人防护装备（指挥人员和工作人员根据需要进行清洗）。

D. 个人防护装备受到污染后应尽快清洗。

a. 在正常工作时间内，由安全办公室负责。

b. 休假期间，值班指挥官应联系定点洗衣处。

E. 受污染的个人防护装备应在现场冲洗。紧急事件结束后迅速冲洗个人防护装备，这样做能清理掉大部分污染物。

F. 被污染的防护装备绝不能带回消防站或带回家清洗。

G. 任何沾染血液的消防战斗服都应按控制手册（SOP-357）要求处理。

图 19-8　标准操作指南（消防员个人防护装备残留污染物，需要洗消。此图是一个标准操作指南示例）

19.3　事故收尾阶段分析

　　任何事故都有多个扑救环节（如多个中队参加的火灾、危险品、技术救援、伤亡事故、车辆事故等），救援后均要进行事故后分析。这种评论，有时被称为批评性评论，也称为事故收尾阶段分析，是研究事故的方法。指挥员点评事故中灭火战术，进行作战效能分析，如图 19-9 所示。事故收尾阶段分析应该集中在如下几点：人员、设备、资源、作战效能。

> **提示**
>
> 　　对事故的评论，有时被称为批评性评论，也称为事故收尾阶段分析。由于批评这一术语带有负面的涵义，因此本章采用事故收尾阶段分析这一术语。事故收尾阶段分析的目的是制定最适当和有效的策略，阻止不适当的或冲动的策略。

19.3.1　目的

　　事故收尾阶段分析目的是便于制定适当有效的灭火策略。将事故收尾阶段分析得到的经验反馈给行动部门，便于更新相关政策。

　　事故收尾阶段分析是从事故中学习的活动，不仅仅与事故现场指挥员有关，还与参与扑救的每一位人员都密切相关。这一过程将影响消防部队的后续救援工作。在过去的十年中，重大火灾逐渐减少。由于火灾减少，新入职的消防员实战机会越来越少。通过事故收尾阶段分析能弥补这一不足。在事故收尾阶段分析中，经验丰富的消防员可以讲述他们在建筑物、火灾和烟雾

图 19-9　开展事故收尾阶段分析，重点放在人员、设备、资源和作战效能几个方面

中看到的情况，以及采取的行动。通过这种讨论，消防员能发现新问题并制定解决方案。

　　事故收尾阶段分析必须统揽全局。通过回顾，消防员反思事故发生时的所有战斗行动，并考虑环境影响、社区资源和增援力量等，还必须评估救援行动中人的局限性，以确保整体救援效益。

19.3.2　非正式的事故收尾阶段分析

　　事故收尾阶段分析分两个步骤。首先是事故发生后消防队进行非正式讨论。在这次讨论中，消防员们应自由讨论他们如何履行职责，以及为什么这么做。这是每名消防员公开讨论个人行为和集体行为的好时机。消防队中队长在会议期间应记下相关讨论内容。

图 19-10　在准备下一次出警时，可以进行一次快速的非正式的事故收尾阶段分析

　　消防队级事故收尾阶段分析允许消防员讨论哪些行动正确，哪些战术有效，以及如何操作。这个过程旨在提高成员的思维过程和决策能力。通过分析事故的各个处置环节，消防员可以准确理解每个人的行动对整个战斗过程有着十分重要的影响。

　　正如前面所讨论的，消防员恢复战备后应进行消防队级的事故收尾阶段分析。消防员可在现场休整时，或在消防员返回的途中，或在消防车里都可以分析，收整水带时也可以分析，如图 19-10 所示。消防队级别的事故收尾阶段分

析越快越好，因为消防员此时记忆最清晰。在重大事故发生后，应抓紧时间进行消防队级的事故收尾阶段分析。尽管讨论几分钟，也会得到大量的经验教训，在下一次出警中可以防止受伤或死亡。如果消防员极其疲惫，那就可以先用 10～15min 进行事故收尾阶段分析，然后在第二天早上或下一次训练时再讨论。对于志愿消防部门，要求队员在第二天或晚上返回后再进行事故收尾阶段分析。注意：推迟消防队事故收尾阶段分析可能会使部分消防员推卸责任。

小到少量气体泄漏事故，大到重大火灾事故都应进行中队级事故收尾阶段分析。每次事故都提供了学习和交流的机会。从消防队出警开始，到返回中队结束，每个环节都可以讨论。每一位成员从驾驶员到新队员都应参与讨论。每人都能学到东西，每人都有想法，都能提供信息。如果时间允许，并且消防员对事故收尾阶段分析感兴趣，可以讨论不同处置方案，分析这些方案产生的结果。你会学到哪些内容？你将如何组织实施通风、内攻和火场搜索？在会议中大家都积极学习，而不仅仅是批评和指责。

提示

如果时间较晚，消防员已极其疲惫，事故收尾阶段分析进行 10～15min 即可。然后在第二天早上或下一次消防队培训时再讨论。

19.3.3　正式事故收尾阶段分析

正式的事故收尾阶段分析需要提前计划组织。参与分析会议的人员包括出现在处置行动现场并执行具体任务的人员、担任事故指挥的人员和后勤保障的人员。通常，消防局或火灾调查局会组织火灾调查，如图 19-11 所示。因此调查组人员应该参加这个分析会议。

调查人员提供事故调查的照片，说明烟气、火灾蔓延过程和建筑燃烧情况。去过火场的消防员可以讨论如下一些问题："这个方法在之前很有效。为什么这次没有效果？"火灾调查小组通常可以回答这些问题。出席会议的人员还有培训局、消防队和作战指挥中心的代表。便于他们了解哪些政策或程序需要更改，为什么需要更改，以及如何更改。

应尽快联系新闻媒体获取事故原始录像，如图 19-12 所示。大多数新闻机构会免费提供原始影片的副本，或仅收取成本费。必须在事故发生的当天就拿到原始录像，因为一旦剪辑完成，原始、未使用的片段通常会丢弃。如果媒体机构也在现场，可以让消防员按照正确的时间顺序查看火灾的原始录像。调度中心可以提供事故的音频记录，便于回顾扑救行动及其发生时间。

图 19-11　如果调查员调查了原因和来源，应参加正式事故收尾阶段分析

在准备正式的事故收尾阶段分析时，需要选
择一个能够容纳全部成员参加的会议地点。正式
的事故收尾阶段分析应在一个大房间或培训学院
内举行，通过照片、录像和录音以及教具展示事
故扑救过程，回顾各个阶段的处置方案。

在会议上应详细说明初到现场和最初行动
的评估报告。该报告应包括事故中所有有用的
和无效的信息。如果行动或操作超出标准操作
指南范围，应描述行动原因和结果。如有必要，
可能需要更新标准操作指南。

图 19-12　新闻机构提供原始镜头的拷贝，
这可以提高事故收尾阶段分析效果

从最初到场的消防队开始，播放视频，提
供报警时间和其他消防队到场的时间表。允许
各部门人员对其救援行动进行说明。从力量调度到事故被控制，行动的每一个重要部分都
应讨论。

总的来说，事故收尾阶段分析必须专注于整个事故过程，而不是停留在任何一个环
节，这样才能进行正式的事故收尾阶段分析。许多灭火行动必须一起分析，才能有效地处
理这一事故。忽略部分行动可能导致低估资源或专门设备的需求。

提示

参与分析会议的人员包括出现在处置行动现场并执行具体任务的人员、担任事故指挥的人
员和后勤保障的人员。如果行动或操作超出标准操作指南范围，应描述行动原因和结果。如
有必要，可能需要更新标准操作指南。

19.3.4　审查和更新程序

通常，编制标准操作指南的单位具有相关专业知识。一般只将经验、归纳和常识三者
结合就能制定标准操作指南。几乎没有人会关注具体发展变化。标准操作指南一般不区分
情况考虑问题。然而针对一起独栋住宅火灾的处置行动，与针对无喷淋系统、内有年老体
弱居民的高层建筑火灾的处置行动，二者完全不同。需要更详细具体的指导方针，才能有
效指导火灾处置行动。

事故收尾阶段分析的目的是检查事故处理过程，分析现有的标准操作指南还需要增加
或改变哪些内容，以便完善扑救策略。因此事故收尾阶段分析强调对事故的经验和教训的
分析。事故收尾阶段分析过程能拓宽知识，可以制定或更新标准操作指南。事故收尾阶段
分析为更新标准操作指南奠定了基础。随后将经验教训、政策或程序进行宣传学习，使其
他人受益。

提示

事故收尾阶段分析是一项积极的工作，有利于消防部门积累经验，弥补不足。

19.4 危机事故压力管理

在当今社会，日常生活中没有压力几乎是不可能的，只是多数人不会产生不良影响。但是持续高压会对健康产生负面影响，从而出现疾病、工作倦怠、生产力下降以及其他问题。消防员定期在高度紧张的情况下工作，因此，他们很容易出现各种压力问题。

报警电话内容、日常事务以及事故风险等都具有不定性，消防员可能会在危险的情况下工作。他们总是担心这些危险，也担心自己会出错，这会延长或加重消防员的痛苦。

大型事故一般会给消防员带来负面情绪，许多小事故也会带来压力。这些事故给消防员留下长期的心理阴影，会影响他们在工作和家庭生活中的表现。这些事故被称为危机事故。

作为工作的一部分，消防员应学会处理这些压力。现在大多数组织都有危机事故压力管理，也有书面规程指导。会导致严重压力的事故主要包括如下几类：

① 婴儿或儿童突然外伤性死亡或严重受伤；

② 救援现场有大量人员伤亡或受伤者遭受严重痛苦；

③ 认识受害者；

④ 同事受伤或死亡；

⑤ 同事自杀。

危机事故发生后，需要消除消防员心理压力。危机事故压力管理可以解决这个问题。制定训练计划，培训监督员，训练他们观察人员迹象、症状和情况，寻找需要进行危机事故压力管理的人员，如图 19-13 所示。危机事故压力管理系统制定了释放压力及评估的程序，可以帮助消防员释放压力。

图 19-13 必须警惕重大事故中的
消防员心理压力迹象

危机事故压力管理允许参战消防员与同事、主管或医疗评估人员一起讨论事故。这是一种积极的沟通方式，可以缓解事故给紧急响应者带来的压力和焦虑。它也可以让参战人员有机会发泄，因为这个事故可能对他们造成了深远影响。没有危机事故压力管理，消防员可能产生负面生理和心理反应。

随着时间的推移，消防员开始焦虑和恐惧。这种焦虑会引起身体不良反应，如疲劳、失眠、饮食习惯的改变或身体疼痛。消防员会出现行为异常、注意力难以集中、健忘、梦魇、闪回、孤立的行为变化以及其他表现。心理上还会出现恐惧、内疚、敏感、沮丧或愤怒等。

没有人能应对长期焦虑和压力。一些人试图根据经验和心理活动来处理焦虑；有些人更容易受这些压力的影响；极端情况下，压力大的人可能会用酒精或毒品来逃避；还有一些人厌倦了压力，选择辞职；甚至有些无法承受压力选择自杀。

安全和健康计划应该包括危机事故压力管理，帮助消防员应对紧急事故压力，避免出现不必要的不良反应。

危机事故压力管理有四种类型。

第一类是同伴缓解。同伴缓解是和一起经历事故的同伴进行的一个非正式的讨论。消防员与同伴一起讨论所采取的行动。在大多数重大事故中，消防员更换器材准备离开时可实施这类讨论。

第二类是现场缓解。有时事故，如飞机失事、列车事故或自然灾害等，事故面积大、扑救时间长。此时可以将消防员从事故现场送到休整区。在休整区，当地危机事故压力管理团队成员评估消防员的体征和症状。如果疑似患有焦虑和压力症状，将其带离事故现场，进一步评估。

第三类是从重大事故现场撤离后缓解。在这个过程中，消防员被送往不受事故影响的地区，如消防站，在那里消防员已经放松下来。他们在回到自己中队之前，可以吃些食物，喝些饮料，放松一下。会谈持续30～60min，是一个简短的缓解会议，可以消除消防员事故压力应激迹象和症状。

第四类是正式报告，通常是在发生事故几天之后。这次报告由危机事故压力管理团队中受过专门训练的人员组织召开。允许参与者讨论他们在事故中的职责和行动。会议有两个具体要求。第一，参与事故的所有成员都应参加会议；第二，消防队内部心理咨询员应在这种正式的报告会议中进行培训。

危机事故压力管理团队是心理健康团队的一部分，与消防部队一同工作。这种划分是个好的方法，因为大多数消防员没有经过心理训练。危机事故压力管理团队的人员训练有素、经验丰富。

危机事故压力管理功能之一是让参与者认识自己的正常感受和反应，让他们知道压力和焦虑的症状，这样他们就可以照顾自己和同事。这让他们相信有组织关怀和支持他们。这些会议有助于防止工作倦怠、孤立感和不适感。这些会议还强化了参与者应对事故的能力。良好的危机事故压力管理制度能有效保护消防员的安全和健康，决定了他们的在岗率。

参会人员必须包括对参与事故处置行动的非应急响应人员。包括半挂车操作员，起重机和重型设备操作员，市、县和国家的公务员，特殊服务人员，执法人员，如图19-14所示。所有参与事故处置的人员都会受到压力影响。这些人如果表现出压力症状，都应参与上述讨论会。大部分人没有受过应对死亡和重伤的心理训练，这可能是他们人生中首次面对人员伤亡，可能会给他们带来极大心理压力，消防队有义务支持他们。

图19-14 危机事故压力管理必须考虑其他参与事故的部门

提示

事故涉及的所有人员均应参加缓解压力的会议。 消防队内部心理咨询员应在这种正式的报告会议中进行培训。

本章小结

- 大型事故一般会调集许多人员和资源，撤离现场人员和资源需要拟定一个撤离方案。当事故得到控制时，该方案能安全和有效地撤离现场人员。
- 战斗结束后需要有组织地撤离消防队，消防队有序返回驻地后恢复备战。战斗结束至少包括三个阶段：撤离、返回中队和事故收尾阶段分析。
- 撤离是指事故指挥员组织消防员返回消防中队的阶段。在制定这一计划时，事故指挥员必须评估现场力量，确保体力透支的人员先行撤离。应基于优先性原则和实际需要撤离现场设备和人员。
- 事故处理中如果消防员沾染污染物，返回前必须洗消。从事故现场返回中队，消防员应该快速恢复战备。有时，消防人员在返回中队前会先去危机事故压力管理部门，缓解事故带来的压力。
- 任何一起事故，只要有多个部门参加，都应进行事故收尾阶段分析，该方法能回顾事故是如何发展的。事故收尾阶段分析包括分析人员、设备、资源和作战效能。
- 事故收尾阶段分析的目的是完善并改正灭火策略。
- 事故收尾阶段分析的第一步是在事故发生后进行非正式的讨论。消防员们可以自由讨论事故，他们如何执行各项具体行动的，他们观察到了什么，以及他们应该如何改进事故处置行动。
- 事故收尾阶段分析第二步是正式的事故收尾阶段分析，需要提前计划组织，现场消防员人员、事故指挥员和后勤保障人员都应出席。所有成员参与事故回顾，讨论行动顺利与否。这次会议的结果可能会更新标准操作指南。
- 应急响应人员可能会遇到一些事故，这些事故给他们带来压力，危机事故压力管理系统是为了帮助他们应对这些压力。有经验的专家组织讨论会议，在会议中救援人员能缓解事故中产生的压力和紧张。消防员应接受专门训练，学习如何识别压力带来的症状，来判断同事的压力和焦虑状态。
- 有四种类型的危机事故压力管理：同伴缓解，现场缓解，撤离后缓解和正式报告。

主要术语

危机事故（critical incident）：可能形成紧急应激压力的事故（例如，涉及儿童、家庭成员或同事的事故）。

危机事故压力管理［critical incident stress management（CISM）］：用于应对危机事故应激响应短期和长期影响的过程。

撤离（demobilization）：危机事故结束后，人员、车辆和器材返回的过程。

同伴缓解（peer defusing）：一种危机事故压力管理方法，在紧急事故收尾阶段由受过训练的同事与应激响应者交谈，目的是让应激响应者谈论他们在事故中的感受。

事故收尾阶段分析 ［postincident analysis（PIA）］：发生事故之后的讨论，专注于提高工作的有效性和安全性。

标准化装备（standardized apparatus）：同一个消防部门的装备操作方法和布局方式相同，例如，所有的泵布局都相同，操作相同，设备相同。当消防员必须使用另一个消防队车辆的情况下，这种标准化是非常有用的。

案例研究

作为消防队的负责人，在事故结束后，你将与战斗员进行一次圆桌讨论。你想讲解一些安全措施要点。

1. 在撤离时，以下哪个陈述是错误的？

A. 必须考虑设备　　　B. 必须考虑人员　　　C. 必须考虑器材　　　D. 必须考虑扩大突发事件管理系统的结构

2. 当谈到危机事故压力管理时，哪一步是在事故收尾阶段立即与消防队员一起执行？

A. 同伴缓解　　　B. 现场缓解　　　C. 缓解　　　D. 正式报告

3. 事故收尾阶段分析的目的是：

A. 对事故中出错的事情负责

B. 批评由事故指挥员下达的命令和战术任务

C. 鼓动业务变化

D. 避免记录事故报告中的错误

4. 在火灾后清理过程中，应该考虑下列哪项？

A. 采用先入先出的方法

B. 要求新消防队进行清理

C. 有足够数量的单位和人员在现场完成清理

D. 以上所有

复习题

1. 在一个事故中，必须制定什么计划使消防力量返回各自消防队？

2. 列出战斗结束的三个阶段。

3. 哪些消防员应该先撤离？

4. 简述"先入先出"概念。

5. 危急事故压力管理目的是什么？

6. 简述非正式的事故收尾阶段分析会议，并说明可能在哪里举行。

7. 列出撤离阶段指挥员应考虑的因素。

8. 列出三个可以被称为危机的事故。

9. 什么时候，以及应该如何启动危机事故压力管理工作？

10. 列出并简要解释危机事故压力管理的四种类型。

讨论题

1. 检查你所在部门的指导方针，找出战斗结束的指导方针。看看上次更新的时间？是否提倡"先入先出"的理念？

2. 从国家消防学院、美国消防协会或当地资源获取一个重大事故收尾阶段分析的副本。查阅所提供的内容和信息，看看有哪些经验教训可以吸取？

3. 从当地危机事故压力管理小组获取信息，应该何时，采用何种方式联系他们？

参考文献

National Institute of Occupational Safety and Health. (2006). *Fire fighter fatality investigation report F2006-07: Two volunteer fire fighters die when struck by exterior wall collapse at a commercial building fire overhaul—Alabama*. Atlanta, GA: CDC/NIOSH. Retrieved from http://www.cdc.gov/niosh/fire/reports/face200607.html.

第20章 综合运用

学习目标 通过本章的学习，应该了解和掌握以下内容：
- 针对一场模拟的单户住宅建筑火灾，能够有效地运用火场管理理念、灭火策略和战术。
- 针对一场模拟的多户住宅建筑火灾，能够有效地运用火场管理理念、灭火策略和战术。
- 针对一场模拟的商业建筑火灾，能够有效地运用火场管理理念、灭火策略和战术。

案例研究

2011年5月15日发生了一起教堂火灾。在扑救过程中，教堂天花板突然塌落，一名40岁的消防员被困于火场之中，因公殉职。当日15时53分，消防队（牺牲消防队员所在的消防队）接到报警，被派遣至一所教堂（未登记地址）处置火灾。首批救援力量到达现场时发现明火，且教堂的屋顶有浓重的烟气冒出。因为现场周边未设置消火栓，现场指挥员第一时间向指挥中心请求了增援。现场指挥员首先派遣了一辆云梯车（有一名指挥员和四名消防员）和一辆水罐车（两名消防员，其中一名是后来遇难的消防员）达到火场，执行搜索和控制火势的任务。进入教堂后，消防员仅发现了内部四散的白色烟尘，却未发现明火。突然，墙壁和天花板发生部分开裂，隐藏于阁楼内的火焰暴露出来，火场情况迅速发生了变化。鉴于如此危险的情况，他们及时做出了从内部撤离的决定。撤离时（大约16时10分），屋顶开始塌落，导致在此处灭火的一名消防员被困，其他消防员在从窗户撤离过程中也受到不同程度的伤害。由于火势十分猛烈，其他消防员无法回到被埋压区域营救被困的消防员，直到火灾完全扑灭后，才找到了这名消防员的尸体。

事故主要原因：

① 初期进行的火情评估没有全面考虑到水源缺乏、人员数量、建筑用途和轻型屋顶桁架结构等因素。

② 未能有效贯彻风险管理原则。

③ 这是一次风险高、发生频率低的事故。

④ 贸然进入火场内部实施内攻控制火势。

⑤ 未能有效实施 NFPA 1500《职业安全与健康计划标准》。

⑥ 在未被察觉情况下，火灾在闷顶燃烧了一段时间。

⑦ 火灾发展迅速。

⑧ 屋顶坍塌。

主要建议：

① 消防部门应确保在火灾扑救中能够做出全面有效的火情评估。

② 消防部门应在火灾扑救中合理运用风险管理原则。

③ 消防部门应定期检查，熟悉辖区内建筑物的基本情况，制定预案，便于在火灾扑救现场运用灭火策略与战术。

提出的问题：

① 你所在的辖区，是否有如此高风险、低频率的事故发生，或者有发生的可能性？

② 针对发生在闷顶中的火灾，你所在消防部门的应对方案是什么？

20.1　引言

这本书提出了有效管理火场的概念，包括对于火灾特性、灭火、突发事件管理系统、灭火战术、安全管理、中队灭火战斗、固定灭火设施、火灾后的分析总结以及关于非结构性火灾和特殊建筑火灾管理方面的研究。在每一章中都提出了一套完整的灭火策略和战术，与火灾动力学知识、灭火方法、安全管理、事故管理和消防队灭火行动相结合。将这些要素结合起来可以应用于大多数火场，使消防队可以以安全有效的方式来处置各类情况。

这一章将列举三个不同场景下的典型火灾案例。同时，提出了针对这类火灾的灭火策略，并提供相应的建筑平面图、周边路况图、对于火场情景的描述和部分场景的火灾预案。此外，书中还提供了指挥员对于每种情况的评估内容，以及根据信息所制定的灭火策略与战术。

20.2　假想消防大队

在下文中，以一个设有 4 个消防站的消防大队为例。这个消防大队可以提供全面的火灾扑救、火灾预防和危险化学品事故处置，并配有紧急医疗救助部门。消防队所在社区由大量单户住宅建筑、多户住宅建筑和小型商业建筑以及两栋 10 层的建筑组成。这个城镇留存了许多 20 世纪初之前的建筑物。但是，在过去的 10～15 年里，随着城市的发展，不断涌现出了大量如花园式公寓和城镇住宅等新式建筑。表 20-1 列出了这个消防大队的人员与装备情况。美国所有的消防部门都使用突发事件管理系统，这是一种结构术语，以A、B、C 和 D 来定义建筑的不同侧面，其中 A 指的建筑有登记地址的一面。

注意，在案例中参与救援的水罐车和云梯车均为每辆车三人（这一战斗编组少于最优编组人数，这样的编组形式仅满足于本案例情况的需要）。在实际情况中，战斗编组中的人员配置是根据各地不同的情况来确定的。在这些场景中，首战出动及增援出动人数都是17 人，这是在确保安全有效基础之上，进行火灾扑救所需最少的消防员人数。其中，水罐车和云梯车战斗小组的战斗力会随着人数的增加而得到提升。

这个消防大队与周围的消防大队关系十分融洽，他们执行着共同的标准操作规程，并有自动援助协议，以确保最近的消防队可以做出响应，提供增援，最多可完成四次增援任务。

大队配置的人员中包括一名大队长、一名作战指挥员、一名医疗急救队长、一名安全队长和多名参谋。在正常的工作时间，他们出警迅速，但在夜间他们出警时间会有所不同。

表 20-1 人员与装备情况

装备	规格	每班人员	备注
一号水罐车	流量为 1250gal/min 的 A 类消防车,750gal 的水罐	1 名中队长 1 名消防员/司机 1 名消防员	
二号水罐车	流量为 1250gal/min 的 A 类消防车,750gal 的水罐	1 名中队长 1 名消防员/司机 1 名消防员	
三号水罐车	流量为 1250gal/min 的 A 类消防车,750gal 的水罐	1 名中队长 1 名消防员/司机 1 名消防员	
四号水罐车	流量为 1250gal/min 的 A 类消防车,750gal 的水罐	1 名中队长 1 名消防员/司机 1 名消防员	
一号云梯车	75ft 云梯	1 名中队长 1 名消防员/司机 1 名消防员	
一号抢险救援车	配备重型救援工具组	1 名消防员/司机 1 名消防员	抢险救援车上配有云梯消防队的装备
一号医疗急救车	配备提供高级生命支持的相关设备 有运送伤员能力	2 名消防员/医疗急救员	医疗急救员受过综合培训,可参与灭火救援
二号医疗急救车	配备提供高级生命支持的相关设备 有运送伤员能力	2 名消防员/医疗急救员	医疗急救员受过综合培训,可参与灭火救援
一号指挥车	指挥车	1 名大队长	

20.3 场景一：单户住宅建筑火灾场景设定

一层单户住宅，如图 20-1 所示，表 20-2 列出了火情评估的要素。

图 20-1 单户住宅建筑

表 20-2 单户住宅建筑火情评估的要素

要素	描述
环境	
时间	星期二凌晨 3 点
建筑结构特点	建于 15 年前,普通结构,单户住宅建筑
天气	70 ℉,忽略风对火灾的影响
高度	一层
面积	2300ft^2
用途	住宅
周边道路情况	A 面与公路和私人车道相连,B、C 和 D 面是庭院,消防车无法进入
地势	平坦
出动力量情况	
首战出动情况	一号水罐车(3 人) 二号水罐车(3 人) 三号水罐车(3 人) 一号云梯车(3 人) 一号抢险救援车(2 人) 一号医疗急救车(2 人) 一号指挥车(1 人) 首战共出动 17 人。
所需人员	根据任务需要安排
出动车辆情况	3 辆水罐车,1 辆云梯车,1 辆抢险救援车,1 辆医疗急救车,1 辆指挥车
所需车辆	根据任务需要安排
周边水源情况	此区域有消火栓,最近的消火栓在 200ft 外,流量为 1000gal/min。
室内固定灭火设施	无
是否需要特殊灭火剂	不需要
到场时间	首辆水罐车和云梯车 4min 内到场,其他首战力量在 8min 内到场。
火情简介	
起火点	家庭活动室
火情蔓延可能性	存在内部蔓延可能性,与邻近房屋相距 50ft,不存在外部蔓延的可能性
燃烧物质的类型	普通家居用品
消防队到达现场时的火情	通过露台可以看到猛烈的大火,浓烟充斥了整个建筑
危险性	高(考虑到火灾发生的时间和道路上的车辆情况)
财产抢救难度	高
预计处置事故所需时间	1~2h

　　图 20-2 是建筑结构平面图,图中标注了起火点位置和火势蔓延方向。图 20-3 显示了街道和临近建筑。

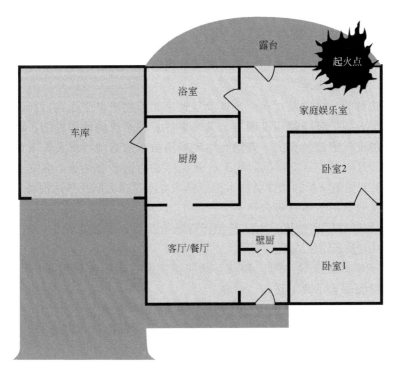

图 20-2　单户住宅建筑结构平面图

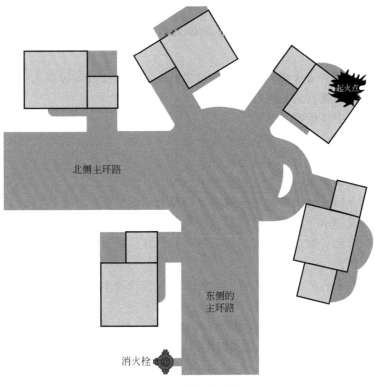

图 20-3　街道和临近建筑

20.3.1　灭火策略与战术

在此次事故处置中将运用到前文中所提到的策略目标。

20.3.1.1　消防员安全

为确保消防员的生命安全，在此次事故处置中必须完成多个战术目标。假定标准操作规程中包含了个人防护装备使用说明书，突发事件管理系统的使用方法，以及人员管控规程。针对这场单户住宅建筑火灾，首辆到达现场消防车的驾驶员将负责人员管控工作并启动消防泵。随后赶到的人员应将他们的人员管控标签给这名驾驶员。突发事件管理系统中明确指出，首辆到场消防车的指挥员应承担指挥职责，并在大队长到达现场后移交指挥权。

确保消防员安全的战术目标包括：

① 使用突发事故管理系统，大队长担任现场指挥员，尽可能设立一名安全官。

② 初期采用进攻灭火方式。

③ 内攻灭火前快速干预小组应到位，除非指挥员需要指挥处置某一严重威胁人员生命安全的紧急情况而来不及下达这一命令。

④ 使用适合该类型火灾扑救的进攻和备用水带（1.75in）。

⑤ 初期火灾扑灭后救援人员要休整。这种类型火灾规模及对环境的影响较小，因此，人员休整就是简单的身体状况评估和补液。

20.3.1.2　搜索和救援

如果户主不能详细介绍情况，消防队必须进行内部搜索。考虑到火灾发生的时间，应当最先搜索卧室、通往出口的走道以及门窗后的区域。此外，搜救队员应当配备热成像仪来辅助搜索工作。

20.3.1.3　疏散

搜救过程中必须对着火建筑物内的人员进行疏散。无法有效控制火势，并转为防御模式时也应对周边区域进行人员疏散工作。

20.3.1.4　保护未燃物

在火灾控制和灭火阶段，应保护建筑物内的未燃物。采用防御模式时应对外部临近建筑进行相应保护。

20.3.1.5　控制火势

控制火势对于防止火灾蔓延至建筑其他部位和辅助搜救工作来说都是十分重要的。在此场景中，第一条供水干线应穿过前门并放置于可以控制家庭活动室火灾的位置。这一战术不仅可以控制火势，而且可以保护搜救通道和消防员的安全。

20.3.1.6　灭火

当火势得到控制后，消防队应将力量投入到灭火行动中。在此案例中，控制火势的供水干线同时用于灭火。针对此类规模的住宅（2300ft^2，20％过火），根据 NFA 公式，所需的水流量大约为 150gal/min，详见第 8 章"灭火剂"。使用 1.75in 的水带可以满足需求。另一条 1.75in 的供水线路应铺设在第一条线路之后，以达到保护出口和辅助搜救工作开展的目的。

20.3.1.7　通风

火焰已经窜到露台门外，因此消防员需打开窗户进行水平通风，便于搜救工作的开展。尽可能将正压通风设备安放在前门,且要关闭内部房门。除非火焰从阁楼窜出,否则不需要在屋顶进行垂直通风排烟。

20.3.1.8 火场清理

火场清理的目的是确保火灾被完全扑灭。当明火扑救完毕后,队员应破开墙壁和天花板,检查有无残火。阁楼和露台的屋檐外也应进行检查。使用热成像仪有助于找到火点。

20.3.1.9 抢救财物

若火灾扑救效果显著,消防队的工作重点就要转移到抢救财物方面。在这个火灾场景中,防火毯可用来覆盖未过火的地毯和家具。对卧室实施排烟,有助于保护衣物和其他个人财产。

20.3.2 中队任务分工

合理分工是完成各项任务的前提。表 20-3 列出了针对此次事故的标准分工模式(按到达先后顺序排列)。

表 20-3 单户住宅火灾事故标准的中队分工模式

作战力量	初期任务	其他任务
一号水罐车(E1)	从前门开始铺设一条 1.75in 水带线路到家庭活动室,实现控制火势和灭火的目的。在固定供水线路铺设之前,使用水罐储水供水。这一战斗编组的指挥员在初期履行火场指挥职责,并对房屋进行全面观察,驾驶员作为初期人员管控点的负责人	在火灾被完全扑灭、消防队员的体力也得到一定恢复的基础上,本组人员可参与到抢救财物工作中
一号云梯车	如果现场不需要使用云梯,云梯车的三名队员则可依需求安排任务。云梯车的指挥员和一名队员协助一号水罐车供水,进入建筑物内部后,立即对重点区域搜索。当水带干线铺设完毕后,云梯车的驾驶员应从外部打开房屋窗户实现水平方向的通风	初步搜索工作完成后,云梯队员应清理火场和抢救财物
一号抢险救援车	首次出动两名人员	三号水罐车到达现场后,承担快速干预任务的一号抢险救援车的队员采取正压通风措施协助,清理火场和挽救财物
大队长	事故指挥员	
一号医疗急救车	协助一号云梯车进行搜索	当初步搜索工作完成后,医疗急救队员设置队员休整区。如果发现了遇险人员或者需要医疗救援人员,一号医疗急救车上的人员应该对遇险者采取急救措施,视情况调派另一辆医疗急救车协助运送伤员
二号水罐车(E2)	反向铺设一条从一号水罐车到最近消火栓的供水线路,由二号水罐车驾驶员连接水带和消火栓。队长和战斗员铺设第二条 1.75in 的供水线路,进入建筑物内增援	火灾扑灭后,开展第二轮搜索
三号水罐车(E3)	到达现场后,作为快速干预队员。	快速干预任务完成后协助抢救财物和火场清理
参谋人员	第一到场的参谋人员负责现场安全管理工作。 其他参谋人员将负责: • 收集公众信息 • 人员登记 • 满足居民需求 • 如果事态升级,接手指挥工作	

　　这类火灾事故扑救结束后，消防部门应组织事故收尾阶段分析。事故收尾阶段分析应着重于事故原因并指出处置过程中的成功和不足。

　　这个案例是典型的室内火灾，各地的消防队经常会处置此类事故。此次火灾中，首先到场的消防队处置得当，在完成既定策略和战术目标的同时，将财产损失降到了最低，有效保障了消防员的生命安全。

20.4　场景二：多户住宅建筑火灾场景设定

图 20-4　多户住宅建筑

　　图 20-4 是一座建于 1930 年，普通结构的五层多户住宅建筑。由于此次演练需要更多的参战力量，所以安排了增援。为达到此次演练的目的，设定每次增援都将派遣相同的人员和装备。表 20-4 列出火情评估的要素。

　　图 20-5 是建筑结构图，标出了起火位置和可能蔓延的方向。图 20-6 显示了临近的街道和建筑。

表 20-4　多户住宅建筑火情评估的要素

要素	描述
环境	
时间	星期五 11 点钟
建筑特点	建于 1930 年，普通结构，多户住宅建筑
天气	65 ℉，风速无影响
高度	4 层
面积	每层面积为 5000ft^2 每个房间约为 400ft^2
用途	住宅
周边道路情况	建筑的 A、D 两面是两条街道，与 B 面相邻的为一座相似的公寓楼，C 面是一条小巷
地势	平坦
出动力量情况	
人员出动情况	一号水罐车(3 人) 二号水罐车(3 人) 三号水罐车(3 人) 一号云梯车(3 人) 一号抢险救援车(2 人) 一号医疗急救车(2 人) 一号指挥车(1 人) 共 17 人
所需人员	根据任务需要安排
出动车辆情况	3 辆水罐车，1 辆云梯车，1 辆抢险救援车，1 辆医疗急救车，1 辆指挥车

续表

要素	描述
所需车辆	根据任务需要安排
周边水源情况	此区域有消火栓,最近的消火栓在 50ft 外,供水量为 200gal/min
室内固定灭火设施	无
是否需要特殊灭火剂	不需要
到场时间	首辆水罐车和云梯车 4min 内到场,其他首战力量在 8min 内到场。增援力量将在接到通知后 8min 内到场
火情简介	
起火点	3 层 3B 房间
火情蔓延可能性	火灾存在内部蔓延可能性 四层及阁楼是严重受威胁区域 存在由 B 面向外蔓延的可能
燃烧物质的类型	普通家居
消防队到达现场时的火情	3B 房间的两个窗户可以看到猛烈燃烧的火焰。3 楼的走廊及 4B 房间弥漫着浓烟。临近房间及 4 楼走廊内的烟不大
危险性	中度危险(考虑到火灾发生的时间)
保护财产难度	高
预计处置事故所需时间	2~3h

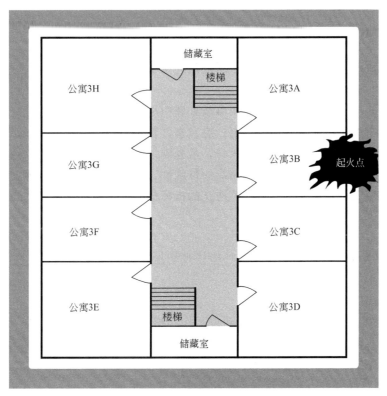

图 20-5 多户住宅建筑平面结构图

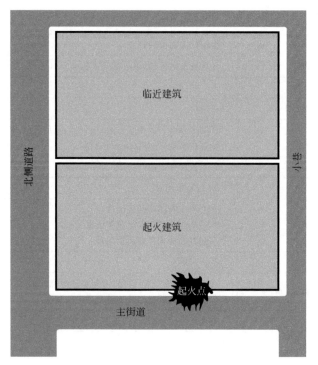

图 20-6　街道和临近建筑

20.4.1　灭火策略与战术

在此次事故处置中将运用到前文中所提到的策略目标。

20.4.1.1　消防员安全

为确保消防员的生命安全，在此次事故处置中必须完成多个战术目标。假定标准操作规程中包含了个人防护装备使用说明书，突发事件管理系统的使用方法，以及人员管控规程。在本次火灾中，着火建筑有多个入口，最先到达的消防队负责每一个入口的人员管控工作。考虑到事故的复杂程度和建筑布局的特殊性，应设立现场人员管控的负责人。突发事故管理系统规定，首辆到达火场的消防车的指挥员应承担指挥职责，并在大队长到达现场后将指挥权移交。

确保消防员安全的战术目标包括：

① 使用突发事故管理系统，大队长担任现场指挥员，可设立一名安全官和一名人员管控负责人。

② 初期采用进攻灭火方式。

③ 内攻灭火前快速干预小组必须到位，除非指挥员需要指挥处置某一严重威胁人员生命安全的紧急情况而来不及下达这一命令。此次事故中，由于建筑物面积大，内有多个入口，应有两个快速干预小组。

④ 使用适合该类型火灾扑救的进攻和备用水带（至少 1.75in）。

⑤ 初期火灾扑灭后救援人员要休整。这种类型火灾规模及对环境的影响较小，因此，

人员休整就是简单的身体状况评估和补液。

20.4.1.2　搜索和救援

除非已经在现场清点了建筑物内的人员，否则必须进行内部搜索。如果没有其他特殊的需求，搜索行动按照顺序进行，应先搜索着火建筑，然后临近建筑。先搜索着火层然后再搜索着火层上层，如果人员充足的情况下可以同时开展搜索。针对第四层，搜索工作应先在着火房间上层，然后再向外延伸，搜索人员应利用热成像仪辅助搜索。

20.4.1.3　疏散

建筑物内所有人员都应疏散。在火势尚未影响到一、二层的住户前将其疏散出来。根据火势的蔓延情况，决定是否疏散邻近建筑物内的人员。必要时采用防御模式。

20.4.1.4　保护未燃物

在火灾控制和灭火阶段，应保护建筑物内的未燃物。采用防御模式时应对外部临近建筑进行相应保护。

20.4.1.5　控制火势

实现对火势的有效控制对于防止火灾蔓延至建筑其他部位和辅助搜救工作来说是十分重要的。在战斗初期，为阻止火灾向走廊蔓延，要注意水带干线铺设位置。在该场景中，第一条水带线路由前门进入楼内，并沿东侧楼梯蜿蜒铺设至 3B 房间的入口处。这种铺设方式有助于控制火势、保护搜救和疏散通道、有利于营救和疏散行动，同时有效确保消防员的安全。另一条水带沿东侧楼梯铺设至 4B 房间，防止垂直方向的火势蔓延，这一举措同样有助于控制火势。

20.4.1.6　灭火

火势得到控制后消防队应将力量投入到灭火行动中。在此场景中，先期控制火势的供水线路也用来灭火，并铺设了第二条水带线路辅助。针对此类场景（内部面积约为 $400\mathrm{ft}^2$，全面过火），根据 NFA 公式，所需水量应达到 130gal/min。使用 1.75in 的水带可满足要求。辅助供水线路应铺设在第一条线路之后，以保护进攻的队员。当进攻队员撤出起火房间时，用于扑灭明火。

20.4.1.7　通风

消防员到场时火焰已经窜到窗外，此时需在楼梯上方的屋顶破拆开口，排出楼道内的烟气和热量，辅助搜索、救援和疏散任务的进行。必要时消防员可将相邻房间及上层房间的窗户打开通风。但是，打开着火房间上层窗户实施通风需要相对谨慎，防止加剧火势发展。消防员可将正压通风装置放置在一楼的楼梯入口处，加速排出楼梯井内的烟气。当楼梯内的烟气被排出后，可在其他楼层的楼道内使用正压排风扇，通过对房间门的开关控制，实现对每个房间的通风。除 3 楼楼梯处通风外，除非火灾蔓延到阁楼内，否则不必通过屋顶开口进行垂直通风。

20.4.1.8　火场清理

在本次火灾场景中火场清理尤为重要。当明火扑救完毕后，队员应破开着火房间的墙壁和天花板，直至发现未燃烧完全的建材。对于与着火房间相邻的三、四层房间和公用竖井也应当仔细检查。消防员可通过天花板开口或阁楼通道进入阁楼检查，并对着火房间屋顶外的屋檐进行检查。火场清理过程中，消防员都应当配备热成像仪来辅助行动开展。

20.4.1.9 抢救财物

在多户住宅建筑火灾中，受牵连住户越多，抢救财物工作越重要。应将工作重点放在着火建筑的财产抢救中，同时采取措施，防止烟气及水渍对周围建筑造成损失。其中，着火房间下面的一、二层房间会因消防用水而受到损失。

20.4.2 中队任务分工

为完成既定的灭火策略和战术目标，应当对各中队做好任务分工。如表 20-5 所示，按到达顺序，列出了初期和后期的任务分工。

表 20-5 多户住宅建筑火灾事故标准的中队分工模式

作战力量	初期任务	其他任务
初战到场力量		
一号水罐车(E1)	通过前门沿东侧楼梯铺设一条 250ft 长 1.75in 的水带干线到达三层，经走廊将灭火阵地设于着火房间门前(在连接消火栓之前，先使用水罐内储水)。由一号水罐车的司机负责人员管控，队长担任初期指挥员	火灾扑灭、消防员体力恢复后，本组人员将辅助财物抢救工作
一号云梯车	将云梯车停靠在建筑 A 面和 D 面的拐角处，并将云梯延伸至楼顶。云梯可以为到达顶楼的消防队员提供撤离出口。队长带领队员通过 B 侧邻近建筑内部上到屋顶，实现屋顶通风。操作员将留在云梯车旁，负责屋顶操作消防员的登记工作	屋顶各项工作完成后，队员应辅助第四层的搜索和营救工作
一号抢险救援车	两名队员协助一号水罐车破拆，进入建筑内部后搜索重点区域	
大队长	大队长担任现场指挥员，在初期灭火时，很难对建筑物进行全面侦察，现场指挥员不得不依赖于后续到场的救援力量。大队长必须尽早指派人员完成全面侦察工作	
一号医疗急救车	首次出动两名队员，从一号云梯车上取下梯子并架设，为内部人员提供撤离出口	
二号水罐车(E2)	铺设一条从一号水罐车向最近消火栓的供水线路。中队队长、驾驶员和战斗员自二号水罐车引出一条 3in 水带干线至东部楼梯间的第三层。这条水带干线是从一号水罐车用 Y 型分水器连接的。二号水罐车队员携带一条 100ft 长的 1.75in 水带连接分水器，并将其延伸至 4B 门口，检查火势蔓延情况并进行初步搜索	火灾扑灭后，开展二次搜索
三号水罐车(E3)	三号水罐车人员携带一条 100ft 的室内消火栓专用水带到达三楼，连接分水器，将其延伸至 3B 房间外，掩护进攻的消防员	
参谋人员	第一到场的参谋人员负责现场安全管理工作 其他职位的参谋人员将负责： • 采集信息 • 满足居民需求 • 如果事态升级，接手指挥工作 • 指导着火层的灭火工作	

续表

作战力量	初期任务	其他任务
增援力量任务分工		
四号水罐车	作为第一个快速干预小组	
二十一号水罐车(互助)	辅助1、2层的搜索及疏散工作	
二十二号水罐车(互助)	采取防御模式时为一号云梯车供水	
二十一号云梯车(互助)	对第三层进行火场清理	
二号医疗急救车	设置医疗急救区和休整区	
二十一号救援车(互助)	协助1、2层的搜索与疏散,确认财产抢救的重点	
消防局副局长	负责指挥,向消防大队长布置任务	

火灾后,应组织对此次事故进行事故收尾阶段分析。事故收尾阶段分析应着重于事故原因,并指出处置过程中的成功之处和不足。

本次火灾场景设定为一个房间着火,是一个相对简单的案例。但相比前一个场景,其发生在一个大型居民建筑的三楼,处置难度较大。但两次警报所调来的力量很好地处置了此次火灾。由此可见,策略目标的完成是通过正确应用灭火战术和实施灭火策略来实现的。

20.5 场景三:商业建筑火灾场景设定

火灾场景设置在一个 层的小型购物中心,如图 20-7 所示。它始建于 1965 年,建筑外墙由混凝土砖石建成,屋顶为金属材质。这一小型购物中心共有 8 个商铺,它们共用一个屋顶。由于本场景中需要调动增援力量,想必会出现多次火警。针对此类建筑火灾的作战需要调派增援力量。设定每次增援都将派遣相同数量的人员和装备。表 20-6 列出火情评估的要素。

图 20-7 商业建筑,沿街购物中心

表 20-6 商业建筑火情评估的要素

要素	描述
环境	
时间	周六凌晨 2 点
建筑特点	建于 1965 年,普通结构的小型购物中心
天气	55 ℉,风速无影响
高度	1 层
面积	$20000(400 \times 50) ft^2$

续表

要素	描述
建筑类型	8 个店铺,从北至南依次为: • 古玩店 • 画廊 • 快餐店 • 床上用品店 • 旧货店 • 玩具店 • 美容院 • 涂料店
周边道路情况	建筑 A 面为停车场,B、D 面临街,C 面为一拥挤小巷。四面都有可进入建筑物的通路
地势	平坦
出动力量情况	
人员出动情况	一号水罐车(3 人) 二号水罐车(3 人) 三号水罐车(3 人) 一号云梯车(3 人) 一号抢险救援车(2 人) 一号医疗急救车(2 人) 一号指挥车(1 人) 首战及增援共出动 17 人
所需人员	根据任务需要安排
出动车辆情况	3 辆水罐车,1 辆云梯车,1 辆抢险救援车,1 辆医疗急救车,1 辆指挥车
所需车辆	根据任务需要安排
周边水源情况	此区域有消火栓,最近的消火栓在 100ft 外,供水量为 1500gal/min
室内固定灭火设施	涂料店内安装了自动喷淋系统
是否需要特殊灭火剂	涂料店内有稀释剂和其他易燃材料,需用泡沫灭火剂
到场时间	第一辆水罐车和第一辆云梯车将于 4min 内到场,其他首战力量将在 8min 内到场。增援力量将在接到通知后 8min 内到场
火情简介	
起火点	快餐店
火情蔓延可能性	极易内部蔓延,特别是向屋顶和临近店铺方向蔓延。向外部蔓延的可能较小
燃烧物类型	着火建筑内大部分为 A 类可燃物,快餐店内可能使用天然气。若火灾蔓延至周边店铺将会有多种不同类型的可燃物燃烧
消防队到达现场时的火情	通过快餐店的前窗看到火焰猛烈。浓烟散布到画廊和床上用品商店。所有店铺都弥散着轻烟
危险性	低(考虑到火灾发生的时间)
保护财产难度	高
预计处置事故所需时间	3～4h

图 20-8 显示了其平面图，标明了起火位置和可能的蔓延方向。图 20-9 显示了街道和邻近建筑物情况。购物中心是一个消防安全重点单位，图 20-10 为事故预案图。

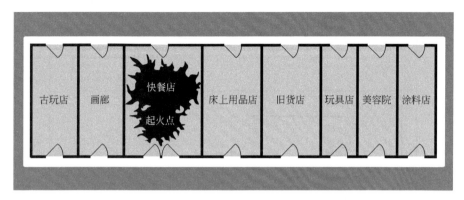

图 20-8　沿街购物中心内部的商店

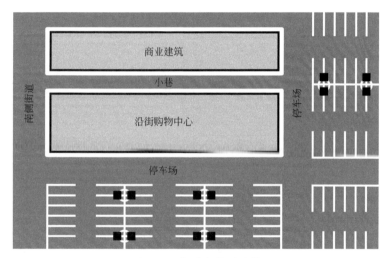

图 20-9　街道和临近建筑

20.5.1　灭火策略与战术

在此次事故处置中将运用到本章节中所提到的策略目标。

20.5.1.1　消防员安全

为确保消防员的生命安全，在此次事故处置中必须完成多个战术目标。假定标准操作规程中包含了个人防护装备使用说明书，突发事件管理系统的使用方法，以及人员管控规程。

对比多户住宅建筑火灾而言，购物中心有多个入口可以进入店铺内部以及事故区域。在每一个可能使用的入口处，首批到达的中队将负责这一入口的人员管控。考虑到事故的复杂程度和建筑布局的特殊性，应立现场人员管控的负责人。突发事件管理系统中要求第一到场的水罐车负责人将担任临时指挥员，当大队长到场后移交指挥权。

确保消防员安全的战术目标包括：

① 使用突发事故管理系统，大队长担任现场指挥员，尽可能设立一名安全官和一名

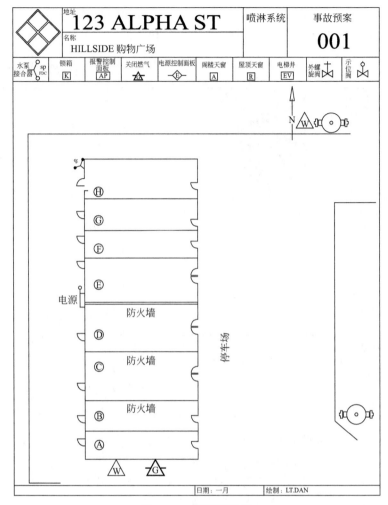

图 20-10 事故预案图

人员管控官。

② 初期采用进攻灭火方式。

③ 内攻灭火前快速干预小组必须到位，除非指挥员需要指挥处置某一严重威胁人员生命安全的紧急情况而来不及下达这一命令。此次事故中，由于建筑物面积大，内有多个入口，应有两个快速干预小组。

④ 使用适合此种火灾类型的进攻灭火和备用水带（至少 1.75in 水带，人员充足时可以使用 2.5in 水带）。

⑤ 初期火灾扑灭后救援人员要休整。这种类型火灾规模及对环境的影响较小，因此，人员休整就是简单的身体状况评估和补液。

20.5.1.2 搜索和救援

由于此次事故发生在凌晨，店铺内部有人员被困的可能性较低。快餐店已全部过火，立即对其内部进行全面搜索是不可行的。因此，应重点搜救充满浓烟的临近店铺。同时，部署铺设水带，使用热成像仪辅助搜救。

20.5.1.3　疏散

如确有人员在其他店铺内，应立即将其疏散出来。若火灾蔓延至其他存有危险物品的店铺，如涂料店，指挥员应当考虑疏散周围的居民。

20.5.1.4　保护未燃物

在室内控火和灭火阶段应做好对火势蔓延情况的压制。当处于防御控制火势的阶段时，应对外部临近建筑加强保护。

20.5.1.5　控制火势

控制火势对于防止火灾蔓延至建筑其他部位至关重要。初期，消防员必须铺设数条水带干线于合适位置，以达到阻止火灾向公共阁楼蔓延的目的。由于已全面过火，附近的商店也没有特殊危险，且南边的店铺较多，所以第一条供水线路应铺设至床上用品店内。消防员应立即打开天花板，将第二条用于火情控制的水带线路延伸至画廊内，将火势控制在快餐店内。

20.5.1.6　灭火

当供水线路铺设完毕，火情得到控制后，消防队应将力量投入到灭火行动中。在此案例中，位于商场后面的水罐车应通过后门推进 2.5in 水带，将火势推到快餐店前面，通过快餐店窗户将热量排出。当第二辆水罐车到达商场后方时，应立即铺设第二条供水线路（2.5in）为第一条干线供水。针对此类场景（失火快餐店的总面积为 $1250ft^2$，全面燃烧），根据 NFA 公式，所需水量约为 416gal/min。为满足供水要求，需采用两条供水干线供水（2.5in），水流量为 200gal/min。

20.5.1.7　通风

当消防员到场时，火焰已经窜到了窗外。消防员应打开画廊和床上用品店的天窗实现垂直排烟，并在确保安全的前提下，在快餐店屋顶开口进一步排烟。在此情形下，可以使用正压通风系统。当消防员数量充足，无法有效控制火势时，可以考虑挖一条沟渠。

20.5.1.8　火场清理

扑救明火后消防员应该破拆快餐店的墙壁和天花板，确保没有燃烧的木材。为确保火灾被完全扑灭，也应仔细检查相邻店铺。消防员可利用热成像仪辅助火场清理工作。

20.5.1.9　抢救财物

在火灾扑救过程中，应当保护周围店铺免受火灾、烟雾和水渍所造成的损失。画廊内可能陈列有名贵的作品或其他有价值的物品。床上用品店内可能存有大量货物和重要的交易记录。因此，财产抢救工作涉及方方面面。若火势已被控制在快餐店内，通风排烟和抢救其他店铺内的财产要比抢救着火店铺内的财物更为重要。

20.5.2　中队任务分工

为完成既定的灭火策略和战术目标，应针对各中队做好任务分工。表 20-7 按出动顺序，列出了初期和后期的任务分工情况。第一力量到场后，随即调度增援力量。

在实现对火势有效控制后，队员们应对临近未过火店铺进行通风排烟，同时展开财产抢救与火场清理。

若未能有效控制火势，现场指挥员应迅速请求再次调集增援力量。如果第一到场参战

表 20-7　商业建筑火灾事故标准的中队分工模式

作战力量	初期任务	其他任务
首战到场力量		
一号水罐车(E1)	经床上用品店前门,铺设一条 150ft 的供水干线(1.75in 或 2.5in)。在与消火栓连接前,先使用水罐内储水。一号水罐车的驾驶员负责人员管控。中队长担任指挥员	
一号云梯车	将云梯车停靠在床上用品店前,其队员与一号水罐车队员共同进入店内,辅助破拆天花板和控制火势行动,云梯车操作员将云梯架设至屋顶	
一号抢险救援车	与三号水罐车一同进入画廊内,辅助控制火势	
大队长	大队长担任现场指挥员,在初期灭火时,很难对建筑物进行全面侦察,现场指挥员不得不依赖于后续到场的救援力量。大队长必须尽早指派人员完成全面侦察工作	
一号医疗急救车	首次出动两名队员	
二号水罐车(E2)	铺设一条供水干线至购物中心后方,并使用 2.5in 水带进攻	火灾扑灭后,开展二次搜索
三号水罐车(E3)	在为一号和三号水罐车连接好供水线路后(5in),三号水罐车的队员自一号水罐车取出一条 200ft 长的 1.75in 水带,与抢险救援人员一同进入画廊内	
参谋人员	第一到场的安全官负责现场安全管理工作,第二到场的参谋人员负责人员管控	
增援力量任务分工		
四号水罐车(E4)	到达建筑后部并铺设第二条 2.5in 的水带线路自后方展开进攻	
二十一号水罐车(互助)	在建筑物前方承担快速干预任务	
二十二号水罐车(互助)	如需防御控制火势,则为一号云梯车供水	
二十一号云梯车(互助)	如作战需要,在楼顶开口通风排烟	
二号医疗急救车	建立医疗急救区和休整区	
二十一号抢险救援车(互助)	在建筑物后方承担快速干预任务	
消防局副局长	负责指挥,向大队长布置任务	

的队员体力消耗过大,在完成初期任务后也可请求增援参与财产抢救和火场清理。

火灾后,应组织对此次事故进行事故收尾阶段分析。类似于前文内容,事故收尾阶段分析应着重于事故原因并指出处置过程中的成功和不足之处。

本次火灾场景设定于小型购物中心,这一类型火灾会给消防员带来特殊的挑战。例如,一栋多用途建筑的店铺虽共用一个屋顶,但各自存放有不同类型的物品。两次报警调集了相应的力量处置了这场火灾。但仍可能需要再次调集力量。由此可见,策略目标的完成是通过正确应用灭火战术和实施灭火策略来实现的。

本章小结

- 本章设定了三个不同的场景，并列出了在不同场景中运用的灭火战术。使用的灭火策略与战术都建立在文中所构建的合理情景之上。

- 针对单户住宅建筑火灾，制定了包括消防员安全、搜救、疏散、保护、控火、灭火、通风、抢救财物和清理火场在内等有针对性的灭火策略和灭火战术目标。

- 为实现灭火策略和灭火战术目标，本章列出了针对单户住宅建筑火灾的任务分工。共调派了3辆水罐车，在事故处置过程中，每辆车的人员都承担相应的任务，直至增援力量到场，并铺设一条 1.75in 水带的供水干线。

- 提出了扑救多户住宅建筑火灾的灭火策略和灭火战术目标。

- 为实现灭火策略和战术目标，本章列出了针对多户住宅建筑火灾的任务分工。6 辆水罐车（其中 3 辆为互援水罐车），2 辆云梯车，2 辆抢险救援车（其中 1 辆为互援抢险救援车），2 辆医疗急救车，一名大队长，消防局副局长，以及多名派遣至现场的工作人员。事故处置过程中，每一名队员都被分配相应的任务。现场需要数条 1.75in 水带的供水干线。

- 提出了扑救商业建筑火灾，尤其是小型购物中心火灾的灭火策略和灭火战术目标。

- 为实现灭火策略和战术目标，本章列出了针对小型购物中心火灾的任务分工。6 辆水罐车（其中 2 辆为互援水罐车），2 辆云梯车，2 辆抢险救援车（其中一辆为互援抢险救援车），2 辆医疗急救车，一名大队长，消防局副局长，以及多名派遣至现场的工作人员。事故处置过程中，每一名队员都被分配相应的任务。现场需要数条 1.75in 水带的供水干线。如果人员充足，可铺设数条 2.5in 水带的供水干线。

案例研究

作为一名消防员，在你所在辖区内选择一个单户住宅建筑、一个多户住宅建筑和一个商业建筑，模拟相应的火灾，按照本书的信息进行演练。

复习题

1.在多层住宅楼火灾场景中，如果有两个相同大小的公寓过火，需要的水流量为多少（使用 NFA 公式）？

2.在商业建筑火灾场景中，如果有三家商店都过火，所需的水流量是多少（使用 NFA 公式）？

3.为什么在这三起火灾事故中都应该进行事故收尾阶段分析？

4.为什么在单户住宅建筑火灾中应该首先搜索卧室和出口通道？

5.为什么在多户住宅建筑火灾中应该首先搜索较高的楼层？

6.解释标准操作程序中任务分工的重要性。

7.简述在每个火灾场景中使用热成像仪的优点。

8.在这个单户住宅建筑火灾场景中，如果建筑是轻型桁架结构，灭火战术目标会如何变化？

讨论题

1. 利用单户住宅建筑火灾场景中的信息，应如何部署初战的人员和装备以实现策略性目标？

2. 利用多户住宅建筑火灾场景中的信息，应如何部署初战的人员和装备以实现策略性目标？

3. 利用商业建筑火灾场景中的信息，应如何部署初战的人员和装备以实现策略性目标？

参考文献

National Institute for Occupational Safety and Health. (2012). *Fire fighter fatality investigation report F2011-14: Career fire fighter dies in church fire following roof collapse—Indiana*. Atlanta, GA: CDC/NIOSH. Retrieved from http://www.cdc.gov/niosh/fire/reports/face201114 .html.

附录A 美国国家消防学院火灾与应急管理服务高等教育（FESHE）课程导读

FESHE 课程原则	灭火策略与战术(原著第三版)相关章节
1. 讨论与灭火策略和战术相关的火灾行为	6,11,15,17,18
2. 解释火灾预案的主要组成部分,并确定检查火灾预案所需的步骤。	7
3. 确定建筑结构及其与火灾预案、灭火策略和战术的关系	1,5,7,11,12,13,14,15
4. 描述现场评估的步骤	1,3,4,10,11,12,13,14,15,16,18,20
5. 考查火场通信的重要性	3,4,17
6. 确定国家突发事件管理系统(NIMS)和事件管理系统(ICS)的重要性及其与灭火策略和战术的关系	2,3,19,20
7. 演示 ICS/NIMS 的各种作用和可能性	2,3,19,20

附录B　英制单位和公制单位换算

表 B-1　长度

1in＝0.08333ft,1000 mil(千分之一英寸),25.40 mm
1 ft＝0.3333 yd,12 in,0.3048 m,304.8 mm
1 yd＝3 ft,36 in,0.9144 m
1 rad＝16.5 ft,5.5 yd,5.029 m
1 mile＝(美国和英国)5 5280 ft,1.609 km,0.8684 n mile
1 mm＝0.03937 in,39.37 m,0.001 m,0.1 cm,100μm
1 m＝0.094 yd,3.281 ft,39.37 in,1000 mm
1 km＝0.6214 mile,1.094 yd,3,281 ft,1000 m
1 n mile＝1.152 mile,1.853 km
1 μm＝0.03937 mil,0.00003937 in
1 mil＝0.001 in,0.0254 mm,25.40μm
1°＝1/360 圆周长,60′,3600″
1′＝(1/60)°,60″
1″＝(1/60)′,(1/3600)°

表 B-2　面积

1 in^2＝0.006944 ft^2,1273000 cmils(圆密耳,circular mils)(直径 1mil 的圆面积),645.2 mm^2
1 ft^2＝0.1111 yd^2,144in^2,0.09290 m^2,92900 mm^2
1 yd^2＝9 ft^2,1296 in^2,0.8361 m^2
1 acre＝43560 ft^2,4840 yd^2,0.001563 mile^2,4047 m^2,160 rad^2
1 mile^2＝640 acre,102400 rad^2,3097600 yd^2,2.590 km^2
1 mm^2＝0.001550 in^2,1.974 cmils
1 m^2＝1.196 yd^2,10.76 ft^2,1550 in^2,1000000 mm^2
1 km^2＝0.3861 mile^2,247.1 acre,1.196000 yd^2,1000000 m^2
1 cmils＝0.7854 mil^2,0.0005067 mm^2,0.0000007854 in^2

表 B-3 体积（容积）

1fl oz(一种液量单位)＝1.805 in^3,29.57 mL,0.03125 qt(US)液体容积单位

1 in^3＝0.5541 fl oz,16.39 mL

1 ft^3＝7.481 gal(US),6.229 gal(UK),1728 in^3,0.02832 m^3,28.32 L

1 yd^3＝27 ft^3,46656 in^3,0.7646 m^3,746.6 L,202.2 gal(US),168.4 gal(UK)

1 gi＝0.03125 gal,0.125 qt,4 fl oz,7.219 in^3,118.3 mL

1 pt＝0.01671 ft^3,28.88 in^3,0.125 gal,4 gi,16 fl oz,473.2 mL

1 qt＝2 pt,32 fl oz,0.9464 L,946.4 mL,8 gi,57.75 in^3

1 gal(US)＝4 qt,128 fl oz,231 in^3,0.1337 ft^3,3.785 L(dm^3),3785 mL,0.8327 gal(UK)

1 gal(UK,CAN)＝1.201 gal(US),0.1605 ft^3,277.3 in^3,4.546 L(dm^3),4546 mL

1 bu＝2150 in^3,0.9694 bu(UK),35.24 L

1 bbl(US,液体容积单位)＝31.5 gal(各行业对桶有特殊定义)

1 bbl(石油)＝42 gal

1 mL＝0.03381 fl oz,0.06102 in^3,0.001 L

1 L(dm^3)＝0.2642 gal,0.03532 ft^3,1.057 qt,33.81 fl oz,61.03 in^3,1000 mL

1 m^3(kL)＝1.308 yd^3,35.32 ft^3,264.2 gal,1000 L

1 cord(木材堆的体积单位)＝128 ft^3, 3.625 m^3

表 B-4 质量

1 gr＝0.0001428 lb

1 oz(常衡)＝ 0.06250 lb(常衡),28.35 g,437.5 gr

1 lb(常衡)＝ 27.69 in^3 的水在 4℃(39.2 °F)和 760 mmHg 大气压空气中的质量,16 oz(常衡),0.4536 kg,453.6 g,7000 gr

1 lt(US,UK)＝1.120 st,2240 lb,1.016 t,1016 kg

1 st(US,UK)＝0.8929 lt,2000 lb,0.9072 t,907.2 kg

1 mg＝0.001 g,0.000002205 lb(常衡)

1 g＝0.002205 lb(常衡),0.03527 oz,0.001 kg,15.43 gr

1 kg＝ 1 L 水在 4℃和 760 mmHg 大气压空气中的质量,2.205 lb(常衡),35.27 oz(常衡),1000 g

1 t＝ 0.9842 lt,1.1023 st,2205 lb,1000 kg

表 B-5 密度

1 g/cm^3＝0.03613 lb/in^3,8345 lb/gal,62.43 lb/ft^3,998.9 oz/ft^3

0℃时汞的密度为 13.60g/cm^3

1 lb/ft^3＝16.02 kg/m^3

1 lb/gal＝0.1198 g/cm^3

表 B-6 流量

1 ft^3/min=0.1247 gal/s,0.4720 L/s,472 mL/s=0.028m^3/min, 0.305m^3/(min・m^2)
1 gal/min=0.06308 L/s,1440 gal/d,0.002228 ft^3/s
1 gal/(min・ft^2)=40.746 mm/min,40.746 L/(min・m^2)
1 L/s=2.119 ft^3/min,15.85 gal(US)/min
1 L/min=0.0005885 ft^3/s,0.004403 gal/s

表 B-7 压力

1 atm= 0 ℃时 760 mmHg 的标准压力,14.70 lbf/ in^2,32 °F 时 29.92 inHg 的标准压力,39.2 °F 时 33.90 ftH$_2$O 的标准压力,101.3 kPa
1 mmHg(0 ℃)=0.001316 atm,0.01934 lbf/ in^2,0.04460 ftH$_2$O(4℃或 39.2 °F),0.0193 lbf/ in^2,0.1333 kPa
1 inH$_2$O(39.2 °F)=0.00246 atm,0.0361 lbf/in^2,0.0736 inHg(32 °F),0.2491kPa
1 ftH$_2$O(39.2 °F)=0.02950 atm,0.4335 lbf/ in^2,0.8827 inHg(32 °F),22.42 mmHg,2.989kPa
1 inHg(32 °F)=0.03342 atm,0.4912 lbf/ in^2, 1.133 ftH$_2$O, 13.60 inH$_2$O(39.2 °F),3.386kPa。
1 mbar(1/1000 bar)=0.02953 inHg,1 bar 是一百万达因(dyn)力在每平方厘米表面上施加的压力
1 lbf/in^2=0.06805 atm,2.036 inHg,2.307 ftH$_2$O,51.72 mmHg,27.67 inH$_2$O(39.2 °F),144 lbf/ ft^2,2304 oz/ ft^2,6.895 kPa
1 lbf/ ft^2=0.00047 atm,0.00694 lbf/ in^2,0.0160 ftH$_2$O,0.391 mmHg,0.04788kPa
1 st/ ft^2=0.9451 atm,13.89 lbf/ in^2,0.765 kgf/ m^2

表 B-8 温度

摄氏温度=5/9(华氏温度-32°)
华氏温度=9/5×摄氏温度+32°
兰氏度(°R,华氏绝对温度)=华氏温度+ 459.67°
开尔文(K,摄氏绝对温度)= 摄氏温度+273.15℃
水的冰点:0℃;32 ℉
水的沸点:100℃;212 ℉
绝对零度:-273.15℃;-459.67 ℉

表 B-9 喷头流量

1 gal/(ft^2・min)=40.75 L/(min・m^2)=40.75 mm/min

索引